工科高等教育基础课程教材

物理学教程

（第2版） 下册

严导淦 主编

内 容 提 要

本书是在原《物理学教程》(第 1 版)的基础上,参照教育部高等学校物理与天文教育指导委员会物理基础课程教学指导分委员会颁布的《理工科类大学物理课程教学基本要求》修订的,内容涵盖该基本要求中的 A 类核心内容和一些有关的 B 类扩展内容,共 18 章,内容借鉴国内外诸多名著多年来行之有效、且富具科学性的体系,并结合国情进行安排,且可在教学中灵活调整. 主要内容为力学、机械振动和机械波以及热力学基础;电磁学、光学和量子物理学基础等. 每章配有习题和问题,习题附有答案.

本书在内容论述上详略得当,难度适中,行文简明,知识系统,深入浅出,好教易学. 可作为全日制普通高等院校非物理类本科专业的大学物理课程的教材,并可兼作函授、夜大学、网络教育、高等职业技术学院以及高等自学考试的本、专科教学用书.

与本教材同步出版的教学辅导书——《大学物理教学指导》(第 2 版)对教师备课、授课和学生学习、复习以及巩固本教材的教学效果不无裨益,亦可作为本教材配套的习题课参考书.

图书在版编目(CIP)数据

物理学教程. 下册/严导淦主编. -- 2 版. --上海:同济大学出版社,2014. 7

ISBN 978 - 7 - 5608 - 5535 - 6

Ⅰ. ①物⋯ Ⅱ. ①严⋯ Ⅲ. ①物理学—高等学校—教材 Ⅳ. ①O4

中国版本图书馆 CIP 数据核字(2014)第 120049 号

工科高等教育基础课程教材

物理学教程(第 2 版)下册

严导淦 主编

责任编辑 陈佳蔚 责任校对 徐春莲 封面设计 潘向蓁

出版发行 同济大学出版社 www. tongjipress. com. cn

(地址:上海市四平路 1239 号 邮编:200092 电话:021 - 65985622)

经 销 全国各地新华书店

印 刷 常熟市华顺印刷有限公司

开 本 787mm×960mm 1/16

印 张 19. 5

字 数 390 000

版 次 2014 年 7 月第 2 版 2014 年 7 月第 1 次印刷

书 号 ISBN 978 - 7 - 5608 - 5535 - 6

定 价 38. 00 元

前　言

随着我国经济在科学发展观的指引下持续稳健的增长，为了改革开放和自主创新的需要，推进有中国特色社会主义和谐社会的建设，各类高等学校的“宽口径、厚基础、重能力、求创新”的通识教育理念日益受到各方面的认同.

本书作为《物理学教程》(以下简称“原书”)第2版，根据历年来使用原书第1版的有关院校教学实践反馈的信息，作者重新学习了教育部高等学校物理与天文学教学指导委员会物理基础课程教育指导分委员会颁行的《理工科类大学物理课程教学基本要求》(以下简称《基本要求》)，拟定了本书的修订宗旨：在确保教学时数的前提下，基本上涵盖了全部A类核心内容，择要保留了少量B类扩展性内容. 为了便于教学，基本上保持原书的体系和内容的论述，仅作少量更动和损益，冀求更适于教学操作和便于读者自学，力图体现培养工科类应用型人材对物理学这门基础课的需求，以提升工科大学生的科学素养.

考虑到本课程一般安排在两个学期内完成教学任务. 为此，相应地将全书内容划分为两大部分. 建议在第一学期讲授力学(含机械振动和机械波)和热学两个板块；第二学期讲授电磁学(含光学)和近代物理两个板块. 旨在分散重点和难点，有助于减轻师生的教学负荷.

其次，如果有些院校对有关专业所安排的本课程学时数偏低，则可仿照国外大学的传统措施，由任课教师根据专业需求，精选本书某些章节施教. 其他内容则可供学生毕业后从事专业工作中按需参考自学.

在对原书的修订过程中，参阅有关著作，从中屡挹清芬，深受启迪，获益良多，谨向这些著作的作者深表谢忱.

对于本书错漏和不当之处，希望读者不吝赐正，是所至盼.

最后，在本书修订第2版的过程中，深受同济大学出版社副总编辑曹建和责任编辑陈佳蔚的关注和大力支持，为感无既.

严导淦

2014年仲春于同济学舍

目　　次

第11章 静电场

> 天才是1%的灵感
> 和99%的汗水.
>
> ——(美)爱迪生
> T. A. Edison(1847—1931)

电磁运动是物质运动的一种基本形式,电磁相互作用是自然界已知的四种基本相互作用之一. 电磁学是人类深入认识物质世界必不可少的基础理论,它在工程技术和自然科学领域中具有十分广泛的应用.

19世纪以来,许多科学家对电磁现象的规律和物质的电结构做了大量的实验和理论研究,总结出了经典电磁场理论.

电场是一种特殊的物质形态. 本章从静止电荷之间相互作用出发引述静电场,并着重描写静电场的两个基本概念——电场强度和电势以及彼此的联系;介绍高斯定理和环流定理,并由此揭示静电场的基本性质;继而研究导体和电介质在静电场中的行为;最后讨论静电场的能量.

11.1 电荷 库仑定律

11.1.1 电荷 电荷守恒定律

实验和研究表明,两个不同材料的物体,例如丝绸和玻璃棒相互摩擦后,都能吸引羽毛、纸片等轻小物体. 这时,我们就说这两个物体已处于**带电状态**,或者说,这两个物体分别带了**电(或带了电荷)**. 带了电的物体称为**带电体**. 自然界只存在两种性质不同的电荷:正(+)电荷和负(−)电荷. **带同种电荷的物体相互排斥,带异种电荷的物体相互吸引**.

组成任何物质的原子,都具有带正电的质子和带负电的电子. 质子集中在原子核内,电子在核外绕核运动. 每一个质子所带的电荷和每一个电子所带的电荷在数值上相等. 在正常状态下,一个原子中的质子数和电子数相等. 因此,原子呈电中性,整个宏观物体也呈电中性. 当由于某种原因破坏了物体的电中性状态,使物体内电子过多或不足时,物体就相应地带了负电或正电.

摩擦起电、感应起电等实验表明,任何使物体带电的过程,都是借外界做功使物体中原有的正、负电荷分离或转移的过程. 当一个物体失去一些电子时,必有其他物体同时得到这些电子.由此人们总结出:**在一个与外界没有电荷交换的孤立系统内,正、负电荷的代数和在任何物理过程中始终保持不变**.这个结论称为**电荷守恒定律**,它是物理学的基本定律之一.

目前认为,电子是自然界具有最小电荷 e 的粒子,所有带电体或其他微观粒子的电荷都是电子电荷绝对值的整数倍.即物体所带电荷是不连续的,这称为**电荷的量子化**.不过,常见的宏观带电体所带的电荷远大于电子的电荷,在一般灵敏度的电学测试仪器中,电荷的量子性是显示不出来的.因此在分析带电情况时,可以认为电荷是连续变化的.这正像人们看到江河中滔滔流水时,认为它是连续的,而并不感觉到水是由一个个分子、原子等微观粒子组成的一样.

物体所带电荷的多少叫做**电量**,记作 Q 或 q,电量的单位是库仑,简称库,符号为 C.经实验测定质子带正电,电量为 1.602×10^{-19} C.电子带负电,电量为 -1.602×10^{-19}C.

11.1.2 库仑定律

实验指出:带电体之间有相互作用,这种相互作用与它们各自的形状、大小、电荷分布情况以及带电体之间的相对位置都有关系.但是随着带电体之间距离的增大,对带电体本身的形状、大小及其上电荷分布的影响将逐步减少.当带电体之间距离远大于它们本身的几何线度时,上述影响可以忽略不计.这时,就可以忽略带电体本身的大小、形状及其上电荷分布情况、而把它们看成为**点电荷**.这里"点电荷"这个概念和力学中的"质点"概念相仿,只有相对的意义.例如,有两个带电体线度皆为 d,若二者相距为 r,只有当 $r\gg d$ 时,我们才可以把它们当作点电荷来处理.下面讨论两个静止点电荷的相互作用力.

两个静止的点电荷之间相互作用力的大小与两个点电荷所带电量 q_1, q_2 的乘积成正比,与两个点电荷之间的距离 r 的平方成反比,作用力的方向沿着两个点电荷的连线;同号电荷相斥,异号电荷相吸.这就是**库仑定律**.它是库仑从实验中总结出来的静电学基本定律.如果两个电荷处于真空中,把从 q_1 指向 q_2 的单位矢量设为 $\boldsymbol{e}_r$,那么电荷 q_2 受到电荷 q_1 的作用力 $\boldsymbol{F}$(图 11-1)可表示为

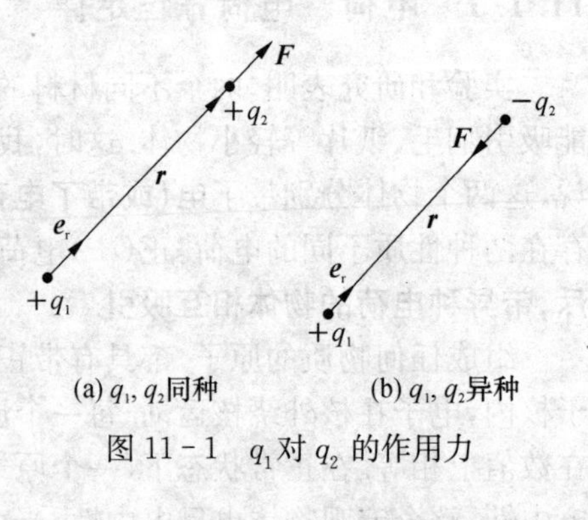

图 11-1 q_1对 q_2 的作用力

$$\boldsymbol{F}=\frac{1}{4\pi\varepsilon_0}\frac{q_1q_2}{r^2}\boldsymbol{e}_r \tag{11-1}$$

式中，比例系数$\frac{1}{4\pi\varepsilon_0}=8.987\,776\times10^9\ \mathrm{N\cdot m^2\cdot C^{-2}}\approx9\times10^9\ \mathrm{N\cdot m^2\cdot C^{-2}}$（计算时取近似值）；其中$\varepsilon_0$称为**真空电容率**. $\varepsilon_0=8.85\times10^{-12}\ \mathrm{C\cdot N^{-1}\cdot m^{-2}}$.

静电力$\boldsymbol{F}$通常又称为**库仑力**. 如图11-1(a)、(b)所示，当q_1，q_2为同种电荷时，$\boldsymbol{F}$与$\boldsymbol{e}_\mathrm{r}$同方向，二者之间表现为斥力；当$q_1$，$q_2$为异种电荷时，$\boldsymbol{F}$与$\boldsymbol{e}_\mathrm{r}$反方向，二者之间表现为引力.

11.1.3 静电力叠加原理

若$\boldsymbol{r}$为q_1指向q_2的**位置矢量，简称位矢**，则自q_1指向q_2的单位矢量$\boldsymbol{e}_\mathrm{r}=\boldsymbol{r}/r$标志了位矢$\boldsymbol{r}$的方向.

在一般情况下，对于两个以上的点电荷，实验证明：**其中每个点电荷所受的总静电力，等于其他点电荷单独存在时作用于该点电荷上的静电力之矢量和**. 这就是**静电力的叠加原理**. 也就是说，不管周围有无其他电荷存在，两个点电荷间的相互作用力总是符合库仑定律的. 设$\boldsymbol{F}_1$，$\boldsymbol{F}_2$，…，$\boldsymbol{F}_n$分别为点电荷q_1，q_2，…，q_n单独存在时对点电荷q_0作用的静电力，则q_0所受静电力的合力$\boldsymbol{F}$（矢量和）为

$$\boldsymbol{F}=\boldsymbol{F}_1+\boldsymbol{F}_2+\cdots+\boldsymbol{F}_n=\sum_i\boldsymbol{F}_i \tag{11-2}$$

上式即为静电力叠加原理的表达式.

库仑定律与静电力叠加原理是静电学的最基本规律. 原则上，有关静电学的问题都可用这两条规律解决.

例题11-1 α粒子（即氦原子核）的质量m为6.68×10^{-27} kg，它的电荷$q=3.2\times10^{-19}$C. 比较两个α粒子间的静电斥力与万有引力的大小.

解 静电力的大小为

今后，凡对电荷周围介质的情况未加任何说明时，均指真空而言.

$$F_e=\frac{1}{4\pi\varepsilon_0}\left(\frac{q^2}{r^2}\right)$$

式中，r为两个α粒子间的距离. 万有引力的大小为

$$F_\mathrm{m}=G\left(\frac{m^2}{r^2}\right)$$

式中，$G=6.67\times10^{-11}\ \mathrm{N\cdot m^2\cdot kg^{-2}}$，为引力常量. 将已知数据代入，可算得两力大小之比为

$$\frac{F_e}{F_\mathrm{m}}=\frac{1}{4\pi\varepsilon_0 G}\frac{q^2}{m^2}=9\times10^9\ \mathrm{N\cdot m^2\cdot C^{-2}}\times\frac{1}{6.67\times10^{-11}\ \mathrm{N\cdot m^2\cdot kg^{-2}}}\times\frac{(3.2\times10^{-19}\ \mathrm{C})^2}{(6.68\times10^{-27}\ \mathrm{kg})^2}=3.1\times10^{35}$$

显然，在微观粒子的相互作用中，万有引力远小于静电力，可略去不计. 然而，在讨论行

星、恒星、星系等大型天体之间的相互作用力时,则主要考虑万有引力,因为它们都是电中性的.

例题 11-2 如图所示,两个相等的正点电荷 q,相距为 $2a$.若一个点电荷 q_0 放在上述两电荷连线的中垂线上.问:欲使 q_0 受力最大,q_0 到两电荷连线中点的距离 r 为多大?

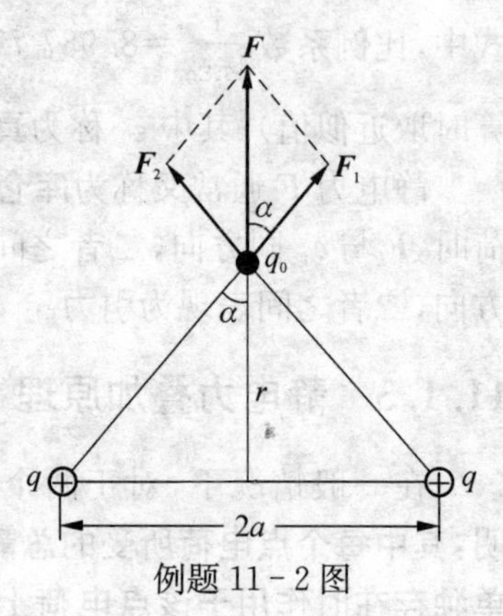

例题 11-2 图

解 由库仑定律和静电力叠加原理可知,电荷 q_0 受两个电荷 q 的静电力分别为 $\boldsymbol{F}_1$ 和 $\boldsymbol{F}_2$,合力为 $\boldsymbol{F}$,其值随 r 而变.当 r 较大时,q_0 与 q 之间的距离较大,合力随这个距离的增加而减小;当 r 较小时,q_0 受 q 的力增大,但所受两个力之间的夹角 2α 变大,合力仍是减小.因此,当 r 为某一定值时,q_0 所受的合力有最大值.相应的 r 值可用求极值方法算出,即

$$F=2F_1\cos\alpha=\frac{2q_0q}{4\pi\varepsilon_0(a^2+r^2)}\frac{r}{(a^2+r^2)^{\frac{1}{2}}}$$

$$=\frac{q_0qr}{2\pi\varepsilon_0\sqrt{(a^2+r^2)^3}}$$

且
$$\frac{\mathrm{d}F}{\mathrm{d}r}=\frac{q_0q}{2\pi\varepsilon_0}\left[\frac{\sqrt{(a^2+r^2)^3}-3\sqrt{a^2+r^2}\,r^2}{(a^2+r^2)^3}\right]$$

令 $\frac{\mathrm{d}F}{\mathrm{d}r}=0$,并化简后,得

$$r=\pm\frac{a}{\sqrt{2}}$$

又可求出 $\left.\frac{\mathrm{d}^2F}{\mathrm{d}r^2}\right|_{r=\pm\frac{a}{\sqrt{2}}}<0$.因此,当 $r=\pm\frac{a}{\sqrt{2}}$ 时,F 具有极大值.

问题 11.1.1 (1) 试述库仑定律及其比例系数;什么叫做点电荷?在库仑定律中,倘若令 $r\to0$,则库仑力 $F\to\infty$,显然没有意义.试对此作出解释.

(2) 设 q_1,q_2 都是静止的点电荷,且 $\boldsymbol{F}_{12}$ 为 q_2 对 q_1 的作用力,$\boldsymbol{F}_{21}$ 为 q_1 对 q_2 的作用力,求证:两者之间相互作用力服从牛顿第三定律:$\boldsymbol{F}_{12}=-\boldsymbol{F}_{21}$.

问题 11.1.2 (1) 试述静电力叠加原理.

(2) 如图,两个带负电的静止点电荷,其大小 $|Q_1|$ 和 $|Q_2|$ 可以相等或不相等,相距为 l,一个正的点电荷 Q 放在二者连线的中点 O,试分别讨论电荷 Q 所受静电力的合力方向.

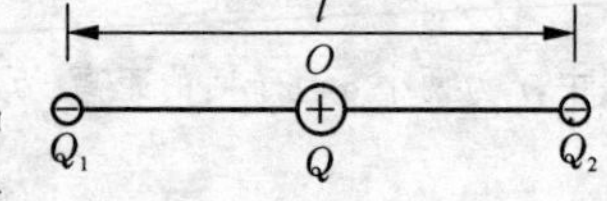

问题 11.1.2(2)图

11.2 电场 电场强度

11.2.1 电 场

物体间的相互作用必须相互接触或借助于介乎其间的物质才能传递.否则,

物体之间的相互作用就不可能发生. 电荷间的相互作用是通过一种特殊的物质——电场传递过去的. 任何电荷周围都存在**电场**. 电场的基本特征是它对位于场中的任何电荷存在力的作用. 一个电荷之所以会受到另一个电荷的作用力,是由于另一个电荷周围存在着电场,另一个电荷因处于第一个电荷的电场中也受到作用力. 这种力称为**电场力**. 我们可以把点电荷 q_1, q_2 之间的相互作用力归结为

$$\text{点电荷 } q_1 \underset{\text{作用于}}{\overset{\text{激发}}{\rightleftharpoons}} \begin{matrix}\text{电场 } 1\\ \text{电场 } 2\end{matrix} \underset{\text{激发}}{\overset{\text{作用于}}{\rightleftharpoons}} \text{点电荷 } q_2$$

与观察者相对**静止**的电荷所产生的电场称为**静电场**. 今后我们将会看到,静电场只不过是**电磁场**中的一种特殊情形,而电磁场与实物一样具有质量、能量、动量等一切物质所具有的重要属性,电磁场一经产生还可以脱离电荷独立存在,因而电磁场本身是一种物质. 不过这种物质不同于通常由电子、质子和中子等所构成的实物. 例如实物原子所占据的空间不能同时为另一原子所占据,但几个电磁场却可以同时占据同一空间.

11.2.2 电场强度

为了判断电场的存在与否和描述电场的强弱和方向,我们可用试探电荷 q_0 进行探测. q_0 必须满足下列两个条件:①它带的电量 q_0 很小,不因 q_0 的存在而对原有的电场有显著影响;②带电体的线度必须很小而可看作点电荷. 这样,就可以用 q_0 对空间各点电场的强弱和方向进行检测和研究. 实验表明:

(1) 在给定电场中(指产生电场的电荷,即场源电荷的分布已给定)的同一点(简称**场点**)P_1,改变 q_0 的大小,q_0 所受的电场力 $\boldsymbol{F}$ 将随之改变,但比值 $\boldsymbol{F}/q_0$ 却不变.

(2) 任意选择电场中不同的场点 P_1, P_2, P_3, …,重复上述实验,比值 $\boldsymbol{F}/q_0$ 只随地点而变,而与试探电荷 q_0 的大小无关. 因此,可用比值 $\boldsymbol{F}/q_0$ 来反映电场中各点的电场强弱和方向,并定义它为**电场强度**. 其次,考虑到电场力的方向和 q_0 所带电荷的正、负有关,为此规定:**电场中某点电场强度的方向,就是放在该点的正电荷所受电场力的方向.**

电场强度是矢量,具有大小和方向,通常用 $\boldsymbol{E}$ 表示电场强度矢量,即

$$\boldsymbol{E} = \frac{\boldsymbol{F}}{q_0} \tag{11-3}$$

在上式中取 $q_0 = +1$, 则得 $\boldsymbol{E}=\boldsymbol{F}$. 可见,**电场中某点的电场强度在量值上等于放在该点的单位正电荷所受力的大小,电场强度的方向与正电荷在该点所受电场力的方向一致;与负电荷在该点所受电场力的方向相反(如图 11-2 中的 $\boldsymbol{E}_1$, $\boldsymbol{E}_2$ 等).**

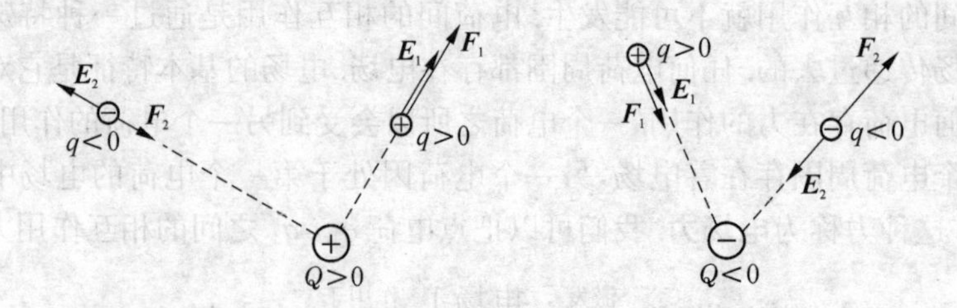

图 11-2 电场强度和电场力的方向(图中 Q 表示场源电荷)①

电场强度的单位是 $N \cdot C^{-1}$(牛顿·库仑$^{-1}$)或 $V \cdot m^{-1}$(伏特·米$^{-1}$).

若电场中空间各点的电场强度大小和方向皆相同,则这样的电场称为均匀电场.

必须指出,只要有电荷存在,就有电场存在,电场的存在与否是客观的,与是否引入试探电荷无关. 引入试探电荷只是为了检验电场的存在和讨论电场的强弱和方向而已.

如果已知电场中某点的电场强度,则放在该点处的点电荷 q 所受的电场力 $\boldsymbol{F}$ 可由下式计算,即

$$\boldsymbol{F} = q\boldsymbol{E} \tag{11-4}$$

问题 11.2.1 (1) 试述电场强度的定义? 它的单位是怎样规定的?

(2) 在一个带正电的大导体附近的一点 P,放置一个试探电荷 q_0($q_0>0$),实际测得它所受力的大小为 $\boldsymbol{F}$. 若电荷 q_0 不是足够小,则 $\boldsymbol{F}/q_0$ 的值比点 P 原来的电场强度 $\boldsymbol{E}$ 大还是小? 若大导体带负电,情况又将如何?

(3) 有人问:"对于电场中的某定点,电场强度的大小 $\boldsymbol{E}=\boldsymbol{F}/q_0$,不是与试探电荷 q_0 成反比吗? 为什么却说 $\boldsymbol{E}$ 与 q_0 无关?"你能回答这个问题吗?

11.2.3 电场强度叠加原理

在点电荷 q_1, q_2, …, q_n 共同激发的电场中某场点 P,放置一个试探电荷 q_0. 根据静电力的叠加原理,试探电荷 q_0 所受的力 $\boldsymbol{F}$,等于各个点电荷 q_1, q_2, …, q_n 单独存在时电场施于试探电荷 q_0 的力 $\boldsymbol{F}_1$, $\boldsymbol{F}_2$, …, $\boldsymbol{F}_n$ 的矢量和,即

$$\boldsymbol{F} = \boldsymbol{F}_1 + \boldsymbol{F}_2 + \cdots + \boldsymbol{F}_n$$

今将上式两端除以 q_0,得

① 读者注意,为了表示电荷的正、负,我们约定电荷 q 是一个代数量,即将正、负电荷分别用 $q>0$ 和 $q<0$ 表示(见图 11-2),但有时我们也常将正、负电荷分别表示为 $+q$ 或 $-q$,这时,应将 q 理解为电荷的大小(绝对值).

$$\frac{\boldsymbol{F}}{q_0}=\frac{\boldsymbol{F}_1}{q_0}+\frac{\boldsymbol{F}_2}{q_0}+\frac{\boldsymbol{F}_3}{q_0}+\cdots+\frac{\boldsymbol{F}_n}{q_0}$$

按电场强度定义，上式右端各项分别是各个点电荷（场源电荷）在同一点 P 的电场强度，即 $\boldsymbol{E}_1=\boldsymbol{F}_1/q_0$，$\boldsymbol{E}_2=\boldsymbol{F}_2/q_0$，…，$\boldsymbol{E}_n=\boldsymbol{F}_n/q_0$，左端代表这些点电荷同时存在时该点 P 的总电场强度，即 $\boldsymbol{E}=\boldsymbol{F}/q_0$. 于是，有

$$\boldsymbol{E}=\boldsymbol{E}_1+\boldsymbol{E}_2+\cdots+\boldsymbol{E}_n=\sum_i \boldsymbol{E}_i \tag{11-5}$$

上式表明，电场中某点的总电场强度，等于各个点电荷单独存在时在该点的电场强度之矢量和. 这就是**电场强度叠加原理**. 利用这个原理，我们可以计算任意的**点电荷系**或带电体的电场强度（例如，图 11-3）. 所谓点电荷系，就是由若干个点电荷组成的集合.

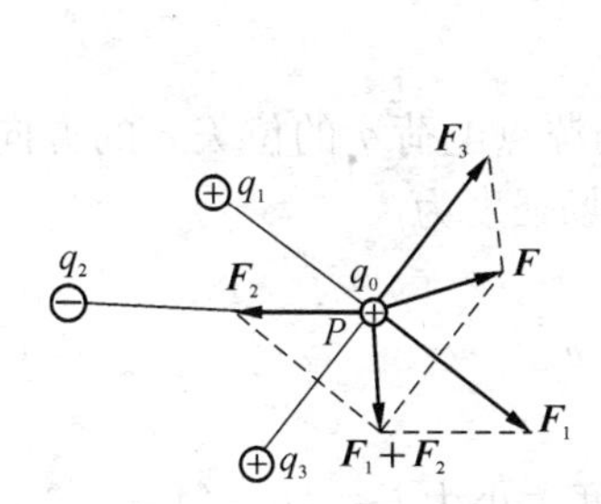

（a）利用矢量的平行四边形法则求三个点电荷的电场对场点 P 的试探电荷 q_0 所施的力

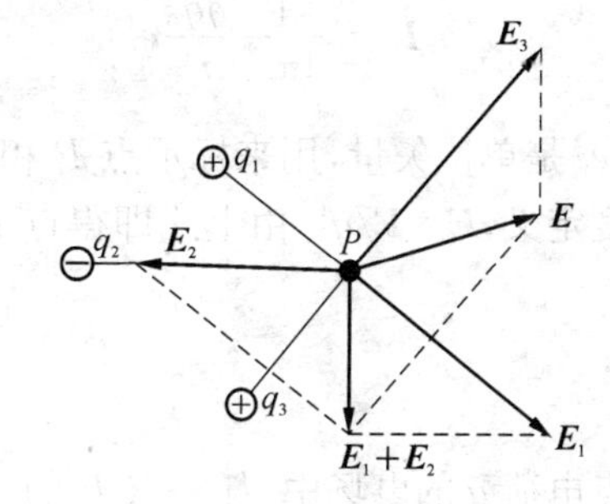

（b）三个点电荷的电场在场点 P 的总电场强度 $\boldsymbol{E}$

图 11-3 电场强度叠加原理

问题 11.2.2 试述电场强度叠加原理. 在图示的静电场中，试绘出 P 点和 P' 点的电场强度 $\boldsymbol{E}$ 的方向. 其中，$+q$、$+q$ 为场源点电荷.

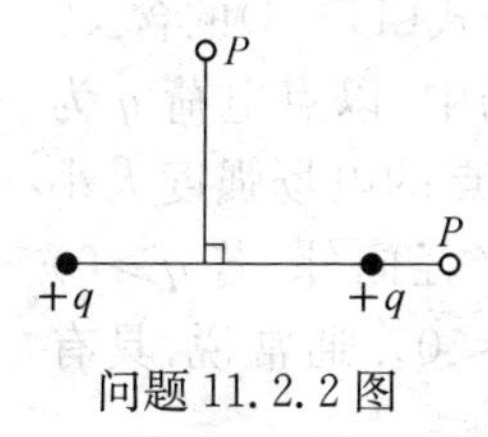

问题 11.2.2 图

11.3 电场强度和电场力的计算

前面讲过，电荷之间的静电力是通过彼此激发的静电场而相互作用的. 为

此,需要决定电场中每一点的电场强度 $\boldsymbol{E}$ 的大小和方向. 一般来说,在给定的静电场中,电场强度 $\boldsymbol{E}$ 与场中各点的位置有关,在所取的直角坐标系 $Oxyz$ 中,可表示为坐标的矢量函数: $\boldsymbol{E}=\boldsymbol{E}(x,\ y,\ z)$. 本节将根据电场强度的定义和电场强度叠加原理,推导出几种典型分布电荷在真空中激发的电场内各点电场强度的表达式,供读者在阅读教材和解题计算时直接引用.

11.3.1 点电荷电场中的电场强度

如图 11-4 所示,在真空中有一个静止的点电荷 q,在与它相距为 r 的场点 P 上,设想放一个试探电荷 q_0($q_0>0$),按库仑定律,试探电荷 q_0 所受的力为

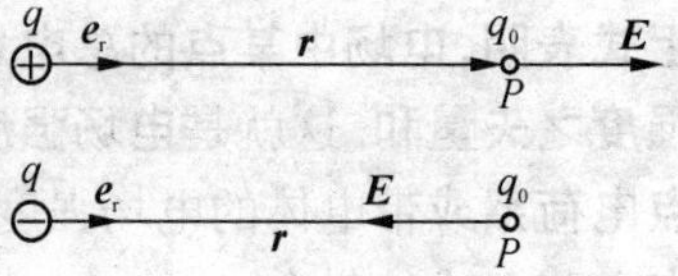

图 11-4 点电荷电场中的电场强度

$$\boldsymbol{F}=\frac{1}{4\pi\varepsilon_0}\frac{qq_0}{r^2}\boldsymbol{e}_{\mathrm{r}}$$

式中,$\boldsymbol{e}_{\mathrm{r}}$ 是单位矢量,用来标示点 P 相对于场源点电荷 q 的位矢 $\boldsymbol{r}$ 的方向. 按电场强度定义,$\boldsymbol{E}=\boldsymbol{F}/q_0$,由上式即得点 P 的电场强度为

$$\boldsymbol{E}=\frac{1}{4\pi\varepsilon_0}\frac{q}{r^2}\boldsymbol{e}_{\mathrm{r}} \tag{11-6}$$

即在点电荷 q 的电场中,任一点 P 的电场强度大小为 $E=|q|/(4\pi\varepsilon_0 r^2)$,其值与场源电荷的大小 $|q|$ 成正比,并与点电荷 q 到该点距离 r 的平方成反比,且当 $r\to\infty$ 时,电场强度大小 $E\to 0$;电场强度 $\boldsymbol{E}$ 的方位沿场源电荷 q 和点 P 的连线,其指向取决于场源电荷 q 的正、负(图 11-5):若 q 为正电荷($q>0$),其方向与 $\boldsymbol{e}_{\mathrm{r}}$ 的方向相同,即沿 $\boldsymbol{e}_{\mathrm{r}}$ 而背离 q;若 q 为负电荷($q<0$),其方向与 $\boldsymbol{e}_{\mathrm{r}}$ 的方向相反,而指向 q. 这就是式(11-6)的含义.

可见,在点电荷 q 的电场中,以点电荷 q 为中心、以 r 为半径的球面上各点的电场强度大小均相同,电场强度的方向沿半径向外(若 $q>0$)(图 11-5)或指向中心(若 $q<0$). 通常说,具有这样特点的电场是**球对称**的.

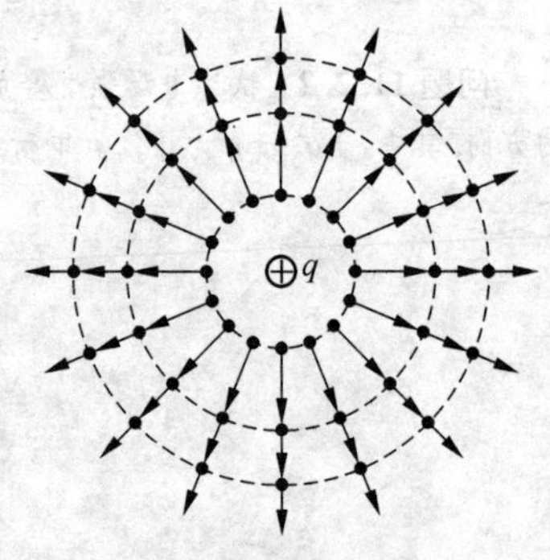

图 11-5 球对称的电场

11.3.2 点电荷系电场中的电场强度

设电场是由若干个点电荷 $q_1,\ q_2,\ \cdots,\ q_n$ 共同激发的,而场点 P 与各个点电荷的距离分别为 $r_1,\ r_2,\ \cdots,\ r_n$(相应的位矢为 $\boldsymbol{r}_1,\ \boldsymbol{r}_2,\ \cdots,\ \boldsymbol{r}_n$),则各个点电荷

激发的电场在点 P 的电场强度按式(11-6)分别为

$$\boldsymbol{E}_1=\frac{q_1}{4\pi\varepsilon_0 r_1^2}\boldsymbol{e}_1,\ \boldsymbol{E}_2=\frac{q_2}{4\pi\varepsilon_0 r_2^2}\boldsymbol{e}_2,\ \cdots,\ \boldsymbol{E}_n=\frac{q_n}{4\pi\varepsilon_0 r_n^2}\boldsymbol{e}_n$$

式中,$\boldsymbol{e}_1$, $\boldsymbol{e}_2$, …, $\boldsymbol{e}_n$ 分别是场点 P 相对于场源电荷 q_1, q_2, …, q_n 的位矢 $\boldsymbol{r}_1$, $\boldsymbol{r}_2$, …, $\boldsymbol{r}_n$ 方向上的单位矢量. 根据电场强度叠加原理[式(11-5)],这些点电荷各自在点 P 激发的电场强度之矢量和,等于点 P 的总电场强度 $\boldsymbol{E}$,即

$$\boldsymbol{E}=\boldsymbol{E}_1+\boldsymbol{E}_2+\cdots+\boldsymbol{E}_n=\sum_i\boldsymbol{E}_i=\sum_i\frac{q_i}{4\pi\varepsilon_0 r_i^2}\boldsymbol{e}_{ri} \tag{11-7}$$

例题 11-3 如图所示,一对相距为 l 的等量异种点电荷 $+q$ 和 $-q$,试求这两个点电荷连线的延长线上一点 P 的电场强度. 设 P 点离这两个点电荷连线的中点 O 的距离为 r.

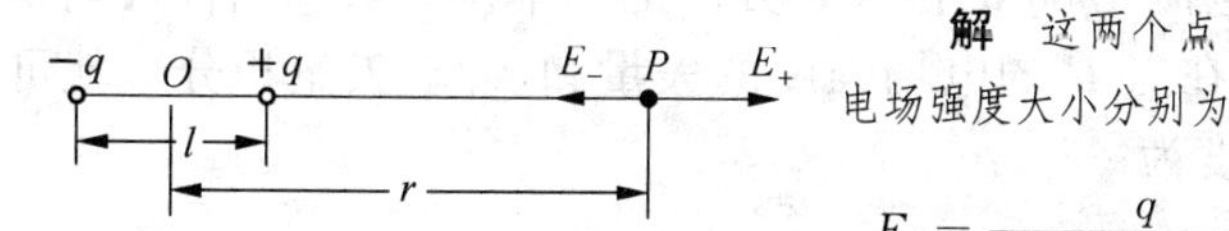

例题 11-3图 电偶极子轴线上的电场强度

解 这两个点电荷 $+q$ 和 $-q$ 在 P 点所激发的电场强度大小分别为

$$E_+=\frac{q}{4\pi\varepsilon_0\left(r-\frac{l}{2}\right)^2},\quad E_-=\frac{q}{4\pi\varepsilon_0\left(r+\frac{l}{2}\right)^2}$$

因为共线矢量 $\boldsymbol{E}_+$ 和 E_- 方向相反,则按电场强度叠加原理,P 点处的电场强度 $\boldsymbol{E}$ 的大小为

$$E=E_+-E_-=\frac{q}{4\pi\varepsilon_0\left(r-\frac{l}{2}\right)^2}-\frac{q}{4\pi\varepsilon_0\left(r+\frac{l}{2}\right)^2}=\frac{2qrl}{4\pi\varepsilon_0\left[r^2-\left(\frac{l}{2}\right)^2\right]^2}$$

$\boldsymbol{E}$ 的方向向右.

当 $r\gg l$ 时,我们将这样一对等量异种电荷称为**电偶极子**. 这时,可以用电矩 $\boldsymbol{p}_e=q\boldsymbol{l}$ 来描述电偶极子,其中 $\boldsymbol{l}$ 是从 $-q$ 指向 $+q$ 的矢量. 因而电偶极子的电矩是矢量,其方向与 $\boldsymbol{l}$ 的方向相同. 由于 $r^2-\left(\frac{l}{2}\right)^2\approx r^2$,故有

$$E=\frac{2ql}{4\pi\varepsilon_0 r^3}$$

若用电矩 $\boldsymbol{p}$ 矢量表示,则有

$$\boldsymbol{E}=\frac{2\boldsymbol{p}_e}{4\pi\varepsilon_0 r^3} \tag{11-8}$$

有时,我们要用到电偶极子的概念. 例如,由于无线电台的发射天线里电子的运动,而导致天线两端交替地带正、负电荷时,可把天线看作是一个振荡电偶极子;又如在研究电介质的极化(第11.8节)时,其中每个分子等效于一个电偶极子.

值得指出,如果 $l=0$,则 $+q$ 与 $-q$ 将聚合在一起,点 P 的电场强度为零,即

$$E=\frac{q}{4\pi\varepsilon_0 r^2}+\frac{(-q)}{4\pi\varepsilon_0 r^2}=0$$

这就是**电中和**的意义.所谓等量异种电荷的中和,并不是说这些电荷不激发电场了,而是指它们聚集在一起,对外所激发的电场相互抵消.

11.3.3 连续分布电荷电场中的电场强度

如果场源电荷在空间一定范围内是连续分布的,则在计算该电荷系所激发的电场时,一般可将全部电荷分成无限多个电荷元,每个电荷元都可视作点电荷.按式(11-6),先求得其中任一电荷元 $\mathrm{d}q$ 在点 P 的电场强度为

$$\mathrm{d}\boldsymbol{E}=\frac{1}{4\pi\varepsilon_0}\frac{\mathrm{d}q}{r^2}\boldsymbol{e}_\mathrm{r}$$

式中,$\boldsymbol{e}_\mathrm{r}$ 为场点 P 相对于电荷元 $\mathrm{d}q$ 的位矢 $\boldsymbol{r}$ 方向上的单位矢量.然后,按电场强度叠加原理,求各电荷元在点 P 的电场强度的矢量和(即求矢量积分),就可求电荷系在点 P 的电场强度为

$$\boldsymbol{E}=\int_V \mathrm{d}\boldsymbol{E}=\int_V \frac{1}{4\pi\varepsilon_0}\frac{\mathrm{d}q}{r^2}\boldsymbol{e}_\mathrm{r} \tag{11-9}$$

式中,积分号下的 V 表示对电荷系整个分布范围求积分.上式是一个矢量积分,具体计算时要利用分量式转化为标量积分.

例题 11-4 如图(a)所示,设一长为 L 的均匀带电细棒,带电量 Q(设 $Q>0$),求棒的中垂线上一点 P 的电场强度.

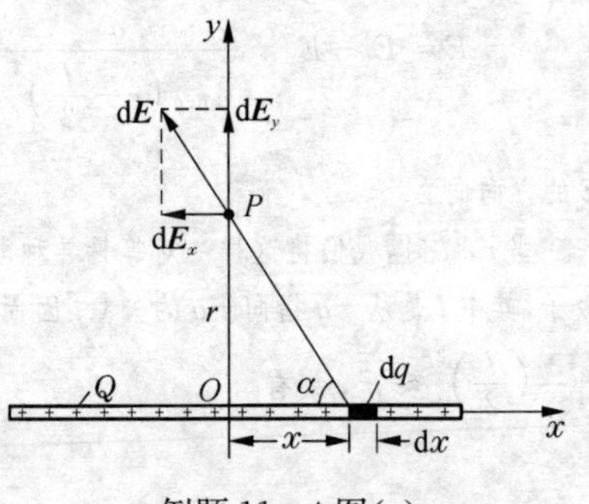

例题 11-4 图(a)

解 以棒的中点 O 为原点,建立坐标系 Oxy.在棒上坐标为 x 处取一线元 $\mathrm{d}x$,其上带电量为 $\mathrm{d}q$.按题意,每单位长度所带的电荷为 $\lambda=Q/L$,λ 称为**线电荷密度**,因此电荷元 $\mathrm{d}q=\lambda\mathrm{d}x$,它在场点 P 激发的电场强度 $\mathrm{d}\boldsymbol{E}$ 的大小为

$$\mathrm{d}E=\frac{1}{4\pi\varepsilon_0}\frac{\lambda\mathrm{d}x}{x^2+r^2}$$

其方向如图所示,式中的 r 为场点 P 与中点 O 的距离.

将 $\mathrm{d}\boldsymbol{E}$ 分解成 $\mathrm{d}\boldsymbol{E}_x$ 和 $\mathrm{d}\boldsymbol{E}_y$ 两个分矢量,由于电荷分布的对称性,应有 $\int_L \mathrm{d}\boldsymbol{E}_x=0$,而 $\mathrm{d}\boldsymbol{E}_y$ 的分量为

$$\mathrm{d}E_y=\mathrm{d}E\sin\alpha=\frac{1}{4\pi\varepsilon_0}\frac{\lambda\mathrm{d}x}{x^2+r^2}\frac{r}{\sqrt{x^2+r^2}}$$

因而,P 点的总电场强度为

$$E=E_y=\int_L \mathrm{d}E_y=\int_{-\frac{L}{2}}^{\frac{L}{2}}\frac{\lambda r\mathrm{d}x}{4\pi\varepsilon_0\sqrt{(x^2+r^2)^3}}$$

$$=\frac{\lambda r}{4\pi\varepsilon_0}\frac{x}{r^2\sqrt{x^2+r^2}}\Bigg|_{-\frac{L}{2}}^{\frac{L}{2}}=\frac{\lambda rL}{4\pi\varepsilon_0 r^2\sqrt{\frac{L^2}{4}+r^2}}$$

$$=\frac{Q}{4\pi\varepsilon_0 r\sqrt{\frac{L^2}{4}+r^2}}$$

$\boldsymbol{E}$ 沿 Oy 轴正方向. 当 $r\ll L$ 时,上式成为

$$E=\frac{\lambda}{2\pi\varepsilon_0 r} \tag{11-10}$$

此时,相对于距离 r,可将该细棒看作"无限长",而式(11-10)就是与**无限长均匀带电细棒**相距为 r 处的电场强度 $\boldsymbol{E}$ 的公式. $\boldsymbol{E}$ 的方向垂直细棒向外(倘若棒带负电,即 $Q<0$,则 $\boldsymbol{E}$ 的方向垂直地指向细棒).

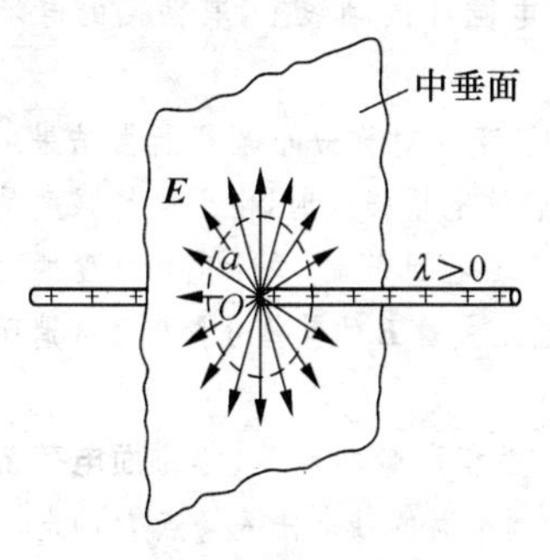

例题 11-4(b)图

在细棒为无限长的情况下,棒上任一点都可当作中点,任何垂直于细棒的平面都可看成是中垂面. 那么,按式(11-9),无限长均匀带电细棒的中垂面上的电场强度分布情况如图(b)所示. **并且,在垂直于它的任一平面上其电场强度分布情况都是相同的**,亦即都和图(b)所示的情况一样. 则具有这种特点的电场是**轴对称**的.

值得指出,无限长的带电棒是不存在的,实际上都是有限长的,但若研究棒的中央附近而又离棒很近的区域内的电场,则近似地可把棒看成是无限长的.

例题 11-5 如图所示,求垂直于均匀带电细圆环的轴线上任一场点 P 的电场强度. 设圆环半径为 R,带电量为 Q. 环心 O 与场点 P 相距为 x.

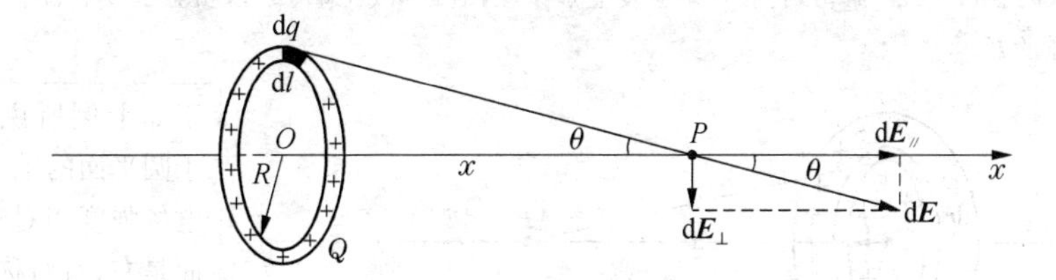

例题 11-5 图 均匀带电细圆环在环面的垂直轴上的电场

解 设 P 点在圆环右侧的轴线上,以此轴线为坐标轴 Ox,圆环的线电荷密度为 $\lambda=\frac{Q}{2\pi R}$. 任取一电荷元 $\mathrm{d}q$,长为 $\mathrm{d}l$,电量为 $\mathrm{d}q=\lambda\mathrm{d}l$,电荷元在 P 点的电场强度为 $\mathrm{d}\boldsymbol{E}$,其方向如图所示,大小为

$$dE=\frac{dq}{4\pi\varepsilon_0 r^2}=\frac{\lambda dl}{4\pi\varepsilon_0(R^2+x^2)}$$

将 $d\boldsymbol{E}$ 分解为沿 Ox 轴的分量 $d\boldsymbol{E}_{/\!/}$ 和垂直于 Ox 轴的分量 $d\boldsymbol{E}_{\perp}$，由于电荷分布的对称性，$\int_L d\boldsymbol{E}_{\perp}=\mathbf{0}$，于是 P 点的总电场强度为

$$E=\int_L dE_{/\!/}=\int_L dE\cos\theta=\int_0^{2\pi R}\frac{\lambda dl}{4\pi\varepsilon_0(R^2+x^2)}\frac{x}{\sqrt{R^2+x^2}}$$
$$=\frac{\lambda(2\pi R)x}{4\pi\varepsilon_0\sqrt{(R^2+x^2)^3}}=\frac{Qx}{4\pi\varepsilon_0\sqrt{(R^2+x^2)^3}} \tag{11-11}$$

上式即为均匀带电圆环中心轴线上一点的电场强度. 若 $Q>0$，$\boldsymbol{E}$ 沿 Ox 轴正向；若 $Q<0$，$\boldsymbol{E}$ 沿 Ox 轴负向.

当 $x\gg R$ 时，$E=\frac{Qx}{4\pi\varepsilon_0 x^3}=\frac{Q}{4\pi\varepsilon_0 x^2}$，与点电荷的电场强度公式相同.

至于沿圆环左侧的 Ox 轴负向，也可同样给出式(11-11)，显然，$Q>0$ 时，$\boldsymbol{E}$ 的方向则沿 Ox 轴负向；$Q<0$ 时，$\boldsymbol{E}$ 沿 Ox 轴正向. 因而，在垂直于均匀带电圆环的轴线上，其两侧的电场强度相对于圆环呈对称分布.

读者试由式(11-11)求环心 O 点的电场强度，并从电场强度的对称分布阐释所得结果.

说明 从以上各例可以看到，利用电场强度叠加原理求各点的电场强度时，由于电场强度是矢量，具体运算中需将矢量的叠加转化为各分量(标量)的叠加；并且在计算时，关于电场强度的对称性的分析也是很重要的，在某些情形下，它往往能使我们立即看出矢量 $\boldsymbol{E}$ 的某些分量相互抵消而等于零，使计算大为简化.

例题 11-6 一半径为 R 的均匀带电圆平面 S 上，每单位面积所带的电荷(称为**面电荷密度**，其单位是 $C\cdot m^{-2}$)为 σ，设圆平面带正电，即 $\sigma>0$，求垂直于圆平面的轴上任一场点 P 的电场强度.

分析 按题设，S 为一均匀带电圆平面，故面电荷密度 σ 为一恒量. 求解时，不妨将均匀带电圆平面视作由许多不同半径的同心带电圆环所组成，每一圆环在轴上任一场点的电场强度 $d\boldsymbol{E}$ 可借上例的结果[式(11-11)]给出，再按电场强度叠加原理，通过积分，就可以求出整个带电圆平面在点 P 的电场强度 $\boldsymbol{E}$.

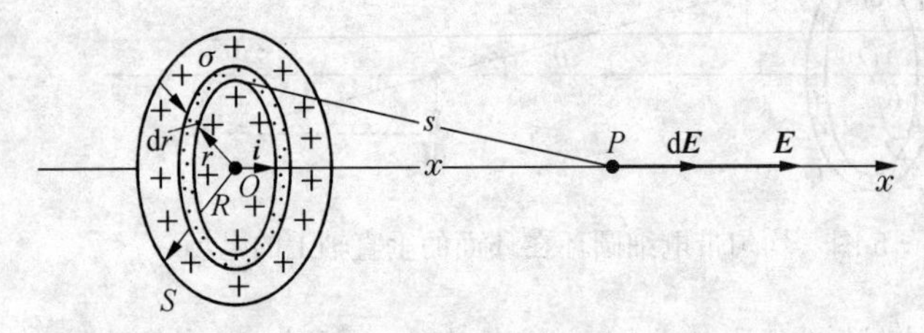

例题 11-6 图 垂直于均匀带电圆平面的轴线上的电场

正如上例所说，垂直于圆平面的轴上各点电场强度相对于圆平面是左、右对称的. 为此，这里只对右侧的场点进行讨论.

解 如图所示，在圆平面上距盘心为 r 处取宽度 dr 的圆环，在这个圆环上带有电荷 $dq=\sigma(2\pi r dr)$，利用式(11-11). 它在沿垂直于圆平面的 Ox 轴上(其单位矢量为 $\boldsymbol{i}$)的点 P，其电场强度为

$$dE=\frac{1}{4\pi\varepsilon_0}\frac{(dq)x}{(x^2+r^2)^{3/2}}=\frac{2\pi r\sigma x dr}{4\pi\varepsilon_0(x^2+r^2)^{3/2}}=\frac{\sigma x}{2\varepsilon_0}\frac{rdr}{(x^2+r^2)^{3/2}}$$

考虑到各带电同心圆环在 P 点的电场强度 $d\boldsymbol{E}$，其方向相同，所以对上式只需进行标量积分，可得整个带电圆平面在轴上一点 P(x 为定值)的电场强度为

$$\boldsymbol{E}=\int_S d\boldsymbol{E}=\left[\frac{\sigma x}{2\varepsilon_0}\int_0^R\frac{rdr}{(x^2+r^2)^{3/2}}\right]\boldsymbol{i}$$

即
$$\boldsymbol{E}=\frac{\sigma}{2\varepsilon_0}\left(1-\frac{x}{\sqrt{x^2+R^2}}\right)\boldsymbol{i} \tag{11-12}$$

讨论 若 $x\gg R$，则可将式(11-12)改写成

$$\boldsymbol{E}=\frac{\sigma}{2\varepsilon_0}\left[1-\left(1+\frac{R^2}{x^2}\right)^{-\frac{1}{2}}\right]\boldsymbol{i}$$

将上式的 $(1+R^2/x^2)^{-1/2}$ 按二项式定理展开，有

$$\left(1+\frac{R^2}{x^2}\right)^{-\frac{1}{2}}=1-\frac{1}{2}\left(\frac{R^2}{x^2}\right)+\frac{3}{8}\left(\frac{R^2}{x^2}\right)^2-\cdots$$

因 $x\gg R$，可略去式中的高阶项，只保留前两项．然后，把它代入前式，并化简，且因 $\pi R^2\sigma=q$ 为圆平面所带的电荷，从而可得离圆平面甚远处的电场强度公式，它与点电荷的电场强度公式相同，即

$$\boldsymbol{E}=\frac{\sigma R^2}{4\varepsilon_0 x^2}\boldsymbol{i}=\frac{\pi R^2\sigma}{4\pi\varepsilon_0 x^2}\boldsymbol{i}=\frac{q}{4\pi\varepsilon_0 x^2}\boldsymbol{i}$$

例题11-7 设有一很大的、面电荷密度为 σ 的均匀带电平面．在靠近平面的中部、而且离开平面的距离比平面的线度小得多的区域内的电场，称为“无限大”均匀带电平面的电场．试证此带电平面两侧的电场分别是均匀电场．

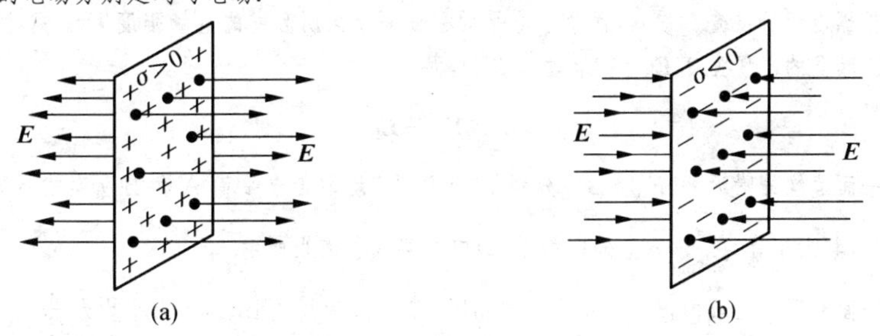

例题11-7图 “无限大”均匀带电平面的电场

证明 在上例中，若 $x\ll R$，则均匀带电圆平面就可视作无限大的均匀带电平面；对无限大的平面而言，凡是 $x\ll R$ 的点都处于本例中所述的区域内．因此，由式(11-12)，可得无限大均匀带电平面的电场中各点电场强度 $\boldsymbol{E}$ 的大小为

$$E=\frac{\sigma}{2\varepsilon_0} \tag{11-13a}$$

可见,在上述电场区域内,各点电场强度 $\boldsymbol{E}$ 的大小相等,且与上述区域内各点离开平面的距离无关,也与平面的形状和线度无关.至于电场强度 $\boldsymbol{E}$ 的方向,理应沿着垂直于该平面的中心轴,由于平面为"无限大",所以在上述区域内,任一条垂直于该平面的轴线都可视作中心轴,因而各点电场强度 $\boldsymbol{E}$ 的方向都垂直于平面而相互平行;若该平面带正电,即 $\sigma>0$,则电场强度 $\boldsymbol{E}$ 的方向背离平面[图(a)],反之,若平面带负电,即 $\sigma<0$,则电场强度 $\boldsymbol{E}$ 的方向指向平面[图(b)].

综上所述,**"无限大"均匀带电平面两侧的电场皆是均匀电场.**

说明 实际上,任何一个带电平面,其大小总是有限的.因此,也只有在靠近平面中部附近的区域,电场才是均匀的,而相对于平面边缘附近的点而言,就不能将平面看作是无限大的,该处的电场也是不均匀的,式(11-13)不再适用.

例题 11-8 设有两个平行平面 A 和 B,两平面的线度比它们的间隔要大得多,则两平面皆可视作无限大.平面 A 均匀地带正电,平面 B 均匀地带负电,面电荷密度分别为 $\sigma>0$ 和 $\sigma<0$ [图(a)].求该两个带电平面所激发的电场.

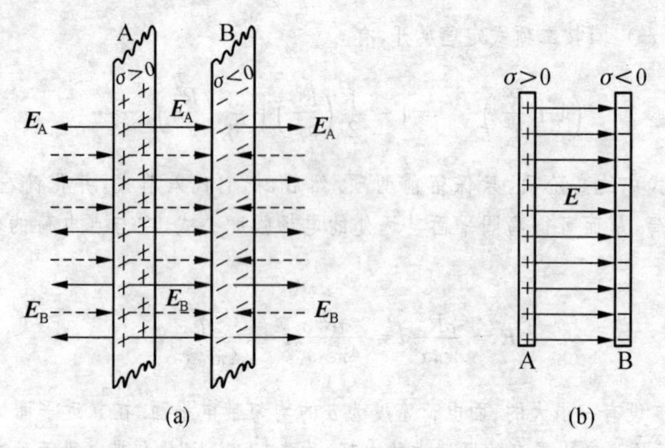

例题 11-8图 "无限大"均匀带电平行平面的电场

解 根据电场强度叠加原理,两个带电平面在任一场点所激发的电场强度 $\boldsymbol{E}$,是每个带电平面分别在该点激发的电场强度 $\boldsymbol{E}_A$ 和 $\boldsymbol{E}_B$ 之矢量和,即

$$\boldsymbol{E}=\boldsymbol{E}_A+\boldsymbol{E}_B$$

除两平面边缘的附近外,$\boldsymbol{E}_A$ 和 $\boldsymbol{E}_B$ 分别是"无限大"均匀带电平面 A 和 B 所激发的电场强度,由上例可知,其大小皆为 $\frac{\sigma}{2\varepsilon_0}$,方向分别如图(a)中的实线和虚线所示.

在两平面之间的区域内,$\boldsymbol{E}_A$,$\boldsymbol{E}_B$ 的方向相同,都从 A 面指向 B 面,其大小均为 $\frac{\sigma}{2\varepsilon_0}$,所以总电场强度的方向是从面电荷密度为 $\sigma>0$ 的 A 面指向面电荷密度为 $\sigma<0$ 的 B 面,其大小为 $E=E_A+E_B=\frac{\sigma}{2\varepsilon_0}+\frac{\sigma}{2\varepsilon_0}$,即

$$E=\frac{\sigma}{\varepsilon_0} \tag{11-13b}$$

在两平面的外侧区域,$\boldsymbol{E}_A$ 和 $\boldsymbol{E}_B$ 的方向相反,大小相等.所以总电场强度的大小为

$$E = E_A - E_B = 0$$

因此,均匀地分别带上等量正、负电荷的两平行平面(即面电荷密度相同),当平面的线度远大于两平面的间距时,除了边缘附近为非均匀电场(即所谓**边缘效应**)外,**电场全部集中于两平面之间**[图(b)],**而且是均匀电场**.局限于上述区域内的电场,称为**"无限大"均匀带电平行平面的电场**.

问题 11.3.1　(1) 如何计算点电荷系和连续分布电荷电场中的电场强度?

(2) 两个固定的点电荷,电量分别为 e 和 $-2e$,它们之间相距 10 cm,求在两电荷连线上电场强度等于零的所在点的位置.(**答**:距电荷 $-2e$ 为 0.34 m 处)

(3) 如图,一半径为 R 的绝缘圆环上均匀地带有负电荷,其电荷线密度为 $-\lambda$,今在圆环上截去所对圆心角为 θ 的弧段后,求环心 O 处的电场强度.(**答**:$\lambda\sin(\varphi/2)/(2\pi\varepsilon_0 R)$)

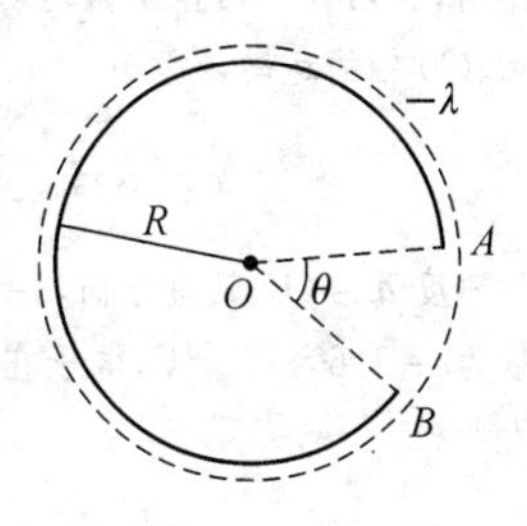

问题 11.3.1(3)图

11.3.4　电荷在电场中所受的力

例题 11-9　求电偶极子在均匀电场中所受的作用.

解　如图所示,设电偶极子处于电场强度为 $\boldsymbol{E}$ 的均匀电场中,$\boldsymbol{l}$ 表示从 $-q$ 指向 $+q$ 的矢量,电偶极子的电矩 $\boldsymbol{p}_e = q\boldsymbol{l}$ 方向与 $\boldsymbol{E}$ 之间的夹角为 θ.作用于电偶极子正、负电荷上的电场力分别为 $\boldsymbol{F}_+$ 和 $\boldsymbol{F}_-$,其大小相等,按式(11-3),有

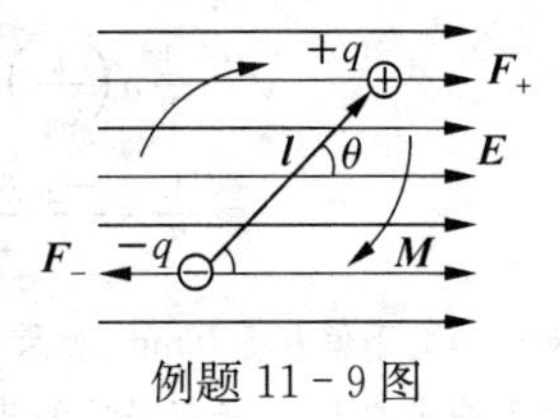

例题 11-9 图

$$F = |\boldsymbol{F}_+| = |\boldsymbol{F}_-| = qE$$

其方向相反,因此两力的矢量和为零,电偶极子不会发生平动;但由于电场力 $\boldsymbol{F}_+$ 和 $\boldsymbol{F}_-$ 的作用线不在同一直线上,此两力组成一个力偶①,使电偶极子发生转动.电偶极子所受力偶矩的大小为

$$M = Fl\sin\theta = qEl\sin\theta = p_e E\sin\theta \tag{ⓐ}$$

式中,$l\sin\theta$ 为力偶矩的力臂,$p_e = ql$ 为电偶极子的电矩大小.上式表明,当 $\boldsymbol{p}_e \perp \boldsymbol{E}$ $(\theta = \pi/2)$ 时,力偶矩最大;当 $\boldsymbol{p}_e /\!/ \boldsymbol{E}$ $(\theta = 0°$ 或 $\pi)$ 时,力偶矩等于零.在力偶矩作用下,电偶极子发生转动,即其电矩 $\boldsymbol{p}_e$ 将转到与外电场 $\boldsymbol{E}$ 一致的方向上去.

综上所述,我们也可将式ⓐ表示成矢量式($\boldsymbol{p}_e$ 与 $\boldsymbol{E}$ 的矢积),即

$$\boldsymbol{M} = \boldsymbol{p}_e \times \boldsymbol{E} \tag{11-14}$$

例题 11-10　阴极射线示波器中的竖直偏转系统如图所示,偏转极板 P_1,P_2 之间是均匀电场,电场强度大小为 $E = 5.0 \times 10^4\ \text{N}\cdot\text{C}^{-1}$,方向竖直向上,偏转极板的长度为 $l = 2.0$ cm,有一动能

① 作用于同一物体上的大小相等、指向相反而不在同一直线上的两个平行力,构成一个**力偶**.力偶对物体所产生的效应是使物体转动,力偶作用的强弱决定于力偶的力矩(简称**力偶矩**).此力矩的大小 M 等于力偶中任何一个力 $\boldsymbol{F}$ 的大小和这两个平行力之间的垂直距离 l(称为力臂)之乘积.即力偶矩为 $M = Fl$.如果力偶矩为零,则原来静止的物体不会转动,原来转动的物体作匀角速转动.

为 $E_k=3.2\times10^{-16}$ J 的电子 e 自水平方向射入偏转极板之间,不计电子运动所产生的磁效应,问电子通过偏转极板时,偏移多大距离?

解 以电子入射处为坐标原点 O,取平面直角坐标系 Oxy,如图所示.电子由于受竖直向下的电场力 $\boldsymbol{F}$ 作用,在两极板内作平抛运动(忽略重力作用),它沿 Ox 轴、Oy 轴的运动函数为

例题 11-10 图

$$x=v_0t,\quad y=at^2/2$$

加速度 $\boldsymbol{a}$ 沿 Oy 轴负方向,$a=F/m=-eE/m$,其中,电子质量 $m=9.1\times10^{-31}$ kg,电子带负电,其电量为 $e=1.6\times10^{-19}$ C,电子在两极板间沿 Ox 轴方向的位移为 $x=l=2\times10^{-2}$ m,电子运动的初速度为

$$v_0=\sqrt{\frac{2E_k}{m}}=\sqrt{\frac{2\times3.2\times10^{-16}}{9.1\times10^{-31}}}\ \mathrm{m\cdot s^{-1}}=2.65\times10^{7}\ \mathrm{m\cdot s^{-1}}$$

将以上数值代入运动函数,可得

$$y=\frac{1}{2}a\left(\frac{l}{v_0}\right)^2=\frac{1}{2}\left(\frac{-eE}{m}\right)\left(\frac{l}{v_0}\right)^2$$

$$=\frac{1}{2}\times\frac{-1.6\times10^{-19}\times5.0\times10^{4}}{9.1\times10^{-31}}\times\left(\frac{2\times10^{-2}}{2.65\times10^{7}}\right)^2\mathrm{m}=-5.0\times10^{-3}\,\mathrm{m}$$

即电子向下偏移 5.0 mm,如果电子这时刚好离开极板,则此后由于未受电场力的作用,在忽略重力因素的影响下,电子将沿已偏转的方向作匀速直线运动.

问题 11.3.2 (1) 试写出电荷在电场中所受电场力的公式.

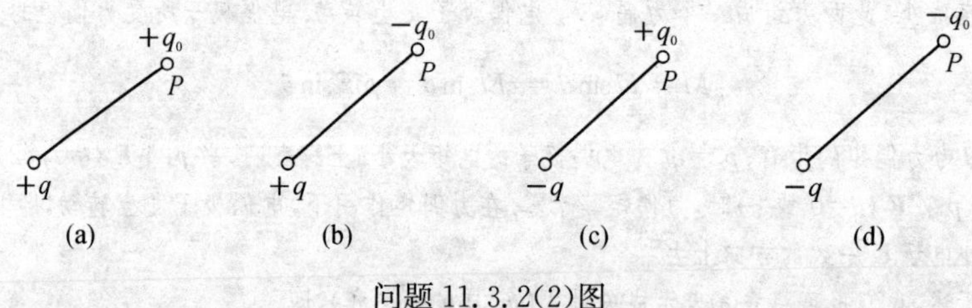

问题 11.3.2(2)图

(2) 如图(a)到(d)所示,在点电荷 $+q$(或 $-q$)的电场中,请绘出 P 点电场强度 $\boldsymbol{E}$ 的方向;若在 P 点放置一个点电荷 $+q_0$(或 $-q_0$),试绘出它所受电场力的方向.

(3) 一竖直无限大平板的一侧表面上均匀带电,它的面电荷密度为 $\sigma=0.33\times10^{-4}\,\mathrm{C\cdot m^{-2}}$.一条长 $l=5$ cm 的细线,一端固定于该平板上,另一端悬有质量 $m=1$ g 的带正电小球,若线与竖直方向成 $\varphi=30^\circ$ 角而达平衡,求球上所带的电荷 q.(**答**:3.04×10^{-9} C)

11.4 电通量　真空中静电场的高斯定理

11.4.1　电场线

为了形象地描述电场的分布，引入电场线的概念. **在电场中画出一系列有指向的曲线，使这些曲线上的每一点的切线方向和该点的电场强度方向一致.** 这样的曲线就叫做**电场线**.

为了使电场线不仅能表示电场强度的方向，而且又能表示电场强度的大小，我们规定：**在电场中任一点附近，通过该处垂直于电场强度 $\boldsymbol{E}$ 方向的单位面积的电场线条数 ΔN 等于该点电场强度 $\boldsymbol{E}$ 的大小**，即 $\Delta N/\Delta S_{\perp}=E$. 这样，我们就可以看到，在电场中电场强度较大的地方，电场线较密；电场强度较小的地方，电场线较疏. 图 11-6 表示几种典型的电场线分布. 从图中可以看出，静电场的电场线有以下两个性质：①电场线总是起始于正电荷，终止于负电荷，不会形成闭合曲线，也不会在没有电荷的地方中断；②任何两条电场线不会相交.

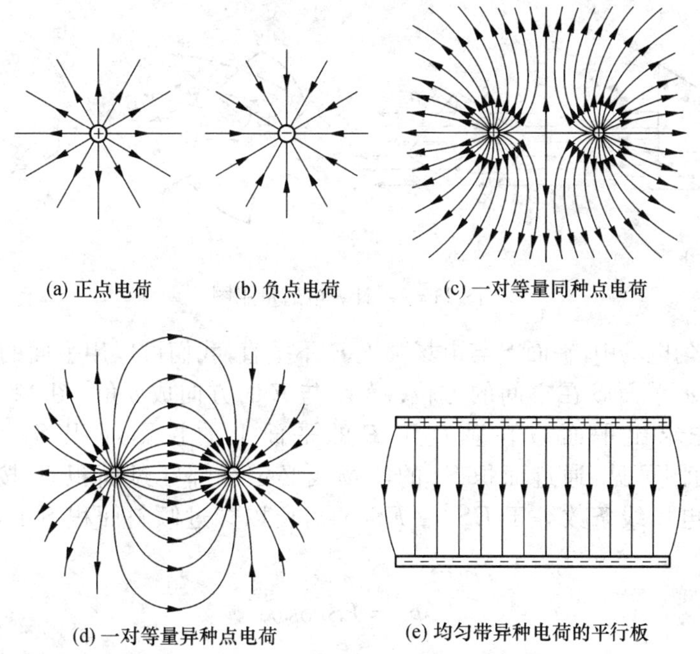

图 11-6　几种典型电场的电力线分布

问题 11.4.1　什么叫电场线？电场线有什么性质？试用电场线大致表示点电荷和电偶极子

的电场,为什么均匀电场的电场线是一系列疏密均匀的同方向平行直线?

11.4.2 电通量

在电场中任一点处,取一块面积元 $\Delta S_{\perp}$,与该点电场强度 $\boldsymbol{E}$ 的方向相垂直,我们把**电场强度大小 E 与面积元 $\Delta S_{\perp}$ 之乘积**,称为穿过该面积元 $\Delta S_{\perp}$ 的电通量,用 $\Delta\Phi_e$ 表示,即

$$\Delta\Phi_e = E\Delta S_{\perp} \tag{11-15}$$

另一方面,如上页所述,可得 $\Delta N = E\Delta S_{\perp}$. 这样,我们把穿过电场中任一个给定面积 S 的电通量 Φ_e,就可以用通过该面积的电场线条数来表述.

在均匀电场中,电场线是一系列均匀分布的同方向平行直线[图 11-7(a)]. 想象一个面积为 S 的平面,它与电场强度 $\boldsymbol{E}$ 的方向相垂直. 由于在均匀电场中,电场强度的大小 E 处处相等,这样,根据式(11-15),穿过 S 面的电通量为

$$\Phi_e = ES \quad ⓐ$$

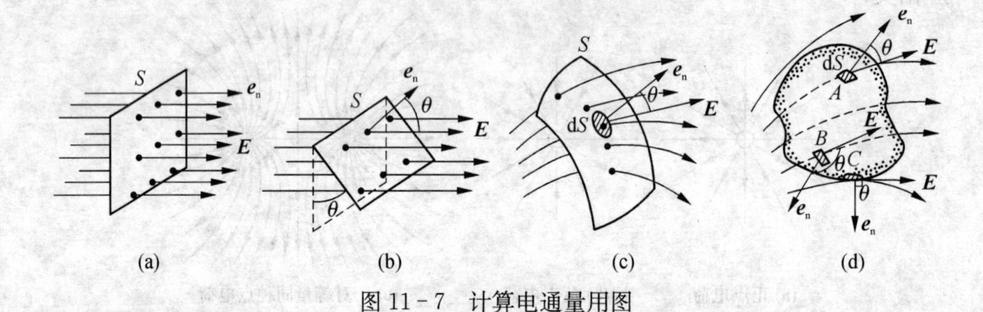

图 11-7 计算电通量用图

如果在均匀电场中,平面 S 与电场强度 $\boldsymbol{E}$ 不垂直,我们可以用平面的**法线矢量** $\boldsymbol{e}_n$[①] 来标示平面 S 在空间的方位. 设 $\boldsymbol{e}_n$ 与 $\boldsymbol{E}$ 的方向成 θ 角[图 11-7(b)],这时可先求出平面 S 在垂直于 $\boldsymbol{E}$ 的平面上的投影面积 $S_{\perp}$,即 $S_{\perp} = S\cos\theta$. 由图可见,通过面积 $S_{\perp}$ 的电场线必定全部穿过面积 S. 按式ⓐ,通过 $S_{\perp}$ 的电场线条数等于 $ES_{\perp} = ES\cos\theta$,所以穿过倾斜面积 S 的电通量也应该是

$$\Phi_e = ES\cos\theta \quad ⓑ$$

① 平面的法线矢量 $\boldsymbol{e}_n$,是指垂直于平面的一个单位矢量. 它的指向可以背离平面(或曲面)向外或朝向平面(或曲面),可由我们任意选定. 对下面将要讲到的闭合曲面来说,一点的法线矢量 $\boldsymbol{e}_n$ 垂直于过该点的切平面,数学上规定,其指向朝着闭合曲面的外侧;或者说,$\boldsymbol{e}_n$ **沿闭合曲面的外法线方向**.

即穿过给定平面的电通量Φ_e，等于电场强度$\boldsymbol{E}$在该平面上的法向分量$E\cos\theta$与面积S之乘积. 显然，穿过给定面积的电通量是一个标量，其正、负取决于这个面的法线矢量$\boldsymbol{e}_n$和电场强度$\boldsymbol{E}$二者方向之间的夹角θ.

如果是非均匀电场，并且S也不是平面、而是一个任意曲面[图 11-7(c)]，那么，可以先把曲面分成无限多个面积元dS，每个面积元dS都可视作平面，而且在面积元dS的微小区域上，各点的电场强度$\boldsymbol{E}$也可视作相等，则由式ⓑ，穿过面积元dS上的电通量为

$$d\Phi_e = EdS\cos\theta \tag{ⓒ}$$

式中，θ为面积元的法线矢量$\boldsymbol{e}_n$与该处电场强度$\boldsymbol{E}$二者方向之间的夹角. 通过整个曲面S的电通量为

$$\Phi_e = \iint_S d\Phi_e = \iint_S E\cos\theta dS = \iint_S \boldsymbol{E}\cdot d\boldsymbol{S} \tag{ⓓ}$$

式中，$d\boldsymbol{S}$为面积元矢量，其大小为dS，方向用法线矢量$\boldsymbol{e}_n$（$\boldsymbol{e}_n$的大小是1）表示（见上页脚注）.

对电场中的一个封闭曲面来说，所通过的电通量为

$$\Phi_e = \oiint_S d\Phi_e = \oiint_S \boldsymbol{E}\cdot d\boldsymbol{S} = \oiint_S E\cos\theta dS \tag{11-16}$$

“$\oiint_S$”表示对整个闭合曲面求积分.

值得注意，对一个封闭曲面而言，通常规定面积元法线矢量$\boldsymbol{e}_n$的正方向为垂直于曲面向外. 因而，在图 11-7(d)中可见，在电场线从曲面内穿出来的地方（如点A），电场强度$\boldsymbol{E}$和曲面法线矢量$\boldsymbol{e}_n$的夹角$\theta<90°$，$\cos\theta>0$，故电通量$d\Phi_e$为正；在电场线穿入曲面的地方（如点B），$180°>\theta>90°$，$\cos\theta<0$，电通量$d\Phi_e$为负；在电场线与曲面相切的地方（如点C），$\theta=90°$，$\cos 90°=0$，电通量$d\Phi_e=0$.

问题 11.4.2 (1) 何谓电通量？试根据它的定义，读者自行给出其单位为$N\cdot m^2\cdot C^{-1}$. 在电场中，通过一平面、曲面或闭合曲面的电通量如何计算？

(2) 在均匀电场中，取一假想的圆柱形闭合面，柱的半径为R，柱轴平行于电场，求证：穿过这个闭合面的电通量$\Phi_e=0$. 并问该闭合面上的电场强度是否处处为零.

11.4.3 高斯定理

从电通量的概念出发，可以引证真空中静电场的**高斯定理**.

我们先讨论点电荷的静电场. 设在真空中有一个正的点电荷q，则在其周围存在着静电场. 以点电荷q的所在处为中心，取任意长度r为半径，作一个闭合球面，包围这个点电荷[图 11-8(a)]. 显然，点电荷q的电场具有球对称性，球面

上任一点电场强度 $\boldsymbol{E}$ 的大小都是 $q/(4\pi\varepsilon_0 r^2)$，方向都是以点电荷 q 为中心，对称地沿着半径方向呈辐射状，并且处处与球面垂直. 在此闭合球面上任取一面积元矢量 $\mathrm{d}\boldsymbol{S}$，其方向也沿半径向外，与电场强度 $\boldsymbol{E}$ 的夹角 $\theta=0°$. 按式(11-16)，穿过整个闭合球面的电通量为

$$\Phi_e=\oint\!\!\!\oint_S \mathrm{d}\Phi_e=\oint\!\!\!\oint_S \boldsymbol{E}\cdot\mathrm{d}\boldsymbol{S}=\oint\!\!\!\oint_S \frac{q}{4\pi\varepsilon_0 r^2}\cos 0°\mathrm{d}S$$

$$=\frac{q}{4\pi\varepsilon_0 r^2}\oint\!\!\!\oint_S \mathrm{d}S=\frac{q}{4\pi\varepsilon_0 r^2}(4\pi r^2)=\frac{q}{\varepsilon_0} \qquad ⓐ$$

即穿过此球面的电通量 Φ_e 只与被球面所包围的点电荷 q 有关，而与半径 r 无关. 上式中的 q 是正的，因此 $\Phi_e>0$，这表示电场线从正电荷处发出，并穿出球面；若 q 为负，读者同样可以推出上述结果，但这时 $\Phi_e<0$，表示电场线穿入球面，并终止于负电荷.

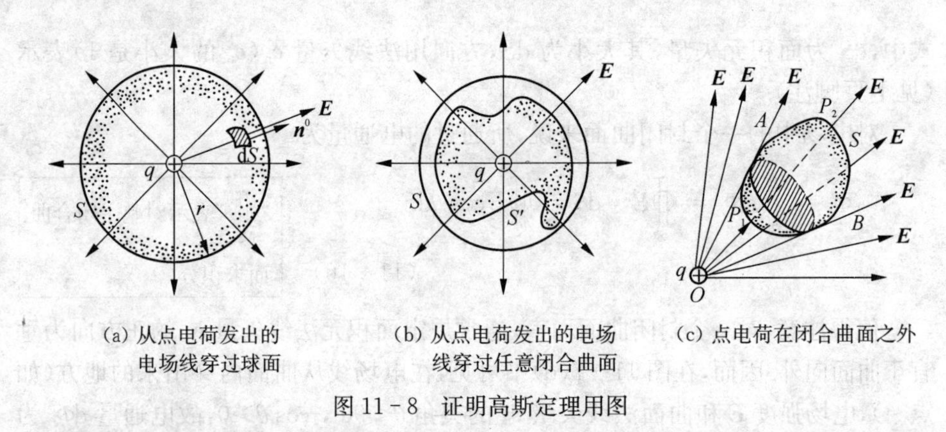

(a) 从点电荷发出的电场线穿过球面　(b) 从点电荷发出的电场线穿过任意闭合曲面　(c) 点电荷在闭合曲面之外

图 11-8　证明高斯定理用图

其次，我们来讨论穿过包围点电荷 q (设 $q>0$)的任意闭合曲面 S' 的电通量. 如图 11-8(b)所示，在 S' 的外面作一个以点电荷 q 为中心的球面 S，S 和 S' 包围同一个点电荷 q，S 和 S' 之间并无其他电荷，故电场线不会中断，穿过闭合曲面 S' 和穿过球面 S 的电场线条数是相等的. 由式ⓐ可知，穿过球面 S 的电通量等于 q/ε_0，因此穿过任意闭合曲面 S' 的电通量 Φ_e 也应等于 q/ε_0. 并且在电场中作包围点电荷 q 的无限多个形状和大小不一的闭合曲面，我们不用计算就能断定，穿过每一闭合曲面的电通量 Φ_e 也都等于 q/ε_0.

如果点电荷 q 在闭合曲面 S 之外[图 11-8(c)]，则只有与闭合曲面相切的锥体 AOB 范围内的电场线才能通过此闭合曲面，而且每一条电场线从某处穿入曲面(如图中 P_1 处)，必从另一处穿出曲面(如图中 P_2 处). 按照规定，电场线从曲面穿入，电通量为负，电场线从曲面穿出，电通量为正，一进一出，正负相消. 这样，从这一曲面穿入和穿出的电场线条数是相等的，即穿过这一闭合曲面的电

通量之代数和为零,有

$$\oiint_S \boldsymbol{E} \cdot \mathrm{d}\boldsymbol{S} = 0 \qquad ⓑ$$

以上我们只讨论了单个点电荷的电场中,穿过任一闭合面的电通量.现在,我们将上述结果推广到点电荷系 q_1, q_2, …, q_n, q_{n+1}, …, q_s 的电场中去.今作一任意闭合面 S,它包围了 n 个点电荷 q_1, q_2, …, q_n,对其中每个点电荷来说,由式ⓐ,有 $\Phi_{e_1}=q_1/\varepsilon_0$, $\Phi_{e_2}=q_2/\varepsilon_0$, …, $\Phi_{e_n}=q_n/\varepsilon_0$;而对于在闭合面 S 以外的点电荷 q_{n+1},…, q_s,由式ⓑ,它们对闭合面上电通量的贡献分别为零.于是,穿过闭合面 S 的电通量合计为

$$\Phi_e = \frac{q_1}{\varepsilon_0} + \frac{q_2}{\varepsilon_0} + \cdots + \frac{q_n}{\varepsilon_0} + 0 + \cdots + 0 = \frac{1}{\varepsilon_0}\sum_i q_i \quad (i = 1, 2, 3, \cdots, n)$$

根据穿过闭合曲面 S 的电通量表达式(11-16),可将上式写成

$$\oiint_S \boldsymbol{E} \cdot \mathrm{d}\boldsymbol{S} = \frac{1}{\varepsilon_0}\sum_i q_i \qquad (11-17)$$

上式表明,**穿过静电场中任一闭合面的电通量 Φ_e,等于包围在该闭合面内所有电荷之代数和 $\sum\limits_i q_i$ 的 $1/\varepsilon_0$ 倍,而与闭合面外的电荷无关**.这一结论称为真空中静电场的**高斯**(K. F. Gauss)**定理**.

读者注意,高斯定理是说明通过闭合面的电通量,只与该面所包围的总电荷量(净电荷)有关;而闭合面上任意一点的电场强度则应该由激发该电场的所有场源电荷(包括闭合面内、外所有的电荷)共同决定,并非只由闭合曲面所包围的电荷激发所决定的.

前面说过,电场线起自正电荷、终止于负电荷,这是高斯定理的必然结果.所以,高斯定理是一条反映静电场基本性质的普遍定理,即**静电场是有源场**.激发电场的电荷则为该电场的"源头".或者形象地说,正电荷是电场的"源头",每单位正电荷向四周发出 $1/\varepsilon_0$ 条电场线;负电荷是电场的"尾闾",每单位负电荷有 $1/\varepsilon_0$ 条电场线向它会聚(或终止).

问题 11.4.3 叙述高斯定理.试问闭合面内的电荷之代数和等于零时,闭合面上任一点的电场强度是否一定为零?为什么?反之,如果闭合面上的电场强度处处为零,则此闭合面内部的电荷之代数和是否一定为零?为什么?

11.4.4 高斯定理的应用示例

高斯定理是一条反映静电场规律的普遍定理,在进一步研究电学时,这条定理很重要.在这里,我们只是应用它来计算某些对称带电体所激发的电场中的电场强度,在这些情况中,它比应用电场强度叠加原理来计算显得方

便多了.

有时,利用高斯定理之所以能够求电场强度,就在于其表达式

$$\oiint_S E\cos\theta \mathrm{d}S = \frac{1}{\varepsilon_0}\sum_i q_i \qquad ⓐ$$

左边的电通量中包含有因子 E. 用高斯定理求电场强度时,往往需在电场中选取一个合适的闭合面,使它通过需求电场强度的一点;并满足:在这个闭合面上(或闭合面的每一个部分上)各点的电场强度大小 E 为恒量;其方向与曲面的外法线方向处处成相同的角度,即 $\cos\theta$ 亦为已知的定值. 从而使公式左边的电通量的积分计算简化成

$$\Phi_e = \oiint_S E\cos\theta \mathrm{d}S = E\cos\theta \oiint_S \mathrm{d}S \qquad ⓑ$$

如果这闭合面的形状又很简单(如球面、圆柱面等),则整个曲面的面积 $S = \oiint_S \mathrm{d}S$ 用初等几何公式就能算出,而毋需去求曲面积分. 这样,电通量的积分计算就化成普通的代数运算,而式ⓐ便简化成为

$$ES\cos\theta = \frac{1}{\varepsilon_0}\sum_i q_i \qquad ⓒ$$

若此闭合面所包围的电荷代数和 $\sum_i q_i$ 是已知的,则从式ⓒ就可求出电场强度的大小 E.

可见,用高斯定理求电场强度时,在电场中必须具有满足上述条件的闭合面可供我们选取. 这种闭合面常称为**高斯面**. 否则,纵然高斯定理对静电场普遍适用,但我们却难以利用这一定理求出电场强度 $\boldsymbol{E}$. 通常,只有在均匀或对称的电场中,才有可能作出满足上述条件的高斯面,并应用高斯定理求电场强度. 下面举例说明高斯定理的这种应用.

例题 11-11 设半径为 R 的均匀带电球体中每单位体积所带的电荷为 ρ(称为**体电荷密度**,其单位是 $\mathrm{C \cdot m^{-3}}$),求球体内、外电场强度的分布.

解 如图(a)所示,由于电荷的分布对球心 O 是对称的,因此电场分布也具有球对称性,即以 O 为圆心的同心球面上,各点电场强度大小均相等,方向沿半径向外.

先计算球内离球心为 r_1 处的电场强度. 以 O 为圆心、$r_1<R$ 为半径作一球形高斯面,则高斯面内的电荷为 $\sum_i q_i = \rho(4\pi r_1^3/3)$,按照高斯定理,考虑到高斯面上各点处处有 $\boldsymbol{E} \perp \mathrm{d}\boldsymbol{S}$ 的关系,且高斯面上各点 E 相等,则 $\oiint_S \boldsymbol{E} \cdot \mathrm{d}\boldsymbol{S} = \oiint_S E\cos 0 \mathrm{d}S = E\oiint_S \mathrm{d}S = E(4\pi r_1^2)$,故

$$E(4\pi r_1^2) = \frac{1}{\varepsilon_0}\rho\left(\frac{4}{3}\pi r_1^3\right)$$

化简得

$$E = \frac{\rho r_1}{3\varepsilon_0} \qquad (r_1 < R) \qquad ⓐ$$

由此可见,球内的电场强度分布是与半径成正比的.

为了计算球外离球心为 r_2 处的电场强度,以 O 为圆心,以 $r_2 > R$ 为半径作一球形高斯面,则高斯面内的电荷为 $q = \rho(4\pi R^3/3)$,按照高斯定理,且有 $\oint\!\!\!\oint_S \boldsymbol{E} \cdot \mathrm{d}\boldsymbol{S} = E(4\pi r_2^2)$,故

$$E(4\pi r_2^2) = \frac{1}{\varepsilon_0}\rho\left(\frac{4}{3}\pi R^3\right)$$

若用总电荷 $q = 4\pi R^3 \rho/3$ 表示,则成为

$$E = \frac{1}{3\varepsilon_0}\frac{\rho R^3}{r_2^2} = \frac{1}{4\pi\varepsilon_0}\frac{q}{r_2^2} \qquad (r_2 > R) \qquad ⓑ$$

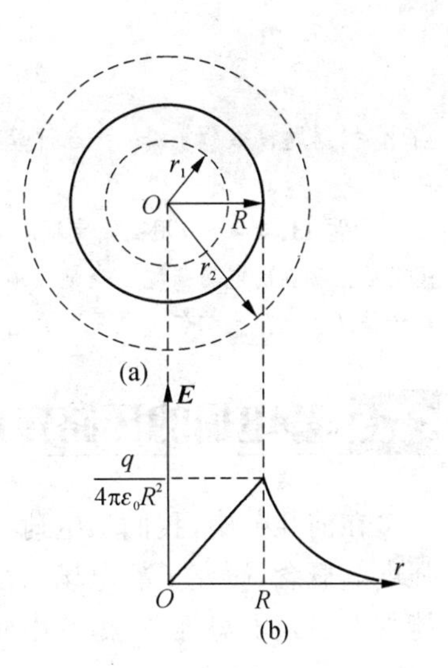

例题 11 11 图　带电球体的电场

由此可见,球外的电场强度分布是以半径平方反比递减的,并且此结果表明:球外的电场强度分布与球内所有电荷集中在球心 O 点时所产生在球外的电场强度分布相同.

根据式ⓐ、式ⓑ可画出电场强度 E 与 r 的函数关系曲线,如图(b)所示.

例题 11 - 12　一金属球 A($R_1 = 2$ cm)被一同心金属球壳 B($R_2 = 4$ cm)所包围.球 A 和球壳 B 都均匀带电,球 A 表面上带电荷 $q_1 = +10/3 \times 10^{-9}$ C,球壳 B 上带电荷 $q_2 = -20/3 \times 10^{-9}$ C.分别求与球心 O 相距 $r_1 = 3$ cm 的点 C 和 $r_2 = 5$ cm 的点 D 的电场强度.

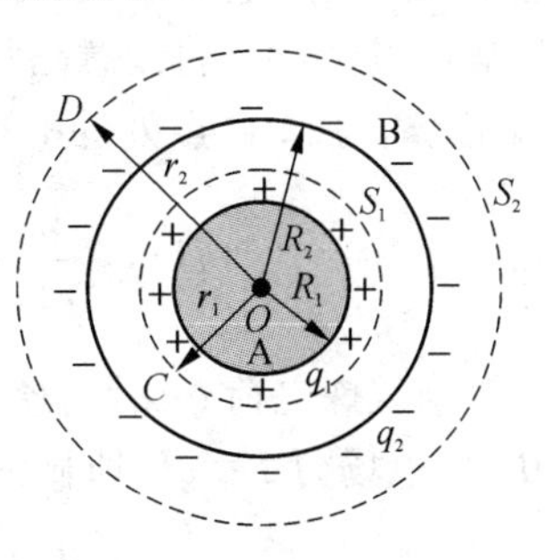

例题 11 - 12 图

解　为了求点 C 的电场强度,选取经过点 C、且与球 A 同心的闭合球面 S_1 作为高斯面,其半径为 r_1,所包围的电荷为 q_1,又由于对称,球面 S_1 上各点的电场强度大小均相同,设为 $\boldsymbol{E}_1$,则根据高斯定理,有

$$4\pi r_1^2 E_1 = \frac{1}{\varepsilon_0} q_1$$

得

$$E_1 = \frac{q_1}{4\pi\varepsilon_0 r_1^2}$$

点 C 的电场强度 E_1 的方向沿半径背离中心 O.代入题设数据,算得 $\boldsymbol{E}_1$ 的大小为

$$E_1 = 9 \times 10^9\ \mathrm{N \cdot m^2 \cdot C^{-2}} \times \frac{\frac{10}{3} \times 10^{-9}\ \mathrm{C}}{(0.03\ \mathrm{m})^2} = 3.33 \times 10^4\ \mathrm{N \cdot C^{-1}}$$

同理,设点 D 的电场强度为 $\boldsymbol{E}_2$,取经过点 D 的闭合同心球面 S_2 作为高斯面,其半径为 r_2,所包围的电荷为$(q_1 + q_2)$,则由高斯定理,有

$$4\pi r_2^2 E_2 = \frac{1}{\varepsilon_0}(q_1 + q_2)$$

由此,根据题设数据,读者可自行算得 $E_2 = -1.2\times10^4\,\mathrm{N\cdot C^{-1}}$(负号表示电场强度方向指向中心).

问题 11.4.4 应用高斯定理求电场强度时,应该选取怎样的闭合面作为高斯面?为什么要求高斯面上各点的电场强度一定是大小相等的或者是零?试用高斯定理求均匀带电球面的内、外的电场强度和无限大均匀带电平面的电场强度.

11.5 静电场的环路定理 电势

在前几节中,我们从电荷在电场中受电场力作用这一事实出发,引入了电场强度等概念,研究了静电场的性质.现在从电场力对电荷做功这一表现,依据功、能观点引入电势等概念,并由此研究静电场的性质.

11.5.1 静电力的功

如图 11-9 所示,在点电荷 q 的电场中,场点 a 和 b 到点电荷 q 的距离分别为 r_a 和 r_b,C 为从 a 点到 b 点的任意路径 l 上的任一点,C 到 q 的距离为 r,C 点处的电场强度大小为

$$E = \frac{1}{4\pi\varepsilon_0}\frac{q}{r^2}$$

当试探电荷 q_0 沿路径 l 自 C 点经历位移元 $\mathrm{d}\boldsymbol{l}$ 时,电场力 $\boldsymbol{F}=q\boldsymbol{E}$ 所做的元功为

$$\begin{aligned}\mathrm{d}A &= \boldsymbol{F}\cdot\mathrm{d}\boldsymbol{l} = q_0\boldsymbol{E}\cdot\mathrm{d}\boldsymbol{l}\\ &= q_0E\cos\theta\mathrm{d}l = q_0E\mathrm{d}r\end{aligned} \qquad ⓐ$$

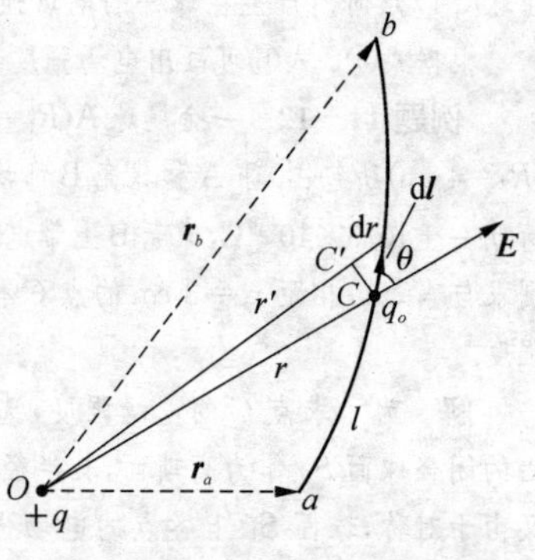

图 11-9 静电场力所做的功

式中,θ 为电场强度 $\boldsymbol{E}$ 与位移元 $\mathrm{d}\boldsymbol{l}$ 之间的夹角,$\mathrm{d}r$ 为位移元 $\mathrm{d}\boldsymbol{l}$ 沿电场强度 $\boldsymbol{E}$ 方向的分量.当试探电荷 q_0 从 a 点移到 b 点时,电场力所做的功为

$$A_{ab} = \int_a^b \mathrm{d}A = \int_{r_a}^{r_b} q_0 E\mathrm{d}r = \frac{q_0}{4\pi\varepsilon_0}\int_{r_a}^{r_b}\frac{q\mathrm{d}r}{r^2} = \frac{q_0 q}{4\pi\varepsilon_0}\left(\frac{1}{r_a}-\frac{1}{r_b}\right) \qquad (11-18)$$

上式表明,试探电荷 q_0 在静止点电荷 q 的电场中移动时,静电场力所作的功只与始点和终点的位置以及试探电荷的量值 q_0 有关,而与试探电荷在电场中所经历的路径无关.

上述结论对于任何静电场皆适用.由于任何静电场都可看作由点电荷系所

激发的，根据电场强度叠加原理，其电场强度 $\boldsymbol{E}$ 是各个点电荷 q_1，q_2，…，q_n 单独存在时的电场强度 $\boldsymbol{E}_1$，$\boldsymbol{E}_2$，…，$\boldsymbol{E}_n$ 的矢量和，即

$$\boldsymbol{E}=\boldsymbol{E}_1+\boldsymbol{E}_2+\cdots+\boldsymbol{E}_n$$

当试探电荷 q_0 在电场中从场点 a 沿任意路径 l 移动到场点 b 时，由式ⓐ，按矢量标积的分配律，电场力所作的功为

$$\begin{aligned}A_{ab}&=q_0\int_a^b\boldsymbol{E}\cdot\mathrm{d}\boldsymbol{l}=q_0\int_a^b(\boldsymbol{E}_1+\boldsymbol{E}_2+\cdots+\boldsymbol{E}_n)\cdot\mathrm{d}\boldsymbol{l}\\&=q_0\int_a^b\boldsymbol{E}_1\cdot\mathrm{d}\boldsymbol{l}+q_0\int_a^b\boldsymbol{E}_2\cdot\mathrm{d}\boldsymbol{l}+\cdots+q_0\int_a^b\boldsymbol{E}_n\cdot\mathrm{d}\boldsymbol{l}\end{aligned}$$

或

$$A_{ab}=A_1+A_2+\cdots+A_n=\sum_i A_i \tag{11-19}$$

即静电场力所作的功等于各个场源点电荷 q_n 对试探电荷 q_0 所施电场力做功的代数和. 由于每一个场源点电荷施于试探电荷 q_0 的电场力所做的功，都与路径无关[见式(11-18)]，那么，这些功的代数和也与路径无关，故得结论：**试探电荷在任何静电场中移动时，静电场力所做的功，仅与试探电荷以及始点和终点的位置有关，而与所经历的路径无关.** 这与重力作功的特点相同. 因此，静电场力是保守力.

11.5.2　静电场的环路定理

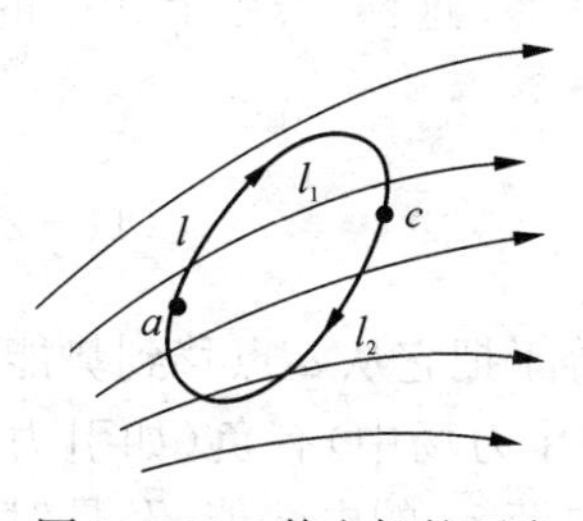

图 11-10　静电场的环流等于零

上述静电场力做功与路径无关这一结论，还可换成另一种说法，即**静电场力沿任何闭合路径所做的功等于零.** 如图 11-10 所示，设试探电荷 q_0 在静电场中从某点 a 出发，沿任意闭合路径 l 运动一周，又回到原来的点 a，即始点与终点重合. 则由式(11-18)，有

$$A_{aa}=\frac{q_0q}{4\pi\varepsilon_0}\left(\frac{1}{r_a}-\frac{1}{r_a}\right)=0$$

亦即试验电荷沿任一闭合路径移动一周时，电场力作功等于零. 所以

$$q_0\oint_l\boldsymbol{E}\cdot\mathrm{d}\boldsymbol{l}=0$$

而 $q_0\neq0$，因此

$$\oint_l\boldsymbol{E}\cdot\mathrm{d}\boldsymbol{l}=0 \tag{11-20}$$

上式表明,任何静电场中,电场强度 $\boldsymbol{E}$ 沿任一闭合回路 l 的线积分(称为电场强度的**环流**)等于零,这一结果称为**静电场的环路定律**. 这是静电场的一个基本性质,即**静电场是保守力场**. 它与"静电场力作功与路径无关"的说法是等价的. 环路定律反映了静电场的电力线是不闭合的,说明了**静电场是有源场**.

静电场的高斯定理和环路定理是描述静电场性质的两条基本定理. **高斯定理指出静电场是有源的;环路定理指出静电场是有势的,并且是一种保守力场.** 因此,要完全地描述一个静电场,必须联合运用这两条定理.

问题 11.5.1 证明电荷在静电场中移动时,电场力做功与路径无关. 并由此导出静电场环路定理. 试问环路定理说明了静电场的什么性质?

11.5.3 电势能

对于每一种保守力,都可以引入相应的势能. 正如重力与重力势能的关系一样,静电场力也存在着与之相关的势能——静电势能(简称**电势能**). 由保守力做功与势能改变的关系可知,**静电场力做的功等于电势能的减少**. 如以 W_a 和 W_b 分别表示试探电荷 q_0 在电场中始点 a 和终点 b 处的电势能,则试探电荷从 a 点移到 b 点,静电场力对它做的功为

$$A_{ab} = q_0\int_a^b \boldsymbol{E}\cdot \mathrm{d}\boldsymbol{l} = W_a - W_b \tag{11-21}$$

势能都是相对的量,电势能也是如此,其量值与势能零点的选择有关. 当电荷分布在有限区域时,通常规定无限远处的电势能为零. 这样,若令上式中的 b 点在无限远处,则 $W_b = W_\infty = 0$,于是

$$W_a = q_0\int_a^\infty \boldsymbol{E}\cdot \mathrm{d}\boldsymbol{l} \tag{11-22}$$

即,试探电荷 q_0 在电场中 a 点的电势能,在量值上等于把它从 a 点移到势能零点处静电场力所做的功. 一般地说,这个功有正(如斥力场中)有负(如引力场中),电势能也有正有负. 式(11-22)所表示的试探电荷 q_0 的电势能,乃是对形成那个电场的场源电荷而说的,实际上是由于试探电荷 q_0 与这一场源电荷间存在着电场力而具有的. 因此,电势能是属于场源电荷与引入场中的电荷所组成的带电系统的.

电势能的单位为 J(焦).

问题 11.5.2 电势能是如何规定的? 试与重力势能相比较,说明负的试探电荷在正电荷的电场中移动时所做的功和相应电势能的增减情况.

11.5.4 电势 电势差

静电势能不仅与给定点的位置有关,而且与试探电荷 q_0 的大小有关,尚不

能用来反映电场的做功本领，而比值 W_a/q_0 却与 q_0 无关，只取决于给定点 a 的位置，故可用来表征电场在一点所拥有的做功本领，我们把这个比值称为 a 点的**电势**，记为 V_a，由式(11-22)可得

$$V_a=\frac{W_a}{q_0}=\int_a^{\infty}\boldsymbol{E}\cdot\mathrm{d}\boldsymbol{l} \tag{11-23}$$

上式说明，**电场中某点的电势在量值上等于单位正电荷放在该点时所具有的电势能，也等于单位正电荷从该点经过任意路径移到无穷远处时静电场力所做的功.** 电势是标量，有正或负的量值.

电势的单位是 V(伏特，简称伏)，$1\ \mathrm{V}=1\ \mathrm{J}\cdot\mathrm{C}^{-1}$.

在静电场中，任意两点 a 和 b 的电势之差，叫做该两点间的电势差，也叫做**电压**，用符号 V_{ab} 表示. 依定义

$$V_{ab}=V_a-V_b=\int_a^b\boldsymbol{E}\cdot\mathrm{d}\boldsymbol{l} \tag{11-24}$$

这就是说，**静电场中 a，b 两点的电势差，在数值上等于单位正电荷从 a 点经任意路径移到 b 点时，静电场力所做的功.** 因此，当试探电荷 q_0 在电场中从 a 点移到 b 点时，静电场力所做的功可用电势差表示为

$$A_{ab}=q_0(V_a-V_b) \tag{11-25}$$

和电势能一样，电势也是一个相对量，电势零点可以任意选择. 当研究有限大小的带电体时，一般选无限远处电势为零. 在实用中，往往选取地球(或接地的电器外壳)的电势为零.

11.5.5 电势的计算

点电荷电场中某一点的电势可由式(11-23)和式(11-18)求得. 设在点电荷 q 的电场中有一点 a，a 点距点电荷 q 的距离为 r，则可得 a 点的电势为

$$V_a=\int_a^{\infty}\boldsymbol{E}\cdot\mathrm{d}\boldsymbol{l}=\frac{q}{4\pi\varepsilon_0}\left(\frac{1}{r}-\frac{1}{r_\infty}\right)=\frac{q}{4\pi\varepsilon_0 r} \tag{11-26}$$

上式表明，在选取无限远处的电势为零后，正点电荷电场中各点的电势值总是正的，负点电荷电场中各点的电势值总是负的.

设在有限空间内分布着 n 个点电荷 q_1，q_2，…，q_n. 为了求这个点电荷系电场中一点 a 的电势 V_a，按电场强度叠加原理和矢量标积的分配律，有

$$V_a=\int_a^{\infty}\boldsymbol{E}\cdot\mathrm{d}\boldsymbol{l}=\int_a^{\infty}(\boldsymbol{E}_1+\boldsymbol{E}_2+\cdots+\boldsymbol{E}_n)\cdot\mathrm{d}\boldsymbol{l}$$

$$=\int_a^{\infty}\boldsymbol{E}_1\cdot \mathrm{d}\boldsymbol{l}+\int_a^{\infty}\boldsymbol{E}_2\cdot \mathrm{d}\boldsymbol{l}+\cdots+\int_a^{\infty}\boldsymbol{E}_n\cdot \mathrm{d}\boldsymbol{l}$$

即
$$V_a=\sum_i\int_a^{\infty}\boldsymbol{E}_i\cdot \mathrm{d}\boldsymbol{l}=\sum_i V_i=\sum_i\frac{1}{4\pi\varepsilon_0}\frac{q_i}{r_i}=\frac{1}{4\pi\varepsilon_0}\sum_i\frac{q_i}{r_i}\qquad(11-27)$$

式中,E_i 和 V_i 分别为第 i 个点电荷 q_i 单独在与之相距为 r_i 的 P 点激发的电场强度和电势. 上式表明,**在点电荷系的电场中,任意一点的电势等于各个点电荷在该点激发的电势之代数和**. 这一结论称为**电势的叠加原理**.

欲求连续分布电荷电场中任意一点的电势,可根据连续带电体上的电荷分布情况,分别引用体电荷密度 ρ、面电荷密度 σ 和线电荷密度 λ,将式(11-27)分别写成

$$V_a=\frac{1}{4\pi\varepsilon_0}\iiint_{\tau}\frac{\rho\mathrm{d}\tau}{r},\quad V_a=\frac{1}{4\pi\varepsilon_0}\iint_{S}\frac{\sigma\mathrm{d}S}{r},\quad V_a=\frac{1}{4\pi\varepsilon_0}\int_{l}\frac{\lambda\mathrm{d}l}{r}\qquad(11-28)$$

问题 11.5.3 (1) 点电荷、电荷系的电势如何计算?

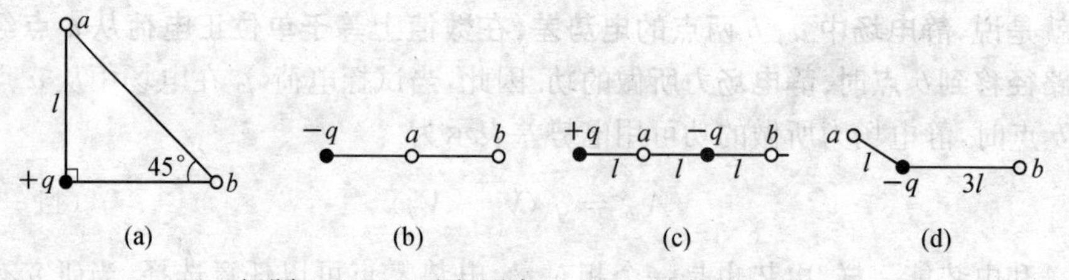

问题 11.5.3(2)图(图中 $+q$, $-q$ 为场源电荷)

(2) 在图示的各静电场中,试判断 a, b 两点哪一点的电势较高? 若把负电荷 $-Q$ 从点 a 移到点 b,试由式(11-25)判定静电场力做功的正负.

(3) 已知电子电荷 e 等于 1.60×10^{-19} C,当电子在电场中经过电势差为 1 V 的两点时,所增加(或减少)的能量称为**电子伏特**,简称**电子伏**,符号为 eV. 试按式(11-25)推算出电子伏与焦耳的换算关系. 电子伏也是功和能量的一种常用单位.(**答**:1 eV$=1.60\times10^{-19}$ J)

(4) 在电子机件的装修技术中,有时将整机机壳作为电势零点. 若机壳未接地,能否说因为机壳电势为零,人站在地上就可以任意接触机壳? 若机壳接地,则又如何?

例题 11-13 两个点电荷相距 20 cm,电荷分别为 $q_1=-10\times10^{-9}$ C 和 $q_2=30\times10^{-9}$ C,求连线中点 O 处的电场强度和电势.

例题 11-13 图

分析 将两个点电荷分别在点 O 处激发的电场强度和电势叠加,即得所求结果.

电场强度是矢量,为此需分别求出它们的大小(绝对值)和方向,再求矢量和. 电势是标量,所以只要求出它们的代数和就可以了.

解 在点电荷 q_1, q_2 的电场中,点 O 处的电场强度大小和方向分别为

$$E_1=\frac{1}{4\pi\varepsilon_0}\frac{|q_1|}{r^2}=9\times10^9\times\frac{10\times10^{-9}}{(0.1)^2}\mathrm{N\cdot C^{-1}}$$

$$=9.0\times10^3\ \mathrm{N\cdot C^{-1}} \qquad (\text{方向向左})$$

$$E_2=\frac{1}{4\pi\varepsilon_0}\frac{q_2}{r^2}=9\times10^9\times\frac{30\times10^{-9}}{(0.1)^2}\mathrm{N\cdot C^{-1}}$$
$$=27.0\times10^3\ \mathrm{N\cdot C^{-1}} \qquad (\text{方向向左})$$

由于电场强度 $\boldsymbol{E}_1$，$\boldsymbol{E}_2$ 是同方向的两个矢量，故得 O 点的总电场强度 $\boldsymbol{E}$ 为

$$E=E_2+E_1=(27.0+9.0)\times10^3\ \mathrm{N\cdot C^{-1}}$$
$$=36.0\times10^3\ \mathrm{N\cdot C^{-1}} \qquad (\text{方向向左})$$

在点电荷 q_1，q_2 的电场中，点 O 处的电势分别为

$$V_1=\frac{1}{4\pi\varepsilon_0}\frac{q_1}{r}=9\times10^9\times\left(-\frac{10\times10^{-9}}{0.1}\right)\mathrm{V}=-0.9\times10^3\ \mathrm{V}$$

$$V_2=\frac{1}{4\pi\varepsilon_0}\frac{q_2}{r}=9\times10^9\times\frac{30\times10^{-9}}{0.1}\mathrm{V}=2.7\times10^3\ \mathrm{V}$$

故 O 点的总电势 V 为

$$V=V_1+V_2=-0.9\times10^3\ \mathrm{V}+2.7\times10^3\ \mathrm{V}=1.8\times10^3\ \mathrm{V}$$

例题 11-14 一半径为 R 的细圆环连续均匀地带有电荷 q. 求：(1)垂直于环面的轴上一点 A 的电势，点 A 与环面相距为 x；(2)环心的电势.

解 点 A 的电势是环上所有电荷元在该点的电势之代数和. 由于电荷在环上是连续均匀分布的，则环上的线电荷密度为 $\lambda=q/(2\pi R)$. 现在我们在环上任取一电荷元 $\mathrm{d}q=\lambda\mathrm{d}l=\lambda R\mathrm{d}\alpha$（$\mathrm{d}\alpha$ 是对应于弧长 $\mathrm{d}l$ 的中心角，见图）. 则根据公式(11-28)中的第三式，得点 A 的电势为

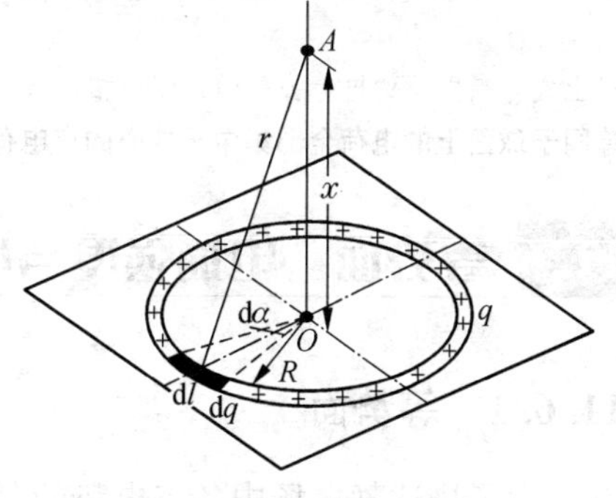

例题 11-14 图

$$V_A=\int_l\frac{\mathrm{d}q}{4\pi\varepsilon_0 r}=\int_0^{2\pi}\frac{1}{4\pi\varepsilon_0}\frac{\lambda R\mathrm{d}\alpha}{\sqrt{R^2+x^2}}$$
$$=\frac{1}{4\pi\varepsilon_0}\frac{\lambda R}{\sqrt{R^2+x^2}}\int_0^{2\pi}\mathrm{d}\alpha$$
$$=\frac{1}{4\pi\varepsilon_0}\frac{\lambda2\pi R}{\sqrt{R^2+x^2}}=\frac{1}{4\pi\varepsilon_0}\frac{q}{\sqrt{R^2+x^2}} \qquad (11-29)$$

令上式中的 $x=0$，即得环心的电势为

$$V_0=\frac{q}{4\pi\varepsilon_0 R}$$

如点 A 远离环心，即 $x\gg R$，读者试求点 A 的电势 V.

例题 11-15 如图所示，半径为 R 的均匀带电球面，电荷为 q，求球外、球面及球内各点的电势.

分析 不用细说，读者可以根据高斯定理很容易求出均匀带电球面内、外的电场强度：$E_{内}=$

0，$E_{外}=q/(4\pi\varepsilon_0 r^2)$. 因此在本例已知电场强度分布的情况下，可以直接利用电势的定义式(11-23)求解；又考虑到均匀带电球面的对称关系，电场强度方向沿径向，且电场力作功与路径无关，于是为了便于计算，可以选择这样的路径：把单位正电荷从该点沿径向移到无限远，则电场强度 $\boldsymbol{E}$ 与位移 $\mathrm{d}\boldsymbol{l}$ 的方向处处一致，即 $\theta=0°$.

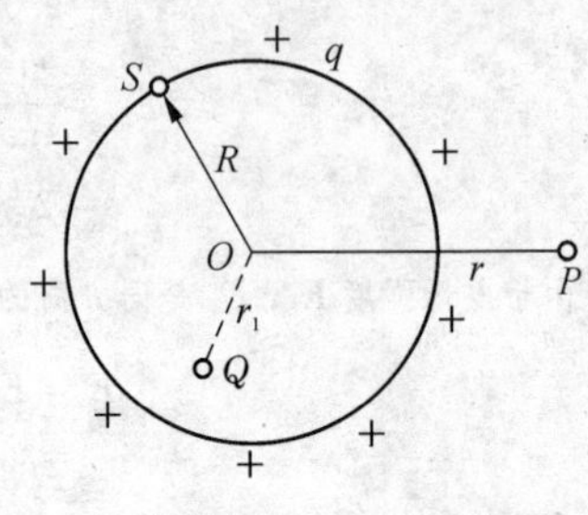

例题 11-15 图

解 任取球面内一点 Q，设与球心距离为 r_1，其电势为

$$V_Q=\int_{r_1}^{\infty}E\cos\theta\mathrm{d}r=\int_{r_1}^{\infty}E\cos 0°\mathrm{d}r=\int_{r_1}^{R}E_{内}\,\mathrm{d}r+\int_{R}^{\infty}E_{外}\,\mathrm{d}r$$
$$=\int_{r_1}^{R}0\mathrm{d}r+\int_{R}^{\infty}\frac{q}{4\pi\varepsilon_0 r^2}\mathrm{d}r=\frac{q}{4\pi\varepsilon_0}\left[-\frac{1}{r}\right]_R^{\infty}=\frac{q}{4\pi\varepsilon_0 R}$$

同理，球面 S 上一点的电势为

$$V_S=\int_R^{\infty}E\cos 0°\mathrm{d}r=\int_R^{\infty}\frac{q}{4\pi\varepsilon_0 r^2}\mathrm{d}r=\frac{q}{4\pi\varepsilon_0 R}$$

可见，在球面内和球面上各点的电势均相等，皆等于恒量 $q/(4\pi\varepsilon_0 R)$.

任取球面外一点 P(设与球心相距 r)，其电势同样可求出，即

$$V_P=\int_r^{\infty}E\cos 0°\mathrm{d}r=\int_r^{\infty}\frac{q}{4\pi\varepsilon_0 r^2}\mathrm{d}r=\frac{q}{4\pi\varepsilon_0 r}$$

把上式与点电荷的电势公式(11-26)相比较，上式表明，**表面均匀带电的球面在球外一点的电势，等同于球面上的电荷全部集中于球心的点电荷所激发的电场中该点的电势.**

11.6 等势面　电场强度与电势的关系

11.6.1　等势面

为了描述静电场中各点电势的分布情况，我们**将静电场中电势相等的各点连接成一个面，叫做等势面.**

按式(11-24)，在静电场中，电势差为 $V_{ab}=\int_a^b E\cos\theta\mathrm{d}l$. 如果单位正电荷沿着某一等势面从点 a 移到点 b 的位移为 $\mathrm{d}\boldsymbol{l}$，因为在等势面上各点电势相等，故 $V_a=V_b$，即 $V_{ab}=V_a-V_b=0$，所以电场力所作的功 A_{ab} 为零，亦即

$$\int_a^b E\cos\theta\mathrm{d}l=0$$

但单位正电荷所受的力 $\boldsymbol{E}$ 和位移 $\mathrm{d}\boldsymbol{l}$ 都不等于零，因此必须满足的条件是 $\cos\theta=0$，即 $\theta=90°$，或者说，等势面上微小位移 $\mathrm{d}\boldsymbol{l}$ 和该位移 $\mathrm{d}\boldsymbol{l}$ 处的电场强度 $\boldsymbol{E}$ 相互正交. 也就是说，电场强度 $\boldsymbol{E}$ 的方向——电场线的方向必然与等势面正交.

由此得到结论：

(1) **在任何静电场中，沿着等势面移动电荷时，电场力所做的功为零.**

(2) **在任何静电场中，电场线与等势面是互相正交的.**

同电场线相仿，我们也可以对等势面的疏密作一个规定，使它们也能显示出电场的强弱. 这个规定是：**使电场中任何两个相邻等势面的电势差都相等**. 这样，等势面愈密(即间距愈小)的区域，电场强度也愈大.

图 11－11 是按照上述规定画出来的几种电场的等势面(用虚线表示)和电场线图(用实线表示). 对其中图(c)，读者试解释离带电体越远处的等势面，其形状为什么越近似于一球面？

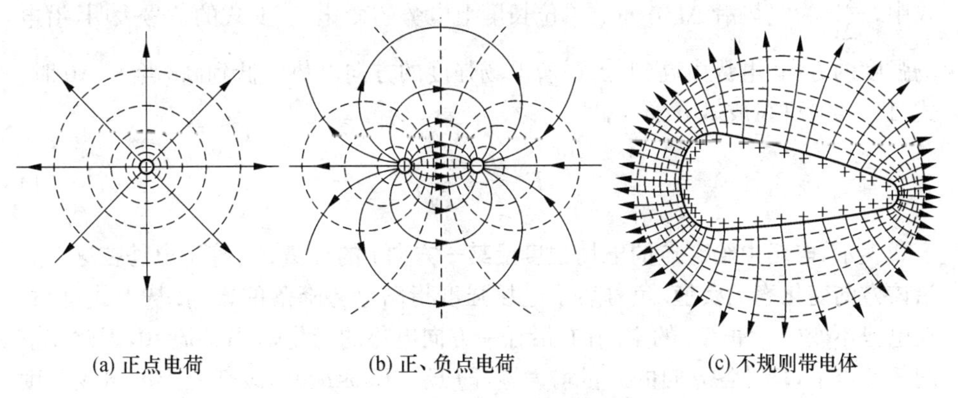

(a) 正点电荷　　(b) 正、负点电荷　　(c) 不规则带电体

图 11－11　几种常见电场的等势面和电场线

问题 11.6.1　什么叫等势面？它有何特征？问在下述情况下，电场力是否做功：(1)电荷沿同一个等势面移动；(2)电荷从一个等势面移到另一个等势面；(3)电荷沿一条电场线移动.

11.6.2　电场强度与电势的关系

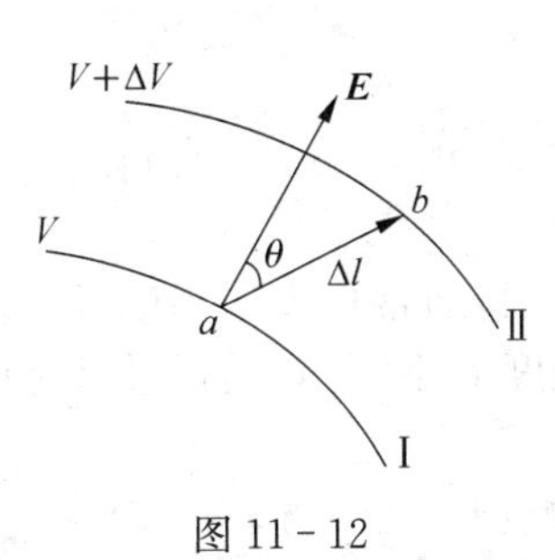

图 11－12

电场强度和电势都是描述电场的物理量，二者之间必有一定的联系. 式(11－23)表述了电场强度与电势之间的积分关系，即

$$V_a = \int_a^{\infty} \boldsymbol{E} \cdot \mathrm{d}\boldsymbol{l}$$

现在来研究它们之间的微分关系.

如图 11－12 所示，在静电场中两个等势面Ⅰ和Ⅱ靠得很近，其电势分别为 V 和 $V+\Delta V$，且 $\Delta V<0$. 在两等势面上分别取点 a 和点 b，其间距 Δl 很小. 它们之间的电场强度 $\boldsymbol{E}$ 可认为不变. 设 $\Delta \boldsymbol{l}$ 与 $\boldsymbol{E}$ 之间的夹角为 θ，则将单位正电荷由点 a 移到点 b 时，电场力

所做的功为

$$V_a - V_b = \boldsymbol{E} \cdot \Delta \boldsymbol{l} = E\Delta l\cos\theta$$

因电场强度 $\boldsymbol{E}$ 在 $\Delta \boldsymbol{l}$ 上的分量为 $E_l = E\cos\theta$,则上式可写为

$$-\Delta V = E_l \Delta l$$

或

$$E_l = -\frac{\Delta V}{\Delta l} \tag{11-30}$$

式中,$\frac{\Delta V}{\Delta l}$ 为电势沿 $\Delta \boldsymbol{l}$ 方向的单位长度上电势的变化率. 上式的负号表明,沿电场强度的方向,电势由高到低;逆着电场强度的方向电势由低到高. 当 $\Delta l \to 0$ 时,式(11-30)可写成微分形式,即

$$E_l = -\frac{\partial V}{\partial l} \tag{11-31}$$

上式表示,**电场中给定点的电场强度沿某一方向 $\boldsymbol{l}$ 的分量 E_l,等于电势在这一点沿该方向变化率的负值**. 负号表示电场强度指向电势降落的方向. 从上式可知,在电势不变(V=恒量)的空间内,沿任一方向电势的变化率 $\mathrm{d}V/\mathrm{d}l=0$,因此在空间任一点上,$\boldsymbol{E}$ 沿各方向的分量均为零,即 $E_l = E\cos\theta = 0$,故任一点的电场强度必为零. 其次,在电势变化的电场内,电势为零处,该处的电势变化率则不一定为零,因而由上式可知,电场强度 $\boldsymbol{E}$ 不一定为零;反之,电场强度为零处,该处的电势变化率也为零,但该处的电势 V 则不一定为零. 这就是说,电场中一点的电场强度与该点电势的变化率有关;而一点的电势则不足以确定该点的电场强度.

如果在电场中取定一个直角坐标系 $Oxyz$,并把 x, y, z 的方向分别取作 $\boldsymbol{l}$ 的方向,则按照公式(11-31),可分别得到电场强度 $\boldsymbol{E}$ 沿这三个方向的分量 E_x, E_y, E_z 与电势 V 的关系为

$$E_x = -\frac{\partial V}{\partial x}, \quad E_y = -\frac{\partial V}{\partial y}, \quad E_z = -\frac{\partial V}{\partial z} \tag{11-32}$$

这一关系在电学中非常重要. 当我们计算电场强度 $\boldsymbol{E}$ 时,通常可先求出电势 V,然后再按上式计算 E_x, E_y, E_z,从而就可求出电场强度 $\boldsymbol{E}$. 因为 V 是标量,计算 V 及其导数显然比计算矢量 $\boldsymbol{E}$ 来得方便.

问题 11.6.2 (1) 电场强度和电势是描写静电场的两个重要概念,它们之间有何联系?

(2) 为什么说电场强度为零的点,电势不一定为零;电势为零的点,电场强度不一定为零? 试求两个等量同种点电荷连线的中点的电场强度和电势,以及两个等量异种点电荷连线的中点的电场强度和电势.

(3) 从式(11-30)定出的电场强度单位为 $V \cdot m^{-1}$(伏·米$^{-1}$),试证它与前述的单位 $N \cdot C^{-1}$(牛·库$^{-1}$)等同.

例题 11-16 在例题 11-6 中,从电势的变化率求垂直于圆平面的轴线上任一点的电场强度.

解 设轴线上一点 P 距圆平面中心 O 为 x(如例题 11-6 图所示). 在平面上取半径为 r、宽为 dr 的圆环,环上所带电荷为 $dq = \sigma(2\pi r dr)$. 由例题 11-14 可知,它在点 P 的电势为

$$dV = \frac{dq}{4\pi\varepsilon_0 \sqrt{r^2 + x^2}} = \frac{\sigma r dr}{2\varepsilon_0 \sqrt{r^2 + x^2}}$$

整个带电圆平面在点 P(将 x 看作为定值)的电势为

$$V = \int_S dV = \int_0^R \frac{\sigma r dr}{2\varepsilon_0 \sqrt{r^2 + x^2}} = \frac{\sigma}{2\varepsilon_0}(\sqrt{R^2 + x^2} - x)$$

即点 P 的电势 V 仅仅是 x 的函数,故 $E_y = -\partial V/\partial y = 0$, $E_z = -\partial V/\partial z = 0$,所以点 P 的电场强度 $\boldsymbol{E}$ 沿 Ox 轴方向,其大小为

$$E = E_x = -\frac{\partial V}{\partial x} = -\frac{\partial}{\partial x}\left[\frac{\sigma}{2\varepsilon_0}(\sqrt{R^2 + x^2} - x)\right] = \frac{\sigma}{2\varepsilon_0}\left(1 - \frac{x}{\sqrt{R^2 + x^2}}\right)$$

这与例题 11-6 所得的结果一致. 可见,由电势的变化率求电场强度比用电场强度叠加原理直接积分求电场强度,更为简便.

11.7 静电场中的金属导体

11.7.1 金属导体的电结构

导体能够很好地导电,乃是由于导体中存在着大量可以自由运动的电荷. 在各种金属导体中,由于原子中最外层的价电子与原子核之间的吸引力很弱,所以很容易摆脱原子的束缚,脱离所属的原子而在金属中自由运动,成为**自由电子**;而组成金属的原子,由于失去了部分价电子,成为带正电的离子. 正离子在金属内按一定的分布规则排列着,形成金属的骨架,称为**晶体点阵**. 因此,从物质的电结构来看,金属导体具有带负电的自由电子和带正电的晶体点阵. 当导体不带电也不受外电场作用时,在导体中任意划取的微小体积元内,自由电子的负电荷和晶体点阵上的正电荷的数目是相等的,整个导体或其中任一部分都不显现电性,而呈中性. 这时两种电荷在导体内均匀分布,都没有宏观移动,或者说,电荷并没有作定向运动,只有微观的热运动存在,这是因为导体总是处于一定温度的环境中.

11.7.2 导体的静电平衡条件

现在我们来讨论金属导体在静电场中的性态. 如图 11-13 所示,设在外界

的一个均匀电场 $\boldsymbol{E}_0$(也可以是非均匀电场)中放入一块不带电的金属导体. 导体内带负电的自由电子在电场力 $-e\boldsymbol{E}_0$ 作用下,将相对于晶体点阵逆着电场 $\boldsymbol{E}_0$ 的方向作宏观的定向运动[图(a)],从而使导体左、右两侧表面上分别出现了等量的负电荷和正电荷[图(b)]. 导体因受外电场作用而发生上述电荷重新分布的现象,称为**静电感应**. 导体上因静电感应而出现的电荷,称为**感应电荷**.

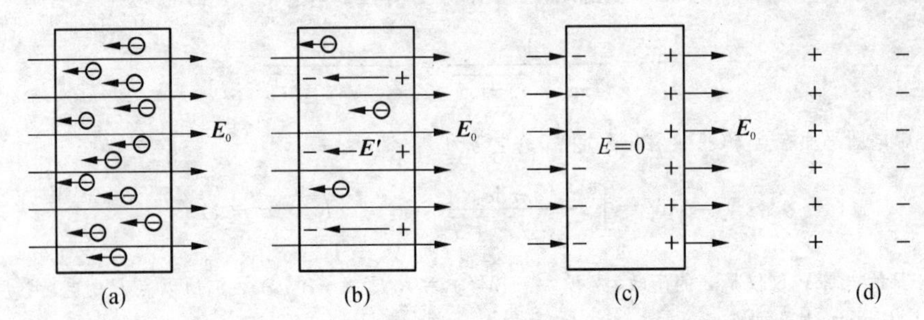

图 11-13　从导体的静电感应过程讨论静电平衡

当然,这些感应电荷也要激发电场. 其电场强度 $\boldsymbol{E}'$ 与外电场的电场强度 $\boldsymbol{E}_0$ 方向相反[图(b)]. 导体内部各点的总电场强度应是 $\boldsymbol{E}_0$ 和 $\boldsymbol{E}'$ 的叠加. 起初,$E' < E_0$,导体内各点的总电场强度不等于零,其方向仍与外电场 $\boldsymbol{E}_0$ 相同,就继续有自由电子逆着外电场 $\boldsymbol{E}_0$ 的方向作定向移动,使两侧的感应电荷继续增多,感应电荷的电场强度 $\boldsymbol{E}'$ 也随而继续增大,经过极短暂的时间,当 E' 增大到与 E_0 相等时,导体内各点的总电场强度 $\boldsymbol{E} = \boldsymbol{E}_0 + \boldsymbol{E}' = \boldsymbol{0}$[图(c)],这时导体内自由电子所受电场力亦为零,定向移动停止,导体两侧的正、负感应电荷也不再增加,于是静电感应的过程就此结束. 我们把**导体上没有电荷作定向运动的状态**,称为**静电平衡状态**. 这时导体两侧表面上呈现的正、负电荷分布,等效于没有导体时真空中存在着如图(d)所示那样分布的正、负电荷.

欲使导体处于静电平衡状态,须满足下述两个条件:

(1) **导体内部任何一点的电场强度都等于零;**

(2) **紧靠导体表面附近任一点的电场强度方向垂直于该点处的表面.**

这是因为:如果导体内部有一点电场强度不为零,该点的自由电子就要在电场力作用下作定向运动,这就不是静电平衡了;再说,若导体表面附近的电场强度 $\boldsymbol{E}$ 不垂直于导体表面,则电场强度将有沿表面的切向分量,使自由电子沿表面运动,整个导体仍无法维持静电平衡.

当导体处于静电平衡时,由于内部电场强度 $\boldsymbol{E}$ 处处为零,故在导体中沿连接任意两点 a, b 的曲线,必有 $\int_a^b E\cos\theta \mathrm{d}l = 0$,由关系式 $V_{ab} = \int_a^b E\cos\theta \mathrm{d}l$,可得该两点的电势差 $V_{ab} = 0$,即 $V_a = V_b$. 由于 a, b 是导体中(包括导体表面)任取的两点,**因此,静电平衡时导体内各点和导体表面上各点的电势都相等**. 亦即,整

个导体是一个等势体,导体表面是一个等势面.

处于静电平衡状态下导体所具有的电势,称为导体的电势. 当电势不同的两个导体相互接触或用另一导体(例如导线)连接时,导体间将出现电势差,引起电荷宏观的定向运动,使电荷重新分布而改变原有的电势差,直至各个导体之间的电势相等、建立起新的静电平衡状态为止.

问题 11.7.1 (1) 导体在电结构方面有何特征?什么叫做金属导体的静电平衡?试分析导体的静电平衡条件.

(2) 为什么从导体出发或终止于导体上的电场线都垂直于导体外表面?

(3) 将一个带正电的导体 A 移近一个接地的导体 B 时,导体 B 是否维持零电势?其上是否带电?

(4) 如图所示,在原先不带电的孤立铜棒 B 附近,放置一个带正电荷 $+q$ 的小铜球. 试分别讨论铜棒 B 的右端接地和左端接地时的带电情况.(**答**:皆带负电 $-q'$, $|q'|<|q|$.)

问题 11.7.1(4)图

11.7.3 静电平衡时导体上的电荷分布

现在我们用真空中的高斯定理来讨论处于静电平衡的带电导体中电荷分布情况. 如图 11-14(a)所示,在带电导体内部任意作一个高斯面(如虚线所示的闭合曲面 S_1 或 S_2),根据导体的静电平衡条件,导体内的电场强度 $\boldsymbol{E}$ 处处为零,所以通过高斯面的电通量 $\oint\!\!\oint_S \boldsymbol{E}\cdot \mathrm{d}\boldsymbol{S}=0$. 故按高斯定理 $\oint\!\!\oint_S \boldsymbol{E}\cdot \mathrm{d}\boldsymbol{S}=\sum_i q_i/\varepsilon_0$,得 $\sum_i q_i=0$. 由于高斯面 S_1 或 S_2 在导体内部是任意选取的,所以,对导体内的任何部分来说,都可得出 $\sum_i q_i=0$ 的结论. 这就表明,**当带电导体达到静电平衡时,导体内部没有净电荷**(即没有未被抵消的正、负电荷)**存在,因而电荷只能分布在导体的表面上.**

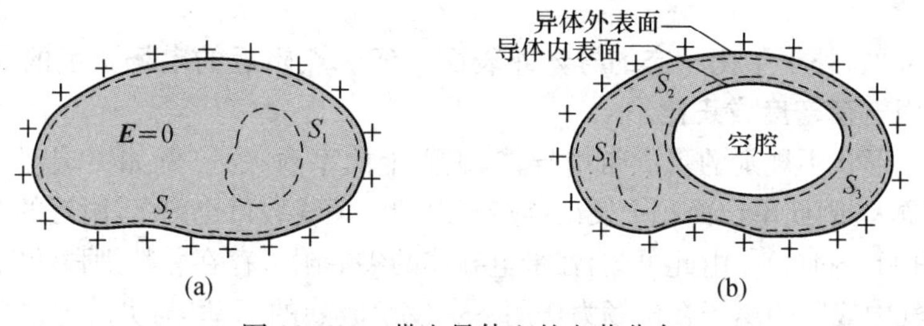

图 11-14 带电导体上的电荷分布

如果带电导体内有空腔,而且腔内没有其他带电物体[图 11-14(b)],则在导体内部任取闭合曲面 S_1、贴近导体外表面内侧的闭合曲面 S_2 和包围导体内

表面的闭合曲面 S_3,把它们分别作为高斯面,则由于静电平衡的导体内部电场强度 $\boldsymbol{E}$ 处处为零,同样可用高斯定理证明:导体内部没有净电荷存在,而且在导体的内表面上也不存在净电荷. 因此,**带电导体在静电平衡时,电荷只分布在导体的外表面上**.

现在我们进一步来说明,在外表面上的电荷是怎样分布的?

一般地说,导体外表面各部分的电荷分布是不均匀的,即表面各部分的面电荷密度并不相同,而与相应各部分的表面曲率有关. 实验和理论都可证明,**如果带电导体不受外电场的影响,那么在导体表面曲率愈大处,面电荷密度也愈大**.

对于孤立球形带电导体,由于球面上各部分的曲率相同,所以球面上电荷的分布是均匀的,面电荷密度在球面上处处相同.

> 孤立导体是指离开其他物体很远而对它的影响可忽略不计的导体.

我们再来讨论该带电导体表面任一点附近处的电场强度与该点的面电荷密度的关系. 如图 11-15 所示,设在带电导体表面 P 点处取一面积元 $\mathrm{d}S$,此处导体的面电荷密度为 σ,其表面附近的电场强度 E 垂直于 $\mathrm{d}S$,且可视作其大小在 $\mathrm{d}S$ 上处处相等. 作一柱形高斯面包围此面积元 $\mathrm{d}S$. 在导体内部,由于电场强度处处为零,所以通过圆柱形底面的电通量为零. 在侧面上,$\boldsymbol{E}$ 不是为零就是与侧面的法线垂直,所以穿过侧面的电通量为零. 在外侧的底面上,E 与 $\mathrm{d}S$ 面垂直,通过它的电通量为 $E\mathrm{d}S$. 此柱形高斯面所包围的电量为 $\sigma\mathrm{d}S$,根据高斯定理,有

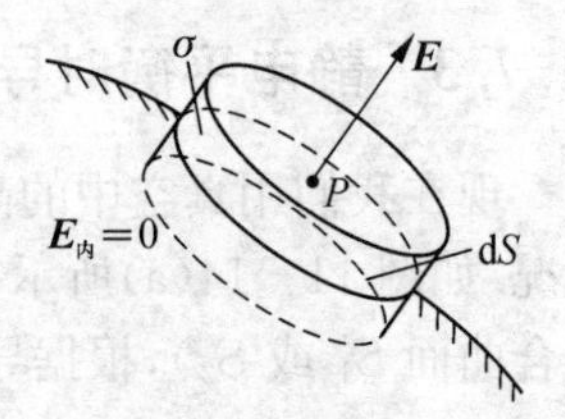

图 11-15 导体表面的电场强度与电荷面密度的关系

$$E\mathrm{d}S=\frac{\sigma\mathrm{d}S}{\varepsilon_0}$$

得

$$E=\frac{\sigma}{\varepsilon_0} \tag{11-33}$$

由上式可见,**处于平衡状态的导体外表面上任一点附近的电场强度的大小与该点处的面电荷密度成正比**.

对于形状不规则的孤立带电导体,表面上曲率愈大处(例如尖端部分),面电荷密度愈大,因此单位面积上发出(或聚集)的电场线数目也愈多,附近的电场也愈强[见图 11-11(c)]. 由此可知,在带电导体的尖端附近存在着特别强的电场,导致周围空气中残留的离子在电场力作用下会发生激烈的运动,与尖端上电荷同种的离子,将急速地被排斥而离开尖端,形成"电风",与尖端上电荷异种的离子,因相吸而趋向尖端,并与尖端的电荷中和,而使尖端上的电荷逐渐漏失;急速运动的离子与中性原子碰撞时,还可使原子受激而发光. 这些现象称为**尖端放电现象**.

尖端放电现象在高压输电导线附近也可发生.有时在晚上或天色阴暗时,可看到高压输电线周围笼罩着一圈光晕,它是带电导线微弱的尖端放电结果,叫做**电晕放电**.这一现象是很不利的,因为要消耗电能,能量散逸出去会使空气变热;特别在远距离的输电过程中,电能损耗更大;放电时发生的电波,还会干扰电视和射频.为了避免这一现象,应采用较粗的导线,并使导线表面平滑.又如,为了避免高压电气设备中的电极因尖端放电而发生漏电现象,往往把电极做成光滑的球形.

尖端放电也有可利用之处,避雷针就是一个例子.雷雨季节,当带电的大块雷雨云接近地面时,由于静电感应,使地面上的物体带上异种电荷,这些电荷较集中地分布在地面上凸起的物体(高屋、烟囱、大树等)上,面电荷密度很大,故电场强度很大;且大到一定程度时,足以使空气电离,引起雷雨云与这些物体之间的火花放电,这就是雷击现象.为了防止雷击对建筑物的破坏,可安装比建筑物更高的避雷针①.当雷雨云接近地面时,在避雷针尖端处的面电荷密度甚大,故电场强度特别大,首先把其周围空气击穿,使来自地面上、并集结于避雷针尖端的感应电荷与雷雨云所带电荷持续中和,就不至于积累成足以导致雷击的电荷.

11.7.4 静电屏蔽

前面讲过,在导体空腔内无其他带电体的情况下,导体内部和导体的内表面上处处皆无电荷,电荷仅仅分布在导体外表面上.所以腔内的电场强度和导体内部一样,也处处等于零;各点的电势均相等,而且与导体电势相等.因此,如果把空心的导体放在电场中时,电场线将垂直地终止于导体的外表面上,而不能穿过导体进入腔内.这样,**放在导体空腔中的物体,因空腔导体屏蔽了外电场,而不会受到任何外电场的影响**[图 11-16(a)].

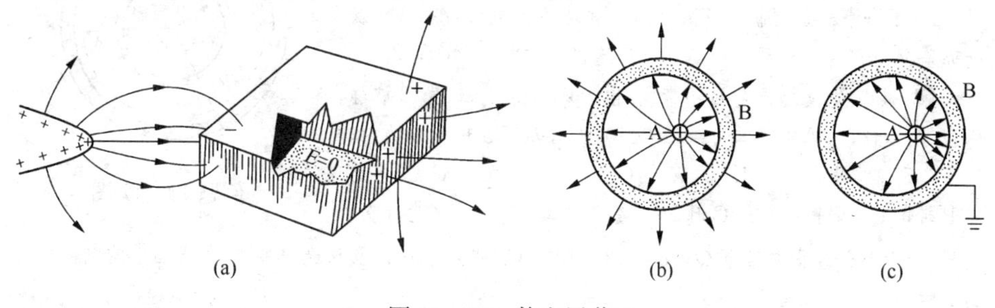

图 11-16 静电屏蔽

另一方面,我们也可以使任何带电体不去影响别的物体.例如,把一个带

① 避雷针尖端必须尖锐,并将通地一端与深埋地下的铜板相接,保持与大地接触良好.如果接地通路损坏,避雷针不仅不能起到应有作用,反而会使建筑物遭受雷击.

正电的物体A放在空心的金属盒子B内[图11-16(b)],则金属盒子的内表面上将产生感应的负电荷,外表面上则产生等量的感应正电荷.电场线的分布如图11-16(b)所示,电场线不穿过盒壁(因导体壁内的电场强度为零).如果再把金属盒子用导线接地,则盒子外表面的正电荷将和来自地上的负电荷中和,盒外的电场线也就消失[图11-16(c)].这样,**金属盒内的带电体就对盒外不发生任何影响.**

总之,**一个接地的空心金属导体隔离了放在它内腔中的带电体与外界带电体之间的静电作用.**这就是**静电屏蔽的原理.**这样的一个空心金属导体,我们称它为**静电屏.**

静电屏在实际中应用广泛.例如火药库以及有爆炸危险的建筑物和物体都可用编织相当密集的金属网蒙蔽起来,再把金属网很好地接地,则可避免由于雷电而引起爆炸.一般电学仪器的金属外壳都是接地的,这也是为了避免外电场的影响.又如,在高压输电线上进行带电操作时,工作人员全身需穿上金属丝网制成的屏蔽服(称为**均压服**),它相当于一个导体壳,以屏蔽外电场对人体的影响,并可使感应出来的交流电通过均压服而不危及人体.

问题 11.7.2 (1) 何谓尖端放电现象?

(2) 将一个带电物体移近一个导体壳,带电体单独在导体空腔内激发的电场是否等于零?静电屏蔽效应是怎样体现的?

11.7.5 计算示例

例题 11-17 如图,一半径 $R_1=1\text{ cm}$ 的导体球A,带有电荷 $q=1.0\times10^{-10}$ C.球外有一个内、外半径分别为 $R_2=3\text{ cm}$,$R_3=4\text{ cm}$ 的同心导体球壳B,球壳带有电荷 $Q=11\times10^{-10}$ C.求:(1)球壳B的外表面上带电多少;(2)球和球壳的电势 V_A,V_B 以及电势差 V_A-V_B;(3)用导线将球与壳连接后的电势 V_A 和 V_B.

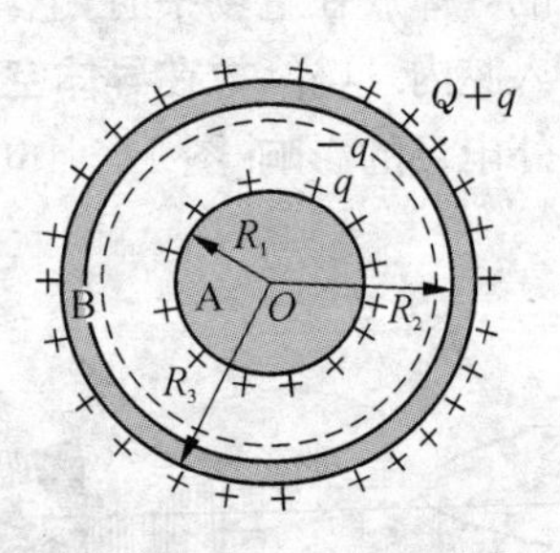

例题11-17图

解 (1) 先设想球壳B不带电.由于球A带电,球壳B被静电感应.由题设,球A带正电 $q=1.0\times10^{-10}$ C,从而在球壳B的内、外表面分别感应出电荷 -1.0×10^{-10} C和 $+1.0\times10^{-10}$ C.当再给球壳B带电 $Q=11\times10^{-10}$ C时,它将分布在其外表面上(为什么?),这样,球壳B外表面共带电 $Q+q=12\times10^{-10}$ C.并且球A以及球壳B的内、外表面上的电荷是均匀分布的.

(2) 球A是一等势体,其上各点的电势相同,为此我们只需求出球上任一点的电势即可.现根据电势定义来求球A表面上一点的电势,即

$$V_A=\int_{R_1}^{\infty}\boldsymbol{E}\cdot\mathrm{d}\boldsymbol{l}$$

由于均匀带电的球和球壳共同激发的电场是球对称的,为便于计算,可沿径向积分;又考虑到电场

强度 $\boldsymbol{E}$ 在各区域内的分布不同,可按高斯定理求出如下:

$$E=\begin{cases}\dfrac{q}{4\pi\varepsilon_0 r^2}, & R_1\leqslant r\leqslant R_2\\ 0, & R_2<r<R_3\\ \dfrac{Q+q}{4\pi\varepsilon_0 r^2}, & r\geqslant R_3\end{cases}$$

这就需要分段进行积分. 于是,得球A的电势为

$$\begin{aligned}V_{\mathrm{A}}&=\int_{R_1}^{\infty}\boldsymbol{E}\cdot\mathrm{d}\boldsymbol{r}=\int_{R_1}^{R_2}\boldsymbol{E}\cdot\mathrm{d}\boldsymbol{r}+\int_{R_2}^{R_3}\boldsymbol{E}\cdot\mathrm{d}\boldsymbol{r}+\int_{R_3}^{\infty}\boldsymbol{E}\cdot\mathrm{d}\boldsymbol{r}\\&=\int_{R_1}^{R_2}\frac{q}{4\pi\varepsilon_0 r^2}\cos 0^\circ\mathrm{d}r+\int_{R_2}^{R_3}0\cos 0^\circ\mathrm{d}r+\int_{R_3}^{\infty}\frac{Q+q}{4\pi\varepsilon_0 r^2}\cos 0^\circ\mathrm{d}r\\&=\frac{1}{4\pi\varepsilon_0}\left(\frac{q}{R_1}-\frac{q}{R_2}+\frac{Q+q}{R_3}\right)\end{aligned}$$

同理,可求得球壳B的电势为

$$V_{\mathrm{B}}=\int_{R_3}^{\infty}\boldsymbol{E}\cdot\mathrm{d}\boldsymbol{r}=\int_{R_3}^{\infty}\frac{Q+q}{4\pi\varepsilon_0 r^2}\cos 0^\circ\mathrm{d}r=\frac{Q+q}{4\pi\varepsilon_0 R_3}$$

将上两式相减,即得球与球壳之间的电势差为

$$V_{\mathrm{A}}-V_{\mathrm{B}}=\frac{q}{4\pi\varepsilon_0}\left(\frac{1}{R_1}-\frac{1}{R_2}\right)$$

由题给数据,读者可自行算出: $V_{\mathrm{A}}=330\ \mathrm{V}$, $V_{\mathrm{B}}=270\ \mathrm{V}$, $V_{\mathrm{A}}-V_{\mathrm{B}}=60\ \mathrm{V}$.

(3) 当球A与球壳B用导线相连接后,电荷 Q, q 将全部分布在球壳外表面上. 且球和球壳成为一个等势体,故

$$V_{\mathrm{A}}=V_{\mathrm{B}}=\int_{R_3}^{\infty}\frac{Q+q}{4\pi\varepsilon_0 r^2}\mathrm{d}r=\frac{Q+q}{4\pi\varepsilon_0 R_3}$$

显然, $V_{\mathrm{A}}=V_{\mathrm{B}}=270\ \mathrm{V}$.

11.8 静电场中的电介质

11.8.1 电介质的电结构

电介质的主要特征是这样的,它的分子中电子被原子核束缚得很紧,即使在外电场作用下,电子一般只能相对于原子核有一微观的位移,而不像导体中的电子那样,能够摆脱所属原子作宏观运动. 因而电介质在宏观上几乎没有自由电荷,其导电性很差,故亦称为**绝缘体**. 并且,在外电场作用下达到静电平衡时,电介质内部的电场强度也可以不等于零.

由于在电介质分子中,带负电的电子和带正电的原子核紧密地束缚在一起,

故每个电介质分子都可视作中性.但其中正、负电荷并不集中于一点,而是分散于分子所占的体积中.不过,在相对于分子的距离比分子本身线度大得多的地方来观察时,分子中全部正电荷所起的作用可用一等效的正电荷来代替,全部负电荷所起的作用可用一等效的负电荷来代替.等效的正、负电荷在分子中所处的位置,分别称为该分子的正、负电荷"中心".具体说,等效正电荷(或负电荷)等于分子中的全部正电荷(或负电荷);等效正、负电荷在远处激发的电场,和分子中按原状分布的所有正、负电荷在该处激发的电场大致相同.

从分子由正、负电荷中心的分布来看,电介质可分为两类.

一类电介质,如氯化氢(HCl)、水(H_2O)、氨(NH_3)、甲醇(CH_3OH)等,分子内正、负电荷的中心不相重合,其间有一定距离,这类分子称为**有极分子**[图 11-17(b)].设有极分子的正、负电荷的中心相距为 l,分子中全部正(或负)电荷的大小为 q,则每个有极分子可以等效地看作一对等量异种点电荷所组成的电偶极子,其电矩为 $\boldsymbol{p}_e = q\boldsymbol{l}$,称为**分子电矩**;整块的有极分子电介质,可以看成无数分子电矩的集合体[图 11-17(a)].

> 矢量 $\boldsymbol{l}$ 与 $\boldsymbol{p}_e$ 同方向,参阅例题 11-3.

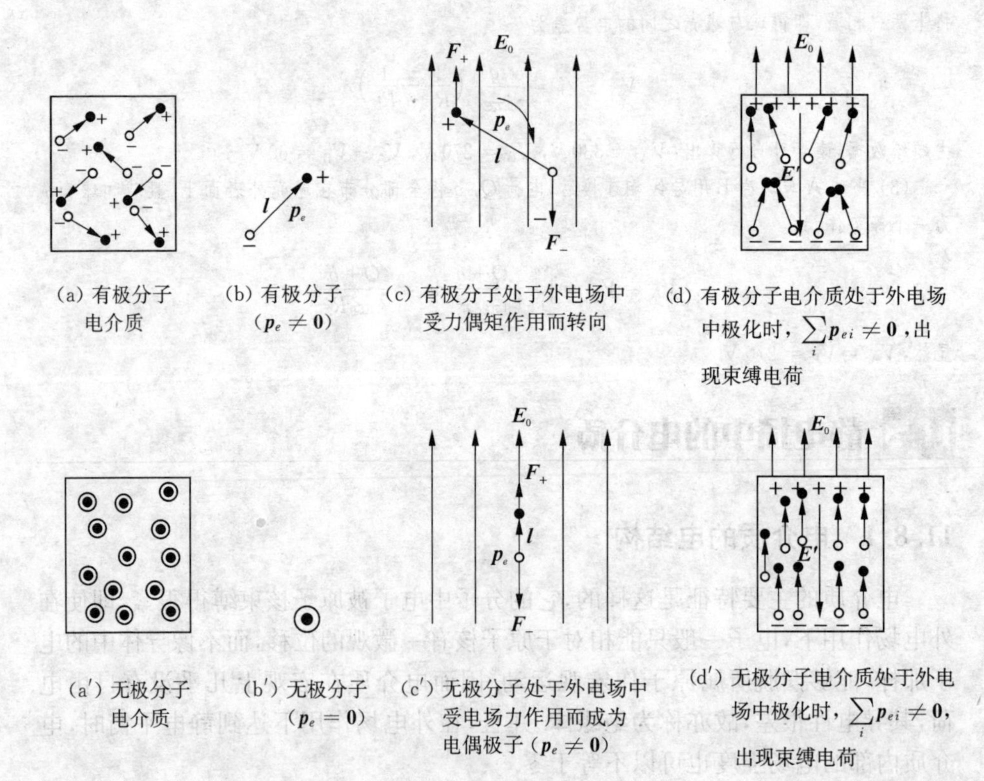

(a) 有极分子电介质　(b) 有极分子($\boldsymbol{p}_e \neq \mathbf{0}$)　(c) 有极分子处于外电场中受力偶矩作用而转向　(d) 有极分子电介质处于外电场中极化时,$\sum_i \boldsymbol{p}_{ei} \neq \mathbf{0}$,出现束缚电荷

(a′) 无极分子电介质　(b′) 无极分子($\boldsymbol{p}_e = \mathbf{0}$)　(c′) 无极分子处于外电场中受电场力作用而成为电偶极子($\boldsymbol{p}_e \neq \mathbf{0}$)　(d′) 无极分子电介质处于外电场中极化时,$\sum_i \boldsymbol{p}_{ei} \neq \mathbf{0}$,出现束缚电荷

图 11-17　两类电介质及其极化过程("●"代表正电荷中心,"○"代表负电荷中心)

另一类电介质,如氦(He)、氢(H_2)、甲烷(CH_4)等,分子内正、负电荷中心是重合的,$l=0$,故分子电矩 $\boldsymbol{p}_e=\boldsymbol{0}$,这类分子称为**无极分子**[图 11-17(b′)].整块的无极分子电介质如图 11-17(a′)所示.

11.8.2 电介质在外电场中的极化现象

当无极分子处在外电场 $\boldsymbol{E}_0$ 中时,每个分子中的正、负电荷将分别受到相反方向的电场力 $\boldsymbol{F}_+$,$\boldsymbol{F}_-$ 作用而被拉开,导致正、负电荷中心发生相对位移 $\boldsymbol{l}$[图 11-17(c′)].这时,每个分子等效于一个电偶极子,其电矩 $\boldsymbol{p}_e$ 的方向和外电场 $\boldsymbol{E}_0$ 的方向一致.外电场越强,每个分子的正、负电荷中心的距离被拉得越开,分子电矩也就越大;反之,则越小.当外电场撤去后,正、负电荷中心又就重合.

对于整块的无极分子电介质来说,如图 11-17(d′)所示,在外电场 $\boldsymbol{E}_0$ 作用下,由于每个分子都成为一个电偶极子,其电矩方向都沿着外电场的方向,以致在和外电场垂直的电介质两侧表面上,分别出现正、负电荷.这两侧表面上分别出现的正电荷和负电荷是和电介质分子连在一起的,不能在电介质中自由移动,也不能脱离电介质而独立存在,故称为**束缚电荷**或**极化电荷**.在外电场作用下,电介质出现束缚电荷的这种现象,称为电介质的**极化**.

对于有极分子而言,即使没有外电场,每个分子本来就等效于具有一定电矩的电偶极子;但由于分子无规则的热运动,分子电矩的方向是杂乱无序的[图 11-17(a)].所以,对于由有极分子组成的电介质的整体或某一部分来说,所有分子电矩之矢量和 $\sum_i \boldsymbol{p}_{ei}$ 的平均结果为零,电介质各部分都是中性的.当有外电场 $\boldsymbol{E}_0$ 时,每个分子电矩都受到力偶矩作用[图 11-17(c)],要转向外电场的方向(参阅 11.3 中的例题 11-9).但由于分子热运动的干扰,并不能使各分子电矩都循外电场的方向整齐排列.外电场愈强,分子电矩的排列愈趋向整齐.对整块电介质而言,在垂直于外电场方向的两个表面上也出现束缚电荷[图 11-17(d)].如果撤去外电场,由于分子热运动,分子电矩的排列又将变得杂乱无序,电介质又恢复电中性状态.

但是,也有一些电介质,在撤去外电场后,在表面上仍可留驻电荷,这种电介质称为**驻极体**.驻极体元件或器件,在当前工业和科技领域中应用日渐广泛.

上面所讲的两种电介质,其极化的微观过程虽然不同,但却有同样的宏观效果,即介质极化后,都使得其中所有分子电矩的矢量和 $\sum_i \boldsymbol{p}_{ei}\neq\boldsymbol{0}$,同时在介质上都要出现束缚电荷.因此,在宏观上表征电介质的极化程度和讨论有电介质存在的电场时,就无需把这两类电介质区别开来,而可统一地进行论述.

问题 11.8.1 (1)简述电介质的电结构特征,并由此说明电介质分子和电介质的极化现象;(2)一个不带电的轻小的通草球(它是电介质)被带电体吸引的现象是不是由于静电感应所引起的?

11.9 有电介质时的静电场和高斯定理

11.9.1 有电介质时的静电场

通常把不是由极化引起(例如电介质由于摩擦起电)的电荷称为自由电荷.

有电荷,就会激发电场.因此,不但自由电荷要激发电场,电介质中的束缚电荷同样也要在它周围空间(无论电介质内部或外部)激发电场.故按电场强度叠加原理,在这种有电介质时的电场中,某点的总电场强度 $\boldsymbol{E}$,应等于自由电荷和束缚电荷分别在该点激发的电场强度 $\boldsymbol{E}_0$ 和 $\boldsymbol{E}'$ 的矢量和,即

$$\boldsymbol{E}=\boldsymbol{E}_0+\boldsymbol{E}' \tag{11-34}$$

可见,电介质的极化改变了空间的电场强度.从图 11-17(d)和(d′)不难判定,束缚电荷激发的电场 $\boldsymbol{E}'$ 与外电场 $\boldsymbol{E}_0$ 反向,使原来的电场有所削弱.因而

$$E=E_0-E'$$

可见,电介质的极化改变了空间的电场强度,且 $E<E_0$, E 与 E_0 的关系可写成

$$E=\frac{E_0}{\varepsilon_r} \tag{11-35}$$

式中,$\varepsilon_r>1$, ε_r 称为**电介质的相对介电常数**(亦称**相对电容率**),它和电介质的性质有关,对某些常见的电介质,ε_r 值如表 11-1 所列:

表 11-1 电介质的相对介电常数

电 介 质	ε_r	电 介 质	ε_r
真空	1	木料	2.5~8.0
空气(1 atm;0℃)	1.000 585	云母	3~6
石蜡	2.0~2.3	玻璃	5~10
煤油	2.0	石英玻璃	3.2~4.2
变压器油	2.2~2.5	硫	4.2
纯水	78~82	绝缘子用瓷	5.0~6.5
乙醇	25.7	硬纸	5~8
聚苯乙烯	2.5~2.9	尼龙	4~4.7
聚氯乙烯	3.1~3.5	陶瓷	3~6
橡胶	2.5~2.8	钛酸钡	10^3~10^4

11.9.2 有电介质时静电场的高斯定理 电位移矢量 $\boldsymbol{D}$

现在我们研究电介质中的高斯定理，由于真空中的高斯定理为 $\oint\!\!\oint_S \boldsymbol{E}\cdot\mathrm{d}S=\sum_{i=1}^{n}q_i/\varepsilon_0$，式中的 q_i 是自由电荷.当有电介质存在时，电场是由自由电荷和极化电荷共同产生的，q_i 应理解为闭合面内的自由电荷和极化电荷之和，$\boldsymbol{E}$ 应理解为闭合面上面积元所在处的总电场强度：$\boldsymbol{E}=\boldsymbol{E}_0+\boldsymbol{E}'$.现以两块"无限大"平行导体平板中充满相对介电常数为 ε_r 的电介质为例，如图 11-18 所示，两平板上带有自由电荷分别为 $+q$ 和 $-q$，与两块平板毗邻的电介质面上的极化电荷分别为 $-q'$ 和 $+q'$，电介质内的电场强度为 $\boldsymbol{E}$.图中虚线为所作的高斯面 S_1，其上底面在带 $+q$ 的平板内，下底面在电介质内，两个底面的法线和 $\boldsymbol{E}$ 平行，根据高斯定理，有

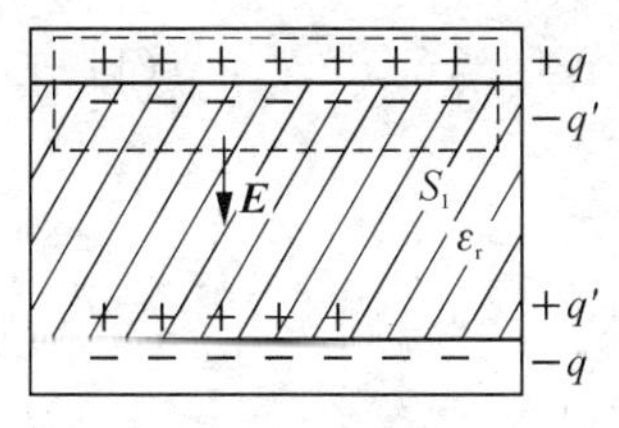

图 11-18 有介质的高斯定理

$$\oint\!\!\oint_{S_1}\boldsymbol{E}\cdot\mathrm{d}S=\frac{1}{\varepsilon_0}(q-q') \qquad ⓐ$$

设高斯面的上底面和下底面与两平行平板面积都为 S，且因上底面位于导体板内，电场强度为零，故 $\oint\!\!\oint_{S_1}\boldsymbol{E}\cdot\mathrm{d}S=ES$，代入上式ⓐ后，可得介质内的电场强度

$$E=\frac{1}{\varepsilon_0 S}(q-q') \qquad ⓑ$$

根据式(11-13b)有 $E_0=\dfrac{\sigma}{\varepsilon_0}$，则 $E=\dfrac{E_0}{\varepsilon_r}=\dfrac{1}{\varepsilon_r}\dfrac{\sigma}{\varepsilon_0}=\dfrac{q}{\varepsilon_r\varepsilon_0 S}$，与上式比较，整理后得极化电荷为

$$q'=q\left(1-\frac{1}{\varepsilon_r}\right) \qquad ⓒ$$

因为 $\varepsilon_r>1$，所以 $q'<q$.在真空中，$\varepsilon_r=1$，则 $q'=0$，说明真空中无极化电荷，这是预期的结果.

将式ⓒ代入式ⓐ，并整理，得

$$\oint\!\!\oint_{S_1}\varepsilon_0\varepsilon_r\boldsymbol{E}\cdot\mathrm{d}S=q \qquad ⓓ$$

上式虽然是从式ⓐ得来的,但二者意义不相同. 该式右边只剩自由电荷 q 一项,若引入电介质的介电常数 ε(亦称**电容率**),并令

$$\varepsilon = \varepsilon_0 \varepsilon_r \tag{11-36}$$

将它代入式ⓓ,可写作

$$\oiint_{S_1} \varepsilon \boldsymbol{E} \cdot \mathrm{d}S = q \qquad ⓔ$$

若再令

$$\boldsymbol{D} = \varepsilon \boldsymbol{E} \tag{11-37}$$

这就是电介质的**性质方程**. 将它代入式ⓔ,则有

$$\oiint_{S_1} \boldsymbol{D} \cdot \mathrm{d}S = q \qquad ⓕ$$

$\boldsymbol{D}$ 称为**电位移矢量**. $\oiint_{S_1} \boldsymbol{D} \cdot \mathrm{d}S$ 称为**电位移通量**. 式ⓕ的物理意义表明,在有电介质时的电场中,通过封闭面 S_1 的电位移通量等于该封闭面所包围的自由电荷.

这个结论虽然是由充满介质的带电的两平行导体平板中得出的,但是可以证明(从略),对于一般情况也是正确的,这一规律称为**有电介质时的静电场的高斯定理**,叙述如下:**在任何电介质存在的电场中,通过任意一个封闭面 S 的电位移通量等于该面所包围的自由电荷的代数和**. 其数学表达式为

$$\oiint_{S} \boldsymbol{D} \cdot \mathrm{d}S = \sum_{i=1} q_i \tag{11-38}$$

上式表明,电位移矢量 $\boldsymbol{D}$ 是和自由电荷 q 联系在一起的.

电位移的单位是 $\mathrm{C \cdot m^{-2}}$(库仑每平方米).

由式(11-37)所定义的 $\boldsymbol{D}$ 矢量,是表述有电介质时电场性质的一个辅助量,在有电介质时的电场中,各点的电场强度 $\boldsymbol{E}$ 都对应着一个电位移 $\boldsymbol{D}$. 因此,在这种电场中,仿照电场线的画法,可以作一系列**电位移线**(或 $\boldsymbol{D}$ **线**),线上每点的切线方向就是该点电位移矢量的方向,并令垂直于 $\boldsymbol{D}$ 线单位面积上通过的 $\boldsymbol{D}$ 线条数,在数值上等于该点电位移 $\boldsymbol{D}$ 的大小,而 $\boldsymbol{D} \cdot \mathrm{d}\boldsymbol{S}$ 称为通过面积元 $\mathrm{d}\boldsymbol{S}$ 的**电位移通量**.

有电介质时静电场的高斯定理也表明电位移线从正的自由电荷发出,终止于负的自由电荷[图 11-19(a)];而不像电场线那样,起迄于包括自由电荷和束缚电荷在内的各种正、负电荷[图 11-19(b)]. 读者对此务须区别清楚.

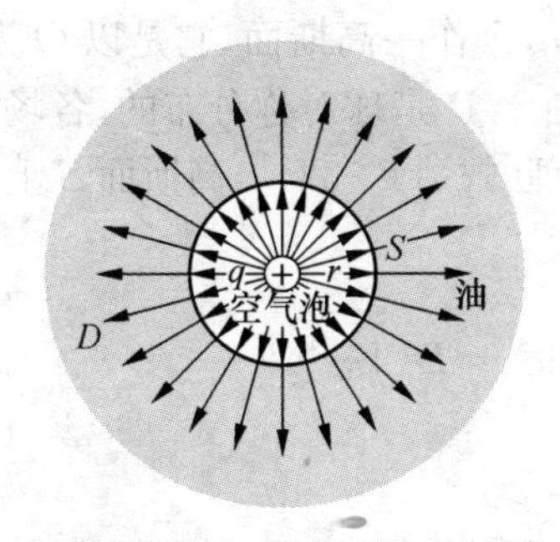

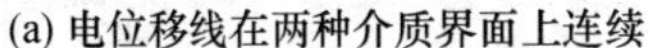
(a) 电位移线在两种介质界面上连续

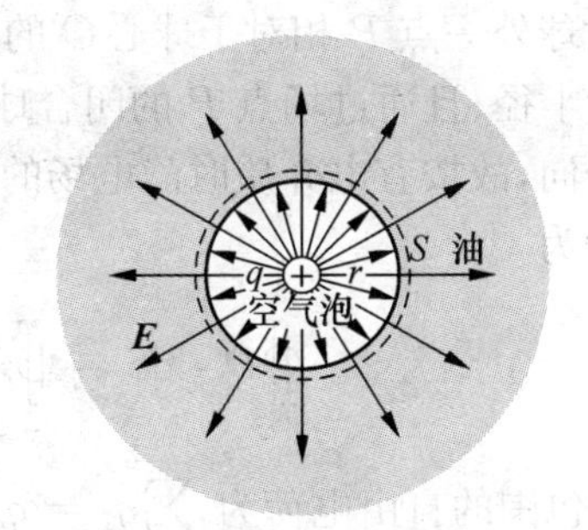

(b) 电场线密度在两种介质中不相同

图 11－19 在油和空气两种介质中的电位移线和电场线的分布

问题 11.9.1 (1) 有电介质时与真空中的静电场,其电场强度有何差别?

(2) 为什么要引入电位移 $\boldsymbol{D}$ 这个物理量? 它与电场强度有何异同?

(3) 试述有电介质时静电场的高斯定理.

11.9.3 有电介质时静电场的高斯定理的应用

利用有电介质时静电场的高斯定理,有时可以较方便地求解有电介质时的电场问题.当已知自由电荷的分布时,可先由式(11－38)求得 $\boldsymbol{D}$;由于 ε_r 可用实验测定,因而 ε 也是已知的,于是再通过性质方程(11－37),便可求出电介质中的电场强度 $\boldsymbol{E}=\boldsymbol{D}/\varepsilon$ ①.

根据以上所述,我们先对一个半径为 R、电荷为 q 的导体球(图 11－20),讨论在它周围充满电容率为 ε 的无限大均匀电介质中任一点的电场强度和电势.

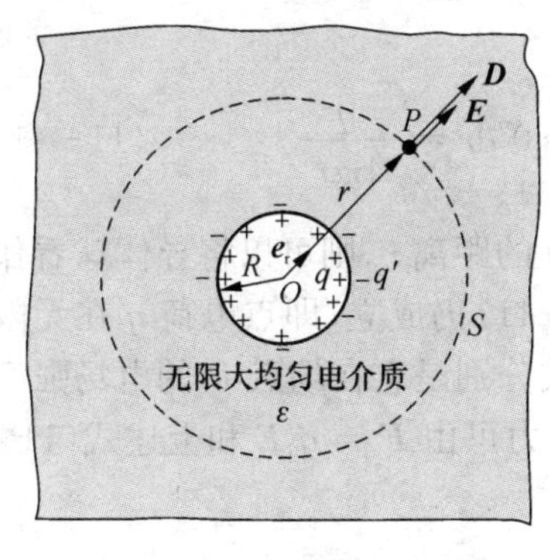

图 11－20

上一章说过,在没有电介质时,均匀分布在导体球表面上的自由电荷所激发的电场是球对称的;而今在球的周围充满均匀电介质,束缚电荷将均匀分布在与导体球表面相毗邻的介质边界面上,它无异是一个均匀地带异种电荷 q'、且与导体球半径相同的同心球面(图 11－20),故而它所激发的电场也是球对称的.因此,由自由电荷和束缚电荷在电介质内共同激发的总电场是球对称的,可用高斯定理计算.

---

① 在真空中,$\varepsilon=\varepsilon_0$,故由 $\varepsilon=\varepsilon_r\varepsilon_0$ 可知,真空的相对电容率 $\varepsilon_r=1$. 由表 11－1 查得空气的 $\varepsilon_r=1.000\,585\approx 1$,即非常接近于真空的相对电容率,故空气中的电场可近似地用上一章所述的真空中静电场的规律来研究.

设球外一点 P 相对于球心 O 的位矢为 $\boldsymbol{r}$,今作一高斯面,它是以 O 为中心,以 r 为半径、且通过场点 P 的闭合球面 S. 由于 $\boldsymbol{D}$ 是球对称分布的,各场点的 $\boldsymbol{D}$ 均沿径向,故按有电介质时静电场的高斯定理[式(11-38)],高斯面 S 上的电位移通量为

$$\oint\!\!\!\oint_S \boldsymbol{D}\cdot \mathrm{d}\boldsymbol{S} = \oint\!\!\!\oint_S D\cos 0^\circ \mathrm{d}S = D(4\pi r^2)$$

S 面所包围的自由电荷为 $\sum_i q_i = q$, 故有

$$D(4\pi r^2) = q$$

则由上式,可求得 D,并将它写成矢量式,即

$$\boldsymbol{D} = \frac{q}{4\pi r^2}\boldsymbol{e}_\mathrm{r} \tag{11-39}$$

式中,$\boldsymbol{e}_\mathrm{r}$ 为沿位矢 $\boldsymbol{r}$ 方向的单位矢量,由电介质的性质方程 $\boldsymbol{D} = \varepsilon\boldsymbol{E}$, 且 $\boldsymbol{E}$ 和 $\boldsymbol{D}$ 的方向相同,得电介质中一点 P 的电场强度为

$$\boldsymbol{E} = \frac{q}{4\pi\varepsilon_0\varepsilon_\mathrm{r} r^2}\boldsymbol{e}_\mathrm{r} = \frac{q}{4\pi\varepsilon r^2}\boldsymbol{e}_\mathrm{r} \tag{11-40}$$

即在相同的自由电荷分布下,与真空中的电场强度 $E_0 = q/(4\pi\varepsilon_0 r^2)$ 相比较,电介质中的电场强度只有真空中电场强度的 $1/\varepsilon_\mathrm{r}$ 倍. 这是由于电介质极化而出现的束缚电荷所激发的附加电场 $\boldsymbol{E}'$ 削弱了原来的电场 $\boldsymbol{E}_0$ 所导致的,今沿径向取积分路径,则得场点 P 的电势为

$$V = \int_P^\infty \boldsymbol{E}\cdot \mathrm{d}\boldsymbol{l} = \int_r^\infty \frac{q}{4\pi\varepsilon r^2}\cos 0^\circ \mathrm{d}r = \frac{q}{4\pi\varepsilon r} \tag{11-41}$$

若导体球的半径 R 远小于场点 P 至中心 O 的距离 r,则可以将导体球看作点电荷. 在此情形下,上述式(11-40)、式(11-41)仍成立,即点电荷 q 在无限大均匀电介质中激发的电场是球对称的. 上两式分别是它在场点 P 的电场强度和电势的公式. 将点电荷 q_0 放在点 P,它所受的力可由 $\boldsymbol{F} = q_0\boldsymbol{E}$ 和上述式(11-40)给出,即

$$\boldsymbol{F} = \frac{1}{4\pi\varepsilon}\frac{qq_0}{r^2}\boldsymbol{e}_\mathrm{r} \tag{11-42}$$

上式常称为**无限大均匀电介质中的库仑定律**.

从式(11-40)和式(11-41)出发,分别利用电场强度和电势的叠加原理,与求解真空中静电场问题相仿,可以求解均匀电介质中的电场问题. 所得的结果与

真空中的完全类同，只不过将 ε_0 换成 ε 而已.

例如，将例题 11－8 所述的两个无限大均匀带异种电荷的平行平面，置于电容率为 ε 的均匀电介质中，则按电场强度叠加原理，可导出此两带电平行平面之间的电位移和电场强度分别为

$$D=\sigma,\qquad E=\frac{\sigma}{\varepsilon} \tag{11-43}$$

二者方向亦都垂直于两带电平面，且从带正电的平面指向带负电的平面，若沿此方向取单位矢量 $\boldsymbol{i}$，则相应的矢量式为

$$\boldsymbol{D}=\sigma\boldsymbol{i},\qquad \boldsymbol{E}=\frac{\sigma}{\varepsilon}\boldsymbol{i} \tag{11-43a}$$

问题 11.9.2　根据有电介质时静电场的高斯定理和电介质的性质方程求解有关静电场问题时，具体步骤如何？

例题 11－18　如图所示，在长直同轴电缆内，导体圆柱 A 和同轴导体圆柱壳 B 的半径分别为 r_1 和 $r_2(r_1<r_2)$，单位长度所带电荷分别为 $+\lambda$ 和 $-\lambda$，内、外导体 A，B 之间充满介电常数为 ε 的均匀电介质. 求电介质中任一点的电场强度大小及内、外导体间的电势差.

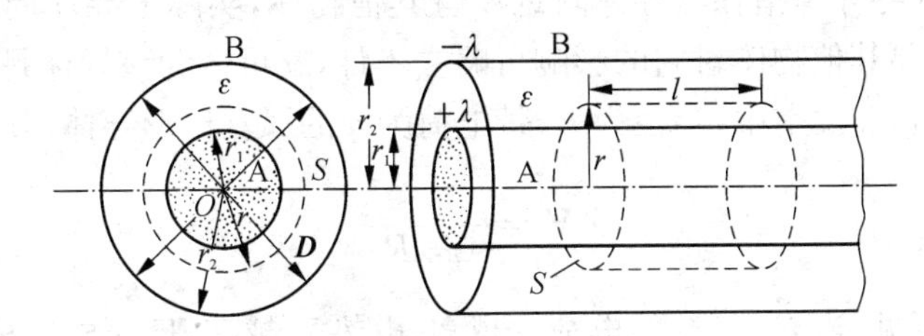

例题 11－18 图

分析　由于内、外导体面上的自由电荷和电介质与内、外导体 A 与 B 的交界面上的束缚电荷都是轴对称分布的，故介质中的电场也是轴对称的.

解　取高斯面，它是半径为 $r(r_1<r<r_2)$、长度为 l 的同轴圆柱形闭合面 S. 左、右两底面与电位移 $\boldsymbol{D}$ 的方向平行，其外法线方向皆与 $\boldsymbol{D}$ 成夹角 $\theta=\pi/2$，故电位移通量为零；柱侧面与 $\boldsymbol{D}$ 的方向垂直，其外法线与 $\boldsymbol{D}$ 同方向，$\theta=0°$，通过侧面的电位移通量为 $D\cos 0°(2\pi rl)$. 被闭合面包围的自由电荷为 λl. 按有电介质时静电场的高斯定理[式(11－38)]，有

$$D\cos 0°(2\pi rl)=\lambda l$$

即
$$D=\frac{\lambda}{2\pi r}$$

并由于 $\boldsymbol{E}$ 和 $\boldsymbol{D}$ 的方向一致，故由 $\boldsymbol{D}=\varepsilon\boldsymbol{E}$，得所求电场强度的大小为

$$E=\frac{D}{\varepsilon}=\frac{\lambda}{2\pi\varepsilon r}$$

内、外导体间的电势差为

$$V_A - V_B = \int_A^B \boldsymbol{E} \cdot d\boldsymbol{l} = \int_{r_1}^{r_2} \frac{\lambda}{2\pi\varepsilon r} \cos 0° dr = \frac{\lambda}{2\pi\varepsilon} \ln \frac{r_2}{r_1}$$

当电缆单位长度的电荷增大时,电场强度和电势差均增大,电介质的极化程度也增大,以致可以使原子内的束缚电荷成为自由电荷,电介质的导电性能急剧上升,电介质变成了导体.这现象称为**电介质的击穿**.电介质击穿时往往能看到火花或电弧,有时还能听到声音.打雷、闪电就是空气被击穿而成为导体的过程.空气的击穿的电场强度约为 $3\times10^6\ \mathrm{V\cdot m^{-1}}$.使用电介质时,必须要考虑到它的击穿问题.

11.10 电容 电容器

在一定条件下,导体可以带电,标志导体容纳电荷性质的物理量称为导体的电容,它与导体的形状、大小、导体间的距离,以及电介质有关.

11.10.1 孤立导体的电容

所谓孤立导体是指在这导体附近没有其他物体,实际上导体周围常会有其他物体的,只要其他物体对它的影响可略去不计,就可认为该导体是孤立导体.

我们知道,在真空中,半径为 R、带电荷为 q 的孤立球形导体,其电势为

$$V = \frac{q}{4\pi\varepsilon_0 R}$$

由此式可见,当 R 一定时,电荷 q 越多,电势 V 越高,且 q 与 V 成正比,其比值为常量.大量实验表明,其他形状的孤立导体,也具有这种关系.我们把孤立导体的电荷与其相应的电势之比值,称为**孤立导体的电容**.用符 C 表示,即

$$C = \frac{q}{V} \tag{11-44}$$

电容 C 表示了导体具有单位电势时,它所能贮存电荷多少的能力,对于孤立的球形导体,其电容 $C=q/V=4\pi\varepsilon_0 R$,可见,孤立球形导体的电容与它的半径大小有关,导体的电容与它是否带电和带电多少无关.

在 SI 中,电容的单位为 F(法拉).$1\ \mathrm{F}=1\ \mathrm{C}/1\ \mathrm{V}$.经计算,半径为 9×10^9 m 的球形导体的电容才等于 1 F,可见法拉这个单位太大,实用上,常用微法拉(μF)、皮法拉(pF)等较小单位

$$1\ \mu\mathrm{F} = 10^{-6}\ \mathrm{F}, \qquad 1\ \mathrm{pF} = 10^{-12}\ \mathrm{F}$$

问题 11.10.1 (1) 什么叫做导体的电容?

(2) 如将地球当作一个孤立的导体球,取地球半径为 $R=6\times10^6$ m,求其电势和电容.(**答**:$C\approx667\ \mu\text{F}$,其值不大!)

11.10.2 电容器的电容

实际使用的都不是孤立导体,一般导体的电容,不仅与导体的大小和几何形状有关,而且还要受其周围其他物质的影响.例如,当带电导体A的附近有另一导体B时,由于静电感应,B的两端将出现异种电荷,导体A上的电荷也要重新分布,这些都会使导体A的电势发生变化,从而使其电容改变.因此,为了利用导体来储存电荷(电势能),并要便于实际应用,需要设计一个导体组,一方面使其电容较大而体积较小;另一方面使这个导体组的电容一般不受其他物体影响.电容器就是这种由导体组构成的储存电能的器件.通常的电容器由两个金属极板和介于其间的电介质所组成.电容器带电时,常使两极板带上等量异种的电荷(或使一板带电,另一板接地,借感应起电而带上等量异种电荷).电容器的电容定义为**电容器一个极板所带电荷 q(指它的绝对值)和两极板的电势差 V_A-V_B(不是某一极板的电势)之比**,即

$$C=\frac{q}{V_A-V_B}\tag{11-45}$$

下面将根据定义式(11-45)来计算几种常用电容器的电容.

1. 平行板电容器

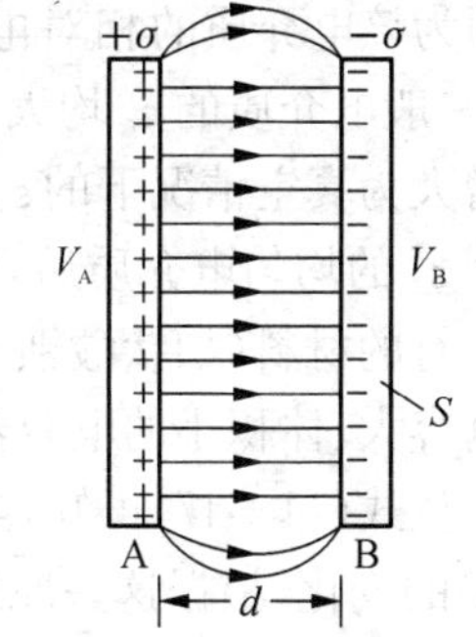

图 11-21 平行板电容器两板之间的电场

设有两平行的金属极板,每板的面积为 S,两板的内表面之间相距为 d,并使板面的线度远大于两板的内表面的间距(图 11-21).若使板A带正电,板B带等量的负电.由于板面线度远大于两板的间距,所以除边缘部分以外,局限于两板间的电场可以认为是均匀的.现在先不考虑介质的影响,即认为两极板间为真空或充满空气.按式(11-13),两极板间均匀电场的电场强度大小为

$$E=\frac{\sigma}{\varepsilon_0}$$

式中,σ 为任一极板上所带电荷的面电荷密度(绝对值).两极板间的电势差为

$$V_A-V_B=Ed=\frac{\sigma}{\varepsilon_0}d=\frac{qd}{\varepsilon_0 S}$$

式中,$q=\sigma S$ 为任一极板表面上所带的电荷.设两极板间为真空时的平行板电

容器电容为 C_0，则按电容器电容的定义，得

$$C_0 = \frac{q}{V_A - V_B} = \frac{\varepsilon_0 S}{d} \tag{11-46}$$

由上式可知，只要使两极板的间距 d 足够微小，并增大两极板的面积 S，就可获得较大的电容. 但是缩小电容器两极板的间距，毕竟有一定限度；而加大两极板的面积，又势必要增大电容器的体积. 因此，为了制成电容量大、体积小的电容器，通常是在两极板间夹一层适当的电介质，它的电容就会增大. 仿照式(11-46)的导出过程，可以求得平行板电容器在两极板间充满均匀电介质时的电容为

$$C = \frac{\varepsilon S}{d} \tag{11-47}$$

式中，ε 为该电介质的电容率，将式(11-47)与式(11-46)相比，得

$$\frac{C}{C_0} = \frac{\varepsilon}{\varepsilon_0} = \varepsilon_r \tag{11-48}$$

ε_r 即为该电介质的相对电容率(或相对介电常数). 除空气的 ε_r 近似等于 1 以外，一般电介质的 ε_r 均大于 1. 故在充入均匀电介质后，平行板电容器的电容 C 将增大为真空情况下的 ε_r 倍. 并且对任何电容器来说，当其间充满相对介电常数为 ε_r 的均匀电介质后，它的电容亦总是增至 ε_r 倍(证明从略).

有的材料(如钛酸钡)，它的 ε_r 可达数千，用来作为电容器的电介质，就能制成电容大、体积小的电容器.

从式(11-47)可知，当 S, d 和 ε 三者中任一个量发生变化时，都会引起电容 C 的变化. 根据这一原理所制成的**电容式传感器**①，可用来测量位移、液面高度、压强和流量等非电学量. 例如，图 11-22 所示的**电容测厚仪**，可用来测量塑料带等的厚度. 当被测的带子 B 置于平行板电容器的两极板之间、并在辊筒 K 驱动下不断移动过去时，若带子厚度 t 有变化，电容 C 也随之变化. 这样，只需测量电容 C，就能测定带子厚度 t.

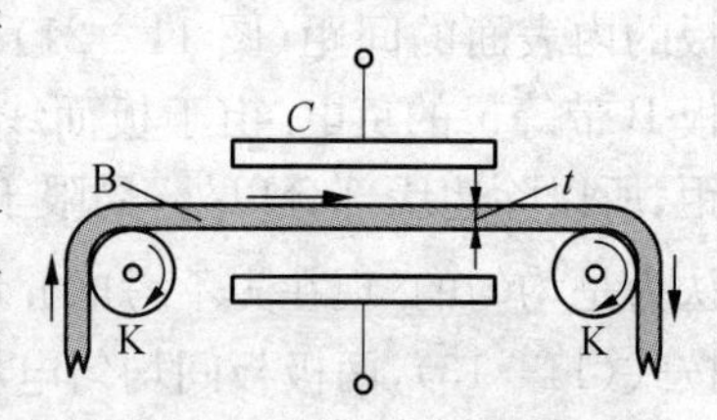

图 11-22　电容测厚仪

2. 球形电容器

球形电容器是由半径分别为 R_A 和 R_B 的两个同心球壳组成的，两球壳中间充满电容率为 ε 的电介质(图 11-23).

① 传感器是这样一种器件，它能够感受到所需测定的各种非电学量(如力学量、化学量等)，把它转换成易于检测、处理、传输和控制的电学量(如电阻、电容、电感等)，它一般由敏感元件、转换元件和测量电路三部分组成. 传感器在工业自动化和远距离监测等方面有广泛应用.

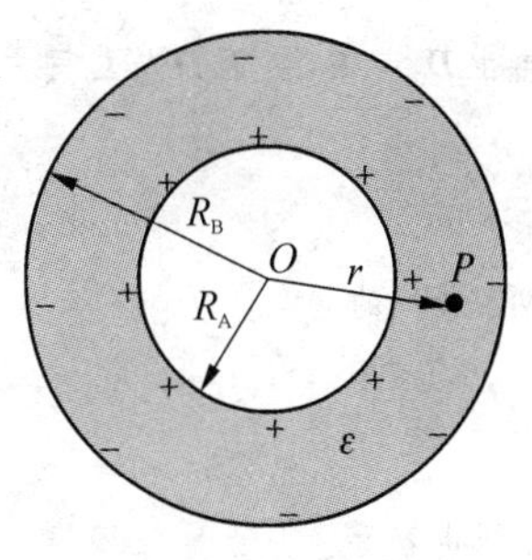

图 11-23　球形电容器

假定内球壳带电荷 $+q$，这电荷将均匀地分布在它的外表面上. 同时，在外球壳的内、外两表面上的感应电荷 $-q$ 和 $+q$ 也都是均匀分布的. 外球壳的外表面上的正电荷可用接地法消除掉. 两球壳之间的电场具有球对称性，可用有介质时的高斯定理求出这电场，它和单独由内球激发的电场相同，即

$$E=\frac{q}{4\pi\varepsilon r^2}$$

式中，r 为球心到场点 P 的距离. 因为 $V_A-V_B=\int_{R_A}^{R_B}\boldsymbol{E}\cdot \mathrm{d}\boldsymbol{l}$；而今取 $\mathrm{d}\boldsymbol{l}$ 沿径向，则 $\theta=0°$，故

$$V_A-V_B=\int_{R_A}^{R_B}E\cos 0°\mathrm{d}r=\int_{R_A}^{R_B}\frac{q}{4\pi\varepsilon r^2}\mathrm{d}r=\frac{q}{4\pi\varepsilon}\left(\frac{1}{R_A}-\frac{1}{R_B}\right)$$

所以

$$C=\frac{q}{V_A-V_B}=\frac{q}{\frac{q}{4\pi\varepsilon}\left(\frac{1}{R_A}-\frac{1}{R_B}\right)}=\frac{4\pi\varepsilon R_AR_B}{R_B-R_A} \tag{11-49}$$

由式(11-47)、式(11-49)可见，电容器的电容取决于组成电容器的导体的形状、几何尺寸、相对位置以及介质情况，与它是否带电无关. 这就表明，**电容器的电容是描述电容器本身容电性质的一个物理量**.

电容器的电容通常也可用交流电桥等电学仪器来测定.

问题 11.10.2　电容器电容的大小取决于哪些因素？导出平行板电容器的电容公式.

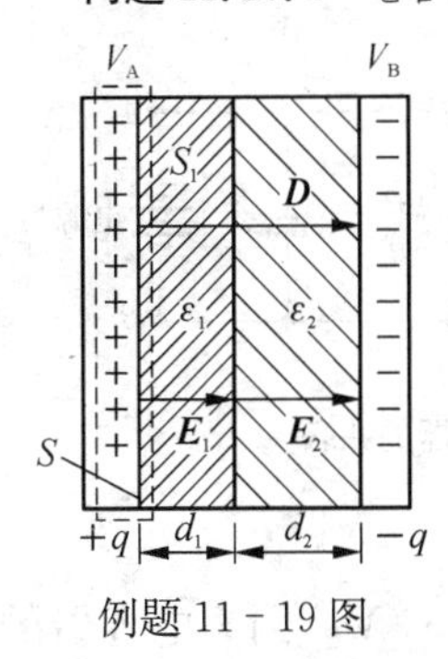

例题 11-19 图

例题 11-19　设有面积为 S 的平板电容器，两极板间填充两层均匀电介质，电容率分别为 ε_1 和 ε_2(如图)，厚度分别为 d_1 和 d_2，求这电容器的电容.

解　设两极板分别带上电荷 $+q$，$-q$，在两层介质中的电场强度分别为 $\boldsymbol{E}_1$ 和 $\boldsymbol{E}_2$.

根据有介质时静电场的高斯定理，由于电位移通量只与自由电荷有关，故可先求电场中的电位移 $\boldsymbol{D}$. 为此，作高斯面，它是长方棱柱形的闭合面 S_1，其右侧表面在电容率 ε_1 的介质内，左侧表面在导体极板内(图中虚线所示). 板内的电场强度为零；上、下、前、后面的外法线皆与 $\boldsymbol{D}$ 垂直，其夹角 $\theta=\pi/2$，故 $\boldsymbol{D}\cdot\mathrm{d}\boldsymbol{S}=0$；右侧面的外法线与 $\boldsymbol{D}$ 同方向，$\theta=0°$，即 $\boldsymbol{D}\cdot\mathrm{d}\boldsymbol{S}=D\cos 0°\mathrm{d}S=D\mathrm{d}S$. 则由

$$\oint\!\!\!\oint_{S_1}\boldsymbol{D}\cdot\mathrm{d}\boldsymbol{S}=\sum_i q_i$$

有

$$DS=q$$

再由 $\boldsymbol{D}=\varepsilon\boldsymbol{E}$，并因 $\boldsymbol{D}$ 与 $\boldsymbol{E}$ 同方向，故分别由上式得

$$E_1=\frac{D}{\varepsilon_1}=\frac{q}{\varepsilon_1 S},\quad E_2=\frac{D}{\varepsilon_2}=\frac{q}{\varepsilon_2 S}$$

两极板间的电势差为

$$V_\mathrm{A}-V_\mathrm{B}=E_1d_1+E_2d_2=\frac{q}{S}\left(\frac{d_1}{\varepsilon_1}+\frac{d_2}{\varepsilon_2}\right)$$

所求电容为

$$C=\frac{q}{V_\mathrm{A}-V_\mathrm{B}}=\frac{S}{\left(\frac{d_1}{\varepsilon_1}+\frac{d_2}{\varepsilon_2}\right)}$$

可见电容和电介质填充的次序无关；而且上述结果可以推广到两极板间含有任意层数的电介质中去.

11.10.3 电容器的串联和并联

在实际应用中，常会遇到手头现有的电容器不适合于我们的需要，如电容的大小不合用，或者是打算加在电容器上的电势差(电压)超过电容器的耐压程度(即电容器所能承受的电压[①])等，这时可以把现有的电容器适当地连接起来使用.

当几只电容器互相连接后，它们所容纳的电荷与两端的电势差之比，称为电容器组的等值电容.

设有 n 只电容器，电容分别为 $C_1, C_2, \cdots, C_n$，串联成如图 11-24(a)所示. 每一只电容器的每一极板都仅和另一只电容器的一个极板相连接. 把电源接到这个组合体两端的两个极板上进行充电，使两端的极板上分别带正、负电荷 $+q$ 和 $-q$，并由于静电感应，每个电容器的两极板上亦分别感应出等量异种电荷 $+q$ 与 $-q$.

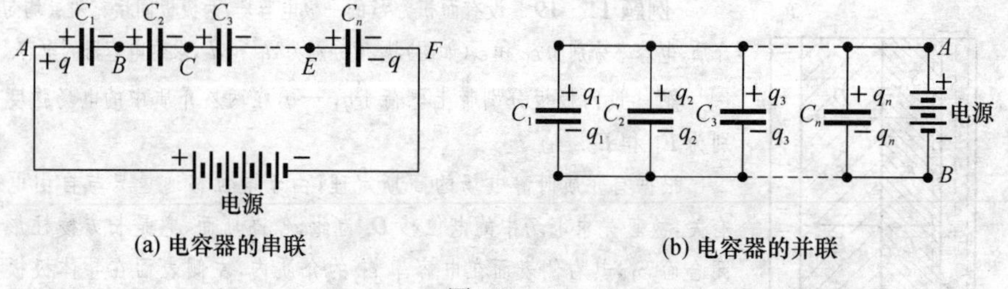

(a) 电容器的串联　　(b) 电容器的并联

图 11-24

令电路上 $A, B, \cdots, F$ 各点的电势分别为 $V_A, V_B, \cdots, V_F$，因为电容器的

---

① 当电容器两极板间的电势差逐渐增加到一定限度时，其间的电场强度相应地增大到足以使电容器中电介质的绝缘性被破坏，这个电势差的极限，常称为“击穿电压”. 相应的电场强度叫做该介质的绝缘强度，其值可从物理手册中查用.

电容不受外界影响,串联后每一只电容器的电容都和其单独存在时一样,所以对每一只电容器,有

$$V_A - V_B = \frac{q}{C_1},\ V_B - V_C = \frac{q}{C_2},\ \cdots,\ V_E - V_F = \frac{q}{C_n}$$

现在我们把这一个电容器组当作为一个整体来看,它所储蓄的,也就是可资使用的电荷,只是两端极板上的电荷 q,这两端极板的电势差是 $V_A - V_F$. 则由上式,这一组合的等值电容 C 为

$$C = \frac{q}{V_A - V_F} = \frac{1}{\frac{1}{C_1} + \frac{1}{C_2} + \cdots + \frac{1}{C_n}}$$

或

$$\frac{1}{C} = \frac{1}{C_1} + \frac{1}{C_2} + \cdots + \frac{1}{C_n} \tag{11-50}$$

这就是说:**串联电容器组的等值电容的倒数,等于各个电容器电容的倒数之和.** 这样,电容器串联后,使总电容变小,但每个电容器两极板间的电势差,比欲加的总电压小,因此电容器的耐压程度有了增加. 这是串联的优点.

电容器的并联,如图 11-24(b)所示. 各个电容器的一块极板都连接在同一点 A 上,另一块极板都连接在另一点 B 上. 接上电源后,每一只电容器两极板的电势差都等于 A, B 两点间的电势差 $V_A - V_B$,各个电容器极板上的电荷大小分别为 q_1, q_2, $\cdots$, q_n. 对各个电容器来说,有

$$C_1 = \frac{q_1}{V_A - V_B},\ C_2 = \frac{q_2}{V_A - V_B},\ \cdots,\ C_n = \frac{q_n}{V_A - V_B}$$

把这一个组合作为一个整体看,它可资用的电荷是 $q = q_1 + q_2 + \cdots + q_n$,而其电势差是 $V_A - V_B$,因此这一组合的等值电容 C 为

$$C = \frac{q_1 + q_2 + \cdots + q_n}{V_A - V_B} = \frac{q_1}{V_A - V_B} + \frac{q_2}{V_A - V_B} + \cdots + \frac{q_n}{V_A - V_B}$$

或

$$C = C_1 + C_2 + \cdots + C_n \tag{11-51}$$

所以,**并联电容器组的等值电容是各个电容器电容之总和.** 这样,总的电容量是增加了,但是每只电容器两极板间的电势差和单独使用时一样,因而耐压程度并没有因并联而改善.

以上是电容器的两种基本连接方法. 实际上,还有混合连接法,即串联和并联一起应用.

问题 11.10.3 (1) 如何求电容器并联或串联后的等值电容? 在什么情况下宜用并联? 在什么情况下宜用串联?

(2) 电容器中的介质击穿是怎样引起的?

(3) 三个完全相同的电容器,电容各等于0.5 μF. 现在把它们连接起来,使总电容等于0.75 μF,应该怎样连接? 画图并计算.

例题 11-20 有三个电容均为 $C_1 = 6\ \mu F$,的电容器,相互连接,如图所示. 今在此电容器组的两端加上电压 $V_A - V_D = 300$ V. 求:(1)电容器1上的电荷;(2)电容器3两端的电势差.

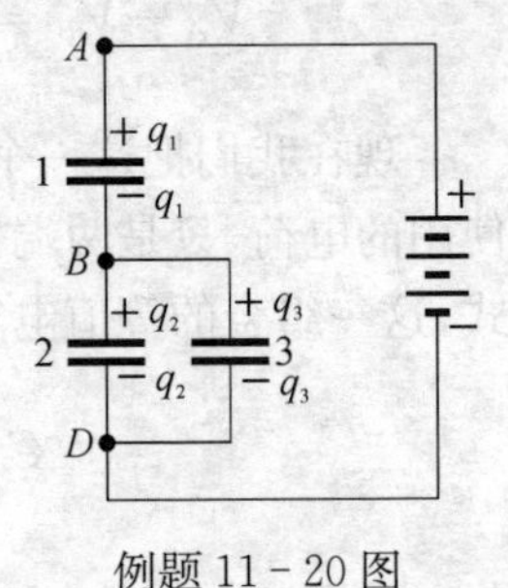

例题 11-20 图

解 (1) 设 C 为这一组合的等值电容,q_1 为电容器1上的电荷,也就是这一组合所储蓄的电荷. 图中 A, B, D 各点的电势分别为 V_A, V_B 和 V_D,则

$$q_1 = C(V_A - V_D)$$

因
$$C = \frac{C_1 \times 2C_1}{C_1 + 2C_1} = \frac{2}{3}C_1$$

得
$$q_1 = \frac{2}{3}C_1(V_A - V_D) = \frac{2}{3} \times 6 \times 10^{-6}\ \text{F} \times 300\ \text{V} = 1.2 \times 10^{-3}\ \text{C}$$

(2) 设 q_2 和 q_3 分别为电容器2和电容器3上所带电荷,则

$$V_B - V_D = \frac{q_2}{C_1} = \frac{q_3}{C_1}$$

因为 $q_1 = q_2 + q_3$,而由上式又有 $q_2 = q_3$,故 $q_2 = q_3 = q_1/2$,于是得

$$V_B - V_D = \frac{1}{2}\frac{q_1}{C_1} = \frac{1}{2} \times \frac{1.2 \times 10^{-3}\ \text{C}}{6 \times 10^{-6}\ \text{F}} = 100\ \text{V}$$

11.11 电场的能量

任何带电过程都是正、负电荷的分离过程. 在带电系统的形成过程中,凭借外界提供的能量,外力必须克服电荷之间相互作用的静电力而做功. 带电系统形成后,根据能量守恒定律,外界能源所供给的能量必定转变为这带电系统的电能. 电能在量值上等于外力所做的功,所以任何带电系统都具有一定值的能量.

> 正、负电是同时呈现的. 例如摩擦起电,我们把正、负电荷及其周围伴同激发的电场叫做带电系统.

如图 11-25(a)所示,若带电系统是一个电容器,它的电容是 C. 设想电容器的带电过程是这样的,即不断地从原来中性的极板 B 上取正电荷移到极板 A 上,而使两极板 A 和 B 所带的电荷分别达到 $+q$ 和 $-q$,这时两板间的电势差 $V_{AB} = V_A - V_B = q/C$[图 11-25(c)]. 在上述带电过程中的某一时刻,设两极板已分别带电到 $+q_i$ 和 $-q_i$,且其电势差为 q_i/C[图 11-25(b)]. 若从板 B 再将电荷 $+dq_i$ 移到板 A 上,则外力做功为

$$\mathrm{d}A = \frac{q_i}{C}\mathrm{d}q_i$$

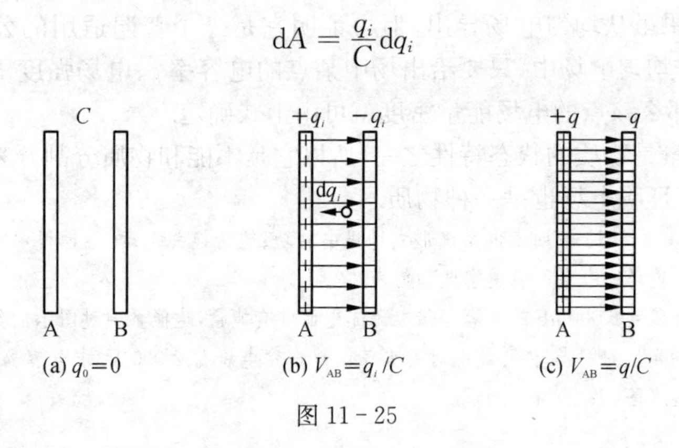

图 11 - 25

在极板带电从零达到 q 值的整个过程中,外力做功为

$$A = \int_0^q \mathrm{d}A = \int_0^q \frac{q_i}{C}\mathrm{d}q_i = \frac{1}{2}\frac{q^2}{C}$$

这功便等于带电荷为 q 的电容器所具有的能量 W_e,即

$$W_e = \frac{1}{2}\frac{q^2}{C} \tag{11-52}$$

根据电容器电容的定义式(11 - 45),上式也可写成

$$W_e = \frac{1}{2}C(V_A - V_B)^2 \tag{11-52a}$$

或

$$W_e = \frac{1}{2}q(V_A - V_B) \tag{11-52b}$$

现在我们进一步说明这些能量是如何分布的. 实验证明,在电磁现象中,能量能够以电磁波的形式和有限的速度在空间传播,这件事证实了带电系统所储藏的能量分布在它所激发的电场空间之中,即电场具有能量. 电场中单位体积内的能量,称为**电场的能量密度**. 现在以平板电容器为例,导出电场的能量密度公式. 今把 $C = \varepsilon S/d$ 代入式(11 - 52a)中,即得电场的能量为

$$W_e = \frac{1}{2}\frac{\varepsilon S}{d}(V_A - V_B)^2 = \frac{1}{2}\varepsilon(Sd)\left(\frac{V_A - V_B}{d}\right)^2 = \frac{\varepsilon E^2}{2}\tau$$

式中,$(V_A - V_B)/d$ 是电容器两极板间的电场强度 E;$\tau = Sd$ 是两极板间的体积. 由于平行板电容器中的电场是均匀的,所以将电场能量 W_e 除以电场体积 $\tau = Sd$,即为电场的能量密度 w_e,故由上式得

$$w_e = \frac{\varepsilon E^2}{2} = \frac{DE}{2} \tag{11-53}$$

上述结果虽从均匀电场导出，但可证明它是一个普遍适用的公式. 也就是说，在任何非均匀电场中，只要给出场中某点的电容率 ε、电场强度 E(或电位移 $D=\varepsilon E$)，那么该点的电场能量密度就可由上式确定.

因为能量是物质的状态特性之一，所以它是不能和物质分割开来的. 电场具有能量，这就证明电场也是一种物质.

问题 11.11.1 (1) 说明带电系统形成过程中的功、能转换关系；在此过程中，系统获得的能量储藏在何处？电场中一点的能量密度如何表述？

(2) 电容为 $C=6\,000\ \mu\text{F}$ 的电容器借电源充电而储有能量，这能量通过图示的线路放电时，转换成固体激光闪光灯的闪光能量. 放电时的火花间隙击穿电压为 2 000 V. 求电容器在一次放电过程中释放的能量.(答：1.2×10^4 J)

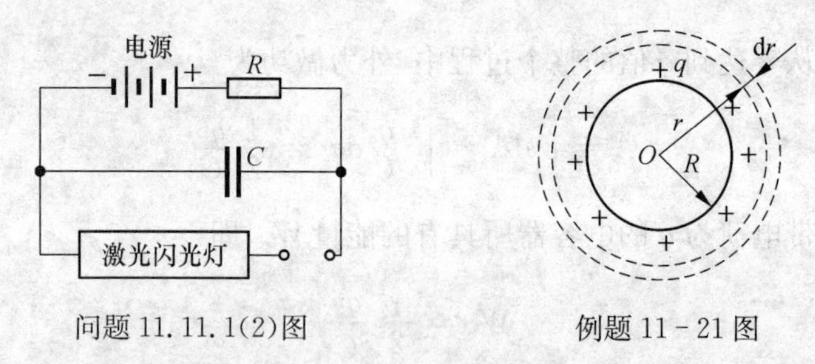

问题 11.11.1(2)图　　例题 11-21 图

例题 11-21 设半径为 $R=10$ cm 的金属球，带有电荷 $q=1.0\times10^{-5}$ C，位于 $\varepsilon_r=2$ 的无限大均匀电介质中. 求这带电球体的电场能量.

解 根据有电介质时静电场的高斯定理，可求得在离开球心为 $r\ (r>R)$ 处的电场强度为

$$E=\frac{q}{4\pi\varepsilon r^2}$$

该处任一点的电场能量密度为

$$w_e=\frac{\varepsilon E^2}{2}=\frac{q^2}{32\pi^2\varepsilon r^4}$$

如图所示，在该处取一个与金属球同心的球壳层，其厚度为 $\mathrm{d}r$，体积为 $\mathrm{d}\tau=4\pi r^2\mathrm{d}r$，拥有的能量为 $\mathrm{d}W_e=w_e\mathrm{d}\tau$. 整个电场的能量可用积分计算：

$$W_e=\iiint_\tau w_e\mathrm{d}\tau=\int_R^\infty\frac{q^2}{32\pi^2\varepsilon r^4}4\pi r^2\mathrm{d}r=\frac{q^2}{8\pi\varepsilon R}=\frac{1}{4\pi\varepsilon_0}\frac{q^2}{2\varepsilon_r R}$$

代入已知数值，可算得电场能量为

$$W_e=9\times10^9\times\frac{(1.0\times10^{-5})^2}{2\times2\times0.1}\ \text{J}=2.25\ \text{J}$$

习　题　11

11-1 铁原子核里的两个质子间相距 4.0×10^{-15} m. 求：(1)它们之间的库仑力 F；

(2)比较这个力与每个质子所受重力 W 的大小.(答:$F=14.4\,\text{N}$,斥力;$W=1.64\times10^{-26}\,\text{N}$;$F\gg W$)

11-2　图示两小球的质量均为 $m=0.1\times10^{-3}\,\text{kg}$,分别用两根长 $l=1.20\,\text{m}$ 的塑料细线悬挂着.当两球带有等量的同种电荷时,它们相互推斥分开,在彼此相距 $d=5\times10^{-2}\,\text{m}$ 处达到平衡.求每个球上所带的电荷 q.(答:$q=\pm2.38\times10^{-9}\,\text{C}$)

11-3　点电荷 $q_1=+5.0\times10^{-9}\,\text{C}$,置于距离激发电场的点电荷 q 为 10 cm 处一点上时,它所受的力为 $30\times10^{-5}\,\text{N}$,方向则背离 q 向外.求此点的电场强度大小和场源电荷 q 的大小.(答:$6.0\times10^4\,\text{N}\cdot\text{C}^{-1}$;$66.7\times10^{-9}\,\text{C}$)

11-4　在边长为 a 的正方形四个顶点上,分别有相等的同种电荷 $-e$.求证:若使各顶点上的电荷所受电场力为零,在正方形中心 O 应放置电荷 $e_O=(2\sqrt{2}+1)e/4$.

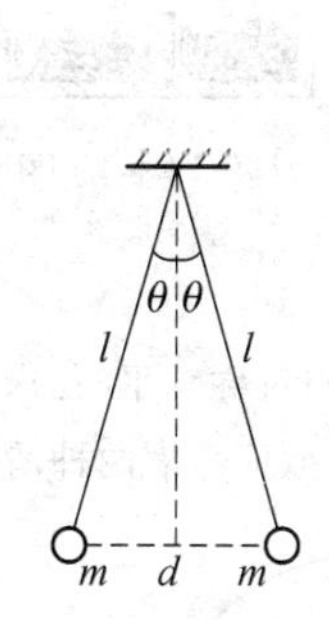

习题 11-2 图

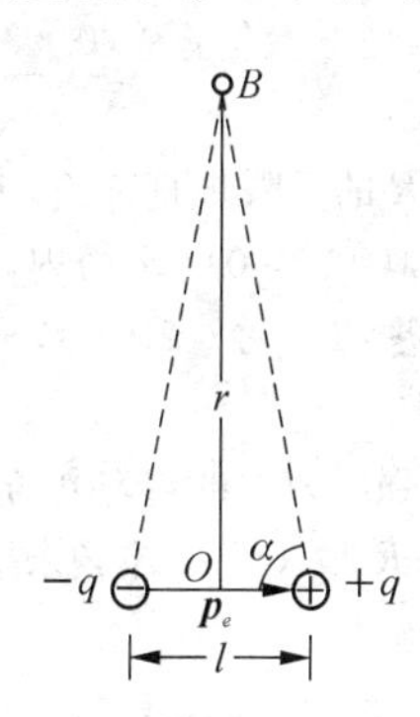

习题 11-5 图　电偶极子中垂线上的电场强度

11-5　求电偶极子在其轴线的中垂线上某点 B 的电场强度 $\boldsymbol{E}_B$.令中垂线上某点 B 到电偶极子中心 O 的距离为 r.(答:$\boldsymbol{E}_B=-\boldsymbol{p}_e(4\pi\varepsilon_O r^3)^{-1}$)

11-6　设电荷 q 均匀分布在半径为 R 的圆弧上,圆弧对圆心 O 所张的圆心角为 α.试求圆心处的电场强度.若此圆弧为一半圆周,求圆心处的电场强度.(答:$[q/(2\pi\varepsilon_0R^2\alpha)]\sin(\alpha/2)$;$q/(2\pi^2\varepsilon_0R^2)$;方向按 $q>0$ 和 $q<0$ 自行讨论)

11-7　设正电荷 q 均匀分布于长为 L 的细棒上.求证:在棒的延长线上、离棒中点为 $a(a>L/2)$ 处的电场强度为 $(q/\pi\varepsilon_0)(4a^2-L^2)^{-1}$;方向自行确定.

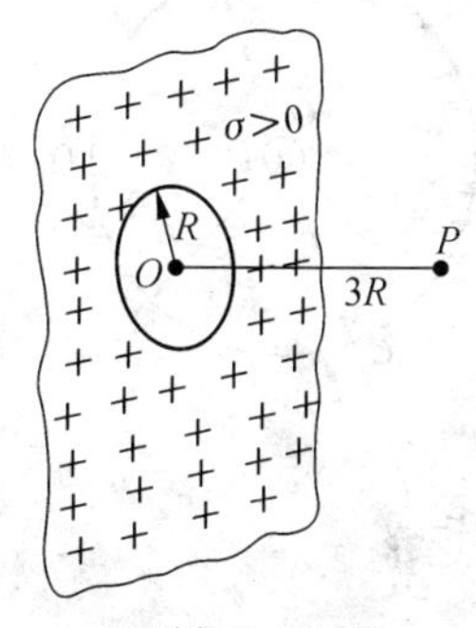

习题 11-8 图

11-8　一均匀带正电的无限大平面,面电荷密度为 σ,在板上挖去一个半径为 R 的小圆孔,求垂直于平面的圆孔轴线上某点 P 的电场强度.已知场点 P 与圆孔中心 O 相距为 $3R$.(提示:可视作未挖去圆孔时均匀带正电 σ 的无限大平面和圆孔处半径为 R 的均匀带负电 $-\sigma$ 的圆面二者电场之叠加.)(答:$E=3\sqrt{10}\sigma/(20\varepsilon_0)$,方向向右)

* **11-9**　在均匀电场 $\boldsymbol{E}$ 中的一个电偶极子,其电矩 $\boldsymbol{p}_e$ 与电场强度 $\boldsymbol{E}$ 的方向一致而处于平衡位置.若使它绕中心偏转一个微小角位移,然后释放,设其对中心的转动惯量为 J,试证此电偶极子

将以频率$\sqrt{\dfrac{p_e E}{4\pi^2 J}}$作简谐运动.(不计电偶极子作简谐运动时的其他效应.)

11-10 压碎的某种磷酸盐矿石是磷酸盐和石英颗粒的混合体,在通过输送器A时将它们振动,引起摩擦带电,使磷酸盐带正电,石英带负电,尔后从两块平行带电平板(可视作无限大均匀带电平行平面)之间的中央落入,设其间的电场强度大小为$E=0.5\times10^5\ \mathrm{N\cdot C^{-1}}$,方向如图所示,它们所带电荷的大小均为每千克$10^{-5}$C.为了使磷酸盐能分离出来,两种粒子必须至少分开10 cm.不计这些带电粒子运动时的磁效应.求:(1)粒子在两板间至少通过多少距离?(2)板上的面电荷密度大小.(答:(1)0.98 m;(2)$\sigma=4.43\times10^{-7}\ \mathrm{C\cdot m^{-2}}$)

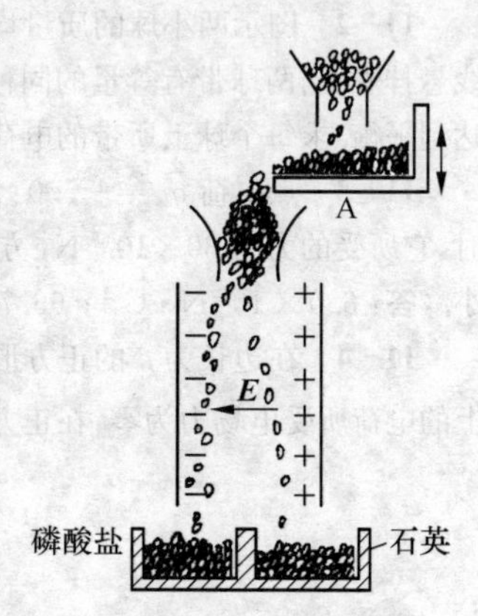

习题11-10图

11-11 一半径为R的无限长直圆筒,表面均匀带电,每单位长度所带电荷为λ($\lambda>0$).求筒内、筒外的电场强度,并画出$E-r$曲线.(答:$E=\lambda/(2\pi\varepsilon_0 r)$,$r>R$;$E=0$,$r<R$)

11-12 如图,电场强度为$\boldsymbol{E}$的均匀电场与半径为R的半球面的对称轴平行.求证:穿过此半球面的电通量为$\pm\pi R^2 E$.(提示:本题未指出半球面法线的指向,故应考虑两种情况.)

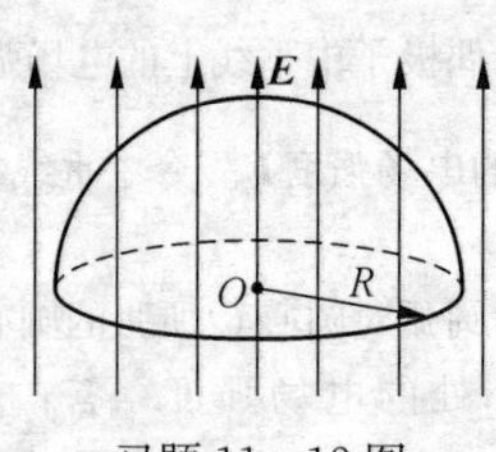

习题11-12图

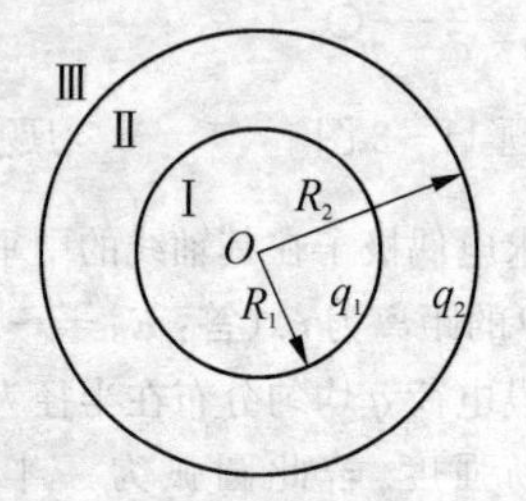

习题11-13图

11-13 如图,在半径为R_1和R_2的两个同心球面上,各自均匀地分布着电荷q_1和q_2.求:(1)Ⅰ,Ⅱ,Ⅲ三个区域内的电场强度分布;(2)若$q_1=-q_2$,情况如何?画出此情况下的$E-r$曲线,r为场点到球心O的距离.(答:(1)$E_{\mathrm{I}}=0$,$E_{\mathrm{II}}=\dfrac{1}{4\pi\varepsilon_0}\dfrac{q_1}{r^2}$,$E_{\mathrm{III}}=\dfrac{1}{4\pi\varepsilon_0}\dfrac{q_1+q_2}{r^2}$;(2)$E_{\mathrm{I}}=E_{\mathrm{III}}=0$,$E_{\mathrm{II}}=\dfrac{1}{4\pi\varepsilon_0}\dfrac{q_1}{r^2}$)

11-14 两个无限大的竖直平行平面,均匀带电,面电荷密度均为σ($\sigma>0$).求证:$\boldsymbol{E}_{内}=0$,$\boldsymbol{E}_{外侧}=\pm\dfrac{\sigma}{\varepsilon_0}\boldsymbol{i}$($\boldsymbol{i}$为垂直于两平面、指向右方的单位矢量).

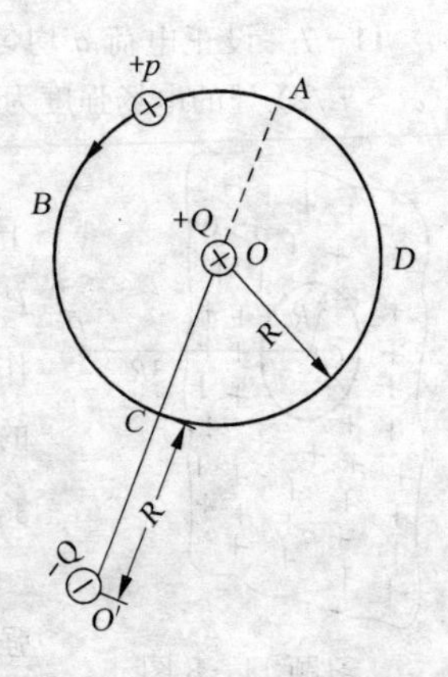

习题11-15图

11-15 如图,在同一水平面上,点电荷$+Q$和$-Q$分别置于点O,O'处,若沿着以点O为圆心、R为半径的水平半圆弧

$\widehat{ABC}$，把质量为 m、带电 $+q$ 的质点从点 A 移到点 C，求电场力和重力分别对它所做的功 A_e，A_W.（答：$A_e = qQ/(6\pi\varepsilon_0 R)$；$A_W = 0$）

11-16 设在一直线上的两点 a 和 b 分别距点电荷 $+q$ 为 r_a 和 r_b（$r_a < r_b$）. 将一试探电荷 $-q_0$ 从点 a 移到点 b，试决定电场力做功的正负和大小？a，b 两点哪一点电势较高？（答：负功；$\dfrac{qq_0}{4\pi\varepsilon_0}\left(\dfrac{1}{r_b}-\dfrac{1}{r_a}\right)$；$V_a > V_b$）

11-17 如图所示，求将一电荷 $q = 1.0\times10^{-9}$ C 由点 A 移到点 B 时电场力所作之功及由点 C 移到点 D 时电场力所做之功. 已知 $r = 6$ cm，$a = 8$ cm，$q_1 = +3.3\times10^{-9}$ C，$q_2 = -3.3\times10^{-9}$ C.（答：3.96×10^{-7} J；0）

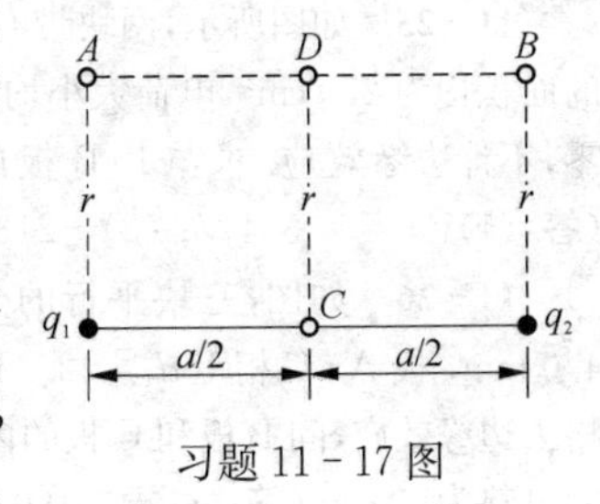

习题 11-17 图

11-18 边长为 10 cm 的等边三角形的顶点 A，B 上分别置有电荷 $q_A = +12\times10^{-9}$ C 和 $q_B = -12\times10^{-9}$ C，求：另一顶点 C 处的电势、在 AB 边上距点 B 为 4 cm 的一点 P 的电势以及电势差 V_{CP}，V_{PC}.（答：$V_C = 0$，$V_P = -900$ V；$V_{CP} = 900$ V，$V_{PC} = -900$ V）

11-19 如图所示，一内、外半径分别为 r_1 和 r_2 的均匀带电圆环形薄片，面电荷密度为 σ. 求垂直于环面的轴线上一点 P 的电势. 设 P 点与环心 O 相距为 x.（答：$\dfrac{\sigma}{2\varepsilon_0}\left(\sqrt{r_2^2+x^2}-\sqrt{r_1^2+x^2}\right)$）

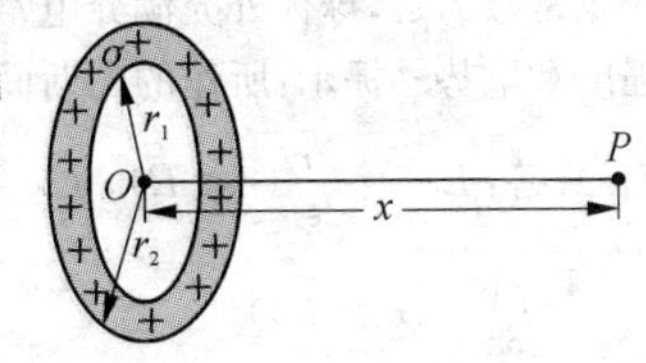

习题 11-19 图

11-20 两无限大平行平板相距 5 mm，均匀带电后，电势差为 30V，求两板之间电场强度.（答：6 000 V·m^{-1}，方向从高电势的板指向低电势的板）

11-21 一无限大的带电平板上，均匀地分布有正电荷，电荷面密度为 σ. 求：(1) 与平板的距离为 d 的一点 A 与平板之间的电势差；(2) 与平板分别相距为 d_1，d_2 两点 B 和 C 之间的电势差（$d_1 < d_2$）.（答：$\dfrac{\sigma d}{2\varepsilon_0}$；$\dfrac{\sigma(d_2-d_1)}{2\varepsilon_0}$）

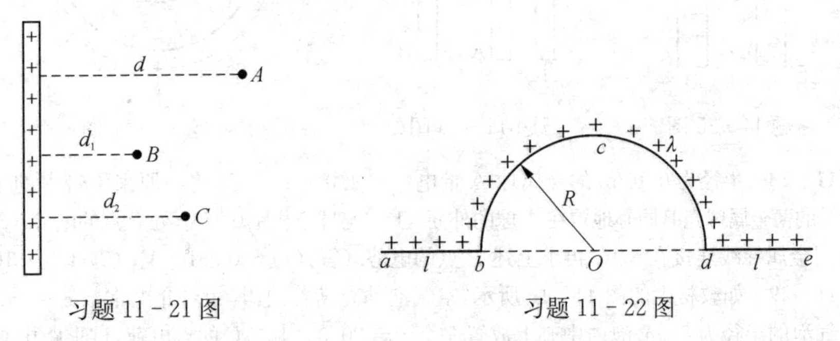

习题 11-21 图　　习题 11-22 图

11-22 一均匀带电的细塑料丝弯成如图所示的形状，其中，ab 与 de 是两段在同一直线上、长度均为 l 的直线段，bcd 是半径为 R 的半圆周，其圆心 O 与两直线段共线，线电荷密度均为 λ，求圆心 O 处的电场强度和电势.（答：$E = \dfrac{\lambda}{2\pi\varepsilon_0 R}$，↓）

*11-23　正电荷 q 均布在长 $2l$ 的细棒上,求证:细棒中垂线上离棒中点 O 为 y 处和细棒的延长线上离中心 O 为 x 处的电势分别为 $\frac{q}{4\pi\varepsilon_0 l}\ln\frac{l+\sqrt{l^2+y^2}}{y}$, $y\neq 0$; $\frac{q}{8\pi\varepsilon_0 l}\ln\frac{x+l}{x-l}$, $|x|>l$.

11-24　半径分别为 1.0 cm 与 2.0 cm 的两个球形导体,各带电 1.0×10^{-8} C,两球相距很远而互不影响.若用细导线将两球连接,求:(1)每球所带电荷;(2)每球的面电荷密度与球的半径有何关系?(3)每球的电势.(**答**:(1)6.67×10^{-9} C,13.3×10^{-9} C;(3)6 000 V)

11-25　如图所示,两块带有等量异种电荷的铜板 A 和 B,相距为 $d=5.5$ mm,两铜板的面积均为 250 cm^2,电荷大小均为 2.15×10^{-8} C,A 板带正电并接地(见图).以地的电势为零,不计边缘效应.求:(1)B 板的电势;(2)A 和 B 两板间离 A 板 2.2 mm 处的电势.(**答**:(1)$V_B=-534$ V;(2)-213 V)

11-26　如图,三块平行的金属板 A,B 和 C,面积均为 200 cm^2.板 A,B 相距 $d_2=4.0$ mm,板 A,C 相距 $d_1=2.0$ mm,B,C 两板都接地.如果使 A 板带正电 3.0×10^{-7} C,并略去边缘效应,问 B 板和 C 板的内、外表面上感应电荷各是多少?以地的电势为零,问 A 板的电势为多大?(**答**:$q_B=\mp1.0\times10^{-7}$ C;$q_C=\mp2.0\times10^{-7}$ C;$V_A=2.26\times10^3$ V)

11-27　一半径为 R 的电介质实心球体(见图),均匀地带正电,体电荷密度为 ρ.球体的介电常数为 ε_1,球体外充满介电常数为 ε_2 的无限大均匀电介质.求球体内、外任一点的电场强度和电势.(提示:所作的高斯面分别为虚线所示的过球内、外场点 P_1 和 P_2 的同心闭合球面.)(**答**:$E_内=\frac{\rho r}{3\varepsilon_1}(r<R)$,$E_外=\frac{\rho R^3}{3\varepsilon_2 r^2}(r>R)$;$V_内=\frac{\rho}{6}\left[\left(\frac{1}{\varepsilon_1}+\frac{2}{\varepsilon_2}\right)R^2-\frac{r^2}{\varepsilon_1}\right](r<R)$,$V_外=\frac{\rho R^3}{3\varepsilon_2 r}(r>R)$)

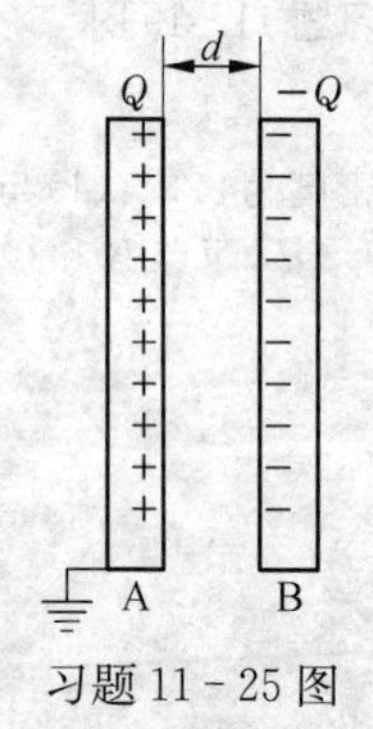

习题 11-25 图

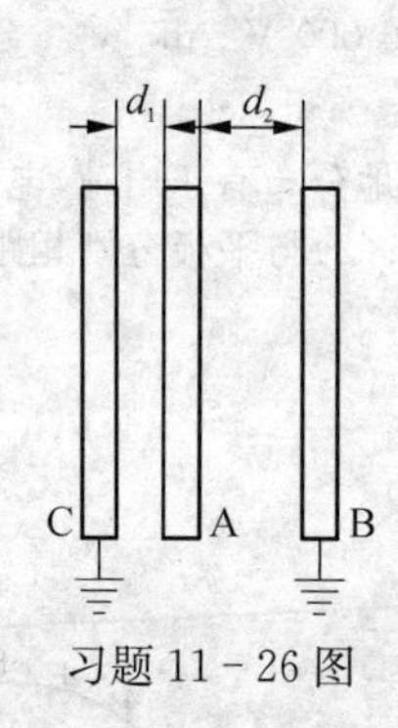

习题 11-26 图

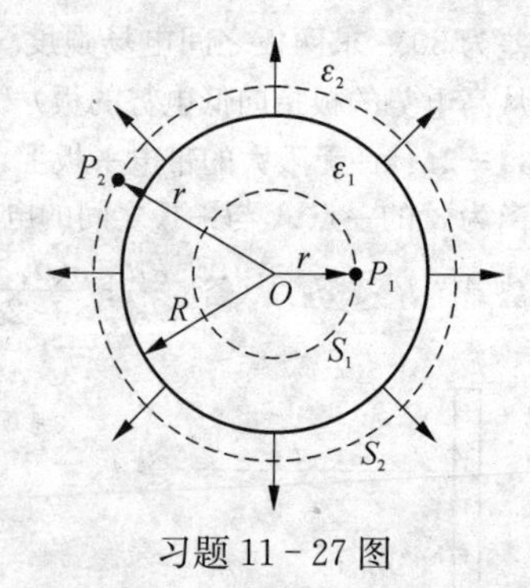

习题 11-27 图

11-28　半径为 0.10 m 的金属球 A 带电 $q=1.0\times10^{-8}$ C,将一原来不带电的半径为 0.20 m的薄金属球壳 B 同心地罩在 A 球的外面.(1)求与球心相距 0.15 m 处 P 点的电势;(2)将 A 与 B 用金属导线连接在一起,再求上述 P 点的电势.(**答**:(1) 6.0×10^2 V;(2) 4.5×10^2 V)

11-29　如教材上的图 11-19 所示,空气泡外充满着油,其相对介电常数 $\varepsilon_r=4.5$,已知空气泡的半径为 5 cm,泡内中心上放置一个 $q=20.0\times10^{-9}$ C 的点电荷,试求距中心 4 cm 和 10 cm 两点处的电场强度和电位移.(**答**:$E_1=1.13\times10^5$ N·C^{-1},$E_2=3.99\times10^3$ N·C^{-1};$D_1=9.95\times10^{-7}$ C·m^{-2},$D_2=1.59\times10^{-7}$ C·m^{-2})

11-30　如图,在内、外半径分别为 R_1,R_3 的球形电容器内,充以一层厚度为 $(R_2-$

R_1)、介电常数为 ε 的均匀电介质球壳层. 若内球的外表面与外球的内表面上分别带电荷 q 和 $-q$, 求球心 O 的电势. $\left(答: \frac{q_1}{4\pi R_2}\left(\frac{R_2-R_1}{\varepsilon R_1}+\frac{R_3-R_2}{\varepsilon_0 R_3}\right)\right)$

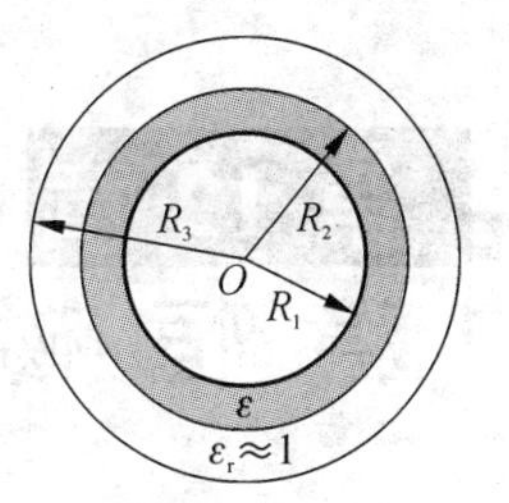

习题 11 - 30 图

11 - 31　两块平行的导体平板, 面积都是 $2.0\ m^2$, 放在空气中, 并相距 $d=5.0\ mm$, 两极板的电势差为 1 000 V, 略去边缘效应. 求: (1)电容 C; (2)各极板上的电荷 Q 和面电荷密度 σ; (3)两板间的电场强度. (答: (1) 3.54×10^{-9} F; (2) 3.54×10^{-6} C, $1.77\times10^{-6}\ C\cdot m^{-2}$; (3) $2\times10^5\ V\cdot m^{-1}$)

11 - 32　一平行板电容器, 当两极板间的电介质是空气时, 测得电容为 25 μF; 当两极板间的电介质换用木材时, 测得电容为 200 μF. 问木材的相对介电常数 $\varepsilon_{r木}$ 为多大? (答: $\varepsilon_{r木}=8$)

11 - 33　想用锡箔和厚 0.1 mm 的云母片(作为电介质)制成一个电容为 1 μF 的平行板电容器, 这个电容器的面积应该多大? (云母的 $\varepsilon_r=8$) (答: $1.41\ m^2$)

11 - 34　如图, 一圆柱形电容器, 由半径分别为 R_A 和 R_B 的同轴金属圆柱面所构成, 且其间充满介电常数为 ε 的电介质; 并设圆柱面的长度 $l \gg R_B - R_A$, 以能使两端边缘处电场不均匀性的影响可忽略不计. 试求其电容. (答: $C = 2\pi\varepsilon l/\ln(R_B/R_A)$)

11 - 35　在教材中的图 11 - 22 所示的电容测厚仪中, 设平行板电容器的极板面积为 S, 两极板的间距为 d, 被测带子的厚度和相对介电常数分别为 t 和 ε_r. 求证: 此电容器的电容为 $C=\varepsilon_0 S/[d-(1-1/\varepsilon_r)t]$.

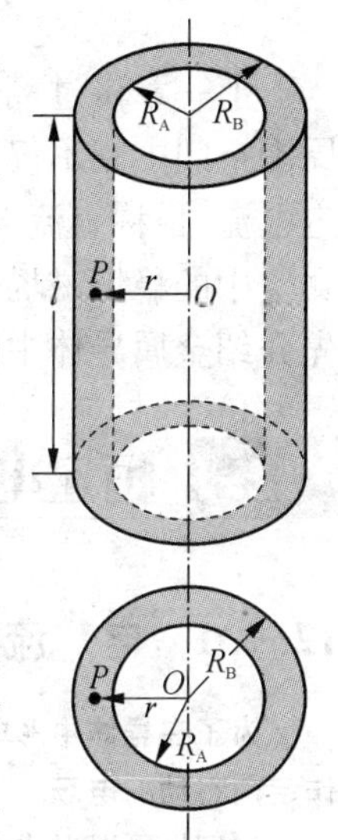

习题 11 - 34 图

11 - 36　两个平行板电容器, 一个用空气做电介质, 另一个用松节油做电介质, 其他的条件皆相同. 把它们并联后, 充电 1.67×10^{-7} C, 求每个电容器的电荷(松节油的 $\varepsilon_r=2.16$). (答: $q_{空}=0.529\times10^{-7}$ C, $q_{松}=1.14\times10^{-7}$ C)

11 - 37　串联电容器 A, B, C 的电容分别为 0.002 μF, 0.004 μF, 0.006 μF, 各个电容器的击穿电压皆为 4 000 V. 现在要想在这个电容器组的两极间维持 11 000 V 的电势差, 可能不可能? 为什么? (答: 不能; 电容器 A 的电压已超过 4 000 V)

11 - 38　如图, 设点 A 的电势为 +120 V, 点 B 接地. 试求每一电容器上的电荷及点 D 的电势. 已知 $C_1=3$ μF, $C_2=4$ μF, $C_3=2$ μF. (答: $Q_1=Q_2+Q_3=2.4\times10^{-4}$ C; $V_D=40$ V)

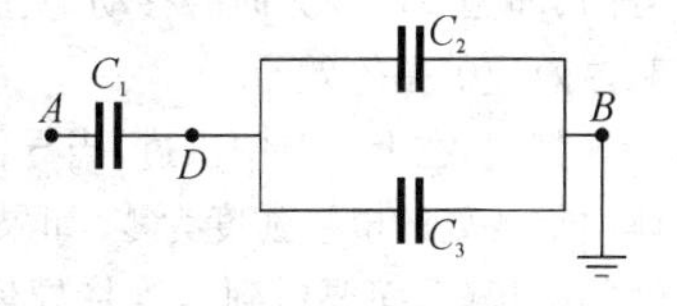

习题 11 - 38 图

11 - 39　一半径为 R 的导体球, 带电 Q, 放于介电常数为 ε 的无限大均匀电介质中. 求电场的能量. $\left(答: \frac{Q^2}{4\pi\varepsilon R}\right)$

11 - 40　一半径为 R、带电荷 Q 的均匀带电球体, 球体的介电常数为 ε, 球外为真空. 求此球体的电场能量. (答: $W=Q^2/(40\pi\varepsilon R)+Q^2/(8\pi\varepsilon_0 R)$)

第 12 章 稳 恒 磁 场

> 它山之石，可以攻玉.
> ——《诗经 · 鹤鸣》

上一章讲过，静止电荷周围的空间中存在着静电场. 对运动电荷来说，它在周围空间中则不仅存在电场，而且还存在磁场. 当大量电荷作定向运动而形成恒定电流(俗称直流电)时，其周围将存在不随时间而变的稳恒磁场. 本章主要讨论真空中的稳恒磁场及其基本性质，并简述磁介质在磁场中的行为. 为此，我们首先介绍金属导体中的恒定电流及其基本规律.

* 12.1 恒定电流

12.1.1 电 流

为了在导体中形成电流，须具备两个条件：第一要有可以移动的电荷；第二要有维持电荷作定向移动的电场.

我们把可以形成电流的电荷，统称为**载流子**. 载流子可以是各种不同的带电粒子(如电子、正离子、负离子等). 在金属导体中的载流子是带负电的自由电子.

值得指出，虽然金属导体中的电流，乃是带负电的自由电子逆着电场方向作有规则的定向移动(图 12 - 1)，**但在历史上规定正电荷移动的方向作为电流的方向**(以后统称**"流向"**). 这就是说，在金属导体中，我们把实际上负电荷的移动都想象地看作是正电荷沿着相反方向、即循着电场方向的移动. 实验证明，这对电流的磁效应和热效应等是等效的.

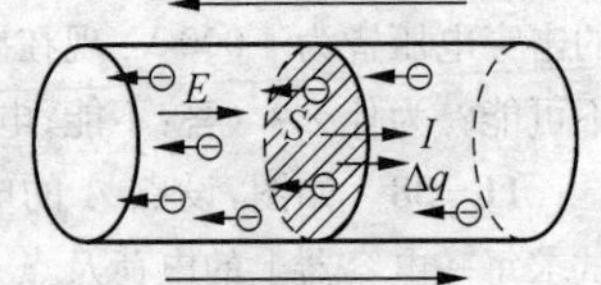

图 12 - 1 电流的方向与负电荷运动的方向相反

其次，在上一章中讲过，当导体处于静电平衡状态时，导体内部各处的电场强度为零. 如果我们设法提供一个非静电性的电场(后面要讲到)，维持导体内部的电场强度不为零，那么导体内可移动的电荷，在电场力作用下将相对于导体作宏观的定向运动. **大量电荷的定向移动**，就形成电流.

为了描述电流的强弱，定义单位时间内通过导体某一横截面的电荷叫做**电流强度**，简称**电流**，常用 I 表示. 如果在 dt 时间内通过横截面的电荷为 dq，则电流强度为

$$I = \frac{\mathrm{d}q}{\mathrm{d}t} \tag{12-1}$$

在 SI 中，电流强度的单位为安培，简称安，符号为 A，安培是 SI 中七个基本单位之一. 按照电流强度的定义可知：$1\ \mathrm{A} = 1\ \mathrm{C} \cdot \mathrm{S}^{-1}$. 有时，也常用 mA(毫安)和 μA(微安)等较小的单位. 换算关系为 $1\ \mathrm{mA} = 10^{-3}\ \mathrm{A}$，$1\ \mu\mathrm{A} = 10^{-6}\ \mathrm{A}$.

12.1.2 电流密度

电流强度 I 所表述的是导体中整个截面上的电荷通过率，它不能反映出导体中各点的电荷运动情状，为此，需引用**电流密度 $\boldsymbol{j}$** 这个矢量来描述. 如图 12-2 所示，在通有电流的导体中任一点的电流密度 $\boldsymbol{j}$，其大小可规定如下：设在导体内某点 P 处，取一微小的面积元 $\mathrm{d}S_{\perp}$，使它与点 P 的正电荷运动方向相垂直. 如果通过 $\mathrm{d}S_{\perp}$ 的电流强度为 $\mathrm{d}I$，则在该点处垂直于电流流向的单位面积上通过的电流强度，就是该点处电流密度的大小 j，即

$$j = \frac{\mathrm{d}I}{\mathrm{d}S_{\perp}} \tag{12-2}$$

电流密度的单位是 $\mathrm{A} \cdot \mathrm{m}^{-2}$(安每平方米). 其次，我们规定，导体中各点的电流密度是矢量，即 $\boldsymbol{j}$，其方向与该点的电场强度 $\boldsymbol{E}$ 的方向相同.

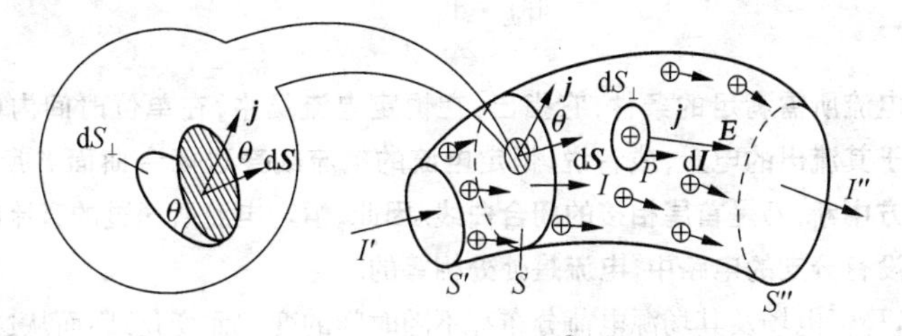

图 12-2 电流密度

现在我们来讨论通过导体上某一截面(不论它是曲面或平面)的电流强度 I 与该截面上各点的电流密度 $\boldsymbol{j}$ 之间的关系. 如图 12-2 所示，在截面上任取一面积元矢量 $\mathrm{d}\boldsymbol{S}$，其大小为 $\mathrm{d}S$，其方向沿着该面积元的法线方向. 在一般情况下，面积元不一定与它所在处的电流密度 $\boldsymbol{j}$ 相垂直，若 $\mathrm{d}\boldsymbol{S}$ 与 $\boldsymbol{j}$ 二者的方向成 θ 角，则由式(12-2)，有

$$\mathrm{d}I = j\mathrm{d}S_{\perp} = j\mathrm{d}S\cos\theta = \boldsymbol{j} \cdot \mathrm{d}\boldsymbol{S}$$

将上式对整个截面 S 求曲面积分，可得通过该截面的电流强度为

$$I = \iint_S \boldsymbol{j} \cdot \mathrm{d}\boldsymbol{S} \tag{12-3}$$

由于电流密度 $\boldsymbol{j}$ 是一个矢量点函数，即 $\boldsymbol{j} = \boldsymbol{j}(x, y, z)$，它构成了整个电流空间的一个电流密度场——“电流场”. 与电场线概念相仿，可用电流线(即 j 线)描绘电流场. 上式表明，在电流场中，电流线经任何曲面 S 的通量，就是通过该曲面 S 的电流 I.

12.1.3 电流的连续性方程 稳恒电场

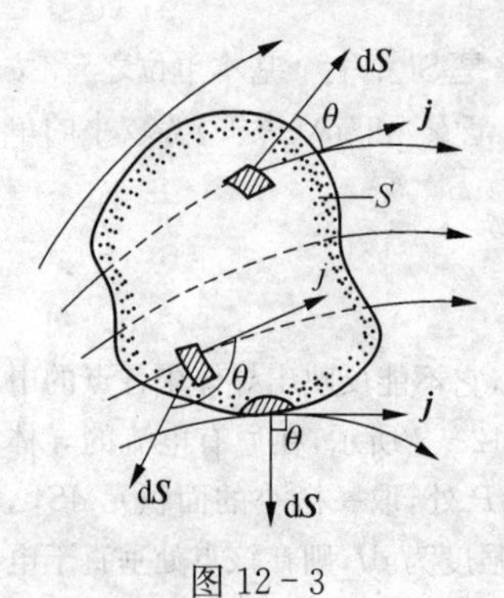

图 12-3

在图 12-3 所示的电流场中任取一闭合曲面 S,根据电荷守恒定律,在单位时间内,从 S 面内流出的电量 $\oint_S \boldsymbol{j}\cdot \mathrm{d}\boldsymbol{S}$ 应等于 S 面所包围体积内电量的减少,即 $-\mathrm{d}q/\mathrm{d}t$. 可写作

$$\oint_S \boldsymbol{j}\cdot \mathrm{d}\boldsymbol{S} = -\frac{\mathrm{d}q}{\mathrm{d}t} \tag{12-4}$$

上式称为电流的**连续性方程**. 它实际上是电荷守恒定律的数学表达式.

我们知道,在通有电流的导体内必存在电场强度不为零的电场. 这个电场是由分布在导体内的电荷所激发的. 若导体内电荷在各处的分布状况不随时间的变化而变化,即 $\mathrm{d}q/\mathrm{d}t=0$,则在所激发的电场中,各点的电场强度 $\boldsymbol{E}$ 亦不随时间而改变,由此所引起的导体的电流场中各点的电流密度 $\boldsymbol{j}$ 和通过任一给定截面上的电流强度 I 都将不随时间而变化. 这种**不随时间而变化的电流**称为**恒定电流**,常称**直流电**;而**形成恒定电流的电场**称为**稳恒电场**. 这样,相应的电流场中,上述连续性方程应为

$$\oint_S \boldsymbol{j}\cdot \mathrm{d}\boldsymbol{S} = 0 \tag{12-5}$$

上式就是恒定电流所需满足的条件,它指出,在恒定电流场中,在单位时间内向闭合曲面 S 流入的电量等于其流出的电量,或者说,恒定电流的电流线穿过闭合曲面 S 所包围的体积,不会在任何地方中断,乃是首尾相接的闭合曲线. 因此,恒定电流所通过的直流电路必然是闭合的;并且,在没有分支的电路中,电流是处处相等的.

上面说过,稳恒电场及其场源电荷分布都不随时间的变化而变化. 因而从这一点来说,它与静电场类同,具有静电场的性质. 亦即,反映静电场基本性质的高斯定理和环路定理对稳恒电场也都是适用的.

不过,需要指出,在静电场中,导体终究要达到静电平衡,其内部的电场强度为零,电流也就消失;而导体内的稳恒电场则是凭借外界作用而建立起来的,能够维持导体内的电场强度不为零,以形成持续的恒定电流.

12.1.4 欧姆定律

欧姆(G. S. Ohm)从大量实验中总结出如下规律:**当一段均匀的金属导体 AB 通有恒定电流,而其温度不变时,电流 I 与其两端的电压 V_{AB} 成正比**,即

$$I = GV_{AB}$$

式中,G 为比例系数. 令 $G=1/R$, R 为另一恒量,则上式可改写为

$$I = \frac{V_{AB}}{R} \tag{12-6}$$

式中，R 是表示导体特性的物理量，称为**电阻**，其单位为 Ω(**欧姆**，简称**欧**)，即 $1\ \Omega = 1\ \mathrm{V} \cdot \mathrm{A}^{-1}$，而 G 称为**电导**，其单位是 S(**西门子**，简称**西**)，$1\ \mathrm{S} = 1\ \Omega^{-1}$. 公式(12-6)是**欧姆定律表达式**.

导体的电阻是描述整段导体的电学性质的物理量，它一般与导体的材料性质和所处的温度以及导体的形状、大小(如粗细、长短等)有关. 当导体的材料和温度一定时，横截面积为 S、长度为 l 的一段线形导体的电阻为

$$R = \rho \frac{l}{S} \tag{12-7}$$

式中，ρ 是取决于导体材料和温度的一个物理量，叫做材料的**电阻率**. 应用上式时，如果 l 和 S 以 m 和 m^2 为单位，R 以 Ω 为单位，则电阻率 ρ 的单位为 $\Omega \cdot \mathrm{m}$(欧・米). 电阻率的倒数 $\gamma = 1/\rho$ 称为**电导率**. 电导率 γ 的单位是 $\mathrm{S} \cdot \mathrm{m}^{-1}$(西・米$^{-1}$).

实验表明，当温度改变时，导体的电阻率也要改变. 所有金属的电阻率，都随温度作线性变化. 在一般的温度范围内，其变化关系为

$$\rho = \rho_0(1 + \alpha t) \tag{12-8}$$

式中，ρ, ρ_0 分别是 t℃和 0℃时的电阻率；α 称为**电阻温度系数**，它的单位为℃$^{-1}$，其值可查物理手册.

上述欧姆定律是关于一段有限长导体而言的导电规律，如果要细致地了解导体中各点的导电规律，就必须考虑与电流强度 I 有关的电流密度 $\boldsymbol{j}$、与电势差 $V_1 - V_2$ 有关的电场强度 $\boldsymbol{E}$，并找出 $\boldsymbol{j}$ 与 $\boldsymbol{E}$ 的关系. 设想在导体电流场内一点 P 附近，取长为 $\mathrm{d}l$、截面积为 $\mathrm{d}S$ 的细电流管，如图 12-4 所示. 将 $I = j\mathrm{d}S$, $V_{ab} = E\mathrm{d}l$, $R = \rho\,\mathrm{d}l/\mathrm{d}S$ 代入欧姆定律，有

$$j\mathrm{d}S = \frac{E\mathrm{d}l}{\dfrac{\rho \mathrm{d}l}{\mathrm{d}S}}$$

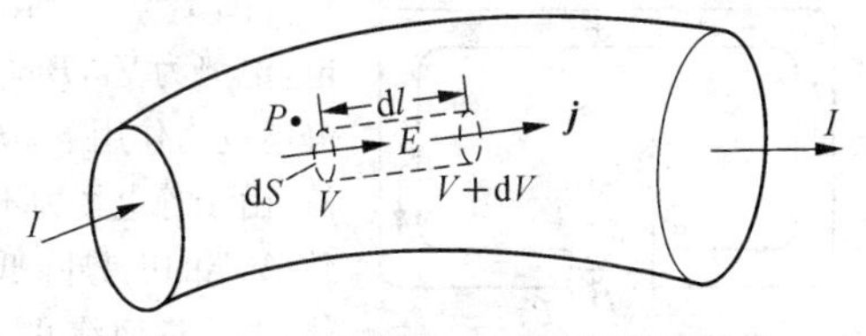

图 12-4　电流密度与电场强度的关系

考虑到电导率 $\gamma = 1/S$ 取决于导体材料的性质，并因 j 和 E 的方向相同，则化简上式，并可写成矢量式

$$\boldsymbol{j} = \gamma \boldsymbol{E} \tag{12-9}$$

上式称为**欧姆定律的微分形式**，也适用于非恒定电流情况下导体内各点的导电情况.

12.1.5　焦耳定律

如图 12-5 所示，设有一段电阻为 R 的导体 AB(如用电器)，依靠外电源维持其两端的电压 $V_1 - V_2$ 不变，则导体中便建立起稳恒电场，相应地通有电流 I，因而，在时间 t 内，从 A 端向 B 端移动的电荷为 $q = It$，于是电场力所做的功(亦称电流的功或电功)为

$$A = It(V_1 - V_2) \tag{12-10}$$

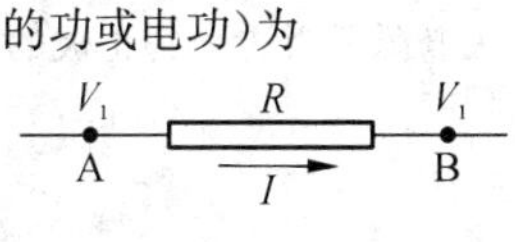

V₁　R　V₁
A　　　B
I

图 12-5　电流的功

如果用电器是阻值为 R 的纯电阻，则上述电势能的降低将通过电场力做功 A，全部转变为热能 Q，这种现象称为**电流的热**

效应. 按能量守恒和转换定律,并借欧姆定律,则电流通过电阻时发散的热量(亦称**焦耳热**)为

$$Q = A = It(V_1 - V_2) = I^2Rt \qquad (12-11)$$

上式是**焦耳定律**的表达式. 最初是由英国物理学家焦耳(J. P. Joule)从实验得出的.

电场力在单位时间内所做的功,称为**电功率或热功率**,以 P 表示. 显然, $P = A/t$. 由式(12-10),并利用欧姆定律,可得热功率 P 的不同形式的表达式:

$$P = I(V_1 - V_2) = \frac{(V_1 - V_2)^2}{R} = I^2R \qquad (12-12)$$

今在电流场中取一长为 Δl、垂直于电流密度 $\boldsymbol{j}$ 的截面积为 ΔS、体积为 $\Delta\tau = \Delta l\Delta S$ 的细电流管,则由式(12-12)和式(12-9),得热功率为

$$\Delta P = I^2R = (j\Delta S)^2\left(\frac{\Delta l}{\gamma\Delta S}\right) = (\gamma E)^2\frac{\Delta l\Delta S}{\gamma} = \gamma E^2\Delta\tau$$

我们把单位体积的热功率称为**热功率密度**,记作 P,即 $P = \Delta P/\Delta\tau$,则由上式可得

$$P = \gamma E^2 \qquad (12-13)$$

这就是**焦耳定律的微分形式**.

12.1.6 电源 电动势

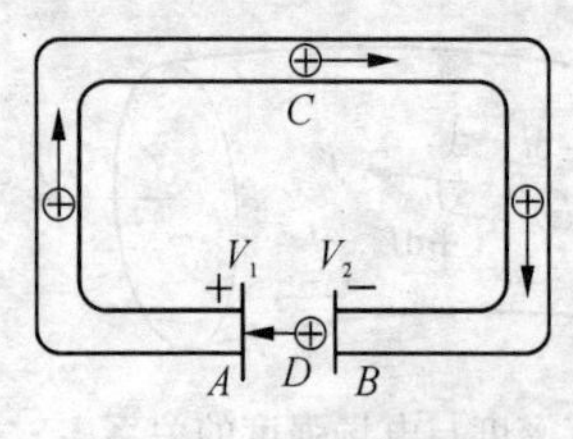

图 12-6 闭合电路

图 12-6 所示的孤立导体 ACB,在开始时,它的 A 端带正电,电势为 V_1,B 端带负电,电势为 V_2,且 $V_1 > V_2$,则正电荷在静电场力作用下,从 A 端经导体 ACB 流向 B 端,形成瞬时电流. 由于静电场力不可能把正电荷从 B 端再移到 A 端,因而导致 A 端的电势降低,B 端的电势升高,使导体最后成为等势体,电流遂而终止. 可见仅凭静电场力是难以实现恒定电流的. 但若在 A, B 两端间同时存在另一种与静电力不同的力,能够将到达 B 端的正电荷再移到 A 端,这种力称为**非静电力**. 这样,就可以使正电荷沿闭合回路 $ACBDA$ 恒定地流动,形成恒定电流. 我们将能够提供非静电力的装置称为**电源**. 在电路中存在恒定电流时,电源中的非静电力要不断地作功,将正电荷从低电势的 B 端(电源的**负极**,用"−"标示),经电源内部移到高电势的 A 端(电源的**正极**,用"+"标示),从而使电源不断地将某种形式的能量转换为电能. 所以,从能量角度看,电源是实现能量转换的一种装置. 不同类型的电源,形成非静电力的过程不同,实现着不同形式的能量转换. 常见的化学电池、普通发电机、温差电池、光电池等电源,就是分别把化学能、机械能、热能、光能等转换为电能的装置.

为了量度电源中转换的能量有多少,只需考虑非静电力做功的多少就行了. 假设正电荷 q 从电源负极送回到正极的过程中非静电力所做的功为 A,那么,我们就把

$$\mathscr{E} = \frac{A}{q} \qquad (12-14)$$

称为电源的**电动势**. **$\mathscr{E}$ 在数值上等于将单位正电荷从负极经电源内部送回到正极的过程中,**

非静电力所做的功. 电动势 $\mathscr{E}$ 是标量,没有方向,通常我们规定其指向为在电源内从负极指向正极,以表征它起到电势升高的作用.

虽然,电源内部的非静电力和静电力在性质上是不同的,但是它们都有推动电荷运动的作用. 所以,我们可以等效地将非静电力 $\boldsymbol{F}'$ 与电荷 q 之比定义为一个非静电性电场强度 $\boldsymbol{E}^{(2)}$,即

$$\boldsymbol{E}^{(2)}=\frac{\boldsymbol{F}'}{q} \tag{12-15}$$

这个非静电性电场强度 $\boldsymbol{E}^{(2)}$ 只存在于电源内部. 非静电力的功可表示为

$$A=\int_{-\atop(\text{电源内})}^{+} q\boldsymbol{E}^{(2)}\cdot \mathrm{d}\boldsymbol{l}=q\int_{-\atop(\text{电源内})}^{+}\boldsymbol{E}^{(2)}\cdot \mathrm{d}\boldsymbol{l} \tag{12-16}$$

则按照上式,电源电动势的定义式(12-14)可写成

$$\mathscr{E}=\int_{-\atop(\text{电源内})}^{+}\boldsymbol{E}^{(2)}\cdot \mathrm{d}\boldsymbol{l} \tag{12-17}$$

电源电动势 $\mathscr{E}$ 标志着单位正电荷在电源内通过时有多少其他形式的能量(如电池的化学能、发电机的机械能等)转换成电能.

所以,从能量角度来看,就整个闭合电路而言,在电源的内电路 ADB 中,正电荷处于稳恒电场 $\boldsymbol{E}$(方向向右)和非静电性电场 $\boldsymbol{E}^{(2)}$(方向向左)共同作用下,非静电力克服稳恒电场的静电力做功,实现其他形式能量向电能的转换;在外电路 ACB 上,只存在稳恒电场 $\boldsymbol{E}$(方向循 $ACBDA$),通过静电力做功,实现电能向其他形式能量的转换. 存在于整个闭合电路 $ACBDA$ 中的这种静电力是保守力. 根据静电场的环路定理,在正电荷从电源正极出发沿整个电路绕行一周又回到电源正极时,静电力所做总功恒等于零. 因此,在整个过程中,稳恒电场并没有贡献任何能量;不过,在外电路上,还得依靠稳恒电场以静电力做功的方式,将电源提供的能量转换为其他形式的能量(如在电阻上转换为热能等).

顺便指出,如果在整个闭合回路上都有非静电力存在(例如第13章所讲的感生电动势),这就无法区分电源内部和电源外部,这时式(12-14)中的 A 应理解为正电荷 q 绕行闭合回路一周,非静电力所做的功,而相应的电动势 $\mathscr{E}$ **就等于将单位正电荷沿整个闭合回路绕行一周,非静电力所做的功**. 即

$$\mathscr{E}=\oint_{(\text{闭合回路})}\boldsymbol{E}^{(2)}\cdot \mathrm{d}\boldsymbol{l} \tag{12-18}$$

式(12-17)是上式的一个特殊情况,因为对电源来说,在电源外部 $\boldsymbol{E}^{(2)}=\boldsymbol{0}$, 式(12-18)就简化为式(12-17).

12.2 磁的基本现象

磁现象很早就被发现了. 根据记载,中国首先发现磁铁,也首先应用磁现象. 约在公元前300年(战国末年)就发现了磁铁矿石吸引铁片的现象;11世纪,我

国已经制造了航海用的指南针,并且发现了地磁偏角.

人们最早发现的磁铁是天然的磁铁矿,它的成分是四氧化三铁(Fe_3O_4).现在所用的磁铁多半是由铁、镍、钴及其合金制成的**人造磁铁**.天然磁铁和人造磁铁都能长期保持着吸引铁、镍、钴等物质的性质,因此常把它们称为**永久磁铁**.在各种电表、扬声器(俗称喇叭)等设备中,常用到永久磁铁.

12.2.1 磁现象的早期认识

早期人们对于磁铁基本现象的认识,可归纳为如下几点:

(1) 磁铁具有吸引铁、镍、钴等物质的性质,称为**磁性**.磁铁上各部分的磁性大小是不同的,在靠近磁铁两端处的磁性最强,称为**磁极**.

如果将磁铁悬挂起来使它能够在水平面内自由转动,那么两个磁极各指向一定的方向,指北的一端称为**北极**,用N表示;指南的一端称为**南极**,用S表示.图12-7表示了磁针的北极和南极以及与磁棒两极的相互作用.

两块磁铁的磁极间有相互作用力存在,这种作用力称为**磁力**.实验证明:**同种磁极相互排斥,异种磁极相互吸引**(图12-7).

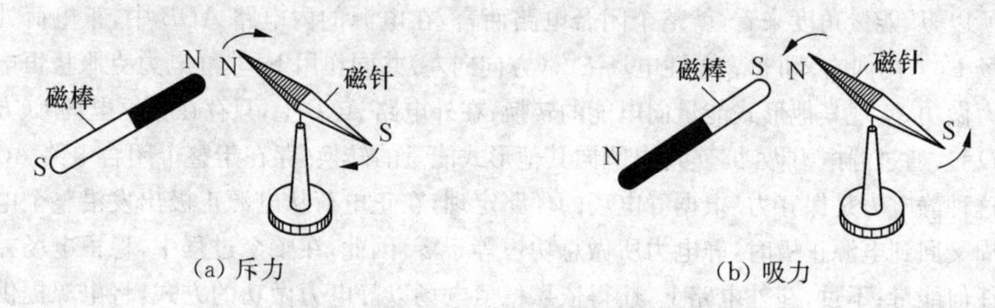

(a) 斥力　　(b) 吸力

图12-7　磁棒与磁针的磁极间的相互作用

既然磁极间存在着磁力作用,那么,从磁针在空中自动指向南北的事实可以推想,地球本身也是一个巨大的磁铁,它的N极在地理南极附近,S极在地理北极附近,故能把磁针的N极吸向北面,S极吸向南面.指南针(罗盘)的工作原理就是基于地球的磁性,它在航海、测量等方面有着广泛的应用.

(2) 如果把一条磁铁折成数段,不论段数多少或各段的长短如何,每一小段仍将形成一个很小的磁铁,仍具有N,S两极;又如,当磁铁靠近一根原来无磁性的铁棒时,铁棒也会产生磁性,吸引铁屑.这时,我们就说铁棒被**磁化**了.并且实验表明,靠近磁铁N极的棒端为S极,远离的棒端为N极.由此可见,N极与S极相互依存而不可分离.迄今为止,人们还没有找到独立存在的N极或S极.但是,正电荷或负电荷却可以独立存在,这就是磁现象和电现象的基本区别.

12.2.2 磁力、磁性的起源

为了解释上述这些现象,直到19世纪初叶发现磁现象与电现象之间的密切联系以后,才逐步认识到磁性起源于电荷的运动.

1820年,丹麦物理学家奥斯特首先发现了电流的磁效应. 如图12-8所示,放在载流导线(即通有电流的导线)周围的磁针会受到力的作用而发生偏转;如果电流方向改变,那么,偏转方向也要改变. 后来,法国物理学家安培(A. M. Ampére, 1775—1836)发现放在磁铁附近的载流导线或载流线圈,也要受到力的作用而发生运动(图12-9).

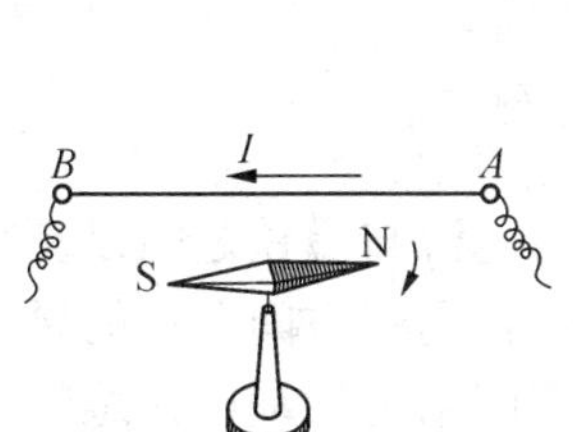

图12-8 在载流导线附近,磁针发生偏转

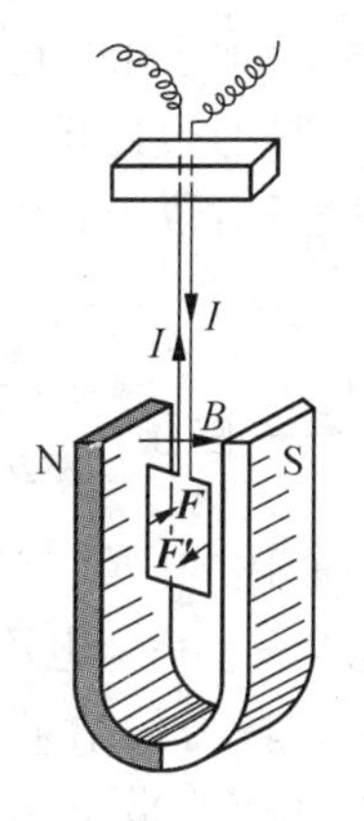

图12-9 磁铁对载流线圈的作用(线圈受到力偶矩而转动)

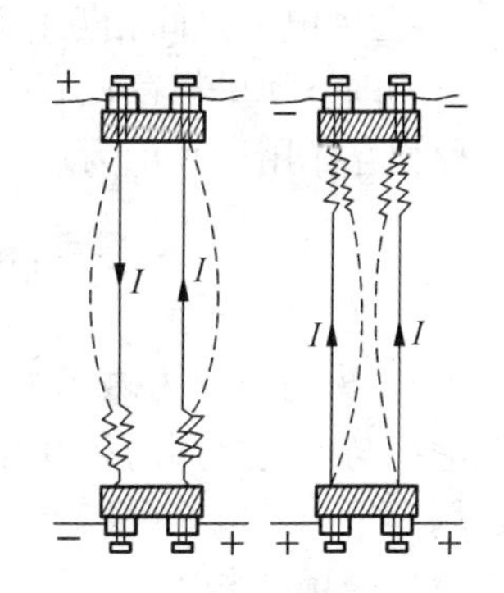

图12-10 载流导线之间的作用

不但磁铁和载流导线间有相互作用,后来还发现两条载流导线之间(图12-10)也有相互作用. 例如,两条平行导线通有电流时,如果电流流向相同,则两条导线之间相互吸引;反之,则互相排斥.

分析上述这些现象,发现它们完全类同于磁铁与磁铁之间的相互作用. 总之,磁铁与磁铁之间,电流与磁铁之间,以及电流与电流之间都有力存在,这些力就是**磁力**.

后来,人们对磁铁从微观上进行了研究. 考虑到磁铁是由大量原子或分子构成的,每个原子、分子内不断运动的带电粒子(如电子、质子)形成了微观电流,它们在磁铁内有规则地排列着,从而对外显示出磁效应. 也就是说,磁铁的磁性也起源于电流.

综上所述,**一切磁现象都可归结为电流的磁效应,而电流是由大量电荷的有规则运动所形成的**. 因此,**上述的电流与电流之间、电流与磁铁之间以及磁铁与磁铁之间的相互作用,都可看作是运动电荷之间的相互作用. 即运动电荷之间除**

了和静止电荷一样有电力的相互作用外,还有磁力的相互作用.

问题 12.2.1 (1) 简述基本磁现象,并举例说明磁现象与电现象之间的相互关系.磁现象的本质是什么?

(2) 如果在周围没有输电线的山区,发现磁针不指向南北的异常现象,你认为该处地面浅层可能存在什么矿藏?

12.3 磁场 磁感应强度

12.3.1 磁 场

在静电学中说过,电荷之间相互作用的电力是通过电场来施加的. 与此相似,运动电荷之间相互作用的磁力是通过**磁场**来施加的. 也就是说,任何运动电荷周围空间里都存在着磁场,而磁场对位于其中任一运动电荷都有磁力作用. 这种相互作用可表示为

$$\text{运动电荷} \underset{\text{作用于}}{\overset{\text{激发}}{\rightleftharpoons}} \text{磁场} \underset{\text{激发}}{\overset{\text{作用于}}{\rightleftharpoons}} \text{运动电荷}$$

因此,磁力也称为**磁场力**. 而上节所述的磁铁与磁铁之间、电流与磁铁之间以及电流与电流之间的相互作用,都是其中一个电流(或磁铁)在周围空间存在的磁场对另一个电流(或磁铁)作用着磁场力的结果. 它们都可归结为运动电荷之间通过磁场而相互作用. 例如,磁针自动指向南北,就是地球这个大磁铁的磁场——**地磁场**对磁针的作用.

值得指出,运动电荷与静止电荷不同之处在于:静止电荷的周围空间只存在静电场,而**任何运动电荷或电流的周围空间,除了和静止电荷一样存在电场之外,还存在磁场. 电场对处于其中的任何电荷**(不论运动与否)**都有电场力作用,而磁场则只对运动电荷有磁场力作用.**

如上所述,磁场对磁铁、运动电荷或载流导体有磁场力作用,那么,我们就可以从磁场对外的这些表现中,采取其中任何一种表现来描述磁场的强弱和方向.

首先,用下述方法观察电流周围的磁场. 把一根通有强电流的长而直的导线 AB 竖直地穿过平放的玻璃板(或硬纸板),在板上撒一些铁屑,铁屑就会被磁化,每个铁屑就是一个微小的磁针. 轻轻地敲板,则在磁场力的作用下,每个铁屑就转到一定的方位,而排列成以导线与平板的交点 O 为圆心的许多同心圆(图 12-11). 这就表明电流周围的空间中

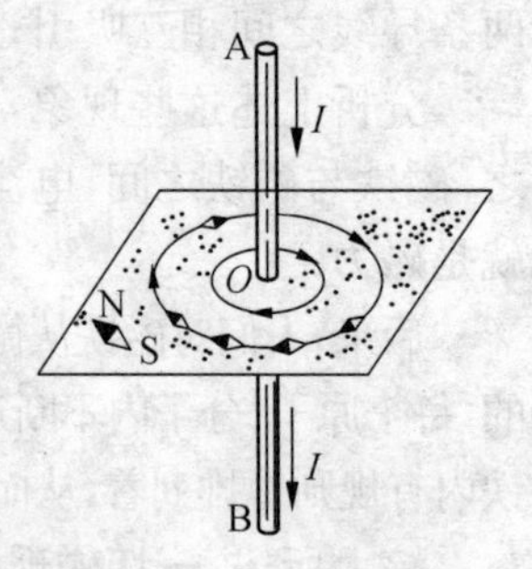

图 12-11 长直电流的磁场

存在着磁场,同时也表明磁场有一定的分布规律.如果在上述实验中,把一个极短的磁针放在玻璃板上各点处,则在通电导线 AB 的周围就能更明显地看到各点处磁针方位的不同.空间中各点处磁针的指向不同,说明磁场具有方向性.我们把极短的小磁针在磁场中某点静止时 **N 极所指的方向规定为该点的磁场方向.**

并且,我们还可以考察处于磁场中的运动电荷或放置在磁场中的磁铁、载流导线及载流线圈所受的磁场力,来探测磁场的强弱.

12.3.2 磁感应强度

如上所述,磁场既具有方向,又显示强弱,那么如何来描述磁场呢?回忆过去在讨论电场时,我们曾从电场的一种对外表现,即电荷在静电场中要受电场力的作用而引入电场强度 $\boldsymbol{E}=\boldsymbol{F}/q_0$ 来描述电场.与此相似,由于运动电荷在磁场中要受到磁场力的作用,我们也可以把试探的运动点电荷引入磁场,而从磁场对试探的运动点电荷有磁场力作用这一对外表现,引入磁感应强度这一物理量,用来描述磁场中各点的方向和强弱.

大量实验事实表明,磁场作用在运动着的点电荷上的力,不仅与运动电荷(包括大小和正负)有关,而且还与运动点电荷的速度(包括大小和方向)以及磁场方向有关.

实验指出,运动点电荷在磁场中任一指定点处所受的磁场力 $\boldsymbol{F}$,显示出如下的两种表现[图 12-12(a),(b)]:

(1) 当点电荷沿磁场方向运动时,它不受磁场力作用,$\boldsymbol{F}=\boldsymbol{0}$;

(2) 当点电荷垂直于磁场方向运动时,它所受的磁场力最大,用 $\boldsymbol{F}_{\max}$ 表示.这个力的方向垂直于磁场方向与点电荷运动方向所组成的平面[图(b)];力的大小正比于运动点电荷的大小$|q|$和速度$\boldsymbol{v}$的大小,即有

$$F_{\max}\propto|q|v$$

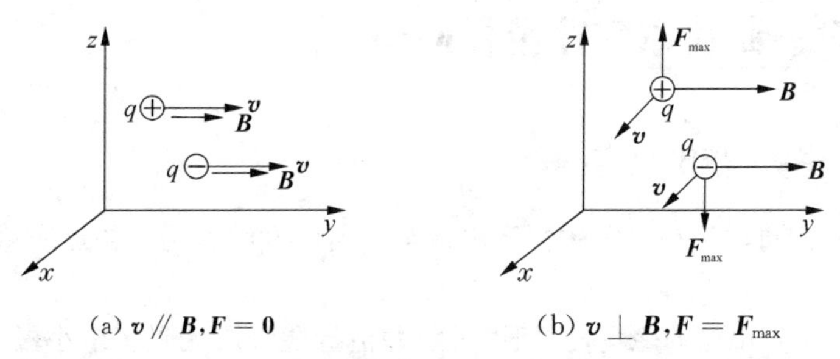

(a) $\boldsymbol{v}/\!/\boldsymbol{B},\boldsymbol{F}=\boldsymbol{0}$　　(b) $\boldsymbol{v}\perp\boldsymbol{B},\boldsymbol{F}=\boldsymbol{F}_{\max}$

(图中 $\boldsymbol{B}$ 的方向即为磁场方向)

图 12-12　运动点电荷在磁场中受力的两种特殊情况

但对磁场中某一指定点而言,F_{max}与$|q|v$的比值$F_{max}/(|q|v)$是一个与$|q|$和$\boldsymbol{v}$的大小都无关的恒量,这恒量仅与磁场在该点的强弱有关,在磁场较弱处,其值较小,在磁场较强处,其值较大,也就是说,在磁场中的不同地点,比值$F_{max}/(|q|\boldsymbol{v})$是大小不尽相同的恒量.显然,比值$F_{max}/(|q|v)$的大小反映了磁场中各点磁场的强弱.

现在我们引入一个物理量——**磁感应强度**来描述磁场,将比值$F_{max}/(|q|v)$定义为磁场中某点磁感应强度的大小.设以B表示其大小,则有

$$B=\frac{F_{max}}{|q|v} \tag{12-19}$$

为了能同时表示磁场中某点磁感应强度的大小和方向,我们就必须把磁感应强度看作是矢量$\boldsymbol{B}$,其方向就是该点的磁场方向(即放在该点处小磁针N极所指的方向).

总之,**磁感应强度$\boldsymbol{B}$(简称$\boldsymbol{B}$矢量)是表述磁场中各点磁场强弱和方向的物理量.某点磁感应强度的大小规定为:当试探电荷在该点的运动方向与磁场方向垂直时,磁感应强度的大小等于它所受的最大磁场力F_{max}与电荷大小$|q|$及其速度大小v的乘积之比值;磁感应强度的方向就是该点的磁场方向.**

在SI中,力F_{max}的单位是N(牛),电荷q的单位是C(库仑),速度v的单位是$\mathrm{m\cdot s^{-1}}$(米·秒$^{-1}$),则磁感应强度$\boldsymbol{B}$的单位是T,叫做"特斯拉"(Tesla),简称"特".于是有$1\,\mathrm{T}=1\,\mathrm{N}/(1\,\mathrm{C}\times 1\,\mathrm{m\cdot s^{-1}})$,由于$1\,\mathrm{C\cdot s^{-1}}=1\,\mathrm{A}$,所以

$$1\,\mathrm{T}=\frac{1\,\mathrm{N}}{1\,\mathrm{A}\times 1\,\mathrm{m}}=1\,\mathrm{N\cdot A^{-1}\cdot m^{-1}}$$

问题12.3.1 (1)磁场的对外有哪些表现?如何从磁场的对外表现来定义磁感应强度的大小和方向?磁场对静止电荷有力作用吗?

(2)在国际单位制中,磁感应强度的单位是如何规定的?

12.4 毕奥-萨伐尔定律及其应用

12.4.1 毕奥-萨伐尔定律

现在我们将讨论在真空中恒定电流与其所激发的磁场中各点磁感应强度的定量关系.

为了求恒定电流的磁场,我们也可将载流导线分成无限多个小段,而每小段的电流情状可用电流元来表征,即在载流导线上沿电流流向取一段长度为$\mathrm{d}l$的线元,若线元中通过的恒定电流强度为I,则我们就把$I\mathrm{d}l$表示为矢量$I\mathrm{d}\boldsymbol{l}$,$I\mathrm{d}\boldsymbol{l}$的方

向循着线元中的电流流向，这一载流线元矢量 $I\mathrm{d}\boldsymbol{l}$ 称为**电流元**. 因此，电流元 $I\mathrm{d}\boldsymbol{l}$ 的大小为 $I\mathrm{d}l$，方向循着这小段电流的流向(图 12 - 13). 并且实验证明，**磁场也服从叠加原理**，也就是说，整个载流导线 l 在空间中某点所激发的磁感应强度 $\boldsymbol{B}$，就是这导线上所有电流元在该点激发的磁感应强度 $\mathrm{d}\boldsymbol{B}$ 的叠加(矢量和)，即

$$\boldsymbol{B}=\int_l \mathrm{d}\boldsymbol{B} \tag{12 - 20}$$

积分号下的 l 表示对整个导线中的电流求积分. 上式是一矢量积分，具体计算时要用它在选定的坐标系中的分量式.

> 严格地说，$I\mathrm{d}\boldsymbol{l}$ 的方向应是导线元中的电流密度矢量 $\boldsymbol{j}$ 的方向.

显然，要解决由 $\mathrm{d}\boldsymbol{B}$ 叠加而求 $\boldsymbol{B}$ 的问题，就必须首先找出电流元 $I\mathrm{d}\boldsymbol{l}$ 与它所激发的磁感应强度 $\mathrm{d}\boldsymbol{B}$ 之间的关系. 法国物理学家毕奥(J. B. Biot，1774—1862)和萨伐尔(F. Savart，1791—1841)等人，分析了许多实验数据，总结出一条说明这二者之间关系的普遍定律，称为**毕奥-萨伐尔定律**，即**电流元 $I\mathrm{d}\boldsymbol{l}$ 在真空中给定场点 P 所激发的磁感应强度 $\mathrm{d}\boldsymbol{B}$ 的大小，与电流元的大小 $I\mathrm{d}l$ 成正比，与电流元的方向和由电流元到点 P 的位矢 $\boldsymbol{r}$**[①] **间的夹角($\mathrm{d}\boldsymbol{l}$，$\boldsymbol{r}$)**[②]**之正弦成正比，并与电流元到点 P 的距离 r 之平方成反比**. 亦即

$$\mathrm{d}B=k\frac{I\mathrm{d}l\sin(\mathrm{d}\boldsymbol{l},\ \boldsymbol{r})}{r^2} \tag{ⓐ}$$

比例系数 k 的数值，与采用的单位制和电流周围的磁介质有关. 对于真空中的磁场，在 SI 中，$k=10^{-7}\ \mathrm{N\cdot A^{-2}}$. 为了使今后从毕奥-萨伐尔定律推得的其他公式中不出现因子 4π 起见，规定

$$k=\frac{\mu_0}{4\pi}$$

μ_0 称为**真空的磁导率**，其值为

$$\mu_0=4\pi k=4\pi\times10^{-7}\ \mathrm{N\cdot A^{-2}}$$

这样，式ⓐ就成为

$$\mathrm{d}B=\frac{\mu_0}{4\pi}\frac{I\mathrm{d}l\sin(\mathrm{d}\boldsymbol{l},\ \boldsymbol{r})}{r^2} \tag{12 - 21}$$

再有，电流元 $I\mathrm{d}\boldsymbol{l}$ 在磁场中 P 点所激发的磁感应强度 $\mathrm{d}\boldsymbol{B}$ 的方向是垂直于

---

① 这里提到的位矢 $\boldsymbol{r}$，标示磁场中的场点 P 相对于电流元 $I\mathrm{d}\boldsymbol{l}$ 的位置，它的方向从电流元所在处指向场点 P，它的大小就是电流元到点 P 的距离.

② 两个矢量 $\boldsymbol{A}$，$\boldsymbol{B}$ 正方向之间夹角 θ 的大小，有时我们常用($\boldsymbol{A}$，$\boldsymbol{B}$)表示，即 $\theta=(\boldsymbol{A},\ \boldsymbol{B})$，这样易于记忆和不致搞错. 这里($\mathrm{d}\boldsymbol{l}$，$\boldsymbol{r}$)乃是指电流元 $I\mathrm{d}\boldsymbol{l}$(因 $I\mathrm{d}\boldsymbol{l}$ 与 $\mathrm{d}\boldsymbol{l}$ 同方向)与 $\boldsymbol{r}$ 之间小于 180°的夹角.

电流元 Idl 与位矢 $\boldsymbol{r}$ 所组成的平面的,其指向按右手螺旋法则判定,即用右手四指从 Idl 经小于 180°角转到 $\boldsymbol{r}$,则伸直的大拇指的指向就是 d$\boldsymbol{B}$ 的方向(图12-13).

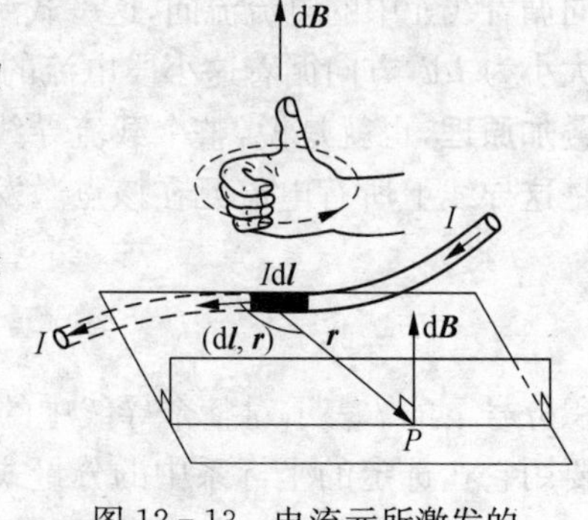

图 12-13 电流元所激发的磁感应强度

综上所述,我们可以把毕奥-萨伐尔定律表示成如下的矢量式,即

$$\mathrm{d}\boldsymbol{B}=\frac{\mu_0}{4\pi}\frac{I\mathrm{d}\boldsymbol{l}\times\boldsymbol{r}}{r^3} \tag{12-22}$$

问题 12.4.1 (1) 写出毕奥-萨伐尔定律的表达式,并说明其意义.

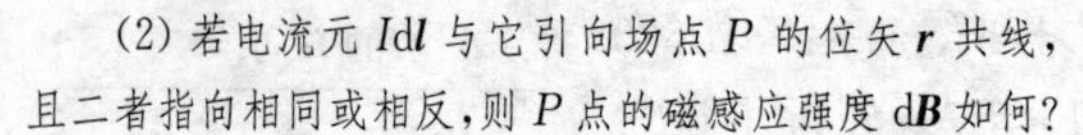

(2) 若电流元 Idl 与它引向场点 P 的位矢 $\boldsymbol{r}$ 共线,且二者指向相同或相反,则 P 点的磁感应强度 d$\boldsymbol{B}$ 如何?

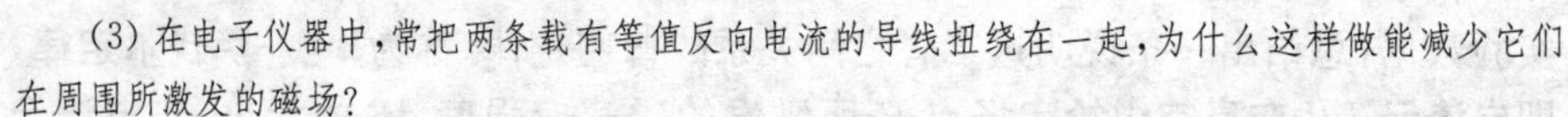

(3) 在电子仪器中,常把两条载有等值反向电流的导线扭绕在一起,为什么这样做能减少它们在周围所激发的磁场?

问题 12.4.2 在图示的载流导线上的 A 处,画出电流元 Idl 的方向;并判定此电流元在场点 a, b, c, d 处激发的磁感应强度 d$\boldsymbol{B}$ 的方向.

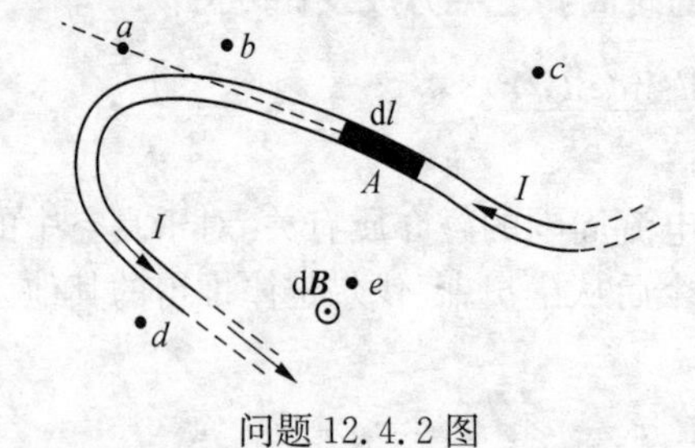

问题 12.4.2 图

今后规定:垂直纸面向外的方向用"⊙"或"·"表示;垂直纸面向里的方向用"⊗"或"×"表示.

12.4.2 应用示例

现在我们举例来说明上述定律的应用. 由下面这些典型例子所获得的结论和公式,在今后解题时我们将直接引用. 因此,要求读者很好地理解和掌握.

例题 12-1 有限长的直电流的磁场 直导线中通有的电流称为**直电流**,它所激发的磁场称为**直电流的磁场**. 今在载流电路中取一段通有恒定电流 I、长为 L 的直导线(如图),求此直电流在真空中的磁场内一点 P 的磁感应强度.

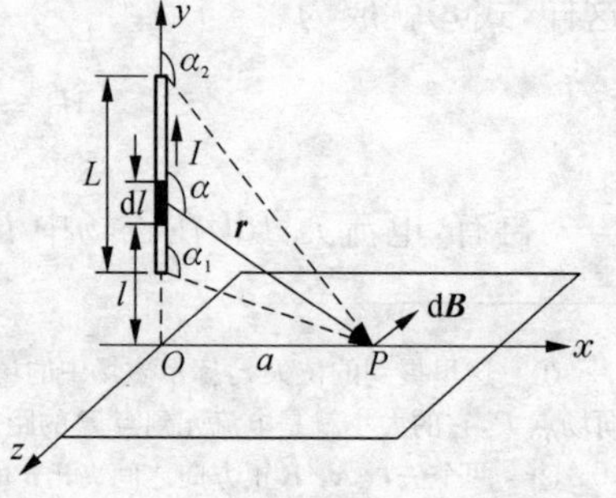

例题 12-1图 直电流的磁场

在直电流上任取一段电流元 Idl,从它引向场点 P 的位矢为 $\boldsymbol{r}$,令夹角$(\mathrm{d}\boldsymbol{l}, \boldsymbol{r})=\alpha$,于是电流元 Idl 在

点 $\boldsymbol{P}$ 激发的磁感应强度 $\mathrm{d}\boldsymbol{B}$ 的大小为

$$\mathrm{d}B=\frac{\mu_0}{4\pi}\frac{I\mathrm{d}l\sin\alpha}{r^2}$$

其方向垂直于电流元与位矢所决定的平面(即图示的 Oxy 平面),并指向里面(沿图示的 Oz 轴负向).读者不难自行判断,这条直电流上任何一段电流元在点 P 所激发的磁感应强度,其方向都是相同的,故它们的代数和就是整个直电流在点 P 的磁感应强度,因而可用标量积分来计算,即

$$B=\int_L\mathrm{d}B=\int_L\frac{\mu_0}{4\pi}\frac{I\sin\alpha}{r^2}\mathrm{d}l \tag{a}$$

在计算这个积分时,需把 $\mathrm{d}l$,α 和 r 等各变量统一用同一个自变量来表示.这里,我们用电流元 $I\mathrm{d}\boldsymbol{l}$ 的方向与位矢 $\boldsymbol{r}$ 的方向之夹角 α 作为被积函数的自变量,由图中的几何关系,可将 r,l 表示为

$$l=a\cot(180°-\alpha)=-a\cot\alpha \tag{b}$$

$$r=\frac{a}{\sin(180°-\alpha)}=\frac{a}{\sin\alpha} \tag{c}$$

上两式中,a 为场点 P 到直电流的垂直距离 PO;l 为垂足 O 到电流元 $I\mathrm{d}\boldsymbol{l}$ 处的距离.对式ⓑ求微分,得

$$\mathrm{d}l=\frac{a}{\sin^2\alpha}\mathrm{d}\alpha \tag{d}$$

把式ⓒ、式ⓓ代入式ⓐ,**并从直电流始端沿电流方向积分到末端**,相应地,自变量 α 的上、下限分别为 α_2 和 α_1(见图),则式ⓐ的积分为

$$B=\frac{\mu_0 I}{4\pi a}\int_{\alpha_1}^{\alpha_2}\sin\alpha\mathrm{d}\alpha=\frac{\mu_0 I}{4\pi a}\Big[-\cos\alpha\Big]_{\alpha_1}^{\alpha_2}$$

即

$$B=\frac{\mu_0 I}{4\pi a}(\cos\alpha_1-\cos\alpha_2) \tag{12-23}$$

再三叮咛,在应用上式时,读者千万不要把上、下限写错.

例题 12-2 无限长的直电流的磁场 若载流直导线为"无限长"时(即导线长度远大于场点 P 到导线的垂直距离,即 $L\gg a$,以后简称**长直电流**),则在式(12-23)中,$\alpha_1\to 0$,$\alpha_2\to\pi$,所以,在长直电流的磁场中,磁感应强度的大小为

$$B=\frac{\mu_0}{2\pi}\frac{I}{a} \tag{12-24}$$

即"无限长"的直电流在某点所激发的磁感应强度的大小,正比于电流强度,反比于该点与直电流间的垂直距离 a.

问题 12.4.3 (1) 导出有限长的直电流和长直电流的磁场中的磁感应强度公式.

(2) 求证:若电流 I 进入直导线的始端为有限、而电流流出的终端在无限远,则式(12-23)成为

$B=\frac{\mu_0 I}{4\pi a}(\cos\alpha_1+1)$；又问：始端在无限远处，终端为有限，则式(12-23)变成怎样？

(3) 一长直载流导线被折成直角，如何求直角平分线上一点的磁感应强度？

例题 12-3 如图(a)所示，两根“无限长”载流直导线互相垂直地放置，已知 $I_1=4$ A, $I_2=6$ A (I_2 的流向为垂直于纸面向外)，$d=2$ cm，求 P 点处的磁感应强度.

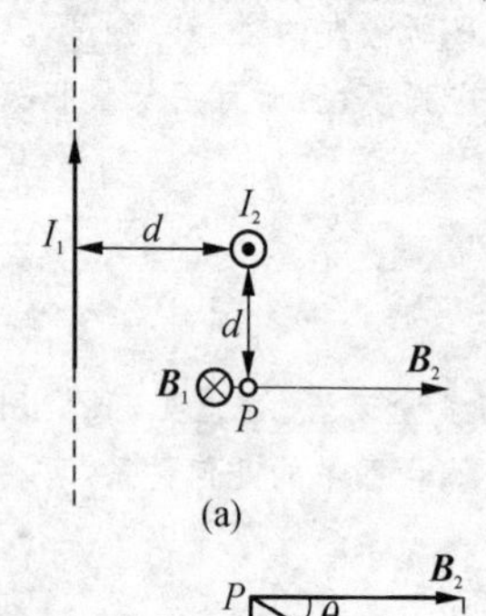

例题 12-3 图

分析 在电流 I_1 和 I_2 激发的磁场中，场点 P 处的磁感应强度可以先分别求出. 合成时应求其矢量和.

今后，凡题中未指明磁介质时，按照惯例，都假定是对真空而言的.

解 按式(12-24)，且已知 $d=2$ cm, $I_1=4$ A, $\mu_0/4\pi=10^{-7}$ N·A^{-2}，则长直电流 I_1 在 P 处磁感应强度 $\boldsymbol{B}_1$ 的大小和方向为

$$B_1=\frac{\mu_0}{2\pi}\frac{I_1}{d}=\frac{\mu_0}{4\pi}\frac{2I_1}{d}=10^{-7}\times\frac{2\times4}{0.02}\ \mathrm{T}=4.0\times10^{-5}\ \mathrm{T}\quad\otimes$$

同理，长直电流 I_2 在 P 点处磁感应强度 $\boldsymbol{B}_2$ 的大小和方向为

$$B_2=\frac{\mu_0}{4\pi}\frac{2I_2}{d}=10^{-7}\times\frac{2\times6}{0.02}\ \mathrm{T}=6.0\times10^{-5}\ \mathrm{T}\quad\rightarrow$$

如图(b)所示，便可算出 P 点处磁感应强度 $\boldsymbol{B}$ 的大小为

$$B=\sqrt{B_1^2+B_2^2}=\sqrt{(4.0\times10^{-5}\ \mathrm{T})^2+(6.0\times10^{-5}\ \mathrm{T})^2}=7.2\times10^{-5}\ \mathrm{T}$$

$\boldsymbol{B}$ 矢量在垂直于纸面的平面上，其方向用它与 $\boldsymbol{B}_2$ 所成的 θ 角表示，则得

$$\theta=\arctan\frac{B_1}{B_2}=\arctan\frac{4\times10^{-5}}{6\times10^{-5}}=33°41'$$

例题 12-4 圆电流轴线上的磁场

设真空中有一半径为 R、通有恒定电流 I 的圆线圈[图(a)]，求此圆电流在经过圆心 O、且垂直于线圈平面的轴线上任一点 P 所激发的磁感应强度 $\boldsymbol{B}$.

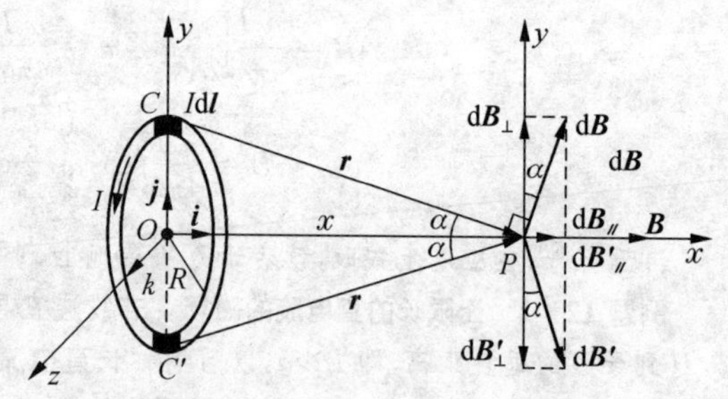

例题 12-4 图 圆电流轴线上的磁场

取以 O 为原点的坐标系 $Oxyz$，Ox 轴沿圆电流的轴线，设点 P 的坐标为 x. 根据毕奥-萨伐尔定律，在圆电流上任取一电流元，例如在 Oy 轴上点 C 处取 $I\mathrm{d}\boldsymbol{l}$，并向场点 P 引位矢 $\boldsymbol{r}$，按矢积定义，由于 $I\mathrm{d}\boldsymbol{l}$(在 Oyz 平面内)与 $\boldsymbol{r}$ 垂直，故 $I\mathrm{d}\boldsymbol{l}$ 在点 P 激发的磁感应强度 $\mathrm{d}\boldsymbol{B}$ 应在 Oxy 平面内，而且垂直于 $\boldsymbol{r}$，指向用右手螺旋法则确定，如图所示，$\mathrm{d}\boldsymbol{B}$ 与 Ox 轴所成的角等于 $\boldsymbol{r}$ 与 Ox 轴之间夹角 α 的余角，即 $\pi/2-\alpha$. 磁感应强度 $\mathrm{d}\boldsymbol{B}$ 的大小为

$$\mathrm{d}B=\frac{\mu_0}{4\pi}\frac{I\mathrm{d}lr\sin90°}{r^3}=\frac{\mu_0}{4\pi}\frac{I\mathrm{d}l}{r^2}\qquad ⓐ$$

按式(12-20),整个圆电流在场点 P 激发的磁感应强度 $\boldsymbol{B}$,等于其中每个电流元 $I\mathrm{d}\boldsymbol{l}$ 在该点激发的磁感应强度 $\mathrm{d}\boldsymbol{B}$ 之矢量和,亦即求 $\mathrm{d}\boldsymbol{B}$ 的矢量积分. 这可用矢量的正交分解合成法来求解. 由于各电流元在点 P 激发的磁感应强度 $\mathrm{d}\boldsymbol{B}$ 对轴线呈对称分布,故宜将 $\mathrm{d}\boldsymbol{B}$ 分解为平行和垂直于轴线的两个分矢量 $\mathrm{d}\boldsymbol{B}_{/\!/}$ 和 $\mathrm{d}\boldsymbol{B}_{\perp}$. 可以推断,若在通过 $I\mathrm{d}\boldsymbol{l}$ 所在处 C 点的直径的另一端 C',取一个同样的电流元 $I\mathrm{d}\boldsymbol{l}$,它在点 P 激发的 $\mathrm{d}\boldsymbol{B}'$,大小与 $\mathrm{d}\boldsymbol{B}$ 的相等,且在轴线的另一侧,与 Ox 轴亦成 $\dfrac{\pi}{2}-\alpha$ 角. 显然,$\mathrm{d}\boldsymbol{B}$ 与 $\mathrm{d}\boldsymbol{B}'$ 在垂直于 Ox 轴方向上的分矢量 $\mathrm{d}\boldsymbol{B}_{\perp}$ 与 $\mathrm{d}\boldsymbol{B}'_{\perp}$ 两相抵消. 由于圆电流每条直径两端的相同电流元在点 P 的磁感应强度,在垂直于轴线的分矢量都成对抵消,而所有平行于轴线的分矢量 $\mathrm{d}\boldsymbol{B}_{/\!/}$,皆等值同向(沿 Ox 轴正向),因而点 P 处总的磁感应强度 $\boldsymbol{B}$ 沿着 Ox 轴,其大小等于各分量 $\mathrm{d}B_{/\!/}=\mathrm{d}B\cos(\pi/2-\alpha)=\mathrm{d}B\sin\alpha$ 之代数和. 即

$$B=\int_l \mathrm{d}B_{/\!/}=\int_l \mathrm{d}B\sin\alpha=\int_0^{2\pi R}\frac{\mu_0}{4\pi}\frac{I\mathrm{d}l}{r^2}\frac{R}{r}=\frac{\mu_0 IR}{4\pi r^3}\int_0^{2\pi R}\mathrm{d}l$$

式中,$\int_0^{2\pi R}\mathrm{d}l=2\pi R$ 为圆电流的周长. 根据几何关系,上式便成为

$$B=\frac{\mu_0 IR^2}{2(x^2+R^2)^{3/2}} \tag{12-25}$$

取 Ox 轴方向的单位矢量 $\boldsymbol{i}$,则场点 P 的磁感应强度 $\boldsymbol{B}$ 可表示为

$$\boldsymbol{B}=\frac{\mu_0 IR^2}{2(x^2+R^2)^{3/2}}\boldsymbol{i} \tag{12-25a}$$

例题 12-5 圆电流中心的磁场 在式(12-25)中,令 $x=0$,即得圆电流中心处的磁感应强度为

$$B=\frac{\mu_0}{2}\frac{I}{R} \tag{12-26}$$

即**圆电流在中心激发的磁感应强度,与电流强度成正比,与圆的半径成反比**. 如图所示,如果电流沿逆时针流向,则圆电流在中心点 O 的磁感应强度 $\boldsymbol{B}$,其方向是垂直纸面而向外的.

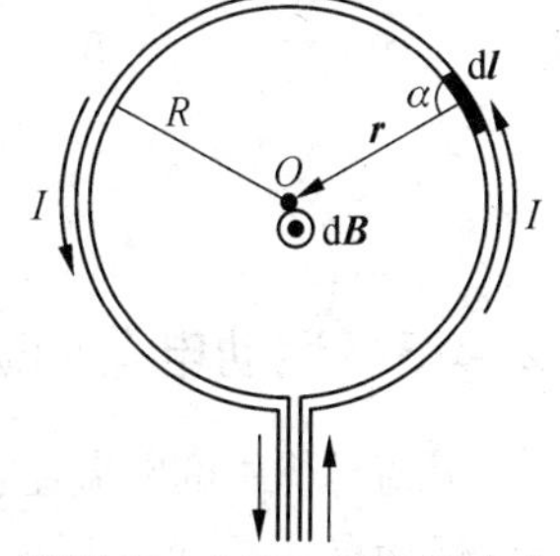

例题 12-5 图 圆电流中心的磁场

如果圆电流是由 N 匝半径都是 R 的线圈串联而成,并紧紧地叠置在一起,通过每匝的电流强度仍为 I,则在中心 O 处激发的磁感应强度,乃等于 N 个单匝圆电流在该处激发的磁感应强度之和. 即

$$B=\frac{\mu_0}{2}\frac{NI}{R} \tag{12-26a}$$

问题 12.4.4 (1) 试导出垂直于圆电流平面的轴线上任一点的磁感应强度公式;并由此给出圆电流中心的磁感应强度公式.

(2) 两个半径相同、通以相同电流 I 的同心圆导线,二者相互垂直,且彼此绝缘,电流流向如图所示. 试判定它们在圆心 O 处的磁场方向;并问它们在 O 处激发的磁感应强度的大小是否相同?

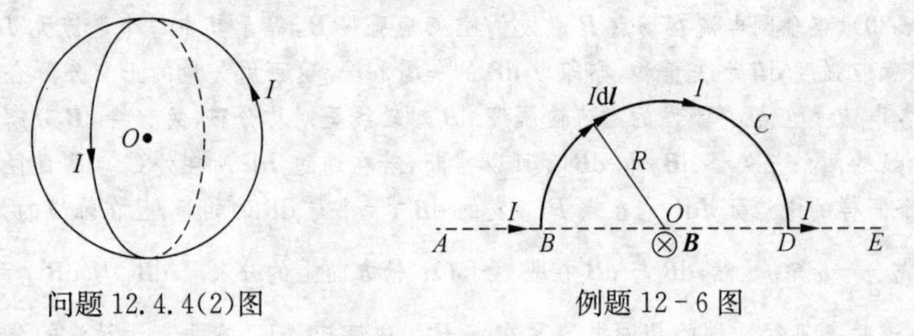

问题 12.4.4(2)图　　　　例题 12-6 图

例题 12-6　通有电流 $I=3\ \mathrm{A}$ 的一条无限长直导线，中部被弯成半径 $R=3\ \mathrm{cm}$ 的半圆环(如图)，求环心 O 处的磁感应强度.

分析　环心 O 处的磁感应强度 $\boldsymbol{B}$ 可以看成一端为无限长的两条直电流 AB，DE 和半圆环电流 BCD 三者在点 O 所激发的磁感应强度之矢量和. 为此，先求每段电流在点 O 处的磁感应强度.

解　在载流导线 AB 上所取的任一个电流元 $I\mathrm{d}\boldsymbol{l}$，其引向 O 点的位矢 $\boldsymbol{r}$，均与 $I\mathrm{d}\boldsymbol{l}$ 重合在同一直线 ABO 上，即$(\mathrm{d}\boldsymbol{l},\ \boldsymbol{r})=0°$，从而，$\sin(\mathrm{d}\boldsymbol{l},\ \boldsymbol{r})=0$，因此

$$\mathrm{d}B=\frac{\mu_0}{4\pi}\frac{I\mathrm{d}l\sin(\mathrm{d}\boldsymbol{l},\ \boldsymbol{r})}{r^2}=0$$

于是，$B_{AB}=\int_{AB}\mathrm{d}B$ 也等于零. 同样，对于 DE 段，因 $(\mathrm{d}\boldsymbol{l},\ \boldsymbol{r})=180°$，它在点 O 的磁感应强度亦等于零.

所以，总的磁感应强度 $\boldsymbol{B}$ 就等于半圆形电流在中心 O 点的磁感应强度. 其方向如图所示，为$\otimes$；其大小为

$$B=\int_0^{\pi R}\frac{\mu_0}{4\pi}\frac{I\mathrm{d}l\sin 90°}{R^2}=\frac{\mu_0}{4\pi}\int_0^{\pi R}\frac{I}{R^2}\mathrm{d}l=\frac{\mu_0}{4\pi}\frac{\pi I}{R}$$

$$=10^{-7}\times\frac{3.14\times 3}{0.03}\ \mathrm{T}=3.14\times 10^{-5}\ \mathrm{T}$$

12.4.3　运动电荷的磁场

载流导体中的电流在它周围空间激发的磁场，实质上与导体中大量带电粒子的定向运动有关. 下面将讨论运动电荷的磁场，来说明毕奥-萨伐尔定律的微观意义.

如图 12-14 所示，设 S 为电流元 $I\mathrm{d}\boldsymbol{l}$ 的横截面，n 为导体中单位体积内的带电粒子数，每个粒子的电荷为 q(为便于讨论，设 $q>0$)，它们以速度 $\boldsymbol{v}$ 沿 $\mathrm{d}\boldsymbol{l}$ 的方向作匀速运动，形成导体中的恒定电流. 则单位时间内通过截面 S 的电荷为 $qnvS$. 按电流的定义，有

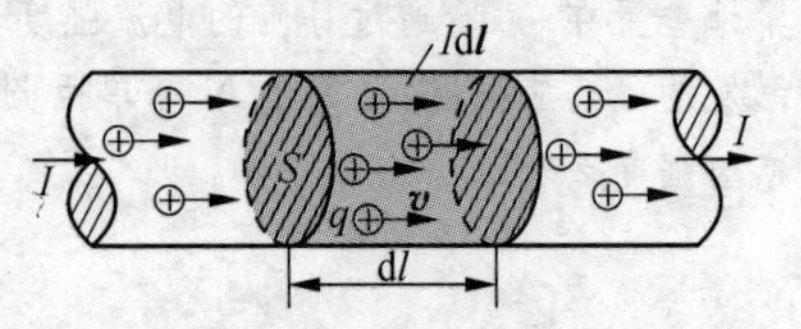

图 12-14　运动电荷的磁场

$$I=qnvS$$

把上式代入式(12-21)，并因电流元 $I\mathrm{d}\boldsymbol{l}$ 的方向和速度 $\boldsymbol{v}$ 的方向相同，即$(\mathrm{d}\boldsymbol{l}$,

$\boldsymbol{r}) = (\boldsymbol{v}, \boldsymbol{r})$，则

$$\mathrm{d}B = \frac{\mu_0}{4\pi}\frac{I\mathrm{d}l\sin(\boldsymbol{v}, \boldsymbol{r})}{r^2} = \frac{\mu_0}{4\pi}\frac{qnvS\mathrm{d}l\sin(\boldsymbol{v}, \boldsymbol{r})}{r^2}$$

在这电流元内，任何时刻都存在着 $\mathrm{d}N = nS\mathrm{d}l$ 个以速度 $\boldsymbol{v}$ 运动着的带电粒子，所以由电流元 $I\mathrm{d}\boldsymbol{l}$ 所激发的磁场可认为就是这 $\mathrm{d}N$ 个运动电荷所激发的. 这样，根据上式，可得其中每一个以速度 $\boldsymbol{v}$ 运动着的带电粒子所激发的磁感应强度 $\boldsymbol{B}$ 的大小为

$$B = \frac{\mathrm{d}B}{\mathrm{d}N} = \frac{\mu_0}{4\pi}\frac{qv\sin(\boldsymbol{v}, \boldsymbol{r})}{r^2} \tag{12-27}$$

$\boldsymbol{B}$ 的方向垂直于 $\boldsymbol{v}$ 和 $\boldsymbol{r}$ 所组成的平面，其指向亦适合右手螺旋法则，如图 12－15 所示. 因此，真空中运动电荷激发的磁场，其磁感应强度 $\boldsymbol{B}$ 可表示成矢量式：

$$\boldsymbol{B} = \frac{\mu_0}{4\pi}\frac{q\boldsymbol{v}\times\boldsymbol{r}}{r^3} \tag{12-27a}$$

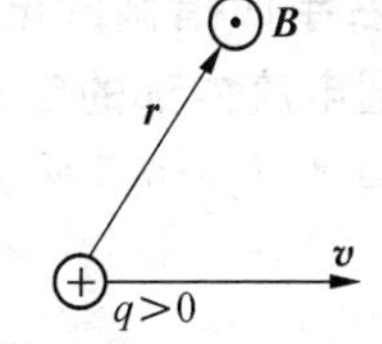

(a) 正电荷运动时，$\boldsymbol{B}$ 垂直于纸面向外

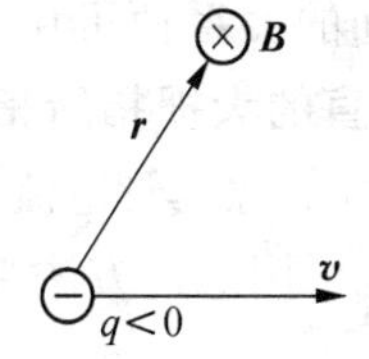

(b) 负电荷运动时，$\boldsymbol{B}$ 垂直于纸面向里

图 12－15　运动电荷的磁场方向

问题 12.4.5　试导出运动电荷的磁场公式.

12.5 磁感应线　磁通量　真空中磁场的高斯定理

12.5.1　磁感应线

与用电场线表示静电场相类似，我们也可以在磁场中画一簇有方向的曲线来表示磁场中各处磁感应强度 $\boldsymbol{B}$ 的方向和大小. **这些曲线上任一点的切线方向都和该点的磁场方向一致**，这样的曲线称为**磁感应线**或 **$\boldsymbol{B}$ 线**. 磁感应线上的箭头表示线上各点切线应取的方向(即该点的磁感应强度方向). 与电场线相似，磁感应线在空间不会相交.

我们可以利用小磁针在磁场中的取向来描绘磁感应线. 图 12－16 到图 12－19 就是利用这种方法描绘出来的直电流、圆电流、螺线管电流和磁铁所激发的磁场中的磁感应线图形.

分析各种磁感应线图形,可以得到两个结论:第一,磁感应线和静电场的电场线不同,**在任何磁场中每一条磁感应线都是环绕电流的无头无尾的闭合线,即没有起点也没有终点,而且这些闭合线都和闭合电路互相套连**.这是磁场的重要特性,与静电场中有头有尾的不闭合的电场线相比较,是截然不同的;第二,在任何磁场中,每一条闭合的磁感应线的方向与该闭合磁感应线所包围的电流流向有一定的联系,可用**右手螺旋法则来判断:把右手的拇指伸直,其余四指屈成环形,如果拇指表示电流 I 的流向,则其余四指就指出这电流所激发的磁场中磁感应线的方向**(图 12-16).

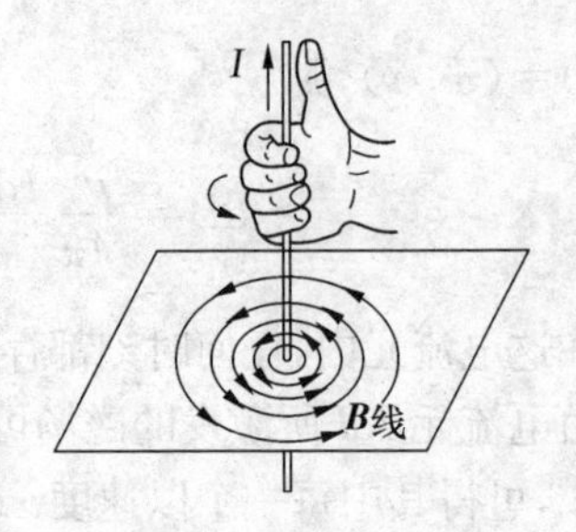

图 12-16　直电流的磁感应线

对于圆电流的情况,我们可以把圆电流看作由许多小段的直电流所组成,把每小段直电流的磁感应线方向按上述法则决定后,便可得整个圆电流的磁场中磁感应线的方向,如图 12-17 所示.这样,圆电流 I 的流向与它的磁感应线的方向之间的关系便可用下述方法判定:**用右手四指循圆电流 I 的流向屈成环形,则伸直的大拇指所指的方向即为穿过圆电流内部的磁感应线方向.**

图 12-18 的螺线管电流 I 是由许多圆电流串联而成的,所以螺线管内部的磁感线方向也可用上述方法判定.

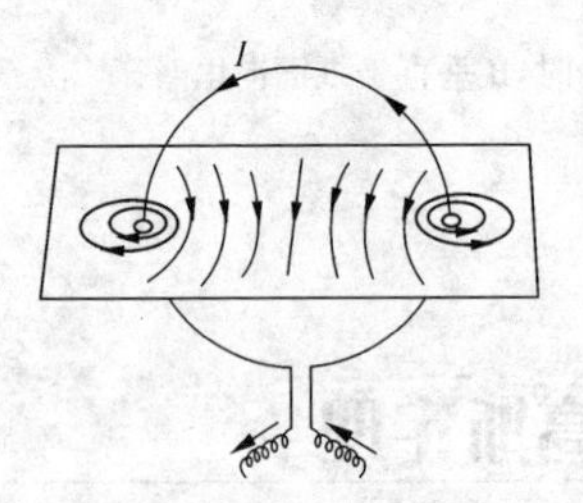

图 12-17　圆电流的磁感应线

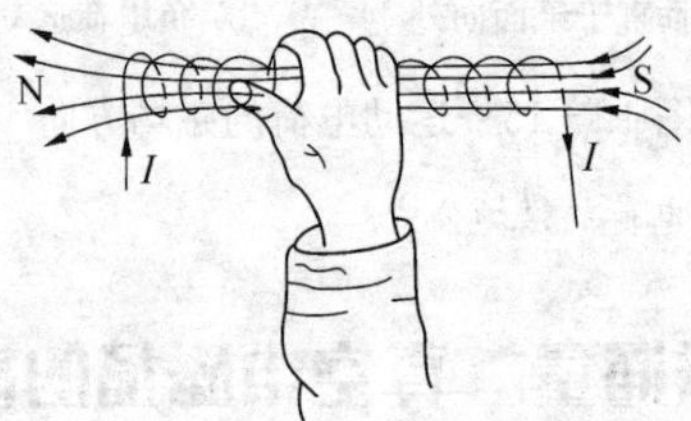

图 12-18　螺线管电流的磁感应线

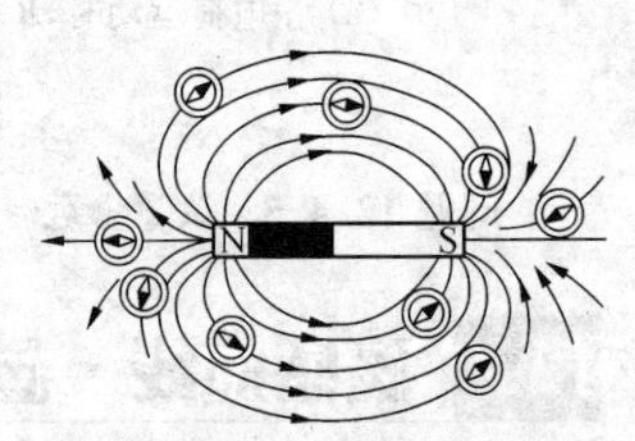

图 12-19　永久磁铁的磁感应线[1]

对照图 12-18 和图 12-19 可见,载流线圈或螺线管外部的磁场与永久磁铁的磁场相似;并和永久磁铁一样,载流螺线管也具有极性,即起着条形磁铁的作用.

为了使磁感应线也能够定量地描述磁场的强弱,我们规定:**通过某点上垂直于 $\boldsymbol{B}$ 矢量的单位面积的磁感应线条数(称为磁感应线密度),在数值上等于该点**

① 在永久磁铁的磁场中,磁感应线也是闭合的,每条磁感应线都是从 N 极发出,进入 S 极,再从 S 极经磁铁内而达 N 极,形成闭合的磁感应线,如同图 12-18 所示的载流螺线管的磁感应线一样.在图 12-19中,我们未把磁铁内部的磁感应线分布画出来.

$\boldsymbol{B}$ 矢量的大小. 这样,磁场较强的地方,磁感应线就较密;反之,磁场较弱的地方,磁感应线就较疏. 在均匀磁场中,磁感应线是一组间隔相等的同方向平行线. 例如图12-18 所示的载流螺线管内部(靠近中央部分)的磁场,就是均匀磁场.

12.5.2 磁通量

规定磁感应线密度后,我们就能够计算穿过一给定曲面的磁感应线条数,并用它表述这个曲面的**磁通量**或 **$\boldsymbol{B}$ 通量**,以 Φ_{m} 表示. 如图 12-20 所示,在磁场中设想一个面积元 $\mathrm{d}S$,并用单位矢量 $\boldsymbol{e}_{\mathrm{n}}$ 标示它的法线方向,$\boldsymbol{e}_{\mathrm{n}}$ 与该处 $\boldsymbol{B}$ 矢量之间的夹角为 θ,根据磁感应线密度的规定,面积元 $\mathrm{d}S$ 的磁通量 $\mathrm{d}\Phi_{\mathrm{m}}$ 为

$$\mathrm{d}\Phi_{\mathrm{m}} = B\cos\theta\mathrm{d}S \tag{12-28}$$

将面积元表示成矢量 $\mathrm{d}\boldsymbol{S}$,即 $\mathrm{d}\boldsymbol{S}=\mathrm{d}S\boldsymbol{e}_{\mathrm{n}}$,则因 $B\cos\theta=\boldsymbol{B}\cdot\boldsymbol{e}_{\mathrm{n}}$,故 $B\cos\theta\mathrm{d}S=\boldsymbol{B}\cdot\boldsymbol{e}_{\mathrm{n}}\mathrm{d}S=\boldsymbol{B}\cdot\mathrm{d}\boldsymbol{S}$. 于是,面积为 S 的曲面的磁通量为

$$\Phi_{\mathrm{m}} = \iint_S B\cos\theta\mathrm{d}S = \iint_S \boldsymbol{B}\cdot\mathrm{d}\boldsymbol{S} \tag{12-29}$$

磁感应强度 B 的单位是 T,面积 S 的单位是 m^2,磁通量 Φ_{m} 的单位是 Wb,称为“韦伯”,简称“韦”. 故 $1\ \mathrm{Wb} = 1\ \mathrm{T}\cdot\mathrm{m}^2$. 由此可见,磁感应强度 $\boldsymbol{B}$ 的单位也可记作 $1\ \mathrm{T} = 1\ \mathrm{Wb}\cdot\mathrm{m}^{-2}$ (韦·米$^{-2}$).

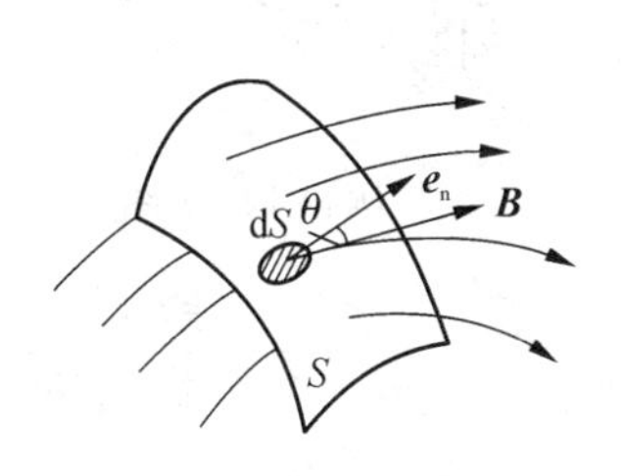

图 12-20 磁通量

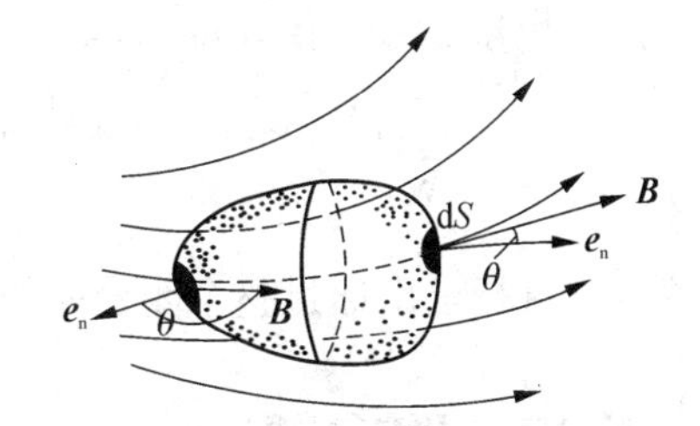

图 12-21 闭合曲面上的磁通量

12.5.3 真空中磁场的高斯定理

在磁场中任意取一个闭合曲面,面上任一点的法线方向 $\boldsymbol{e}_{\mathrm{n}}$ 按规定为:垂直于该点处的面积元 $\mathrm{d}S$ 而指向向外. 这样,从闭合曲面穿出来的磁通量为正,穿入闭合曲面的为负(图 12-21). 由于每一条磁感应线都是闭合线,因此有几条磁感应线进入闭合曲面,必然有相同条数的磁感应线从闭合曲面穿出来. 所以,**通过任何闭合曲面的总磁通量必为零**,即

$$\oiint_S \boldsymbol{B}\cdot\mathrm{d}\boldsymbol{S} = 0 \tag{12-30}$$

这就是**真空中磁场的高斯定理**.上式与静电场中的高斯定理$\left(\oiint_S \boldsymbol{E}\cdot \mathrm{d}\boldsymbol{S}=\frac{1}{\varepsilon_0}\sum_i q_i\right)$相比较,二者有着本质上的区别.在静电场中,由于自然界中存在着独立的电荷,所以电场线有起点和终点,只要闭合面内有净余的正(或负)电荷,通过闭合面的电通量就不等于零,即静电场是有源场;而在磁场中,由于自然界中没有单独的磁极存在,N极和S极是不能分离的,磁感应线都是无头无尾的闭合线,所以通过任何闭合面的磁通量必等于零,即磁场是**无源场**.由此可见,式(12-30)是表示磁场性质的一个重要定理.

切勿将无源场误解为激发磁场无需场源运动电荷.无源场是表征场的一种性质.

问题 12.5.1 (1) 如何从电流来确定它所激发磁场的磁感应线方向?如何用磁感应线来表示磁场?与电场线相比较,二者有何区别?什么叫磁通量?它是矢量吗?磁通量的单位是什么?试画出均匀磁场中磁感应线的分布.

(2) 试述磁场的高斯定理及其意义.

例题 12-7 已知磁感应强度为$B=2\ \mathrm{Wb\cdot m^{-2}}$的均匀磁场,方向沿$Ox$轴正向(如图).试求通过三棱柱形封闭面的$abcd$面的磁通量.

解 在均匀磁场中,各点的磁感应强度$\boldsymbol{B}$(大小和方向)均相同.由于三棱柱形的$abcd$面在平面Oyz上,其法线方向$\boldsymbol{e}_{\mathrm{n}}$沿$Ox$轴负向,它与$\boldsymbol{B}$矢量方向相反,即$\theta=180°$,所以通过$abcd$面的磁通量是

$$\begin{aligned}\Phi_{\mathrm{m}}&=\iint_S B\cos 180°\mathrm{d}S=-B\iint_S \mathrm{d}S=-BS\\&=-2\ \mathrm{Wb\cdot m^{-2}}\times(0.40\ \mathrm{m}\times 0.30\ \mathrm{m})\\&=-0.24\ \mathrm{Wb}\end{aligned}$$

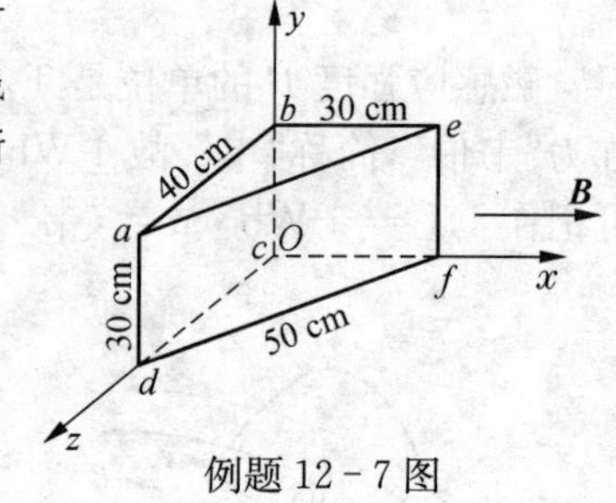

例题 12-7 图

读者试自行求出通过整个闭合面的磁通量.

12.6 安培环路定理

12.6.1 安培环路定理

以前讲过,在静电场中,电场强度$\boldsymbol{E}$沿任意闭合路径l的环流$\oint_l \boldsymbol{E}\cdot \mathrm{d}\boldsymbol{l}=0$.现在我们在磁场中任取一闭合路径$l$,来讨论磁感应强度$\boldsymbol{B}$沿这一闭合路径的环流$\oint_l \boldsymbol{B}\cdot \mathrm{d}\boldsymbol{l}$,由此将得出一条表述磁场性质的安培环路定理.这条定理在电磁理论和电工学中是很重要的.

设在真空中长直电流I的磁场内,取一个与电流垂直的平面(图 12-22).

以这个平面与电流的交点 O 为中心，在平面上作一条半径为 r 的圆形闭合线 l，则在这圆周上任一点的磁感应强度为

$$B=\frac{\mu_0}{2\pi}\frac{I}{r}$$

其方向与圆周相切. 设在圆周 l 上循着逆时针绕行方向取线元矢量 $\mathrm{d}\boldsymbol{l}$，则 $\boldsymbol{B}$ 与 $\mathrm{d}\boldsymbol{l}$ 间的夹角 $\theta=(\boldsymbol{B},\ \mathrm{d}\boldsymbol{l})=0°$，$\boldsymbol{B}$ 沿这一闭合路径 l 的环流为

$$\oint_l \boldsymbol{B}\cdot\mathrm{d}\boldsymbol{l}=\oint_l B\cos\theta\mathrm{d}l=\oint_l\frac{\mu_0 I}{2\pi r}\cos 0°\mathrm{d}l=\frac{\mu_0 I}{2\pi r}\oint_l\mathrm{d}l$$

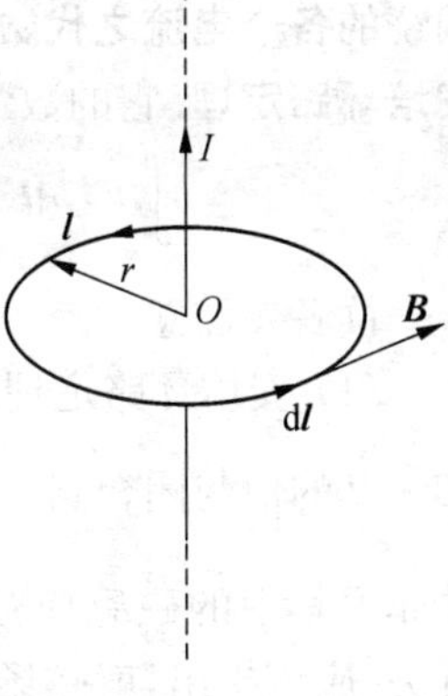

图 12-22 安培环路定理

式中，积分 $\oint_l \mathrm{d}l$ 是半径为 r 的圆周长 $2\pi r$，于是上式可写成为

$$\oint_l \boldsymbol{B}\cdot\mathrm{d}\boldsymbol{l}=\mu_0 I \tag{ⓐ}$$

我们看到，$\boldsymbol{B}$ 沿上述闭合路径的环流 $\oint_l \boldsymbol{B}\cdot\mathrm{d}\boldsymbol{l}$ 只与闭合路径所围绕的电流 I 有关(等于 I 的 μ_0 倍)，而与闭合路径的大小、形状无关.

式ⓐ虽是在长直电流的磁场中取圆周作为积分路径的特殊情况下导出的，但是可以证明(从略)，上式不仅对长直电流的磁场成立，而且对任何形式的电流所激发的磁场也都成立；不仅对闭合的圆周路径成立，而且对任何形状的闭合路径也都成立. 所以，式ⓐ反映了电流的磁场所具有的普遍性质.

求式ⓐ的环流时，如果将绕行方向反过来，即在图 12-22 中按顺时针方向绕行一周，这时 $\boldsymbol{B}$ 与 $\mathrm{d}\boldsymbol{l}$ 的夹角 θ 处处为 180°，则积分值为负，即

$$\oint_l \boldsymbol{B}\cdot\mathrm{d}\boldsymbol{l}=\oint_l B\cos 180°\mathrm{d}l=-\oint_l B\mathrm{d}l=-\mu_0 I=\mu_0(-I) \tag{ⓑ}$$

式中最后将 $-\mu_0 I$ 写成 $\mu_0(-I)$，使得电流可以当作代数量来处理，即将电流看作有正、负的量. 对电流的正、负，我们可以用右手螺旋法则作如下规定：如图 12-23 所示，首先沿闭合路径 l 选定一个积分的绕行方向[图(a)中选取了逆时针绕行方向]，然后伸直大拇指，使右手四指沿绕行方向弯曲，若电流流向与大拇指指向一致，则电流取作正值[图(a)]；反之，则电流就取作负值[图(b)].

在一般情况下，如果我们所选取的闭合路径围绕着不止一个电流，则进一步的研究指出：**在磁场中，磁感应强度沿任何闭合路径的环流，等于这闭合路径所**

围绕的各个电流之代数和的 μ_0 倍. 这个结论称为**安培环路定理**. 它的数学表达式是

$$\oint_l \boldsymbol{B} \cdot \mathrm{d}\boldsymbol{l} = \mu_0 \sum_i I_i \qquad (12-31)$$

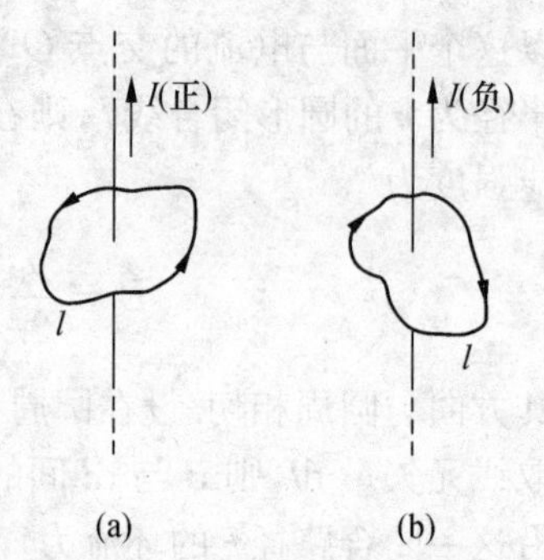

图 12-23 安培环路定理中电流正、负的规定

读者要注意:

(1) 安培环路定理只是说明了 $\boldsymbol{B}$ 矢量的环流 $\oint_l \boldsymbol{B} \cdot \mathrm{d}\boldsymbol{l}$ 的值与闭合路径所围绕的电流 $\sum_i I_i$ 有关,并非说其中的磁感应强度 $\boldsymbol{B}$ 只与所围绕的电流有关. 应该指出,就磁场中任一点的磁感应强度 $\boldsymbol{B}$ 而言,它总是由激发这磁场的全部电流所决定,不管这些电流是否被所取的闭合线所围绕,它们对磁场中任一点的磁感应强度 $\boldsymbol{B}$ 都有贡献.

(2) 我们知道,每一电流总是闭合的(前面图上我们只画出一段电流,未把闭合电流整体画出),在安培环路定理中,磁感应强度 $\boldsymbol{B}$ 不但是由全部电流激发的,而且其中每一条电流都是指闭合电流,而不是闭合电流上的某一段.

(3) 在磁场中某一闭合路径 l 上磁感应强度的环流 $\oint_l \boldsymbol{B} \cdot \mathrm{d}\boldsymbol{l}$, 其值可以是零,但沿路径上各点磁感应强度 $\boldsymbol{B}$ 的值不见得一定等于零. 例如,当仅存在不被闭合路径所围绕的电流时,闭合路径上各处的磁感应强度 $\boldsymbol{B}$ 不一定为零,可是 $\boldsymbol{B}$ 沿整个闭合路径的环流却等于零.

安培环路定理是反映磁场性质的一条普遍定理. 由于磁场中 $\boldsymbol{B}$ 矢量的环流 $\oint_l \boldsymbol{B} \cdot \mathrm{d}\boldsymbol{l}$ 与闭合路径 l 所包围的电流有关,一般不等于零,所以我们就说磁场是非保守的,它是一个**非保守力场**或**无势场**.

(4) 利用安培环路定理所表示的电流与磁场之间的关系,有时也可用来计算某些特殊情况的磁场. 特别是在电工学中,安培环路定理的一个重要应用,就是可以用来进行**磁路**(即局限于电工设备中一定路径上的磁场)的计算;在电机、变压器、电磁铁和电工仪表等许多电工设备的设计中,一般都要进行磁路的计算.

问题 12.6.1 (1) 试述安培环路定理及其意义.

(2) 在图示电流的磁场中,按所取闭合路径 l 和绕行方向,求证:$\boldsymbol{B}$ 矢量的环流为 $\mu_0(2I_1 - I_2 + I_5)$.

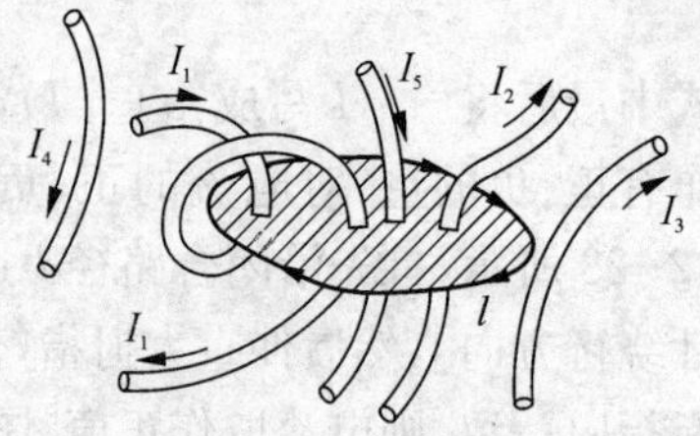

问题 12.6.1(2)图

12.6.2 应用示例

利用安培环路定理也可求磁感应强度.具体要求和求解方法如下:

(1) 根据问题性质,在选取闭合路径时,要求选取这样的一条闭合曲线,使它通过需求磁感应强度的一点;且曲线上(或曲线各段上)每点 $\boldsymbol{B}$ 的大小相同,其方向与曲线上相应点的线元方向所成角度 $\theta=(\boldsymbol{B},\ \mathrm{d}\boldsymbol{l})$ 亦相同,则 B 和 $\cos\theta$ 都是恒量,于是这定理的表达式左端的积分便可化简成

$$\oint_l \boldsymbol{B}\cdot\mathrm{d}\boldsymbol{l}=\oint_l B\cos\theta\mathrm{d}l=B\cos\theta\oint_l \mathrm{d}l$$

如果这条闭合曲线的形状还可以选得很简单,则曲线的长度 $\oint_l \mathrm{d}l$ 也就可以用初等几何方法求得;

(2) 在所选闭合曲线上任意规定一个积分路线的绕行方向,按这个绕行方向用右手螺旋法则判定电流的正、负;这样,在已知电流分布的情况下,就可确定表达式右端的闭合曲线所围绕的电流之代数和;

(3) 于是,根据安培环路定理列出等式,便可得出所求的磁感应强度.

例题 12-8 长直螺线管内的磁场 图(a)表示一个均匀密绕的长直螺线管,通有电流 I;图(b)表示螺线管的轴截面和电流所激发的磁场的磁感应线,小圈"○"表示密绕导线的横截面,点子"•"表示电流从轴截面向外,叉号"×"表示电流进入轴截面.

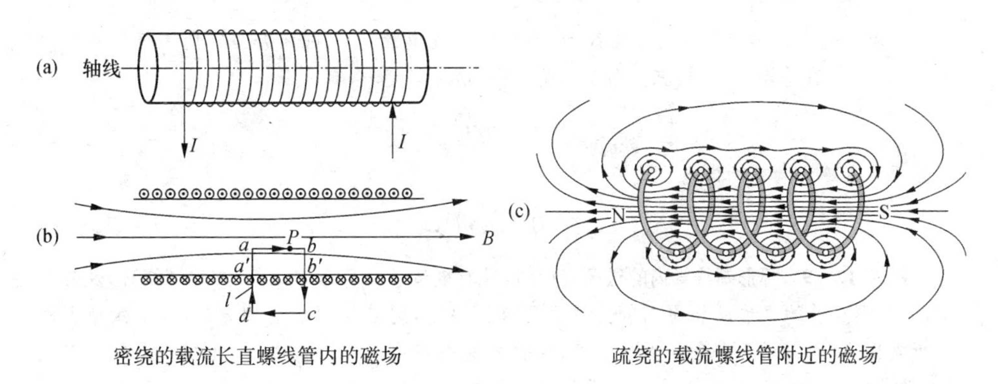

例题 12-8 图

现在先分析上述螺线管周围磁场的大致分布情形.从图 12-17 所示的单匝圆电流的磁场分布情况可以看到,在靠近导线处的磁场和一条长直载流导线附近的磁场很相似,磁感应线近似为围绕导线的一些同心圆.

对螺线管来说,它是用一条很长的导线一匝匝地绕制而成的,当它通以电流时,其周围磁场是各匝电流所激发磁场的叠加结果.如图(c)所示,在螺线管绕得不紧的情况下,管内、外的磁场是不均匀的,仅在螺线管的轴线附近,磁感应强度 $\boldsymbol{B}$ 的方向近乎与轴线平行.如螺线管

很长,所绕的导线甚细,而且绕得很紧密,如图(b)所示,这时整个载流螺线管的各匝电流宛如连成一片,形成一个与此螺线管的大小、形状全同的圆筒形“面电流”,则实验表明,对这种相当长、而又绕得较紧密的螺线管(简称**长直螺线管**)而言,在管内的中央部分,磁场是均匀的,其方向与轴线平行,并可按右手螺旋法则判定其指向;而在管的中央部分外侧,磁场很微弱,可忽略不计,即 $\boldsymbol{B}=\boldsymbol{0}$. 今后,我们所说的螺线管及其磁场都是指这种密绕螺线管的中央部分而言的.

为了计算上述螺线管内的中央部分任一点 P 的磁感应强度 $\boldsymbol{B}$,我们不妨通过该点 P 选取一条长方形的闭合路径 l,其一边平行于管轴,如图(b)所示. 根据上面所述,在线段 cd 上,以及在 cb 和 da 的一部分上(cb' 和 da' 段),由于它们位于螺线管的外侧,$\boldsymbol{B}=\boldsymbol{0}$;又因磁场方向与管轴平行,位于螺线管内部的那一部分($b'b$ 和 $a'a$ 段),虽然 $B\neq 0$,但是 $\mathrm{d}\boldsymbol{l}$ 与 $\boldsymbol{B}$ 相互垂直,即 $\cos\theta=\cos(\boldsymbol{B},\ \mathrm{d}\boldsymbol{l})=\cos 90°=0$;若取闭合路径 l 的绕行方向为 $a\to b\to c\to d\to a$,则沿 ab 段的 $\mathrm{d}\boldsymbol{l}$ 方向与磁场 $\boldsymbol{B}$ 的方向一致,即 $(\boldsymbol{B},\ \mathrm{d}\boldsymbol{l})=0°$. 于是,沿此闭合路径 l,磁感应强度 $\boldsymbol{B}$ 的环流为

$$\begin{aligned}\oint_l \boldsymbol{B}\cdot\mathrm{d}\boldsymbol{l}&=\oint_l B\cos\theta\mathrm{d}l\\&=\int_a^b B\cos 0°\mathrm{d}l+\int_b^{b'}B\cos 90°\mathrm{d}l+\int_{b'}^c 0\cdot\mathrm{d}l+\int_c^d 0\cdot\mathrm{d}l+\int_d^{a'}0\cdot\mathrm{d}l+\int_{a'}^a B\cos 90°\mathrm{d}l\\&=\int_a^b B\mathrm{d}l\end{aligned}$$

因为管内的磁场是均匀的,磁感应强度 $\boldsymbol{B}$ 是恒量,则上式成为

$$\oint_l \boldsymbol{B}\cdot\mathrm{d}\boldsymbol{l}=B\int_a^b\mathrm{d}l=B\overline{ab}$$

设螺线管上每单位长度有 n 匝线圈,通过每匝的电流是 I,则闭合路径所围绕的总电流为 $\overline{ab}nI$,根据右手螺旋法则,其方向是正的. 按安培环路定理,有

$$B\overline{ab}=\mu_0\,\overline{ab}\,nI$$

由此得长直螺线管内的磁场公式为

$$B=\mu_0 nI \qquad (12-32)$$

例题 12-9 环形螺线管内的磁场 如图,通有电流 I 的环形螺线管(亦称**螺绕环**)及其剖面图. 如螺线管的平均周长为 l,管上的线圈绕得很密,则其周围磁场的分布,可仿照前面的分析来说明,即磁场几乎全部集中于管内,管内的磁感应线都是同心圆,在同一条磁感应线上,磁感应强度的数值相等,方向沿圆周的切线方向.

为了计算环内某一点 P 的磁感应强度 $\boldsymbol{B}$,我们取通过该点的一条磁感应线作为闭合路径 l. 这样,在闭合路径 l 上任何一点的磁感应强度 $\boldsymbol{B}$ 都和闭合路径 l 相切,所以 $\theta=(\boldsymbol{B},\ \mathrm{d}\boldsymbol{l})=0°$;而且 $\boldsymbol{B}$ 是一个恒量. 于是有

$$\oint_l \boldsymbol{B}\cdot\mathrm{d}\boldsymbol{l}=\oint_l B\cos\theta\mathrm{d}l=\oint_l B\cos 0°\mathrm{d}l=B\oint_l\mathrm{d}l=Bl$$

式中,l 为闭合路径的长度.

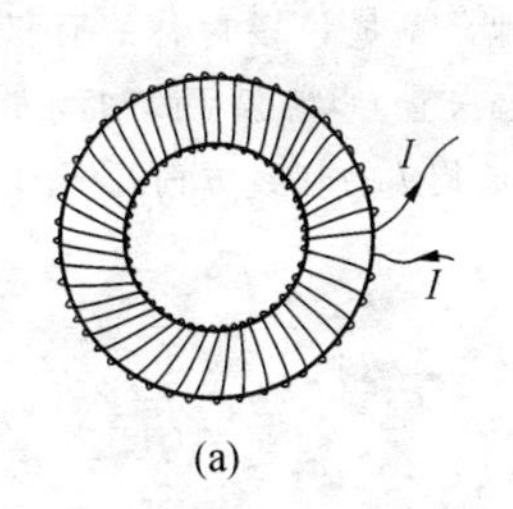

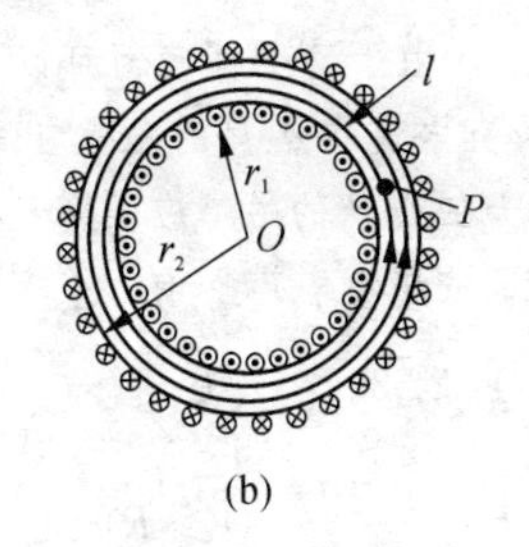

例题 12-9图 环形螺线管内磁场的计算

> 当环形螺线管本身管径$r_2-r_1 \ll$平均管径$(r_1+r_2)/2$时，环中各条磁感应线长度都可近似等于平均周长 l.

设环形螺线管每单位长度上有 n 匝导线，导线中的电流为 I，则闭合路径所围绕的总电流为 nlI. 由安培环路定理，得

$$Bl = \mu_0 nlI$$

即

$$B=\mu_0 nI \tag{12-33}$$

可见，当环形螺线管的 n 和 I 与长直螺线管的 n 和 I 都相等时，则两管内磁感应强度的大小也相等.

问题 12.6.2 试述利用安培环路定理计算磁感应强度的方法. 在下述两种情况中，能否用安培环路定理求磁感应强度？为什么？

(1) 有限长载流直导线激发的磁场；(2) 圆电流激发的磁场.

例题 12-10 在半径为 R 的"无限长"圆柱体中通有电流 I；设电流均匀地分布在柱体横截面上，求距离轴线 $r>R$ 处场点 P 的磁感应强度.

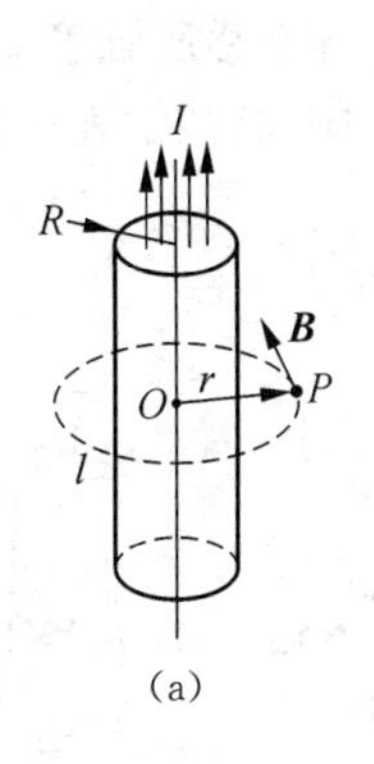

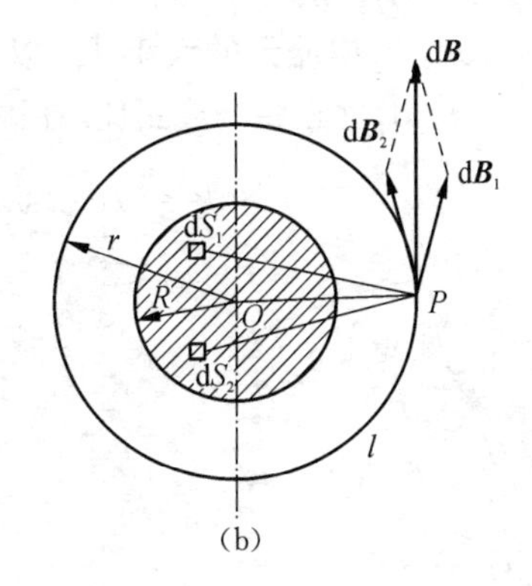

例题 12-10图

分析 我们取 r 为半径，并取垂直于柱轴、且以柱轴上一点 O 为中心的圆周作为闭合路径 l [图(a)]. 由于轴对称性，磁感应强度 $\boldsymbol{B}$ 的大小只与场点 P 到载流圆柱轴线的垂直距离 r 有关，故在所取的同一闭合圆周路径 l 上，各点磁感应强度的大小相等.

其次，为了分析 $\boldsymbol{B}$ 的方向，在通过场点 P 的导线横截面上[图(b)]，取一对面积元 $\mathrm{d}S_1$ 和 $\mathrm{d}S_2$，它们对联线 OP 对称. 设 $\mathrm{d}\boldsymbol{B}_1$ 和 $\mathrm{d}\boldsymbol{B}_2$ 是以 $\mathrm{d}S_1$ 和 $\mathrm{d}S_2$ 为横截面的长直电流在点 P 的磁感应强度. 从图示的关系可以看出，它们对闭合路径 l 在点 P 的切线对称，故合矢量 $\mathrm{d}\boldsymbol{B}=\mathrm{d}\boldsymbol{B}_1+$

$d\boldsymbol{B}_2$ 沿 l 的切线方向(即垂直于半径 r). 由于整个柱截面可以成对地分割成许多对称的面积元,以对称面积元为横截面的每对长直电流在点 P 的磁感应强度(合矢量)也都沿 l 的切线方向. 因此,通过整个柱截面的总电流 I 在点 P 的磁感应强度 $\boldsymbol{B}$,必沿圆周 l 的切线方向.

解 对所选的闭合圆周路径 l,应用安培环路定理,有

$$B2\pi r = \mu_0 I$$

得

$$B = \frac{\mu_0}{2\pi}\frac{I}{r} \quad (r > R)$$

即柱外一点的磁感应强度 $\boldsymbol{B}$ 与将全部电流汇集于柱轴线时的长直电流所激发的磁感应强度 $\boldsymbol{B}$ 相同.

12.7 磁场对载流导线的作用 安培定律

前面各节讲了电流(或运动电荷)所激发的磁场. 从现在开始,我们将讨论磁场对电流(或运动电荷)的作用力.

12.7.1 安培定律

关于磁场对载流导线的作用力,安培从许多实验结果的分析中,总结出关于载流导线上一段电流元受力的基本定律,称为**安培定律:位于磁场中某点的电流元 $I\mathrm{d}\boldsymbol{l}$ 要受到磁场的作用力 $\mathrm{d}\boldsymbol{F}$(图 12-24)的作用,$\mathrm{d}\boldsymbol{F}$ 的大小和电流元所在处的磁感应强度的大小 B、电流元的大小 $I\mathrm{d}l$ 以及电流元与磁感应强度二者方向间小于 180°的夹角$(\mathrm{d}\boldsymbol{l}, \boldsymbol{B})$之正弦均成正比**. 在国际单位制中,其数学表达式为

$$\mathrm{d}F = BI\mathrm{d}l\sin(\mathrm{d}\boldsymbol{l}, \boldsymbol{B}) \tag{12-34}$$

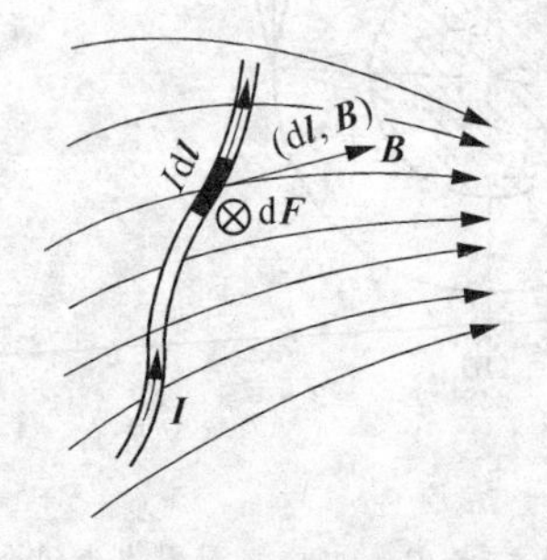

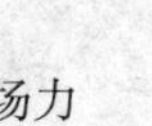

图 12-24 电流元在磁场中所受的磁场力

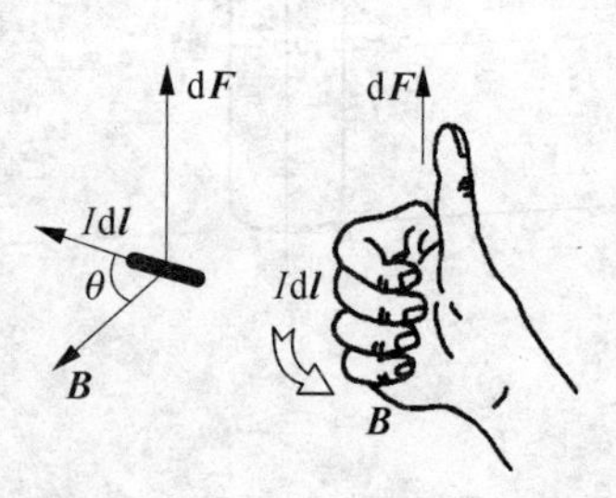

图 12-25 电流元在磁场中受力的方向

$\mathrm{d}\boldsymbol{F}$ 的方向垂直于 $I\mathrm{d}\boldsymbol{l}$ 和 $\boldsymbol{B}$ 所构成的平面,其指向可由右手螺旋法则判定:用右手四指从 $I\mathrm{d}\boldsymbol{l}$ 经小于 180°角转到 $\boldsymbol{B}$,则大拇指伸直的指向就是 $\mathrm{d}\boldsymbol{F}$ 的方向,如图 12-25 所示.

根据上述 $\mathrm{d}\boldsymbol{F}$ 与 $I\mathrm{d}\boldsymbol{l}$ 及 $\boldsymbol{B}$ 之间的大小和方向的关系,可将安培定律写成矢量

式(矢积),即

$$dF = Idl \times B \quad (12-34a)$$

安培定律说明磁场对一段电流元的作用;但任何载流导线都是由连续的无限多个电流元所组成的,因此,根据这定律来计算磁场对有限长度 l 的载流导线的作用力 $\boldsymbol{F}$ 时,需要进行矢量积分,即

$$\boldsymbol{F} = \int_l d\boldsymbol{F} = \int_0^l I d\boldsymbol{l} \times \boldsymbol{B} \quad (12-35)$$

载流导线所受的磁场力,通常也称为**安培力**. 今应用上式来讨论磁感应强度为 $\boldsymbol{B}$ 的均匀磁场中,有一段载流的直导线,电流强度为 I,长为 l(图 12-26). 在这直电流上任取一个电流元 $Id\boldsymbol{l}$,则 $d\boldsymbol{l}$ 与 $\boldsymbol{B}$ 之间的夹角$(d\boldsymbol{l}, \boldsymbol{B})$为恒量. 按安培定律,电流元 $Id\boldsymbol{l}$ 所受磁场力 $d\boldsymbol{F}$ 的大小为

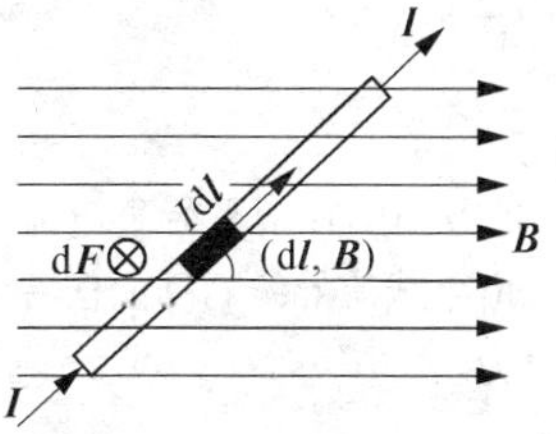

$$dF = BI\,dl\sin(d\boldsymbol{l}, \boldsymbol{B})$$

图 12-26　直电流在均匀磁场中所受的磁场力

如图 12-26 所示,图中 I 和 $\boldsymbol{B}$ 都在纸面上,$d\boldsymbol{F}$ 的方向按照矢积的右手螺旋法则,为垂直纸面向里,在图上用⊗表示.

因为磁感应强度 $\boldsymbol{B}$ 的方向和夹角$(d\boldsymbol{l}, \boldsymbol{B})$是恒定的,所以,直电流上任何一段电流元所受的磁场力,其方向按右手螺旋法则可以判断,都和上述方向相同,因而整个直电流所受的磁场力,乃等于各电流元所受的上述同方向平行力之代数和,因而就可用标量积分法求出,即

$$F = \int_l dF = \int_0^l BI\,dl\sin(d\boldsymbol{l}, \boldsymbol{B}) = BI\sin(d\boldsymbol{l}, \boldsymbol{B})\int_0^l dl$$

$$= BIl\sin(d\boldsymbol{l}, \boldsymbol{B}) \quad (12-36)$$

合力的作用点在载流导线的中点.

12.7.2　两条无限长直电流之间的相互作用力　"安培"的定义

在 12.2 节中已讲过,载流导线之间有相互作用力(图 12-27). 而今,按照安培定律和毕奥-萨伐尔定律,我们来定量地讨论两条无限长载流直导线之间单位长度上相互作用的磁场力.

> 若两条直导线间的距离 $a \ll$ 导线的长度,就可把这两条导线视作"无限长".

设在真空中有两条平行的长直电流 AB 和 CD,电流强度分别为 I_1 和 I_2,二者距离为 a(图12-27).

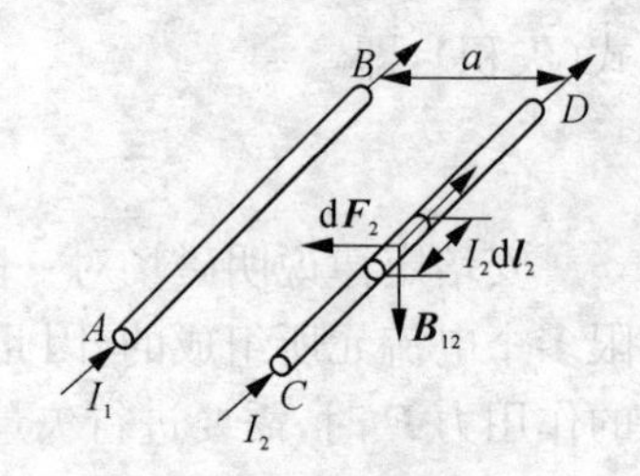

图 12-27　平行直电流之间相互作用的磁场力

首先,计算载流导线 CD 所受的磁场力. 在 CD 上任取一个电流元 $I_2\mathrm{d}\boldsymbol{l}_2$,按毕奥-萨伐尔定律,可求出载流导线 AB 中的电流 I_1 在电流元 $I_2\mathrm{d}\boldsymbol{l}_2$ 处所激发的磁感应强度 $\boldsymbol{B}_{12}$,其方向与 CD 垂直,其大小为

$$B_{12}=\frac{\mu_0}{2\pi}\frac{I_1}{a}$$

考虑到导线 CD 上的电流元 $I_2\mathrm{d}\boldsymbol{l}_2$ 与磁感应强度 B_{12} 垂直,所以 $\sin(I_2\mathrm{d}\boldsymbol{l}_2,\boldsymbol{B}_{12})=\sin 90^\circ=1$,因而,由安培定律,电流元 $I_2\mathrm{d}\boldsymbol{l}_2$ 所受的磁场力 $\mathrm{d}\boldsymbol{F}_2$ 的大小为

$$\mathrm{d}F_2=B_{12}I_2\mathrm{d}l_2=\frac{\mu_0 I_1 I_2}{2\pi a}\mathrm{d}l_2$$

$\mathrm{d}\boldsymbol{F}_2$ 的方向则在两平行直电流所决定的平面内,并指向导线 AB.

由于载流导线 CD 上任一电流元都受到方向相同的力,所以导线 CD 上每单位长度所受的力为

$$\frac{\mathrm{d}F_2}{\mathrm{d}l_2}=\frac{\mu_0}{4\pi}\frac{2I_1I_2}{a} \tag{12-37}$$

读者可以自行证明,在载流导线 AB 上,每单位长度所受的磁场力,其大小也等于$(\mu_0/4\pi)2I_1I_2/a$,而方向则指向导线 CD. 这就是说,两条流向相同的平行长直电流,通过磁场的作用,表现为互相吸引. 应用右手螺旋法则不难看出,两条流向相反的平行长直电流,通过磁场的作用,表现为互相排斥;而每一条导线上单位长度所受磁场力的大小和电流流向相同时一样.

在国际单位制(SI)中,电流强度作为基本量之一,其单位"安培"就是按式(12-37)来定义的. 在真空中,我们规定 $\mu_0/(4\pi)=10^{-7}\ \mathrm{N\cdot A^{-2}}$. 在式(12-37)中,令 $a=1\ \mathrm{m}$, $I_1=I_2=I$;当变动该两导线中的电流 I,使 $\mathrm{d}F/\mathrm{d}l=2\times10^{-7}\ \mathrm{N\cdot m^{-1}}$ 时,可算出 $I=1$ 个单位,这一个单位的电流强度称为"1安培". 故安培的定义是:**在真空中,截面积可忽略的两根相距 1 m 的无限长平行圆直导线内通以等量恒定电流时,若导线间相互作用力在每米长度上为 2×10^{-7} N,则每根导线中的电流为 1 A.** 根据安培的定义,就可定出电荷的单位——库仑. 1 C 的电荷就是 1 A 的电流强度在 1 s 内通过导线任一截面的总电荷.

问题 12.7.1　(1) 试述安培定律;并说明如何利用安培定律求磁场中载流导线所受的磁场力. 若图 12-26 中的直电流分别与磁场方向平行和垂直时,求直电流受力多大?

(2) 一圆心为 O、半径为 R 的水平圆线圈,通有电流 I_1. 今有一条铅直地通过圆心 O 的长直导线,通有电流 I_2,求证圆线圈所受的磁场力为零.

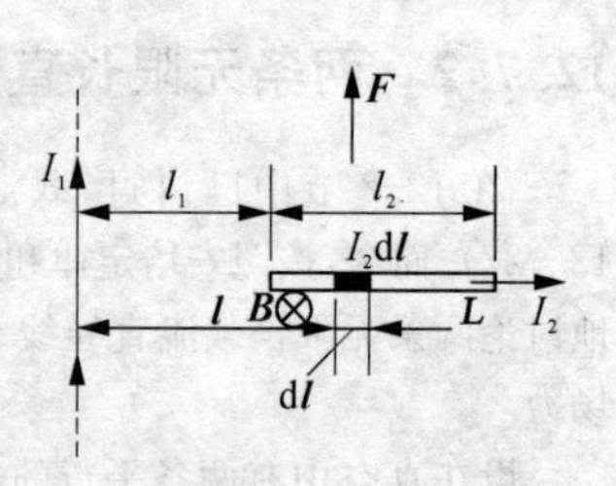

例题 12-11 图

例题 12-11　如图,一铅直放置的长直导线,通有电流 $I_1=2.0\ \mathrm{A}$;另一水平直导线 L,长为 $l_2=40\ \mathrm{cm}$,通有电流 $I_2=$

3.0 A，其始端与铅直载流导线相距 $l_1 = 40$ cm，求水平直导线上所受的力.

解 长直电流 I_1 所激发的磁场是非均匀的.因此，我们可在水平载流导线 L 上任取一段电流元 $I_2\mathrm{d}\boldsymbol{l}$，它与长直电流相距 l，在 $I_2\mathrm{d}\boldsymbol{l}$ 的微小范围内，磁感应强度可视作相等，这样

$$B = \frac{\mu_0}{2\pi}\frac{I_1}{l}$$

其方向垂直指向纸里，而 $(\mathrm{d}\boldsymbol{l}, \boldsymbol{B}) = 90°$. 电流元 $I_2\mathrm{d}\boldsymbol{l}$ 所受磁场力 $\mathrm{d}\boldsymbol{F}$ 的大小和方向为

$$\mathrm{d}F = BI_2\,\mathrm{d}l\sin 90° = \frac{\mu_0}{2\pi}\frac{I_1}{l}I_2\,\mathrm{d}l \quad \uparrow$$

由于水平载流直导线上任一电流元所受磁场力的方向都是相同的，因此整个水平载流导线上所受的磁场力 $\boldsymbol{F}$ 是许多同方向平行力之和，可用标量积分法算出，即

$$\begin{aligned} F &= \int_L \mathrm{d}F = \int_{l_1}^{l_1+l_2}\frac{\mu_0}{2\pi}\frac{I_1 I_2}{l}\mathrm{d}l = \frac{\mu_0}{2\pi}I_1 I_2\int_{l_1}^{l_1+l_2}\frac{\mathrm{d}l}{l} \\ &= \frac{\mu_0}{2\pi}I_1 I_2\Big[\ln l\Big]_{l_1}^{l_1+l_2} = \frac{\mu_0}{2\pi}I_1 I_2\ln\frac{l_1+l_2}{l_1} \\ &= \frac{\mu_0}{4\pi}2I_1 I_2\ln\frac{l_1+l_2}{l_1} \end{aligned}$$

代入题设数据后，得

$$F = 10^{-7}\times 2\times 2\times 3\times \ln\frac{0.40+0.40}{0.40}\ \mathrm{N} = 8.32\times 10^{-7}\ \mathrm{N}$$

磁场力 $\boldsymbol{F}$ 的方向铅直向上. 试问力 $\boldsymbol{F}$ 的作用点在水平直导线 L 的中点上吗?

12.7.3 均匀磁场中的载流线圈

下面讨论均匀磁场对载流刚性线圈(以下简称"线圈")的作用.

设有一长方形的平面载流线圈 $abcd$，边长分别为 l_1 和 l_2，电流强度为 I，放在磁感应强度为 $\boldsymbol{B}$ 的均匀磁场中(图 12-28).

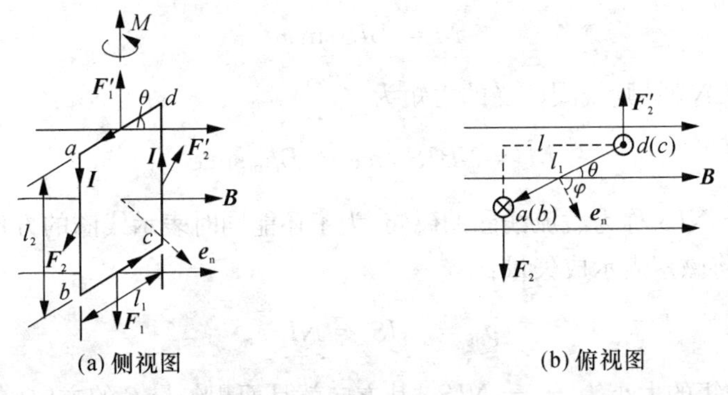

图 12-28 平面载流线圈在均匀磁场中所受的力偶矩(平面与磁场 $\boldsymbol{B}$ 成 θ 角)

设线圈的平面和磁场的方向成任意角θ,其中两条对边ab和cd垂直于磁场方向. 根据安培定律,导线bc和ad所受磁场力$\boldsymbol{F}_1$和$\boldsymbol{F}_1'$的大小分别为$F_1=BIl_1\sin\theta$和$F_1'=BIl_1\sin(\pi-\theta)=BIl_1\sin\theta$,这两个力大小相等,指向相反,分别作用在$ad$和$bc$边的中点,而位于同一直线上,所以它们的作用互相抵消. 导线ab和cd所受的磁场力$\boldsymbol{F}_2$和$\boldsymbol{F}_2'$的大小皆为

$$F_2=F_2'=BIl_2$$

这两个力大小相等,指向相反,但不在同一直线上,因此形成一个力偶,其力臂为$l=l_1\cos\theta$,所以**均匀磁场对载流线圈的作用是一个力偶**,其力矩大小为

$$M=F_2l=F_2l_1\cos\theta=BIl_2l_1\cos\theta=BIS\cos\theta \quad ⓐ$$

式中,$S=l_1l_2$就是线圈的面积.

我们常利用载流线圈平面的正法线方向来表示线圈平面在空间的方位,正法线方向可用单位矢量$\boldsymbol{e}_n$标示. 其方向可用右手螺旋法则来规定,即**握紧右手,伸直大拇指,如果四个指头的弯曲方向表示线圈内的电流流向,则大拇指的指向就是线圈平面的正法线$\boldsymbol{e}_n$的方向**(图12-29). 反过来说,线圈的正法线$\boldsymbol{e}_n$在空间的方向一旦给出,则线圈平面在空间的方位和其中电流的流向也就确定.

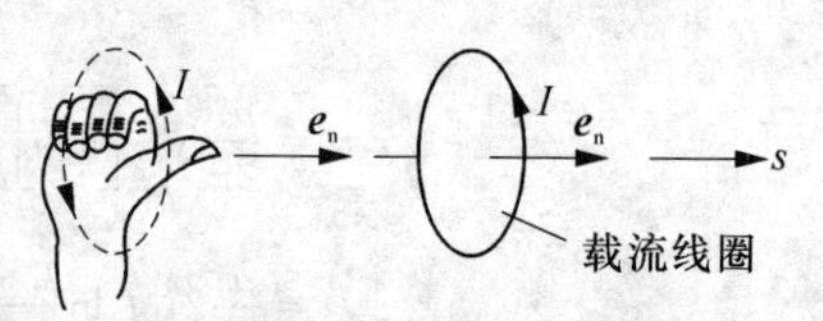

图12-29 载流平面线圈正法线的指向

进一步我们还可引用线圈的面积矢量$\boldsymbol{S}$来描述线圈的大小、方位和其中电流的流向. 亦即,规定面积矢量$\boldsymbol{S}$的大小为线圈平面面积的大小S,方向与线圈平面的正法线方向一致(图12-29),则$\boldsymbol{S}=S\boldsymbol{e}_n$.

如果以线圈平面的正法线$\boldsymbol{e}_n$方向与磁场$\boldsymbol{B}$的方向之间的夹角φ来代替θ[图12-28(b)],由于$\theta+\varphi=\pi/2$,则式ⓐ成为

$$M=BIS\sin\varphi \quad ⓑ$$

如果线圈有N匝,则线圈所受的力矩为

$$M=NBIS\sin\varphi=Bp_m\sin\varphi \quad (12-38)$$

式中,$p_m=NIS$称为**载流线圈**的**磁矩**. 为了还能同时表示线圈的方位和其中电流流向,可将磁矩表示成矢量:

$$\boldsymbol{p}_m=NI\boldsymbol{S}=NIS\boldsymbol{e}_n \quad ⓒ$$

载流线圈磁矩的大小为$p_m=NIS$,其方向就是面积矢量$\boldsymbol{S}$的方向(也就是正法

线 $\boldsymbol{e}_n$的方向). 磁矩的单位是 $A \cdot m^2$(安培·米^2). 可见,磁矩矢量 $\boldsymbol{p}_m$完全反映了载流线圈本身的特征和方位.

综上所述,就可以把式(12-38)改写成矢量式

$$\boldsymbol{M} = \boldsymbol{p}_m \times \boldsymbol{B} \tag{12-38a}$$

按上述矢积给出的力矩矢量 $\boldsymbol{M}$ 的方向,借右手螺旋法则可用来判定线圈在力矩 $\boldsymbol{M}$ 作用下的转向. 把伸直的大拇指指向矢量 $\boldsymbol{M}$ 的方向,四指弯曲的回转方向就是线圈的转向[图 12-28(a)].

可以证明(从略),上述由长方形载流线圈所导出的结果也适用于一般情况,即**任何形状的平面载流线圈在均匀磁场中只受到力偶作用,力偶矩的数值等于磁感应强度 $\boldsymbol{B}$、线圈的磁矩 $\boldsymbol{p}_m$和磁矩与磁场方向之间小于 180°的夹角 φ 的正弦之乘积,而与线圈的形状无关**. 亦即,式(12-38)或式(12-38a)对任意形状的平面线圈也是同样适用的. 应用上式时,如 B 的单位用 $Wb \cdot m^{-2}$(韦·米$^{-2}$),p_m的单位用 $A \cdot m^2$(安·米^2),则力矩的单位是 N·m(牛·米).

考虑到载流线圈在磁场中所受的力矩与 $\sin\varphi$ 成正比,故有如下几种特殊情形:

(1) 当 $\varphi = \pi/2$ 时,线圈平面与磁场 $\boldsymbol{B}$ 平行,通过线圈平面的磁通量为零,线圈所受到的力矩为最大值,即 $M_{max} = Bp_m = NIBS$.

(2) 当 $\varphi = 0$ 时,线圈平面与磁场 $\boldsymbol{B}$ 垂直,通过线圈平面的磁通量最大,线圈所受到的力矩为零,相当于稳定平衡位置①.

(3) 当 $\varphi = \pi$ 时,线圈平面也与磁场 $\boldsymbol{B}$ 垂直,通过线圈平面的磁通量是负的最大值,线圈所受力矩亦为零,相当于不稳定平衡位置.

由此可见,载流线圈在磁场中转动的趋势是要使通过线圈平面的磁通量增加,当磁通量增至最大值时,线圈达到稳定平衡. 也就是说,**载流线圈在所受磁力矩的作用下,总是要转到它的磁矩 $\boldsymbol{p}_m$(或者说正法线 $\boldsymbol{e}_n$)和 $\boldsymbol{B}$ 同方向的位置上.**

总而言之,处于均匀磁场中的载流线圈在磁力矩的作用下,可以发生转动但不会发生整个线圈的平动(因为合力为零). 进一步分析(从略)指出,在不均匀的磁场中,载流线圈在任意位置时,不仅受有磁力矩,同时还受到一个磁场力,这时,根据线圈运动的初始条件,它既可能作平动,也可能兼有平动和转动.

---

① 把处于平衡状态的线圈稍微偏离平衡位置,并因此出现一个新的力矩,若在这个力矩作用下,线圈可以回复到原来位置,这种平衡称为**稳定平衡**;反之,若在这个力矩作用下,不能使线圈回到原来位置,而且愈益偏离平衡位置,则称为**不稳定平衡**.

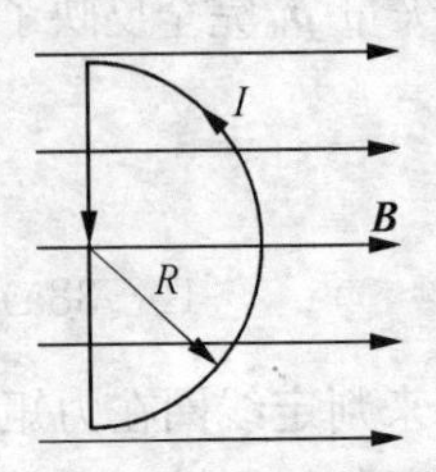

问题 12.7.2(2)图

载流线圈在磁场中受力偶矩作用的效应，在科学技术中有广泛应用，例如同步卫星的定位、电动机和磁电式仪表的设计等.

问题 12.7.2　(1) 导出载流平面线圈在均匀磁场中所受磁力矩的公式.

(2) 如图所示，半圆形线圈的半径 $R=10\,\text{cm}$，通有电流 $I=10\,\text{A}$，放在磁感应强度 $B=5.0\times10^{-2}\,\text{T}$ 的均匀磁场中，磁场方向为水平、且与线圈平面平行. 求线圈所受的磁力矩.(**答**: $7.85\times10^{-3}\,\text{N}\cdot\text{m}\uparrow$)

例题 12-12　如图，一个边长 $l=0.1\,\text{m}$ 的正三角形载流线圈，放在均匀磁场 $\boldsymbol{B}$ 中，磁场与线圈平面平行，设 $I=10\,\text{A}$, $B=1.0\,\text{Wb}\cdot\text{m}^{-2}$，求线圈所受力矩的大小.

解　方法一：已知：$I=10\,\text{A}$, $B=1.0\,\text{Wb}\cdot\text{m}^{-2}$, $l=0.1\,\text{m}$，按式(12-36)，根据图示的线圈放置位置，可求得磁场对各边的作用力分别为

AB 边：
$$
\begin{aligned}
F_{AB} &= BIl\sin(\mathrm{d}\boldsymbol{l},\boldsymbol{B})\\
&= 1.0\times10\times0.1\,\text{N}\times\sin120^\circ\\
&= 0.866\,\text{N},\quad \text{方向垂直纸面向外}
\end{aligned}
$$

AC 边：
$$
\begin{aligned}
F_{AC} &= BIl\sin(\mathrm{d}\boldsymbol{l},\boldsymbol{B})\\
&= 1.0\times10\times0.1\,\text{N}\times\sin120^\circ\\
&= 0.866\,\text{N},\quad \text{方向垂直纸面向里}
\end{aligned}
$$

例题 12-12 图

BC 边：与磁场平行，故得 $F_{BC}=0$

F_{AB} 和 F_{AC} 大小相等，方向相反，作用点分别在 AB 边和 AC 边的中点，因此是一对力偶，其力矩为

$$
M=F_{AB}\times\frac{l}{2}=0.866\,\text{N}\times\frac{0.1\,\text{m}}{2}=4.33\times10^{-2}\,\text{N}\cdot\text{m}
$$

方法二：由图示和题设数据，有 $N=1$, $S=(l^2/2)\sin60^\circ=0.5\times(0.1\,\text{m})^2\times0.866=43.3\times10^{-4}\,\text{m}^2$, $\varphi=90^\circ$，按式(12-38)，可算得线圈所受的力矩为

$$
\begin{aligned}
M &= NBIS\sin\varphi=1\times1.0\times10\times43.3\times10^{-4}\,\text{N}\cdot\text{m}\times\sin90^\circ\\
&= 4.33\times10^{-2}\,\text{N}\cdot\text{m}
\end{aligned}
$$

在本题中，读者试自行判断线圈绕其中心轴 OO'(见图)的转向.

例题 12-13　原子中的一个电子以速率 $v=2.2\times10^{6}\,\text{m}\cdot\text{s}^{-1}$ 在半径 $r=0.53\times10^{-8}\,\text{cm}$ 的圆周上作匀速圆周运动，求该电子轨道的磁矩.

解　电子的速率为 v，轨道半径为 r，所以在 1 s 内电子通过轨道上任意一点的次数为 $n=v/(2\pi r)$ 次. 由于电子带着大小为 e 的电荷在作圆周运动，这种定向运动相当于圆电流，这圆电流的强度 I 和面积 S 分别为

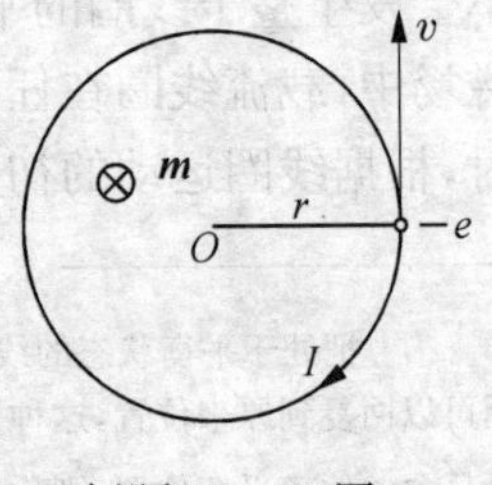

例题 12-13 图

$$I = ne = \frac{v}{2\pi r}e, \qquad S = \pi r^2$$

设以 $\boldsymbol{m}$ 表示电子的轨道磁矩，则由磁矩的定义，它的大小和方向为

$$m = IS = \frac{v}{2\pi r}e\pi r^2 = \frac{1}{2}ver = \frac{1}{2} \times 2.2 \times 10^6 \times 1.6 \times 10^{-19} \times 0.53 \times 10^{-10}\ \mathrm{A \cdot m^2}$$

$$= 9.3 \times 10^{-24}\ \mathrm{A \cdot m^2} \quad \otimes$$

因电子带负电，故圆电流 I 的方向与电子运动方向相反，圆电流平面的正法线方向指向纸里，所以磁矩 $\boldsymbol{m}$ 的方向也指向纸里.

读者根据质点的角动量定义 $\boldsymbol{L} = \boldsymbol{r} \times m\boldsymbol{v}$，可以自行证明：上述电子的轨道磁矩 $\boldsymbol{m}$ 与电子的角动量 $\boldsymbol{L}$ 存在着如下的矢量关系式，即

$$\boldsymbol{m} = -\frac{e}{m}\boldsymbol{L}$$

式中，m 为电子的质量.

说明 由于原子中的电子存在着轨道磁矩，因此，在外磁场中的电子轨道平面，将和载流线圈一样，受到力矩的作用而发生转向. 并且原子中的电子除沿轨道运动外，电子本身还有自旋. 故还有电子的自旋磁矩.

12.8 带电粒子在电场和磁场中的运动

12.8.1 磁场对运动电荷的作用力——洛伦兹力

上面说过，载流导线在磁场中要受到力的作用. 由于导线中的电流是由其中大量带电粒子的定向运动所形成的，因此可以推断，运动电荷在磁场中一定也受到磁场力的作用.

实验和理论证明，电荷为 q、运动速度为 $\boldsymbol{v}$ 的带电粒子，在磁场 $\boldsymbol{B}$ 中所受的力 $\boldsymbol{F}_\mathrm{m}$ 为

$$\boldsymbol{F}_\mathrm{m} = q\boldsymbol{v} \times \boldsymbol{B} \tag{12-39}$$

式中，q 的正、负决定于带电粒子所带电荷的正、负；而这个磁场力 $\boldsymbol{F}_\mathrm{m}$ 通常称为**洛伦兹力**. 上式在 20 世纪初曾由荷兰物理学家洛伦兹(H. A. Lorertz，1853—1928)首先根据安培定律导出的，故称为**洛伦兹公式**.

按上述矢量式(12-39)，洛伦兹力的大小为

$$F_\mathrm{m} = |q| vB\sin(\boldsymbol{v}, \boldsymbol{B}) \tag{12-39a}$$

式中，$(\boldsymbol{v}, \boldsymbol{B})$ 为电荷运动方向与磁场方向之间小于 180°的夹角. 洛伦兹力的方向可按矢积的右手螺旋法则判定.

由式(12-39)及式(12-39a)可知:

(1) 当电荷的运动方向与磁场方向相平行(同向或反向)时,$(\boldsymbol{v}, \boldsymbol{B}) = 0°$ 或 $180°$,则 $\sin(\boldsymbol{v}, \boldsymbol{B}) = 0$,所以 $F_m = 0$,此时运动电荷不受磁场力作用.

(2) 当电荷的运动方向与磁场方向相垂直时,$(\boldsymbol{v}, \boldsymbol{B}) = 90°$,则 $\sin(\boldsymbol{v}, \boldsymbol{B}) = 1$,所以 $F_m = |q| vB$,此时运动电荷所受的磁场力为最大,即 $F_{max} = |q| vB$.

事实上,我们在 12.3 节中就是利用运动电荷在磁场中所受洛伦兹力的上述特殊情况,来定义磁场中某点的磁感应强度 $\boldsymbol{B}$ 的.

(3) 作用于运动电荷上的洛伦兹力 $\boldsymbol{F}_m$ 的方向,恒垂直于 $\boldsymbol{v}$ 和 $\boldsymbol{B}$ 所构成的平面,此力在电荷运动路径上的分量恒为零. 因此,洛伦兹力恒不做功;此力仅能改变电荷运动的方向,使运动路径发生弯曲,而不能改变运动速度的大小.

例题 12-14 如图所示,一带电粒子的电荷为 q,质量为 m,以速度 $\boldsymbol{v}$ 进入一磁感应强度为 $\boldsymbol{B}$ 的均匀磁场中,(1)若速度 $\boldsymbol{v}$ 的方向与磁场 $\boldsymbol{B}$ 的方向垂直;(2)若速度 $\boldsymbol{v}$ 的方向与磁场 $\boldsymbol{B}$ 的方向成 θ 角($\theta \neq 90°$). 试分别求带电粒子在磁场中的运动轨道(为便于讨论,设 $q > 0$).

带电粒子的质量一般甚小,今后如无特殊说明,可不计其重力.

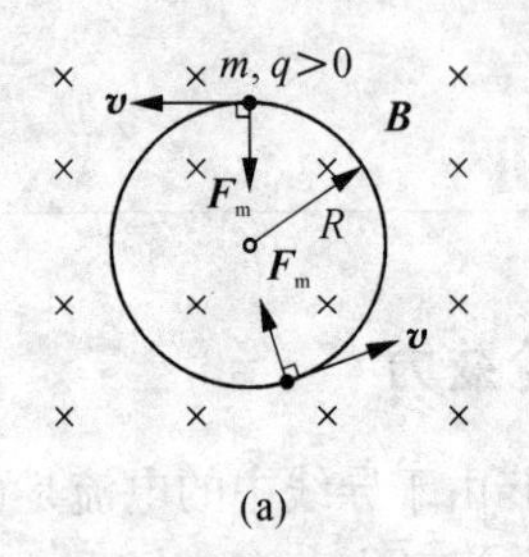

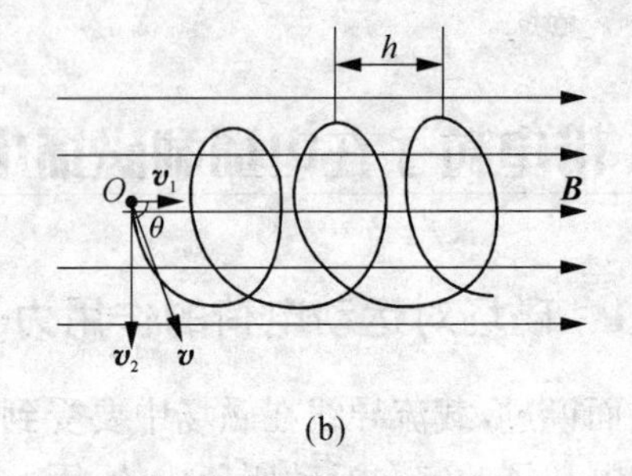

例题 12-14 图

解 (1) 由题设 $\boldsymbol{v} \perp \boldsymbol{B}$,故 $(\boldsymbol{v}, \boldsymbol{B}) = 90°$,带电粒子 $q(q > 0)$ 所受的洛伦兹力大小是

$$F_m = |q| vB\sin 90° = qvB$$

这力的方向垂直于带电粒子的速度方向,它只能改变粒子的运动方向,使运动轨道弯曲,而不会改变运动速度的大小. 由上式可知,在粒子运动的全部路程中,洛伦兹力的大小不变,因此带电粒子将作匀速圆周运动,如图(a)所示,而洛伦兹力 F_m 则是粒子作匀速圆周运动时所需的向心力. 按牛顿第二定律,有

$$qvB = m\frac{v^2}{R}$$

R 是圆形轨道的半径,由上式可得

$$R = \frac{mv}{qB} \quad ⓐ$$

即轨道半径R与带电粒子的速率v成正比,而与磁感应强度的大小B成反比.

顺便指出,带电粒子绕圆形轨道一周所需时间(称为**周期**)为

$$T=\frac{2\pi R}{v}=2\pi\frac{m}{q}\frac{1}{B} \tag{b}$$

即带电粒子在磁场中沿圆形轨道绕行的周期与带电粒子运动的速率v无关.

(2) 按题设,$(\boldsymbol{v},\boldsymbol{B})=\theta\neq 90°$,如图(b)所示,这时可将速度$\boldsymbol{v}$分解为垂直和平行于磁场的分量:$v_2=v\sin\theta$,$v_1=v\cos\theta$;其中,速度分量$v_2$使带电粒子在磁场力作用下作匀速圆周运动,按上述式ⓐ,其回旋半径为

$$R=\frac{mv_2}{qB}=\frac{mv\sin\theta}{qB} \tag{c}$$

与此同时,速度分量v_1使带电粒子沿磁场方向作匀速直线运动,其速度为

$$v_1=v\cos\theta \tag{d}$$

由于带电粒子同时参与这两种运动,可以想见,其合成运动的轨道是一条螺旋线,如图中(b)所示.带电粒子在螺旋线上每旋转一周,沿磁场$\boldsymbol{B}$的方向前进的距离称为**螺旋线的螺距**,其值h可由式ⓑ、式ⓓ求得,即

$$h=v_1T=\frac{2\pi m\,v\cos\theta}{qB} \tag{e}$$

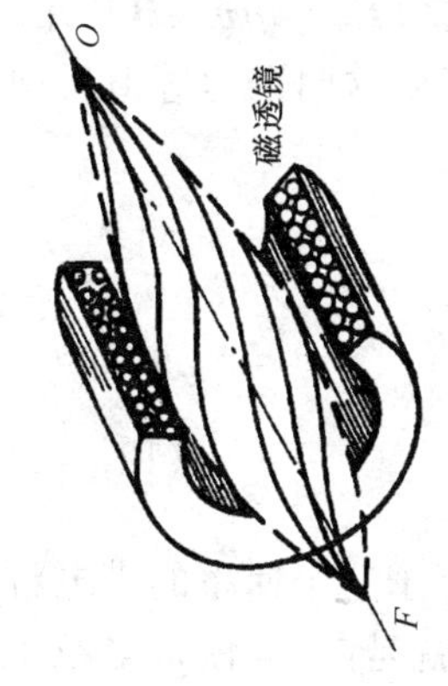

图12-30 磁透镜

说明 式ⓔ表明,带电粒子沿螺旋线每旋转一周,沿磁场$\boldsymbol{B}$方向前进的位移大小与v_1成正比,而与v_2无关.因此,若从磁场$\boldsymbol{B}$中某点发射出一束具有相同电荷和质量q, m的带电粒子群,它们具有相同的速度分量v_1,则它们都将相交在距出发点为h, $2h$, …处.这就是**磁聚焦原理**.至于各带电粒子的速度分量v_2不相同,只能使它们具有各不相同的螺旋线轨道,而不影响它们在前进h距离时会聚于一点.磁场对带电粒子的磁聚焦现象,与一束光经透镜后聚焦于一点的现象颇相似.

上述的磁聚焦现象是利用载流长直螺线管中激发的均匀磁场来实现的.在实际应用中,大多用载流的短线圈所激发的非均匀磁场来实现磁聚焦作用(图12-30),由于这种线圈的作用与光学中的透镜作用相似,故称**磁透镜**.在显像管、电子显微镜和真空器件中,常用磁透镜来聚焦电子束.

问题12.8.1 (1) 试述洛伦兹力公式及其意义.

(2) 电子枪同时将速度分别为$\boldsymbol{v}$与$2\boldsymbol{v}$的两个电子射入均匀磁场$\boldsymbol{B}$中,射入时两电子的运动方向相同,且皆垂直于磁场$\boldsymbol{B}$,求证:这两个电子将同时回到出发点.

12.8.2 带电粒子在电场和磁场中的运动

如果在某一区域内同时有电场$\boldsymbol{E}$和磁场$\boldsymbol{B}$存在,则以速度为$\boldsymbol{v}$、电荷为q运

动的带电粒子在此区域内所受的总作用力 F 应是所受电场力和磁场力二者的矢量和,即

$$\boldsymbol{F}=\boldsymbol{F}_{e}+\boldsymbol{F}_{m}=q\boldsymbol{E}+q\boldsymbol{v}\times\boldsymbol{B}$$

按牛顿第二定律,质量为 m 的带电粒子在上述两个力作用下的运动方程为

$$q\boldsymbol{E}+q\boldsymbol{v}\times\boldsymbol{B}=m\boldsymbol{a} \tag{12-40}$$

因此,我们可以利用外加的电场和磁场,来控制带电粒子流(电子射线或离子射线)的运动.这在近代科学技术中是极为重要的,例如,在阴极射线示波管、电视机显像管、微波炉的磁控管、电子显微镜和加速器等的设计中,都是基于带电粒子在电场和磁场中的运动规律.下面仅介绍一些具体应用.

1. 速度选择器

如图 12-31 所示,使两块平行金属极板 C, D 分别带上正电和负电,在两板间区域内形成一个均匀电场 $\boldsymbol{E}$;同时施加一个垂直于电场方向的均匀磁场 $\boldsymbol{B}$,方向垂直纸面向里.当电荷为 q(设 $q>0$)、速度为 $\boldsymbol{v}$ 的带电粒子进入这个区域时,将同时受到向下的静电力 $\boldsymbol{F}_{e}=q\boldsymbol{E}$ 和向上的洛伦兹力 $\boldsymbol{F}_{m}=q\boldsymbol{v}\times\boldsymbol{B}$ 作用.若带电粒子的速度 $\boldsymbol{v}$ 恰好使这两个力等值反向而达到平衡,即

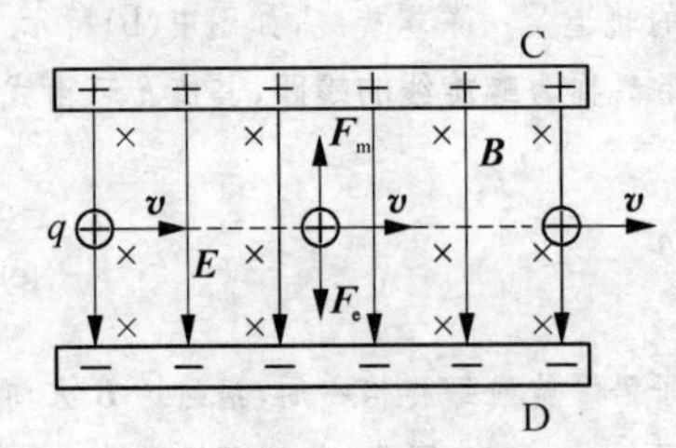

图 12-31 速度选择器

$$qE=qvB$$

则由上式可知,当带电粒子的速率恰为

$$v=\frac{E}{B} \tag{12-41}$$

时,它将以此速率作匀速直线运动,穿越这个区域;而不等于这个速率的带电粒子,它所受的电场力 $\boldsymbol{F}_{e}$ 与洛伦兹力 $\boldsymbol{F}_{m}$ 的合力,不是向上就是向下,使带电粒子发生偏转,分别沉积在上、下极板 C, D 上,而未能通过此区域.既然,只有速度大小满足式(12-41)的带电粒子才能被选择出来通过此区域,因此,我们将图 12-31 所示的装置称为**速度选择器**,亦称**速度过滤器**.

问题 12.8.2 若带负电的粒子以速率 $v=E/B$ 进入图 12-31 所示的速度选择器,其运动情况如何?若在该速度选择器中,把电场 E 或磁场 B 的方向反向,试问还能起速度选择的作用吗?

2. 带电粒子比荷的测定

带电粒子的电荷 q 与其质量 m 之比值 q/m,称为带电粒子的**比荷**.带电粒子的电荷 q 和质量 m 是粒子的基本属性,因此对带电粒子比荷的测定,是研究物质结构的基础.

下面介绍用质谱仪测定离子的比荷. 图12－32是一种质谱仪的结构简图. 从离子源产生的离子,经过狭缝 S_1 与 S_2 之间的加速电场后,从狭缝 S_2 射出,进入两极板 P_1 与 P_2 之间的速度选择器. 由于极板 P_1 的电势比极板 P_2 的高,两极板间有电势差,形成垂直于板面的均匀电场 $\boldsymbol{E}$,同时还施加一垂直纸面向外的均匀磁场 $\boldsymbol{B}$. 若离子带正电($q>0$),则以速度 $v=E/B$ 从 S_0 射出的离子就进入另一个磁感应强度为 $\boldsymbol{B}'$ 的均匀磁场区域,磁场方向也是垂直纸面向外. 但在此区域内没有电场,故离子仅在磁场力作用下,以半径 R 作匀速圆周运动. 设这种离子的质量为 m,则有

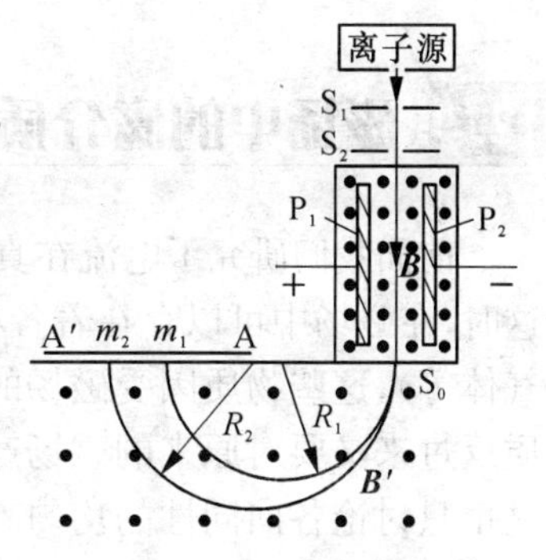

图 12－32　质谱仪的结构简图

$$qvB' = m\frac{v^2}{R}$$

将 $v=E/B$ 代入上式,化简,得离子的比荷为

$$\frac{q}{m}=\frac{E}{RB'B} \qquad (12-42)$$

上式右端各量都可直接测定,因而,离子的比荷 q/m 便可算出;若离子是一价的,q 与电子的电荷 e 相等,即 $q=e$; 若离子是二价的, $q=2e$, 依此类推. 于是从离子的价数,就可知道离子所带的电荷 q,再由 q/m,便可确定离子的质量 m.

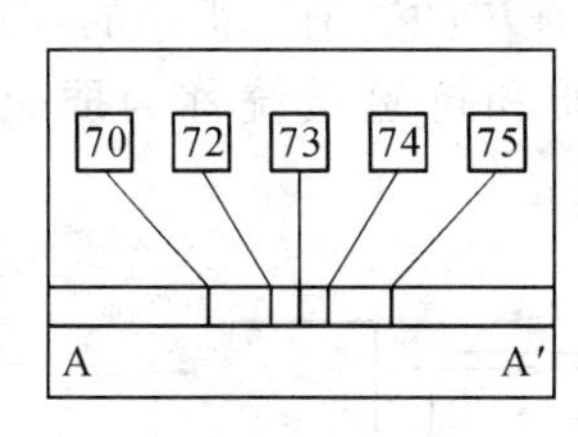

图 12－33　锗的质谱

从狭缝 S_0 射出而进入磁场 $\boldsymbol{B}'$ 中的离子,它们的速度 $\boldsymbol{v}$、电荷 q 都是相等的. 如果这些离子中有不同质量的同位素,则由式(12－42)可知,它们在磁场 $\boldsymbol{B}'$ 中作圆周运动的轨道半径 R 就不相同. 因此,这些不同质量 m_1, m_2, …的离子将分别射到胶卷 AA′上的不同位置(见图),胶卷感光后,便形成若干条谱线状的细条纹,每一细条纹相当于一定质量的离子. 根据条纹的位置,可测出轨道半径 R_1, R_2,…,从而算出它们的相应质量,所以这种仪器叫做**质谱仪**. 图 12－33 是利用质谱仪测得的锗(Ge)元素的质谱,条纹表示质量数(即最靠近原子量的整数)为 70, 72, …锗的同位素 ^{70}Ge, ^{72}Ge, …. 利用质谱仪还可以测定岩石中铅同位素的成分,用来确定岩石的年龄,据此曾对地球、月球甚至银河系的年龄作过估算.

12.9 磁场中的磁介质

前面我们研究了电流在真空中激发的磁场. 现在将讨论有磁介质时的情况. 这时,在磁场中可以存在着各种各样的物质(指由原子、分子构成的固体、液体或气体等),这些物质因受磁场的作用而处于所谓**磁化状态**;与此同时,磁化了的物质反过来又要对原来的磁场产生影响. 这种能影响磁场的物质,统称为**磁介质**. 这里只讨论各向同性的均匀磁介质.

12.9.1 磁介质在外磁场中的磁化现象

我们知道,电介质放在外电场中要极化,在介质中要出现极化电荷(或束缚电荷),有电介质时的电场是外电场与极化电荷激发的附加电场相叠加的结果. 与此相仿,磁介质放入外磁场中要**磁化**,在磁介质中要出现所谓**磁化电流**,有磁介质时的磁场 $\boldsymbol{B}$ 应是外磁场 $\boldsymbol{B}_0$ 和磁化电流激发的附加磁场 $\boldsymbol{B}'$ 的叠加,即

$$\boldsymbol{B} = \boldsymbol{B}_0 + \boldsymbol{B}' \qquad (12-43)$$

实验表明,不同的磁介质在磁场中磁化的效果迥异. 在有些磁介质内,磁化电流所激发的附加磁场 $\boldsymbol{B}'$ 与原来的外磁场 $\boldsymbol{B}_0$ 的方向相同[图 12-34(a)],因而总磁场大于原来的磁场,即 $B > B_0$,这类磁介质称为**顺磁质**,例如锰、铬、氧等;而在另一些磁介质内,上述两种磁场 $\boldsymbol{B}'$ 与 $\boldsymbol{B}_0$ 的方向则相反[图 12-34(b)],因而总磁场小于原来的外磁场,即 $B < B_0$,这类磁介质称为**抗磁质**,例如铜、水银、氢等. 在上述这两类磁介质中,磁化电流激发的附加磁场 $\boldsymbol{B}'$ 的数值是很小的,即 $B' \ll B_0$,也就是说,磁性是十分微弱的,故把顺磁质和抗磁质统称为**弱磁物质**.

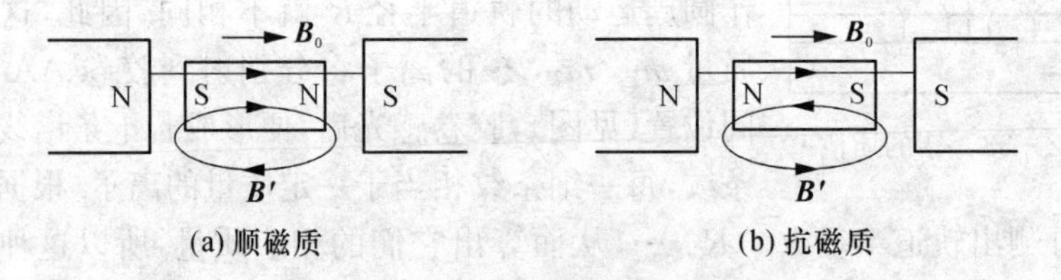

(a) 顺磁质　　(b) 抗磁质

图 12-34　顺磁质和抗磁质的磁化

还有一类磁介质,如铁、镍、钴及其合金等,磁化后不仅 $\boldsymbol{B}'$ 与 $\boldsymbol{B}_0$ 的方向相同,而且在数值上 $B' \gg B_0$,因而能显著地增强和影响外磁场,我们把这类磁介质称为**铁磁质**或**强磁物质**. 铁磁质用途广泛,平常所说的磁性材料主要是指这类磁介质,这一内容将留在12.11 节中介绍.

12.9.2 抗磁质和顺磁质的磁化机理

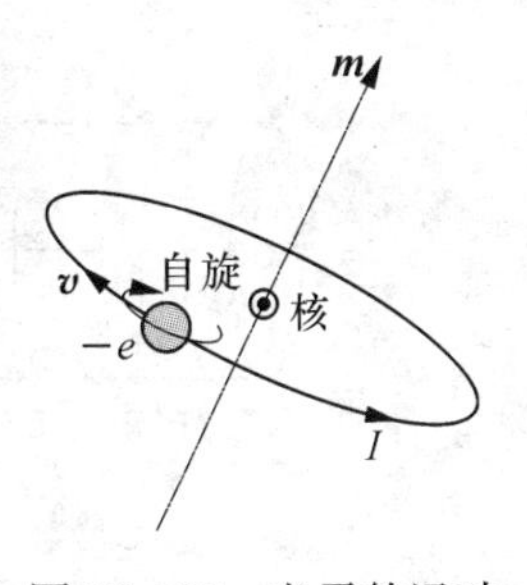

图 12-35 电子的运动

前面讲过，一切磁现象起源于电流. 现在我们从物质的电结构出发，对物质的磁性作一初步解释.

在任何物质的分子(或原子)中，每个电子都在环绕着原子核作轨道运动；与此同时，它还绕其自身轴作自旋(自转)运动(图 12-35)，宛如地球绕太阳公转的同时也在绕地轴自转一样.

电子在带正电的原子核的库仑力(向心力)$\boldsymbol{F}_e$作用下，沿着圆形轨道运动. 由于电子带负电，形成与电子运动速度$\boldsymbol{v}$反方向的电流I，相应于这个圆电流的磁矩，叫做**轨道磁矩**，记作$\boldsymbol{m}$，$\boldsymbol{m}$垂直于电子轨道平面，方向如图 12-35 所示(参阅例题 12-13). 类似地，电子的自旋运动所具有的磁矩，叫做**自旋磁矩**. 分子中所有电子的轨道磁矩和自旋磁矩之矢量和，称为**分子磁矩**，记作$\boldsymbol{p}_m$. 不同物质的分子磁矩大小不同.

下面我们以顺磁质为例，进一步说明介质磁化过程中所形成的磁化电流. 设一条长直载流螺线管[图 12-36(a)]，单位长度绕有n匝线圈，通有电流I，在管内激发了一个沿管轴方向的均匀磁场$\boldsymbol{B}_0$. 当管内充满均匀磁介质时，与螺线管形状、大小全同的整块介质沿轴线方向被均匀地磁化，其中每个分子圆电流(即分子磁矩)的平面在外磁场的力偶矩作用下，将转到与外磁场$\boldsymbol{B}_0$的方向垂直. 图 12-38(b)表示磁介质任一截面上分子电流的排列情况. 由于各个分子电流的环绕方向一致，因此在介质内任一位置(例如点P)处的两个相邻分子电流的流向恒相反，它们的效应相互抵消. 只有在介质截面边缘各点上分子电流的效应未被抵消，它们形成了与截面边缘重合的一个大圆形电流. 对于被螺线管包围的整个圆柱形介质的各个截面边缘上，都有这种大圆形电流. 因此，介质内所有分子电流之和实际上等效于分布在介质圆柱面上的电流，这些表面电流称为**磁化电流**[①]，以I'表示[图 12-36(c)]. 这样，我们便可把磁化了的介质归结为一个在真空中通有电流I'的"螺线管"，它所激发的磁场$\boldsymbol{B}'$(大小为$B'=\mu_0 nI'$)与螺线管中的传导电流I[②]所激发的外磁场$\boldsymbol{B}_0$(大小为$B_0=\mu_0 nI$)二者方向相同，这两个磁场$\boldsymbol{B}_0$与$\boldsymbol{B}'$相叠加，就是顺磁质处于外磁场$\boldsymbol{B}_0$中时的总磁感应强度$\boldsymbol{B}$.

如果在上述载流螺线管内充满均匀的抗磁质，其磁化电流I'的形成类似于顺

---

① 如果磁介质的磁化是不均匀的，则介质内相邻分子电流的磁效应未必能够互相抵消，此时介质中不仅表面有磁化电流，并且介质内部也将有磁化电流.

② 我们把由自由电荷定向运动所形成的电流统称为传导电流，以与磁介质磁化时由分子电流形成的磁化电流相区别.

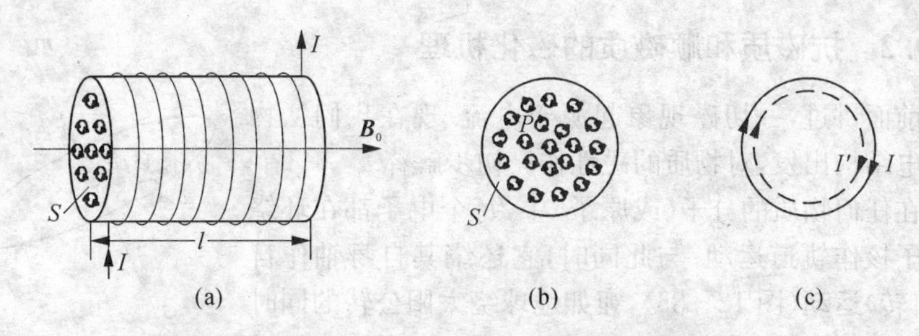

图 12-36　充满均匀磁介质(顺磁质)的载流长直螺线管

磁质的情况. 不过,这时磁化电流 I'所激发的磁场 $\boldsymbol{B}'$与外磁场 $\boldsymbol{B}_0$ 的方向相反.

问题 12.9.1　何谓磁化电流?相应于分子圆电流所形成的分子磁矩与磁化电流有何关系?

本节采用类似于讨论电介质的方法,研究磁场中的磁介质及其对磁场的影响.

12.9.3　磁介质的磁导率

设在真空中某点的磁感应强度为 $\boldsymbol{B}_0$,充满均匀磁介质后,由于磁介质的磁化,该点的磁感应强度变为 $\boldsymbol{B}$, $\boldsymbol{B}$ 和 $\boldsymbol{B}_0$ 的比值称为**磁介质的相对磁导率**,用 μ_r 表示,即

$$\frac{\boldsymbol{B}}{\boldsymbol{B}_0}=\mu_r \tag{12-44}$$

相对磁导率 μ_r 是没有单位的纯数,它的大小说明了磁介质对磁场影响的大小. 真空中的毕奥-萨伐尔定律的数学表达式为

$$\mathrm{d}\boldsymbol{B}_0=\frac{\mu_0}{4\pi}\frac{I\mathrm{d}\boldsymbol{l}\times\boldsymbol{r}}{r^3}$$

则由式(12-46),无限大均匀磁介质中的毕奥-萨伐尔定律的数学表达式为

$$\mathrm{d}\boldsymbol{B}=\frac{\mu_0\mu_r}{4\pi}\frac{I\mathrm{d}\boldsymbol{l}\times\boldsymbol{r}}{r^3}=\frac{\mu}{4\pi}\cdot\frac{I\mathrm{d}\boldsymbol{l}\times\boldsymbol{r}}{r^3}$$

式中, $\mu=\mu_0\mu_r$ 称为**磁介质的磁导率**. 真空中, $\boldsymbol{B}=\boldsymbol{B}_0$, 磁介质的相对磁导率 $\mu_r=1$, $\mu=\mu_0$, 故 μ_0 称为**真空中的磁导率**. μ 与 μ_0 的单位相同.

按相对磁导率 μ_r 值的不同,对上述三类磁介质而言, $\mu_r>1$, 即为顺磁质; $\mu_r<1$, 即为抗磁质; $\mu_r\gg1$, 即为铁磁质. 顺磁质和抗磁质的 μ_r 都近似等于 1, 表明这两种磁介质对磁场的影响很小;而铁磁质的 μ_r 可高至几万,铁磁质对磁场的影响很大.

相对磁导率 μ_r 的值可由实验测得,表 12-1 列出了一些磁介质的相对磁导率.

表 12-1 磁介质的相对磁导率

顺磁质	μ_r	抗磁质	μ_r	铁磁质	μ_r
铝	1.000 022	铜	0.999 990	纯铁	18 000(最大)
铂	1.000 26	银	0.999 974	坡莫合金	100 000(最大)
氧	1.000 001 9	氯	0.999 971	硅钢	7 000(最大)
氮	1.000 000 013	氢	0.999 999 37	铁氧体	$10^3 \sim 10^4$

12.10 有磁介质时磁场的高斯定理和安培环路定律

从电流激发磁场的观点看,传导电流产生的磁场为 $\boldsymbol{B}_0$,磁介质中的附加磁场 $\boldsymbol{B}'$ 可以认为是磁介质磁化后出现的磁化电流所产生的,这两个磁场的磁感应线都是闭合的,存在着 $\oint_S \boldsymbol{B}_0 \cdot \mathrm{d}\boldsymbol{S} = 0$, $\oint_S \boldsymbol{B}' \cdot \mathrm{d}\boldsymbol{S} = 0$,因此有 $\oint_S \boldsymbol{B} \cdot \mathrm{d}\boldsymbol{S} = 0$,这就是**有磁介质时磁场的高斯定理**.

真空中磁场的安培环路定律为 $\oint_l \boldsymbol{B}_0 \cdot \mathrm{d}\boldsymbol{l} = \mu_0 \sum_{i=1}^{n} I_{传导i}$,与此类似,磁介质的附加磁场 $\boldsymbol{B}'$ 和磁化电流的关系为 $\oint_l \boldsymbol{B}' \cdot \mathrm{d}\boldsymbol{l} = \mu_0 \sum_{i=1}^{n} I_{磁化i}$. 在磁介质中,安培环路定律为

$$\oint_l \boldsymbol{B} \cdot \mathrm{d}\boldsymbol{l} = \mu_0 \left(\sum_{i=1}^{n} I_{传导i} + \sum_{i=1}^{n} I_{磁化i} \right)$$

其中 $\boldsymbol{B} = \boldsymbol{B}_0 + \boldsymbol{B}'$,由上式得

$$\oint_l \frac{\boldsymbol{B}}{\mu_0} \cdot \mathrm{d}\boldsymbol{l} - \sum_{i=1}^{n} I_{磁化i} = \sum_{i=1}^{n} I_{传导i}$$

由于磁化电流较复杂,为此利用 $\oint_l \boldsymbol{B}' \cdot \mathrm{d}\boldsymbol{l} = \mu_0 \sum_{i=1}^{n} I_{磁化i}$,将上式中的 $\sum_{i=1}^{n} I_{磁化i}$ 取代掉,则得

$$\oint_l \frac{\boldsymbol{B}}{\mu_0} \cdot \mathrm{d}\boldsymbol{l} - \oint_l \frac{\boldsymbol{B}'}{\mu_0} \cdot \mathrm{d}\boldsymbol{l} = \sum_{i=1}^{n} I_{传导i}$$

令 $\dfrac{\boldsymbol{B}}{\mu_0} - \dfrac{\boldsymbol{B}'}{\mu_0} = \boldsymbol{H}$,$\boldsymbol{H}$ 称为**磁场强度矢量**,则上式可写成

$$\oint_l \boldsymbol{H} \cdot \mathrm{d}\boldsymbol{l} = \sum_{i=1}^{n} I_{传导i}$$

若以 I 代替 $I_{传导}$,则得

$$\oint_l \boldsymbol{H}\cdot \mathrm{d}\boldsymbol{l} = \sum_{i=1} I_i \tag{12-45}$$

上式称为有**磁介质时磁场的安培环路定律**,它表明磁场强度 $\boldsymbol{H}$ 沿闭合回路的线积分等于回路内传导电流的代数和. 它对于任意磁场均适用.

对于充满磁场空间的各向同性均匀磁介质而言,因为 $\boldsymbol{B}=\boldsymbol{B}_0+\boldsymbol{B}'$, 且 $\boldsymbol{B}/\boldsymbol{B}_0=\mu_r$, 所以

$$\boldsymbol{H}=\frac{\boldsymbol{B}}{\mu_0}-\frac{\boldsymbol{B}'}{\mu_0}=\frac{\boldsymbol{B}_0}{\mu_0\mu_r}=\frac{\boldsymbol{B}}{\mu}$$

或写成

$$\boldsymbol{B}=\mu\boldsymbol{H} \tag{12-46}$$

上式称为**磁介质的性质方程**. 因此,对于具有一定对称性的磁介质中的磁场,可先用式(12-45)求出 $\boldsymbol{H}$,然后用式(12-46)就可求得 $\boldsymbol{B}$.

最后我们指出,与求解真空中的磁场问题相仿,**根据有磁介质时磁场的安培环路定理和毕奥-萨伐尔定律,并利用磁场的叠加原理,可以求解有磁介质时的磁场问题,所得的结果与真空中的相仿,只不过将 μ_0 换成 μ 而已.**

问题 12.10.1 (1) 为什么要引入磁场强度 $\boldsymbol{H}$ 这个物理量? 它与磁感应强度 $\boldsymbol{B}$ 有何异同?

(2) 试述有磁介质时磁场的安培环路定理和毕奥-萨伐尔定律.

例题 12-15 如图,在磁导率 $\mu=5.0\times10^{-4}\ \mathrm{Wb\cdot A^{-1}\cdot m^{-1}}$ 的磁介质圆环上,每米长度均匀密绕着1 000匝的线圈,绕组中通有电流 $I=2.0\ \mathrm{A}$. 试计算:环内的磁感应强度.

例题12-15图

解 (1) 在螺线管内充满磁介质时,欲求磁感应强度 $\boldsymbol{B}$,一般是先求磁场强度 $\boldsymbol{H}$. 这是因为 $\boldsymbol{H}$ 只与绕组中的传导电流 I 有关. 所以,可利用有磁介质时磁场的安培环路定理来求磁场强度 $\boldsymbol{H}$. 为此,取通过场点 P 的一条磁感应线作为线积分的闭合路径 l,由于 l 上任一点的磁感应强度 $\boldsymbol{B}$ 都和这条闭合的磁感应线相切,则由 $\boldsymbol{H}=\boldsymbol{B}/\mu$ 的关系,l 上任一点的磁场强度 $\boldsymbol{H}$ 也都和闭合线相切,且由于环内同一条磁感应线上的 $\boldsymbol{B}$ 或 $\boldsymbol{H}$ 的值都相等,故由

$$\oint_l \boldsymbol{H}\cdot\mathrm{d}\boldsymbol{l}=\oint_l H\cos\theta\mathrm{d}l=H\oint_l\cos 0^\circ\mathrm{d}l=H\oint_l\mathrm{d}l=Hl$$

l 为闭合线长度,近似等于环形螺线管的平均周长. 而被 l 所围绕的传导电流为 nlI(其中 n 为每单位长度的匝数),故由安培环路定理[式(12-45)],有

$$Hl = nlI$$

即

$$H = nI$$

代入题设数据,得

$$H = 1\,000\ \mathrm{m}^{-1} \times 2.0\ \mathrm{A} = 2.0 \times 10^{3}\ \mathrm{A \cdot m^{-1}}$$

然后按照关系式 $\boldsymbol{B} = \mu \boldsymbol{H}$,得出磁感应强度为

$$B = \mu H = \mu n l = 5.0 \times 10^{-4} \times 2.0 \times 10^{3}\ \mathrm{Wb \cdot m^{-2}} = 1.0\ \mathrm{Wb \cdot m^{-2}}$$

12.11 铁磁质

12.11.1 铁磁质的磁化特性 磁滞回线

顺磁质和抗磁质的相对磁导率 μ_r 接近于 1,因此对磁场的影响不大;而铁磁质材料在电工设备上却广泛采用,因为铁磁质的最主要特性是磁导率非常高,可以比真空或空气的磁导率大几百倍甚至几万倍,也就是说,在同样的磁场强度下,在磁场中充以铁磁质,其磁感应强度的大小 $\boldsymbol{B}(=\mu\boldsymbol{H})$ 比充以其他磁介质要强得多. 此外,铁磁质还具有如下一些特性:

(1) 在铁磁质的磁场中,它的磁感应强度 B 并不随着磁场强度 H 按比例地变化,即两者具有非线性的关系,铁磁质的磁导率不是恒量. 利用实验方法,我们可以测绘出铁磁质的磁感应强度 B 与磁场强度 H 之间的关系曲线,称为**磁化曲线**,又叫 **$\boldsymbol{B}$-$\boldsymbol{H}$ 曲线**,如图 12-37 所示. 分析 B-H 曲线可知,当 H 从零值渐渐增大而使铁磁质磁化的过程中,开始时 B 随 H 的增加而很快增大;当 H 增大到一定程度时(H_0 以后),H 虽继续加大,但 B 却增长得极为缓慢,这种状态叫做**磁饱和现象**.

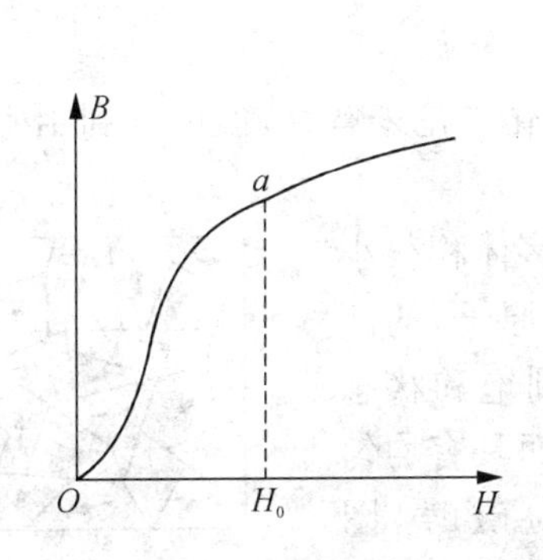

图 12-37 铁磁质的 B-H 曲线

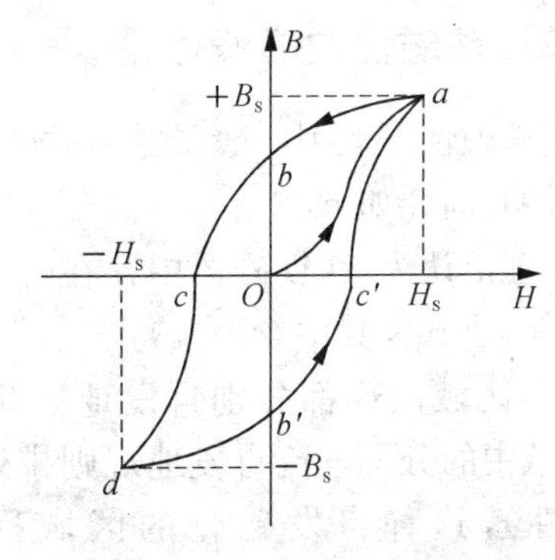

图 12-38 铁磁质的磁滞回线

(2) 当使磁介质达到磁饱和后，减小外磁场 H，使铁磁质退磁时，发现 B 值不沿原来曲线下降，而从 a 点下降至 b，如图 12－38 所示，在外磁场 $H=0$ 时，磁介质仍保留部分磁性，b 称为**剩磁**. 若要消除剩磁，则必须加入反向外磁场至某一数值 c，才能使 B 值变为零. c 值称为**矫顽力**，继续增大反向外磁场，可达到反向磁饱和点 d，再减小外磁场 H 至 0，就能得到反向剩磁 b'，然后增大外磁场，可消去剩磁. 再增大外磁场，又可达到磁饱和 a 点. 若外磁场 $\boldsymbol{H}$ 的大小和方向反复变化，磁介质的磁感应强度 B 就沿图 12－38 所示的闭合曲线随 H 而变化，由于 B 值总是落后于 H 值的变化，所以此闭合曲线称为**磁滞回线**.

不同的铁磁质在相同的磁场变化条件下，磁滞回线的形状是不同的. 如图 12－39(a)所示，呈细条形，其矫顽力较小，易被磁化，也易退磁，称为软磁材料，适用于交流电机，电器的铁芯等. 如图 12－39(b)所示，回线呈肥大形，能保留强的剩磁，且不易退磁，称为硬磁材料，适用于制永久磁铁. 如图 12－39(c)所示，回线呈长方形，其剩余磁感应强度接近饱和，矫顽力很小，称为矩形材料，适用于作电子计算机中贮存元件的磁芯.

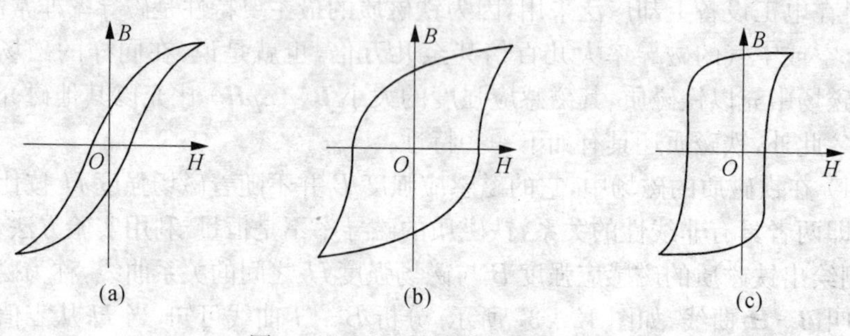

图 12－39　不同材料的磁滞回线

(3) 实验还发现，当温度升高到一定程度时，铁磁性物质转化为顺磁质，并把开始转化的这一温度称为**居里点**. 例如，铁的居里点是 1 043 K.

12.11.2　铁磁性的磁畴理论

上述铁磁性不能用一般弱磁物质的磁化理论来解释，但可以利用磁畴理论来加以说明，简介如下：

磁畴理论认为，在铁磁质中存在着许多体积很小(体积约 $10^{-12}\ \mathrm{m}^3$，其中含有 $10^{12}\sim10^{15}$ 个原子)的区域，每个小区域内部都分别自发地磁化到饱和状态(即小区域中的分子电流自发地规则排列而具有均匀的强磁性)，这种自发磁化的区域称为**磁畴**(图 12－40). 在无外磁场时，各磁畴的排列是不规则的，

图 12－40　铁磁质的磁畴

各磁畴的磁化方向不同，产生的磁效应相互抵消，整个铁磁质不呈现磁性[图12-41(a)]. 把铁磁质放入外磁场 $\boldsymbol{H}$ 中，铁磁质中磁化方向与外磁场方向接近的磁畴体积扩大，而磁化方向与外磁场方向相反的磁畴体积缩小，以至消失(当外磁场足够强时)，两者体积消长的过程实际上是磁畴间界壁运动的过程[图12-41(b)]. 继续增强外磁场，磁畴的磁化方向发生转向，直到所有磁畴的磁化方向转到与外磁场同方向时，铁磁质就达到磁饱和状态[图12-41(c)]. 由于磁畴界壁运动的过程是不可逆的，即外磁场减弱后，磁畴不能恢复原状，故表现在退磁时，磁化曲线不沿原路退回，而形成磁滞回线. 当温度升高并超过居里点时，铁磁质中的磁畴结构由于热运动而被破坏，以致完全瓦解，铁磁质便转化为顺磁质.

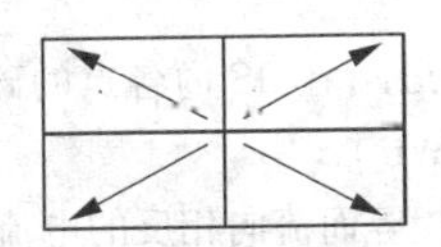
(a) 无外磁场时铁磁质的磁畴

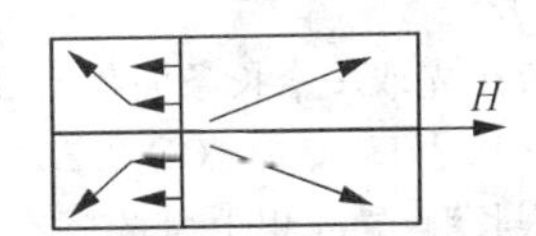

(b) 铁磁质在外磁场中时磁畴的消长

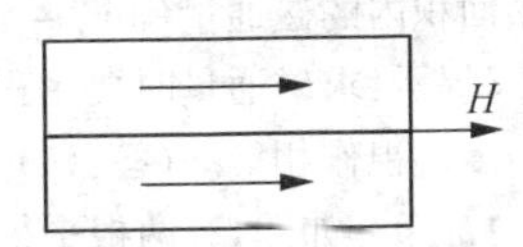

(c) 铁磁质在外磁场中磁化的结果

图 12-41　铁磁质的磁化过程

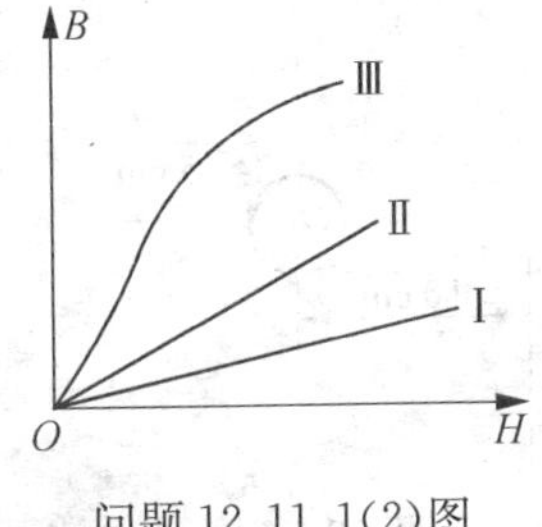

问题 12.11.1(2)图

问题 12.11.1　(1) 简述铁磁质的特性及其磁化现象，说明磁滞回线是如何形成的；并用磁畴理论说明铁磁质的磁化过程.

(2) 如图，图线Ⅰ，Ⅱ，Ⅲ分别表示三种不同磁介质的 $B-H$ 关系. 试说出哪一条代表铁磁质？哪一条代表抗磁质或顺磁质？为什么？

(3) 试解释：①磁铁为什么能吸引铁钉之类的未磁化的铁制物体？②钢铁厂搬移烧到赤红的钢锭时，为何不用电磁铁的起重机？

(4) 某种铁磁材料的 H 与 B 的实验数据如表中所列. ①画出这种材料的磁化曲线($B-H$ 曲线)；②试问哪点的相对磁导率 μ_r 最大？并估算出其值. (答：$\mu_{max}=8.84\times10^3$)

$H/(\mathrm{A\cdot m^{-1}})$	0	33	50	61	72	93	155	290	600
$B/(\mathrm{Wb\cdot m^{-2}})$	0	0.2	0.4	0.6	0.8	1.0	1.2	1.4	1.6

习 题 12

12-1　如图，分别通有流向相同的电流 I 和 $2I$ 的两条平行长直导线，相距为 $d=30\ \mathrm{cm}$. 求磁感应强度为零的位置. (答：与电流 I 相距为 10 cm 处)

12-2　折成 $\alpha=60°$ 角的长直导线 AOB 通有电流 $I=30\ \mathrm{A}$，求在角平分线上，离角的顶点 $a=5\ \mathrm{cm}$ 处 P 点的磁感应强度. (答：4.48×10^{-4} T，⊙)

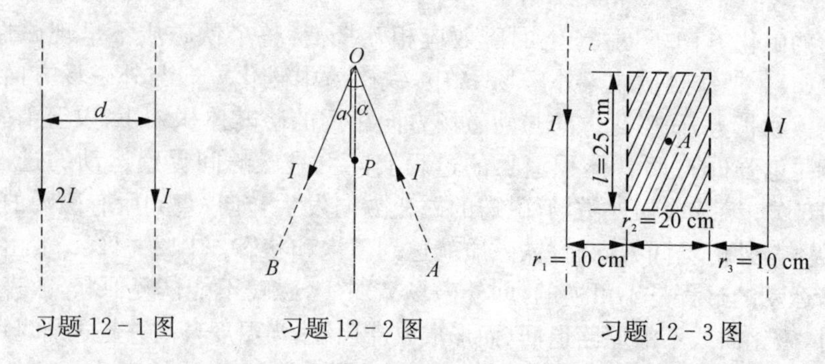

习题 12-1 图　　习题 12-2 图　　习题 12-3 图

12-3　两平行长直导线相距 40 cm,每条通有电流 $I = 200\ \mathrm{A}$,它们的流向相反(图示).求:(1)两导线所在平面内与该两导线等距的一点 A 处的磁感应强度;(2)穿过图中斜线所示矩形面积内的磁通量($\ln 3 = 1.10$).

(提示:求磁通量时要用积分法.可先取一窄长条面积元 $\mathrm{d}S = l\mathrm{d}x$,在 $\mathrm{d}S$ 内各点的磁感应强度可视作相等.)(**答**:(1) $4.0\times10^{-4}\ \mathrm{T}$,⊙; (2) $2.2\times10^{-5}\ \mathrm{Wb}$)

12-4　如图,有两根平行"无限长"直导线相距为 d,通有大小相等而流向相反的电流 I.设点 P 在这两根导线间距的中垂线上,且 $OP = R$. 试求 P 点的磁感应强度.(**答**: $B = \dfrac{2\mu_0 Id}{\pi(4R^2+d^2)}$, →)

12-5　如图,一条通有电流 I 的长直导线,中间部分被弯成 1/4 的圆弧,圆弧半径为 R.求圆心 O 处的磁感应强度.(**答**: $\mu_0 I/(8R)$, ⊗)

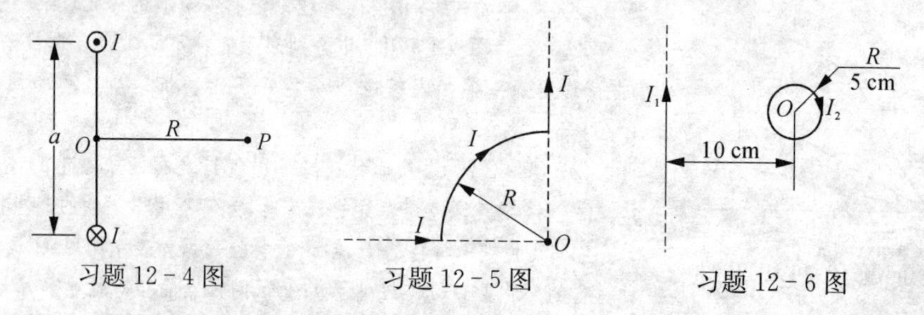

习题 12-4 图　　习题 12-5 图　　习题 12-6 图

12-6　一长直导线与一圆形回路分别载有电流 $I_1 = 4\ \mathrm{A}$, $I_2 = 3\ \mathrm{A}$,放置如图,求圆形回路中心 O 点的磁感应强度.(**答**: $4.57\times10^{-5}\ \mathrm{T}$,⊗)

12-7　如图所示,一个平面回路,由两同心圆弧和两平行直线段组成,其中通有电流 I,求证:在此闭合回路中心 O 点的磁感应强度为

$$B = \frac{\mu_0 I}{\pi R}\left(\arctan\frac{a}{\sqrt{R^2-a^2}} + \frac{\sqrt{R^2-a^2}}{a}\right), \otimes$$

12-8　如图所示,两个半径为 R、匝数为 N、通有电流 I 的线圈,同轴平行地放置着,相距为 l.这两个线圈的组合称为**亥姆霍兹线圈**,在实验室中常用它来激发均匀磁场.试证:在距离它们的中心 O 点为 x 处的磁感应强度为

$$B = \frac{\mu_0}{2}NR^2 I\left\{\left[R^2+\left(\frac{l}{2}+x\right)^2\right]^{-\frac{3}{2}} + \left[R^2+\left(\frac{l}{2}-x\right)^2\right]^{-\frac{3}{2}}\right\}$$

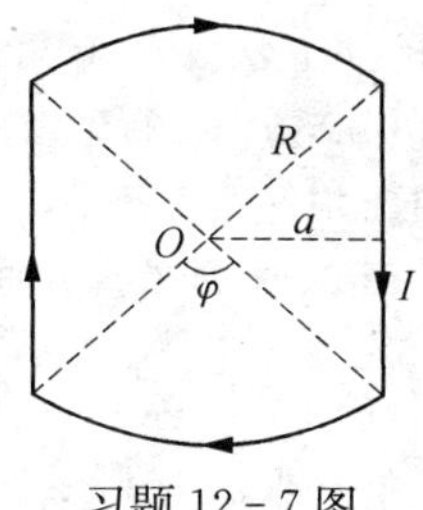

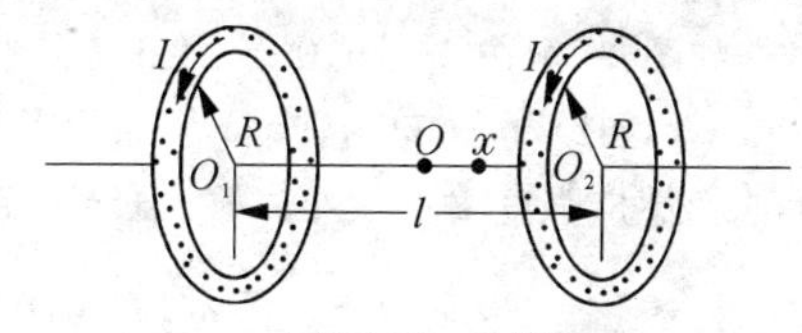

习题 12 - 8 图

12 - 9 在氢原子中,设电荷为$-e$的电子绕原子核沿半径为R的圆周轨道,以速率v作逆时针旋转.求证:此运动电子在圆心处激发的磁场为$B=\mu_0 ev/(4\pi R^2)$, ⊗.

12 - 10 同轴的两个长直圆筒状导体,外筒与内筒通有大小相等、流向相反的电流I,设外圆筒的半径为R_2,内圆筒的半径为R_1.求与轴相距为r处一点的磁感应强度.若:(1) $r>R_2$;(2) $R_1<r<R_2$;(3) $r<R_1$.(答:(1) 0; (2) $\mu_0 I/(2\pi r)$; (3) 0)

12 - 11 一长直螺线管的横截面积为 15 cm^2,在 1 cm 长度上绕有线圈 20 匝,当线圈内通电流$I=0.5$ A 时,求:(1)螺线管中部的磁感应强度的大小;(2)通过螺线管横截面的磁通量.(答:(1) 12.6×10^{-4} $\text{Wb}\cdot\text{m}^{-2}$; (2) 1.89×10^{-6} Wb)

12 - 12 一均质圆柱形铜棒,质量为 100 g,安放在二根相距为 20 cm 的水平轨道上,若铜棒中流过的电流为 20 A,棒与轨道之间的静摩擦系数为 0.16,求使棒开始滑动的最小磁感应强度的大小及方向.(答: 3.92×10^{-2} T, ↑(或↓))

12 - 13 如图,AB, CD, EF 为三条相互平行、且间距$d=20$ cm 的长直导线,三根导线处在同一竖直平面上,如果各条导线中皆通有电流$I=2.0$ A,流向如图所示.分别求各条导线上每单位长度所受的磁场力.(答: $F_{AB}=6.0\times10^{-6}$ $\text{N}\cdot\text{m}^{-1}$ ↑; $F_{CD}=8.0\times10^{-6}$ $\text{N}\cdot\text{m}^{-1}$ ↓; $F_{EF}=2.0\times10^{-6}$ $\text{N}\cdot\text{m}^{-1}$ ↑)

12 - 14 在长方形线圈 CDEF 中通有电流$I_2=10$ A,在长直导线 AB 内通有电流$I_1=20$ A,电流流向如图所示;AB 与 CF 及 DE 互相平行,尺寸已在图上标明.求长方形线圈上所受磁场力的合力.(答: 72×10^{-5} N, ←)

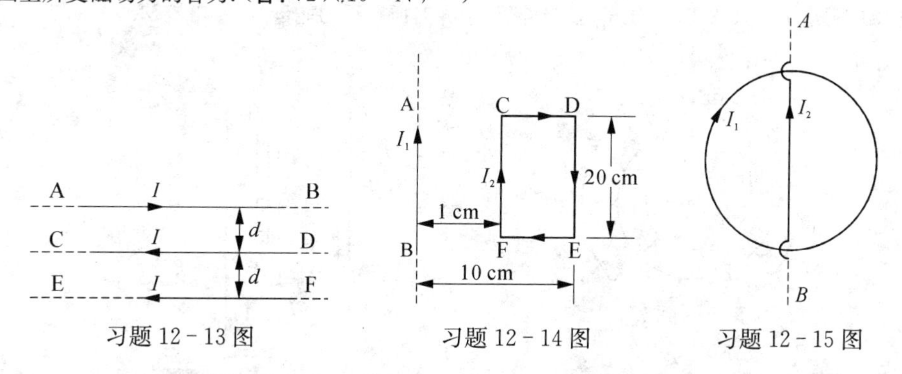

习题 12 - 13 图　　习题 12 - 14 图　　习题 12 - 15 图

12 - 15 半径为R、载有电流I_1的导体圆环与载有电流I_2的长直导线AB共面,AB通过圆环的竖直直径,而且与圆环彼此绝缘.求证:圆环所受的力为$F=\mu_0 I_1 I_2$.

12 - 16 边长为 10 cm 的正方形线圈,通有电流 3.5 A.求线圈的磁矩.若将线圈放置在

磁感应强度为 5.0×10^{-2} Wb·m^{-2} 的均匀磁场中,磁场方向与线圈正法线成30°角,求线圈所受的力矩.(答: $p_m=35\times10^{-3}$ A·m^2; $M=8.75\times10^{-4}$ N·m,方向自行确定)

12-17 如图,一个边长为6.0 cm的正方形线圈 $abcd$,处于均匀磁场 $\boldsymbol{B}$ 中,它的各边质量为每厘米5.0 g,可绕 ab 边自由转动.当线圈中通有电流 $I=15$ A时,线圈离开垂直位置而偏转30°角,求磁感应强度 $\boldsymbol{B}$ 的大小.(答: $B=3.77\times10^{-1}$ T)

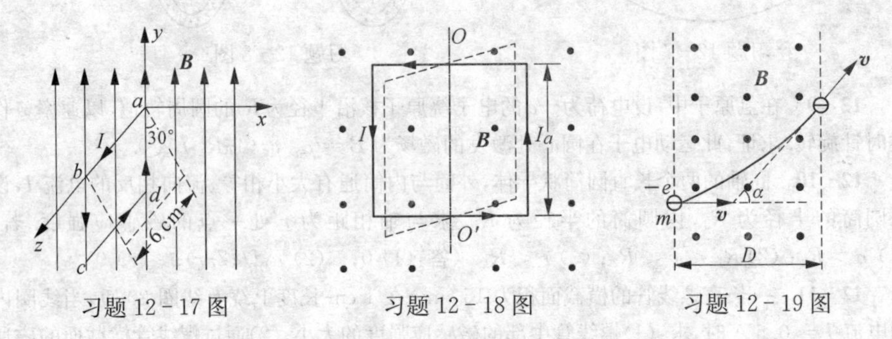

习题12-17图　　习题12-18图　　习题12-19图

*12-18 如图,一个边长为 a 的正方形线圈可绕通过中心的竖直轴 OO' 转动,转动惯量为 J,当线圈处于均匀磁场 $\boldsymbol{B}$ 中、并通有电流 I 时,若将它稍微偏离平衡位置后释放,求证:线圈作简谐运动;并求其振动频率.(答: $\nu=(1/2\pi)(BIa^2/J)^{1/2}$)

12-19 如图所示,设均匀磁场 $\boldsymbol{B}$ 的方向垂直纸面向外,此磁场区域的宽度为 D,若一个质量为 m、电荷为 $-e$ 的电子以垂直于磁场的速度 $\boldsymbol{v}$ 射入磁场,求它穿出磁场时的偏转角 α.(答: $\alpha=\arcsin(DeB/mv)$)

12-20 如图,借大磁铁在半径为 r 的圆周范围内激发一个均匀磁场 $\boldsymbol{B}$,设其方向垂直纸面向外.当质子(或其他带电粒子)从磁场中心 O 处注入后,垂直于磁场 $\boldsymbol{B}$ 作圆周运动,每转过半圈,就被具有几千伏电压的电场加速一次,使质子以更大的半径旋转.转过数千圈后,质子运动到磁场边缘处时,已获得很高的动能.利用这种高能粒子去轰击原子核,可以引起核反应.这就是研究原子核的重要装置——**回旋加速器**的工作原理.设磁场半径为 $r=0.8$ m,磁感应强度 $B=1.2$ T,求质子运转到磁场边界时所获得的能量.(答:43.9 MeV)

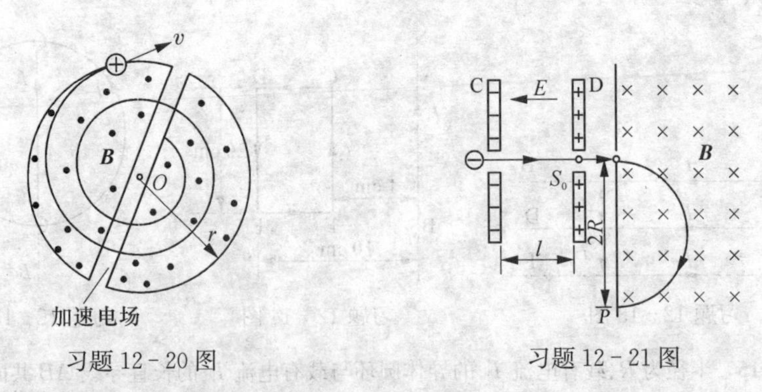

习题12-20图　　习题12-21图

12-21 如图所示,一电子进入相距为 l 的极板C和D之间的均匀电场 E,设初速不计,它逆着电场方向作加速直线运动而穿过狭缝 S_0后,就在均匀磁场 $\boldsymbol{B}$ 中作半径为 R 的圆周运动. 求证:由此测定的电子比荷为 $e/m = 2El/(B^2R^2)$.

12-22 **磁流体发电机**是直接把高温带电粒子的内能转换为电能①的一项高新技术,其原理如图所示. 将气体加热到 3 000 K 以上的高温,使之成为高度电离的气体,称为**等离子体**②,然后让等离子体高速通过相距为 d 的平行板电极 a 和 b 之间,其速度为 $\boldsymbol{v}$. 在电极 a 和 b 间加有一个垂直纸面向里的均匀磁场 $\boldsymbol{B}$,等离子体中的正、负离子将分别奔向极板 a 和 b,使两极间形成电势差,向外界提供可资利用的电动势. 问哪一电极为正极? 两极间产生的电动势为若干? (**答:** $\mathscr{E} = Bvd$)

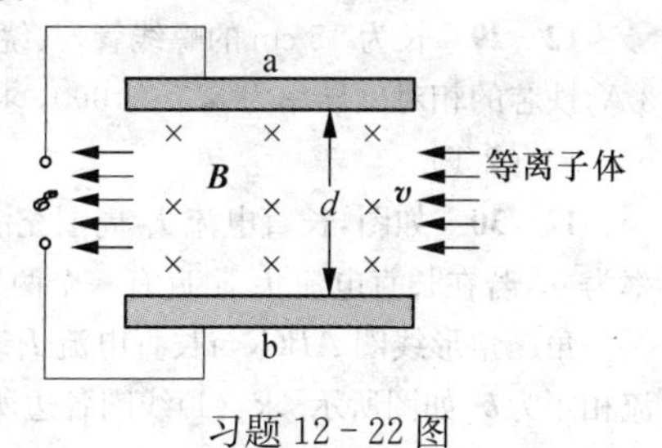

习题 12-22 图

12-23 如图,从阴极 K 逸出的电子自初速为零开始,受阳极 A 和阴极 K 之间的加速电场作用而穿过 A 上的小孔,然后受垂直纸面向外的均匀磁场 $\boldsymbol{B}$ 作用,使其轨道弯曲而射到点 P,若加速电压为 V,且不计电子的重力,求证:电子的比荷为 $e/m = 8Vd^2/[B^2(d^2+l^2)^2]$.

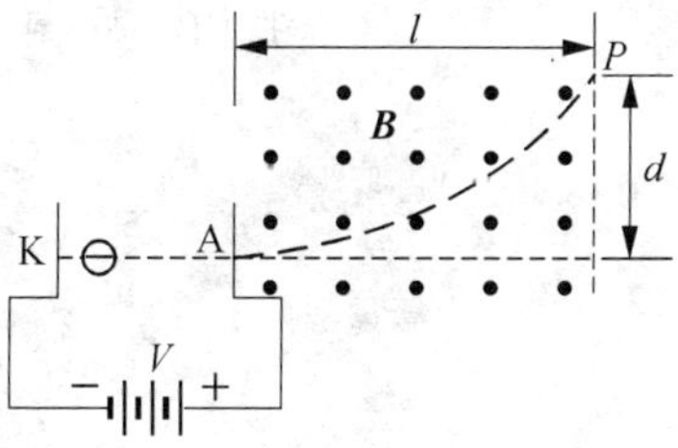

习题 12-23 图

12-24 带电粒子穿过过饱和蒸汽时,在它通过的路径上过饱和蒸汽便凝结成小液滴,而使它的运动径迹显示出来,这就是汽泡云室的原理. 如果在云室中有 $B = 1.0\ \mathrm{T}$ 的均匀磁场,在垂直于该磁场的平面上,观测到一个质子的圆弧径迹的半径为 $r = 0.20\ \mathrm{m}$,求质子的动能. 质子的质量和电量可查"附录".

12-25 试导出载有电流 I 的长直螺线管中的磁场公式: $H = nI$. 式中,n 为螺线管上单位长度的匝数.

12-26 在半径为 R 的无限长圆柱体中通有电流 I,设电流均匀地分布在柱体的横截面上,柱体外面充满均匀磁介质,磁导率为 μ. 试求:(1)离轴线 $r\ (r > R)$ 处的磁感应强度;(2)离轴线 $r\ (r < R)$ 处的磁场强度. (**答:**(1) $B = \mu I/(2\pi r)$; (2) $H = Ir/(2\pi R^2)$)

12-27 在生产中,为了测定某种材料的相对磁导率,常将这种材料做成截面为矩形的环形螺线管的芯子. 设环上绕有线圈 200 匝,平均周长为 0.10 m,横截面积为 $5.0\times10^{-5}\ \mathrm{m}^2$,当线圈内通有电流为 0.10 A 时,用磁通计测得穿过环形螺线管横截面积的磁通量为 $6.0\times10^{-5}\ \mathrm{Wb}$. 试计算该材料的相对磁导率. (**答:** $\mu_r = 4.78\times10^3$)

12-28 求证:(1)长直电流 I 的磁场强度公式为 $H = I/(2\pi a)$,a 为场点到长直电流的

① 火电发电站或原子能发电站等是利用能源所提供的热能或核能转换为机械能,以驱动发电机,再把机械能转换成电能;而磁流体发电机只需进行一次性的能量转换,效率大为提高. 一旦研制成功,投入使用,很可能取代火力发电机. 当前许多国家都在积极研制之中.

② 气体在高温时,原子外层电子脱离原子核束缚而成为自由电子,失去电子的原子成为带正电的离子. 当温度达到 $10^6\ \mathrm{K}\sim10^8\ \mathrm{K}$ 时,气体就成为完全电离的等离子体,其中电子和正离子的电荷总数基本相等,整体上呈现电中性;但是,它是一种导电率很高的导电流体,在运动时受电场和磁场的影响非常显著. 习题中提到的温度约 3 000 K 时所形成的等离子体是低温等离子体.

垂直距离;(2)半径为 R 的圆电流中心的磁场强度公式为 $H=I/(2R)$.

12-29 长为 15 cm 的螺线管,共绕 120 匝线圈,管内充塞一铁芯.若螺线管中通有电流 3 A,铁芯的相对磁导率为 $\mu_r=1\,000$,求管内中部的磁场强度和磁感应强度.(答:2 400 A·m^{-1}; 3.02 T)

12-30 如图,长直电流 I_1 周围充满无限大均匀磁介质,相对磁导率为 μ_r,若在长直电流 I_1 附近有一个两边长度均为 a、载有电流 I_2 的等腰直角三角形线圈 ABC,与长直电流 I_1 处在同一平面内,A 点与长直电流相距为 b,如图所示.求:(1)线圈各边所受的安培力;(2)线圈所受的磁力矩.(答:(1) $F_{AB}=\dfrac{\mu I_1 I_2}{2\pi}\ln(a+b)$,↑;$F_{BC}=\dfrac{\sqrt{2}\mu I_1 I_2}{2\pi}\ln(a+b)$,方向垂直 CB 而指向下方,$F_{CA}=\dfrac{\mu I_1 I_2 a}{2\pi b}$,→; (2) $M=0$)

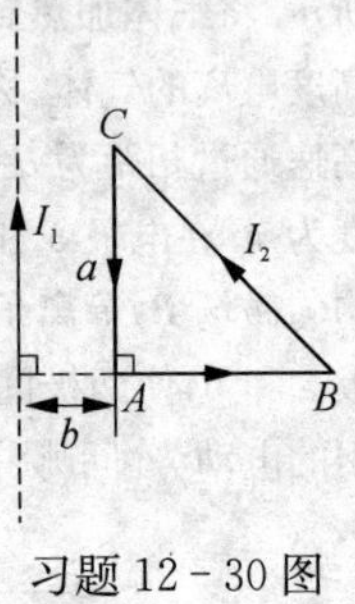

习题 12-30 图

第 13 章 电磁感应和电磁场理论基础

没有大胆的猜测，就作不出伟大的发现.

——牛 顿（I. Newton，1643—1727）

迄今为止，我们已讨论了静止电荷的电场和恒定电流的磁场.

1820 年奥斯特发现电流的磁现象之后不久，英国实验物理学家法拉第（M·Faraday，1791—1867）于 1821 年提出“磁”能否产生“电”的想法，并经过多年实验研究，终于在 1831 年发现，当穿过闭合导体回路中的磁通量发生变化时，回路中就出现电流，这个现象称为**电磁感应现象**.

电磁感应现象的发现，不仅揭示了电与磁之间的内在联系，为进一步建立电磁场理论提供了基础，而且使机械能转变为电能得以实现，促进了工业化社会的发展.

13.1 电磁感应及其基本定律

13.1.1 电磁感应现象

如图 13-1 所示，一线圈 A 与灵敏电流计 G 联成回路，用一磁铁的 N 极（或 S 极）插入线圈的过程中，电流计 G 指示回路中有电流通过. 电流的方向与磁铁的极性及运动方向有关；电流的大小则与磁铁相对于线圈运动的快慢有关. 磁铁运动得愈快，电流愈大；运动得越慢，电流愈小；停止运动，则电流为零.

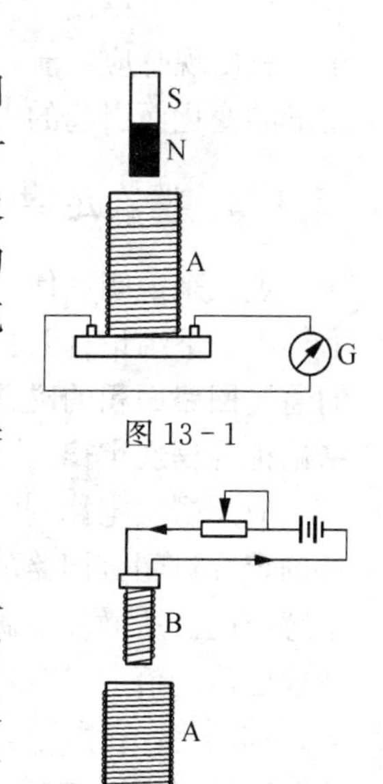

图 13-1

图 13-2

如果使磁铁静止不动，将线圈相对于磁铁运动，结果完全相同.

如果将磁铁换成另一载流线圈 B，如图 13-2 所示，则发现只要线圈 B 和线圈 A 之间有相对运动，在线圈 A 的回路中就有电流通过. 情况和磁铁与线圈 A 之间有相对运动时完全一样. 不仅如此，还发现即使线圈 A 与 B 之间没有相对运动，而只要改变线圈 B 中的电流强度；或者甚至电流强度也不变化，只要改变线圈 B 中的介质（例如将一铁棒插入线圈 B 或从线圈中抽出），同样要在线圈 A

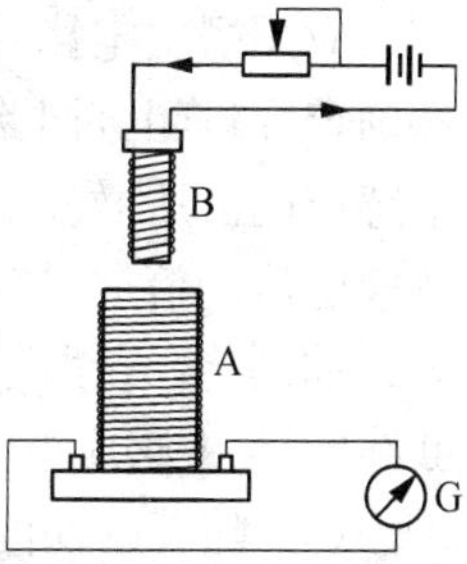

的回路中引起电流.

以上各实验的条件似乎很不相同,但是仔细分析可以发现它们有一个共同点,即当线圈A内的磁感应强度发生变化时,线圈A中就有电流通过,这个电流称为**感应电流**.并且,磁感应强度变化越迅速,感应电流也越大.感应电流的方向可以根据磁场变化的具体情况来确定.

那么,磁场不变化能否产生感应电流呢?实验还发现另一种情况,如图13-3所示,在一均匀磁场$\boldsymbol{B}$中放一矩形线框,线框的一边cd可以在ad,bc两条边上滑动,以改变线框平面的面积.线框的另一边ab中接一灵敏电流计G.使线框平面与磁场$\boldsymbol{B}$垂直,则当cd边滑动时也有感应电流产生,滑动速度$\boldsymbol{v}$越大,感应电流也越大.感应电流的流向与磁场$\boldsymbol{B}$的方向及cd滑动的方向都有关系.但如果线框平面平行于磁场方向,则无论怎样滑动,cd边都没有感应电流产生.在这个实验中,磁场没有发生变化,但当cd边的滑动使得通过线框的磁通量发生变化时,也要产生感应电流.

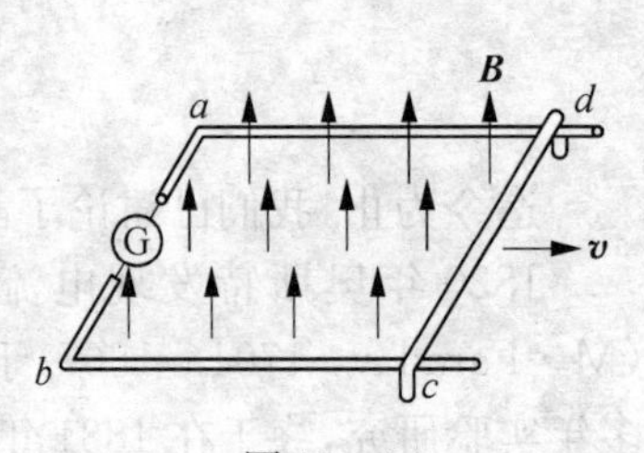

图13-3

从以上三个实验现象可以看到,线圈中的电流是在磁铁相对于线圈位置发生变化,或者在磁场中的线圈面积发生变化的情形下引起的.这种电流的产生可以归结为如下结论:当通过一闭合电路所包围面积的磁通量发生变化时,闭合电路中就出现感应电流,这意味着电路中必定存在着电动势.这种在回路中由于磁通量的变化而引起的电动势称为**感应电动势**.

13.1.2 楞次定律

现在来说明如何判断感应电流的流向.1833年楞次在概括实验结果的基础上得出如下结论:**闭合回路中感应电流的流向,总是企图使感应电流本身所产生的通过回路面积的磁通量,去抵消或者补偿引起感应电流的磁通量的改变**.这一结论称为**楞次定律**.

应用楞次定律判断感应电流的流向时,具体可分三个步骤:首先根据已知条件确定穿过闭合回路的磁通量的变化趋势(增大或减小);其次根据楞次定律确定感应电流所激发的磁场的方向;最后根据这个磁场方向用右手螺旋法则确定感应电流的流向,这也就是感应电动势的方向.举例说明如下.

如图13-4所示,当磁铁向线圈A移动时,我们可以按上述三个步骤来判断线圈A中感应电流的流向:

(1) 随着磁铁向线圈A靠近,穿过线圈A的磁通量在增大;

(2) 根据楞次定律,螺绕管中感应电流的磁场方向应与磁铁的磁场方向相

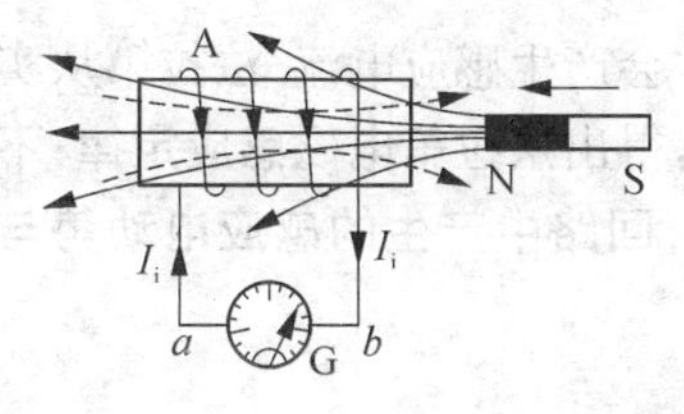

图 13 - 4　楞次定律举例说明

反(如图中虚线所示);

(3) 根据右手螺旋法则,螺绕管中感应电流 I_i 的方向是自 a 流向 b 的.

当磁铁离开线圈 A 向右移动时,读者不难自行判断,螺绕管中感应电流的方向则自 b 流向 a.

我们还可以这样看:当磁棒的 N 极向线圈移动时,在线圈中既然有感应电流,那么,这线圈就相当于一个条形磁铁,它的 N 极面迎着磁棒的 N 极. 以致这两个 N 极就要互相排斥. 反之,当磁棒的 N 极离开线圈时,读者可自行分析,线圈的 S 极将吸引磁棒而企图阻止它离开. 总之,**感应电流激发的磁场,其作用是反抗磁棒运动的.**

用以决定感应电流流向的楞次定律,是符合能量守恒与转换定律的. 在上述例子中可以看到,感应电流所激发的磁场,它的作用是反抗磁棒的运动,因此,在移动磁棒时外力就要做功;与此同时,在导体回路中就具有感应电流,这电流在回路上则是要消耗电能的,例如消耗在电阻上而转变为热能. 事实上,这个能量的来源就是外力所做的功.

反之,假如感应电流激发的磁场方向是使磁棒继续移动,而不是阻止它的移动,那么,只要我们将磁棒稍微移动一下,感应电流将帮助它移动得更快些,于是更增长了感应电流强度,这个增长更促进相对运动的加速,这样继续下去,相对运动就愈加迅速,回路中感应电流就愈加增长,不断获得能量. 这就是说,我们可以不作功,而同时无限地获得电能,这是违背能量守恒定律的,所以感应电流的流向只能按照楞次定律的规定取向.

问题 13.1.1　(1) 试述楞次定律. 为什么说,楞次定律是符合能量守恒定律的?

(2) 如图,当一长方形回路 A 以匀速 $\boldsymbol{v}$ 自无场区进入均匀磁场 $\boldsymbol{B}$ 后,又移出到无场区中. 试判断回路在运动全过程中感应电流的流向是否正确?

(3) 如图,一导体回路 A 接入电源和可变电阻 R. 当电阻值 R 增大及减小时,试判定回路中感应电流的流向.

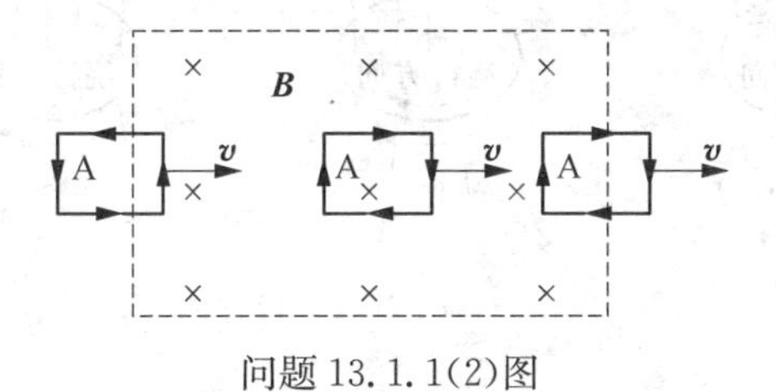

问题 13.1.1(2)图

问题 13.1.1(3)图

13.1.3　法拉第电磁感应定律

从本质上说,电路中出现电流,说明电路中有电动势. 直接由电磁感应而产生的感应电动势,只有当电路闭合时感应电动势才会产生感应电流.法拉第从实验中总结了感应电动势与磁通量变化之间的关系,得出**法拉第电磁感应定律:不论任何原因使通过回路面积的磁通量发生变化时,回路中产生的感应电动势与磁通量对时间的变化率的负值成正比**,即

$$\mathscr{E}_{\mathrm{i}}=-k\frac{\mathrm{d}\Phi_{\mathrm{m}}}{\mathrm{d}t}$$

式中,k 是比例系数.在国际单位制中 $k=1$,则上式可写成

$$\mathscr{E}_{\mathrm{i}}=-\frac{\mathrm{d}\Phi_{\mathrm{m}}}{\mathrm{d}t} \tag{13-1}$$

式中,Φ_{m} 的单位为 Wb(韦伯);t 的单位为 s(秒);$\mathscr{E}_{\mathrm{i}}$ 的单位为 V(伏特).负号反映了感应电动势的方向与磁通量变化趋势的关系,乃是楞次定律的数学表示.

如果闭合回路的电阻为 R,则回路中的感应电流为

$$I_{\mathrm{i}}=-\frac{1}{R}\frac{\mathrm{d}\Phi_{\mathrm{m}}}{\mathrm{d}t} \tag{13-2}$$

如果回路是由 N 匝线圈绕成,穿过每匝线圈的磁通量均为 Φ_{m},那么总磁通量为 $N\Phi_{\mathrm{m}}$.这时,我们可把法拉第电磁感应定律写成如下形式,即

$$\mathscr{E}_{\mathrm{i}}=-\frac{\mathrm{d}(N\Phi_{\mathrm{m}})}{\mathrm{d}t}=-\frac{\mathrm{d}\Psi}{\mathrm{d}t} \tag{13-3}$$

我们把 $\Psi=N\Phi_{\mathrm{m}}$ 称为通过 N 匝线圈的**磁通链数**,简称**磁链**.

使用式(13-1)和式(13-2)时,要在回路上先任意规定一个绕行方向作为回路的正方向,再用右手螺旋定则确定这回路的正法线 $\boldsymbol{e}_{\mathrm{n}}$ 的方向,如图 13-5 所示,通过回路面积的磁通量 Φ_{m} 与正法线 $\boldsymbol{e}_{\mathrm{n}}$ 方向相同者规定为正值,相反者为负

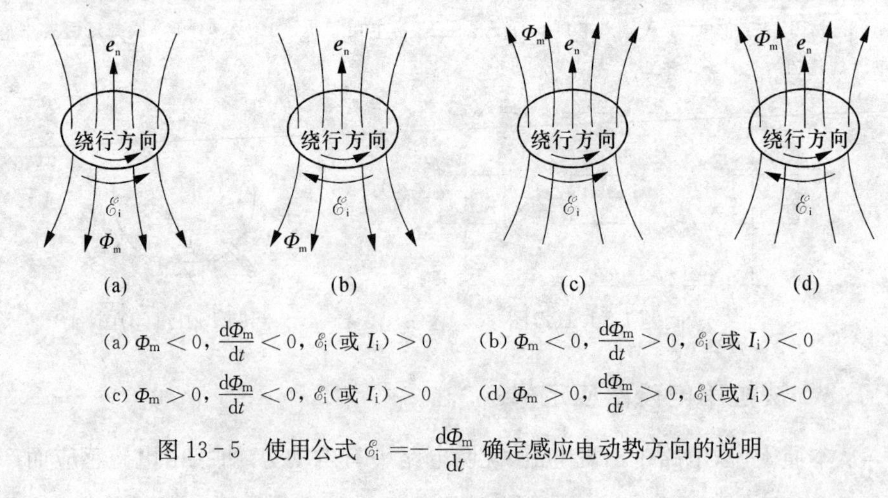

(a) $\Phi_{\mathrm{m}}<0$, $\frac{\mathrm{d}\Phi_{\mathrm{m}}}{\mathrm{d}t}<0$, $\mathscr{E}_{\mathrm{i}}$(或 I_{i})>0　(b) $\Phi_{\mathrm{m}}<0$, $\frac{\mathrm{d}\Phi_{\mathrm{m}}}{\mathrm{d}t}>0$, $\mathscr{E}_{\mathrm{i}}$(或 I_{i})<0

(c) $\Phi_{\mathrm{m}}>0$, $\frac{\mathrm{d}\Phi_{\mathrm{m}}}{\mathrm{d}t}<0$, $\mathscr{E}_{\mathrm{i}}$(或 I_{i})>0　(d) $\Phi_{\mathrm{m}}>0$, $\frac{\mathrm{d}\Phi_{\mathrm{m}}}{\mathrm{d}t}>0$, $\mathscr{E}_{\mathrm{i}}$(或 I_{i})<0

图 13-5　使用公式 $\mathscr{E}_{\mathrm{i}}=-\frac{\mathrm{d}\Phi_{\mathrm{m}}}{\mathrm{d}t}$ 确定感应电动势方向的说明

值，于是，$\mathscr{E}_i$ 或 I_i 的正负由 $\frac{d\Phi_m}{dt}$ 决定：如果 $\frac{d\Phi_m}{dt}>0$，则 $\mathscr{E}_i$（或 I_i）<0，表示感应电动势（或感应电流）的方向与回路上所选定的绕行正方向相反；如果 $\frac{d\Phi_m}{dt}<0$，则 $\mathscr{E}_i$（或 I_i）>0，表示感应电动势（或感应电流）的方向与选定的绕行正方向相同. 图 13－5 中对线圈中磁通量变化的四种情况，分别画出了感应电动势的方向. 用这种方法得到的结果与根据楞次定律所判定的完全符合.

在具体进行数值计算时，我们往往用式（13－1）来求感应电动势的大小（绝对值），即 $|\mathscr{E}_i|=|-d\Phi_m/dt|$；而用楞次定律直接确定感应电动势的方向. 这样较为方便. 但是，在讨论电磁感应问题时，为了能同时表述感应电动势（或感应电流）的大小和方向，则须直接运用法拉第电磁感应定律[式（13－1）、式（13－2）或式（13－3）]进行探究.

问题 13.1.2　写出法拉第电磁感应定律的公式，说明式中各量的单位及负号的意义. 如果穿过闭合回路所包围面积的磁通量很大，回路中的感应电动势是否也很大？

问题 13.1.3　如图，当一铜质曲杆 l 在均匀磁场 $\boldsymbol{B}$ 中沿垂直于磁场方向以速度 $\boldsymbol{v}$ 平动时，试判断杆中感应电动势的指向（提示：假想用三条不动的导线 KL，LM，MN（如图中虚线所示）与曲杆 l 构成一个"闭合导体回路"，而曲杆 l 可沿导线 KL，MN 上平动）.

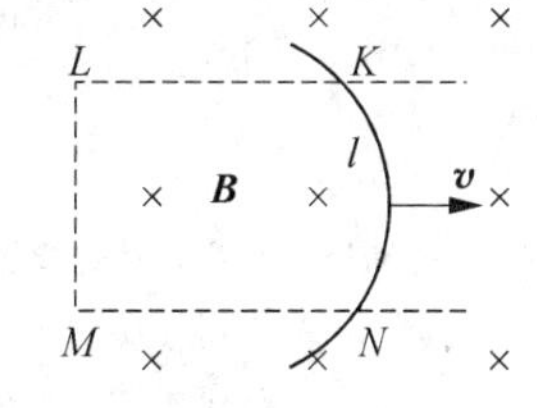

问题 13.1.3 图

例题 13－1　自 $t=t_0$ 到 $t=t_1$ 的时间内，若穿过闭合导线回路所包围面积的磁通量由 Φ_{m0} 变为 Φ_{m1}，求这段时间内通过该回路导线中任一横截面的电荷 q. 设回路导线的电阻为 R.

解　按题意可知，回路中将引起感应电动势，其大小为 $\mathscr{E}_i=\left|\frac{d\Phi_m}{dt}\right|=\frac{|d\Phi_m|}{dt}$，则由闭合电路的欧姆定律，有 $I=\frac{\mathscr{E}_i}{R}=\left(\frac{1}{R}\right)\frac{|d\Phi_m|}{dt}$. 根据电流强度的定义，$I=\frac{dq}{dt}$，遂得通过导线横截面的电荷为

$$q=\int_{t_0}^{t_1}dq=\int_{t_0}^{t_1}Idt=\frac{1}{R}\int_{\Phi_{m0}}^{\Phi_{m1}}|d\Phi_m|=\frac{1}{R}\left|\int_{\Phi_{m0}}^{\Phi_{m1}}d\Phi_m\right|$$
$$=\frac{1}{R}|\Phi_{m1}-\Phi_{m0}|$$

说明　这电荷的大小与磁通量 Φ_m 的改变值成正比，而与其变化率无关. 因此，只要测得通过回路导线中任一横截面的电荷，并在回路导线电阻已知的情况下，就可用来测定磁通量 Φ_m 的变化值. **磁通计**就是根据这个原理设计的.

例题 13－2　设线圈 abcd 的形状不变，面积为 S，共有 N 匝，在均匀磁场 $\boldsymbol{B}$ 中绕固定轴 OO' 转动，OO' 轴和磁感应强度 $\boldsymbol{B}$ 的方向垂直[图(a)]. 在某一瞬时，设线圈平面的法线 $\boldsymbol{e}_n$ 和磁感应强度 $\boldsymbol{B}$ 之间的夹角为 θ，则这时刻穿过线圈平面的磁链为

$$N\Phi_m=NBS\cos\theta \qquad ⓐ$$

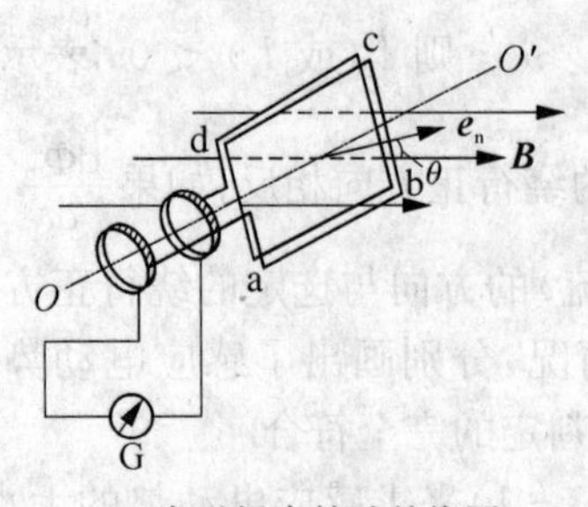

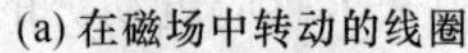
(a) 在磁场中转动的线圈

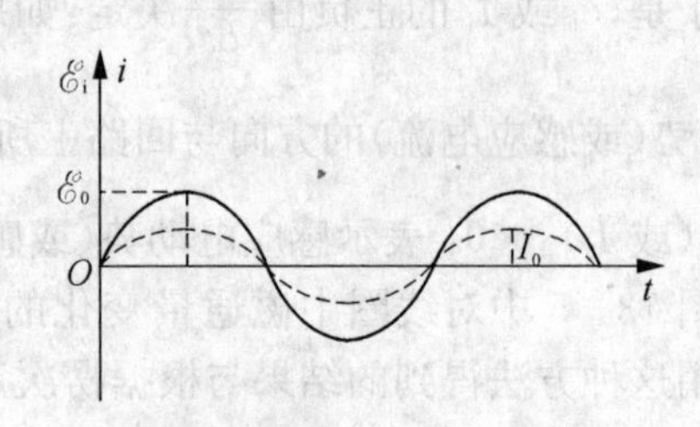

(b) 交变电动势$\mathscr{E}_i$和交变电流i

例题 13-2 图

当外加的机械力矩,驱动线圈绕OO'轴转动时,上式的 N, B, S 各量都是不变的恒量,只有夹角θ随时间改变,因此磁通量 Φ_m 亦随时间改变,从而在线圈中产生感应电动势,即

$$\mathscr{E}_i = -N\frac{d\Phi_m}{dt} = NBS\sin\theta\frac{d\theta}{dt} \quad ⓑ$$

式中,$d\theta/dt$ 是线圈转动的角速度ω;如果ω是恒量(即匀角速转动),而且使 $t=0$ 时,$\theta=0$,则得 $\theta=\omega t$,代入式ⓑ,得

$$\mathscr{E}_i = NBS\omega\sin\omega t \quad ⓒ$$

令 $NBS\omega = \mathscr{E}_0$,它是线圈平面平行于磁场方向 ($\theta = 90°$) 时的感应电动势,也就是线圈中的最大感应电动势,则上式成为

$$\mathscr{E}_i = \mathscr{E}_0\sin\omega t \quad ⓓ$$

上式表明,在均匀磁场内转动的线圈所具有的感应电动势是随时间作周期性变化的,周期为 $\frac{2\pi}{\omega}$ 或频率为 $\nu = \frac{\omega}{2\pi}$. 在相邻的每半个周期中,电动势的指向相反[图(b)],这种电动势叫做**交变电动势**. 在任一瞬时的电动势 $\mathscr{E}_i$ 可由式ⓓ决定,称为**电动势的瞬时值**,而最大瞬时值 $\mathscr{E}_0$ 称为**电动势的振幅**.

如果线圈与外电路接通而构成回路,其总电阻是R,则其电流强度为

$$i = \frac{\mathscr{E}_0}{R}\sin\omega t = I_0\sin\omega t = I_0\sin 2\pi\nu t \quad ⓔ$$

即 i 也是交变的[图(b)],称为**交变电流**或**交流电**, $I_0 = \mathscr{E}_0/R$ 是电流的最大值,称为**电流振幅**.

说明 从功能观点来看,当线圈转动而出现感应电流时,这线圈在磁场中同时要受到安培力的力矩作用[参见 12.7.3 节],这力矩的方向与线圈的转动方向相反,形成反向的制动力矩(楞次定律). 因此,要维持线圈在磁场中不停地转动,必须通过外加的机械力矩作功,即要消耗机械能;另一方面,在线圈转动过程中,感应电流的出现,意味着拥有了电能. 这电能必然是由机械能转化过来的. 因此,线圈和磁场作相对运动而形成的电磁感应作用是:使机械能转化为电能. 这就是发电机的基本原理. 图(a)就是一台简单的交流发电机的示意图.

例题 13-3 如图所示,在磁感应强度 $B=0.5\,\mathrm{T}$、方向垂直于纸面向里的均匀磁场中,一矩

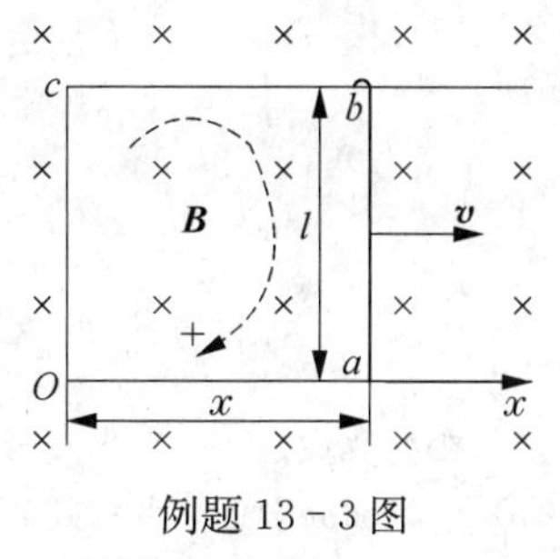

例题 13-3 图

形闭合导体回路 $Oabc$ 的平面与磁场 $\boldsymbol{B}$ 相垂直，其中 ab 段的长度为 $l=20\,\text{cm}$，它可沿 Ox 轴方向平动. 当 ab 段以匀速度 $\boldsymbol{v}=1\,\text{m}\cdot\text{s}^{-1}$ 向右移动时，求回路中的感应电动势.

解　首先，我们不妨选定正的回路绕向为顺时针转向(如图中带箭头的虚线所示)，则按右手螺旋法则，此回路平面的法线 $\boldsymbol{e}_n$ 的方向垂直纸面向里，与磁场 $\boldsymbol{B}$ 的方向一致，即与磁感应线的夹角 $\theta=0°$. 因此，在导线段 ab、速度 $\boldsymbol{v}$ 和磁场 $\boldsymbol{B}$ 三者相互垂直的情况下，在任一时刻穿过回路的磁通量是正的，即 $\Phi_m=Blx$；由于磁场 $\boldsymbol{B}$ 不变，当导线段 ab 以速度 $\boldsymbol{v}$ 运动时，它离开 Oc 段的距离 x 是变量. 因此，按法拉第电磁感应定律[式(13-1)]，整个回路上的感应电动势为

$$\mathscr{E}_i=-\frac{d\Phi_m}{dt}=-\frac{d}{dt}(Blx)=-Bl\frac{dx}{dt}=-Blv$$

将题设各量单位统一用 SI 表示，并代入上式后，可算得

$$\mathscr{E}_i=-0.5\times0.2\times1=-0.1\,\text{V}$$

式中，负号表示感应电动势的方向与所设的回路绕行方向相反，即感应电动势是循逆时针转向的；感应电动势的大小为 0.1 V.

> 今后，常用 i 表示随时间 t 变化的电流，以区别于恒定电流 I.

例题 13-4　如图，一长直导线通以交变电流 $i=I_0\sin\omega t$(即电流强度随时间 t 作正弦变化)，式中 i 表示瞬时电流，而 I_0 表示最大电流(或称**电流振幅**)，ω 是角频率，I_0 和 ω 都是恒量. 在此导线近旁平行地放一个长方形回路，长为 l，宽为 a，回路一边与导线相距为 d. 周围介质的磁导率为 μ. 求任一时刻回路中的感应电动势.

分析　电流 i 随时间 t 变化，它激发的磁场也随时间 t 而变化，因此穿过回路的磁通量也随 t 而变化，故在回路中产生感应电动势 $\mathscr{E}_i$.

解　先求穿过回路的磁通量. 在某一瞬时，距导线 Ox 处的磁感应强度为

$$B=\frac{\mu}{2\pi}\frac{i}{x} \qquad ⓐ$$

在距导线为 x 处，通过面积元 $dS=l\,dx$ 的磁通量为

$$d\Phi_m=B\,dS\cos0°=\frac{\mu}{2\pi}\frac{i}{x}l\,dx \qquad ⓑ$$

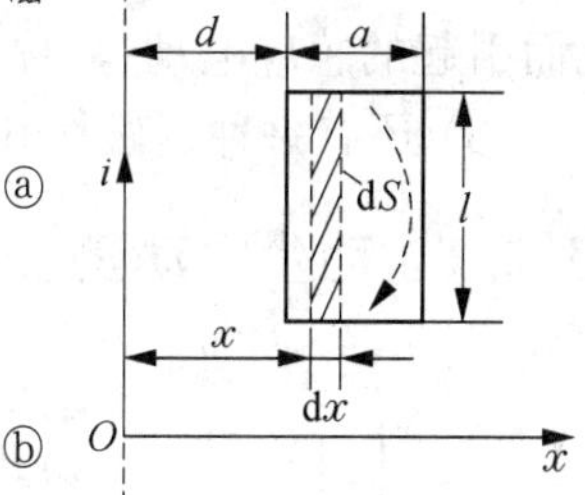

例题 13-4 图

在该瞬时(t 为定值)通过整个回路面积的磁通量为

$$\begin{aligned}\Phi_m&=\int_S d\Phi_m=\int_d^{d+a}\frac{\mu}{2\pi}\frac{i}{x}l\,dx=\frac{\mu l}{2\pi}\int_d^{d+a}\frac{I_0\sin\omega t}{x}dx \qquad ⓒ\\&=\frac{\mu I_0 l}{2\pi}\sin\omega t\int_d^{d+a}\frac{dx}{x}=\frac{\mu I_0 l}{2\pi}\left(\ln\frac{d+a}{d}\right)\sin\omega t\end{aligned}$$

从上式可知，当时间 t 变化时，磁通量 Φ_m 亦随之改变. 故回路内的感应电动势为

$$\mathscr{E}_{\mathrm{i}}=-\frac{\mathrm{d}\Phi_{\mathrm{m}}}{\mathrm{d}t}=-\frac{\mu l I_0}{2\pi}\left(\ln\frac{d+a}{d}\right)\frac{\mathrm{d}}{\mathrm{d}t}(\sin\omega t)$$

即

$$\mathscr{E}_{\mathrm{i}}=-\frac{\mu l I_0\omega}{2\pi}\left[\ln\frac{d+a}{d}\right]\cos\omega t \tag{ⓓ}$$

可见，感应电动势如同电流 $i=I_0\sin\omega t$ 那样，也随时间 t 的变化在变化(按余弦变化). 若选定此回路正的绕向是循顺时针转向的，则当 $0<t<\pi/(2\omega)$ 时，$\cos\omega t>0$，由式ⓓ可知，$\mathscr{E}_{\mathrm{i}}<0$，表明回路内的感应电动势 $\mathscr{E}_{\mathrm{i}}$ 的指向为逆时针的. 如果我们用楞次定律来判断，由式ⓒ可知，在 $0<t<\pi/(2\omega)$ 时间内，$\Phi_{\mathrm{m}}>0$，且其值随时间 t 而增大，故回路内的感应电流应是循逆时针流向的. 而感应电动势的指向也是循逆时针转向的. 结果是一致的.

在 $\pi/(2\omega)<t<\pi/\omega$ 这段时间内，读者试自行用法拉第电磁感应定律或楞次定律判断此回路中感应电动势的指向.

13.2 动生电动势

根据磁通量的定义式 $\Phi_{\mathrm{m}}=\int_S B\cos\theta\mathrm{d}S$，分析磁通量的变化，有三种情况：

(1) 回路导线的位置、形状和大小不变，而回路所在处的磁感应强度随着时间的变化在变化. 例如，θ, S 不变，$\boldsymbol{B}$ 的大小在变. 在这种情况下，由磁通量 Φ_{m} 变化而引起的感应电动势，称为**感生电动势**(如例题 13-4).

(2) 回路导线所在处的空间内是稳恒磁场，但回路的位置，形状或大小在改变. 例如，S, θ 在变化，而 $\boldsymbol{B}$ 不变(如例题 13-3). 在这种情况下，由磁通量 Φ_{m} 变化而引起的感应电动势，称为**动生电动势**. 本节将详细讨论.

(3) 还有一种是磁场和回路都在变化，同时产生上述两种感应电动势.

13.2.1 动生电动势

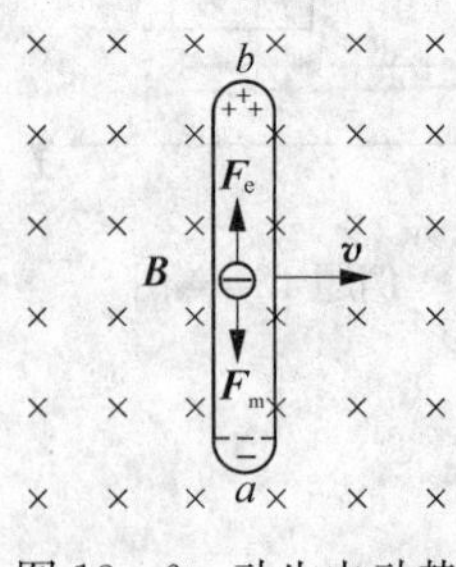

图 13-6 动生电动势的电子理论

如图 13-6 所示，一段长为 l 的直导线 ab 在均匀磁场 $\boldsymbol{B}$ 中，以速度 $\boldsymbol{v}$ 平动，设 ab, $\boldsymbol{B}$, $\boldsymbol{v}$ 三者相互垂直，则直导线 ab 在运动时宛如在切割磁感应线；并且导线内每个自由电子(带电 $-e$)受洛伦兹力 $\boldsymbol{F}_{\mathrm{m}}$ 作用，$\boldsymbol{F}_{\mathrm{m}}=-e\boldsymbol{v}\times\boldsymbol{B}$，方向沿导线向下，使电子向下运动到 a 端，结果，上端 b 带正电，下端 a 带负电. 由于上、下端正、负电荷的积累，ab 间遂形成一个逐渐增大的静电场，该静电场使电子受到一个向上的静电力 $\boldsymbol{F}_{\mathrm{e}}=-e\boldsymbol{E}$. 当静电力增大到与洛伦兹力相等而达到两力平衡时，导线内的电子不再因导线的移动而发生定向运动. 这时，相应于导线内所存在的静电场，使导线两端具有一定的电势差，在数值上就等于动生电动势 $\mathscr{E}_i$.

可见，在磁场中切割磁感线的上述导线 ab，相当于一个电源，上端 b 为正极，下端 a 为负极. 这表明 $\mathscr{E}_i$ 的方向在导体内部是从 a 指向 b 的.

总而言之，运动导线在磁场中切割磁感应线所引起的动生电动势，其根源在于洛伦兹力.

13.2.2　动生电动势的表达式

在 12.1 节中说过，电源的电动势，等于单位正电荷从电源负极通过电源内部移到电源正极的过程中非静电力所做的功. 按照电动势的定义式(12 - 17)，有

$$\mathscr{E}_i = \int_l \boldsymbol{E}^{(2)} \cdot \mathrm{d}\boldsymbol{l}$$

这里的非静电力就是电子所受的洛伦兹力 $\boldsymbol{F}_m = -e\boldsymbol{v}\times\boldsymbol{B}$，相应的非静电场的电场强度 $\boldsymbol{E}^{(2)} = \boldsymbol{F}_m/(-e) = \boldsymbol{v}\times\boldsymbol{B}$，因而对均匀磁场中一段有限长的运动导线 l 而言，其动生电动势为

$$\mathscr{E}_i = \int_l (\boldsymbol{v}\times\boldsymbol{B}) \cdot \mathrm{d}\boldsymbol{l} \tag{13-4}$$

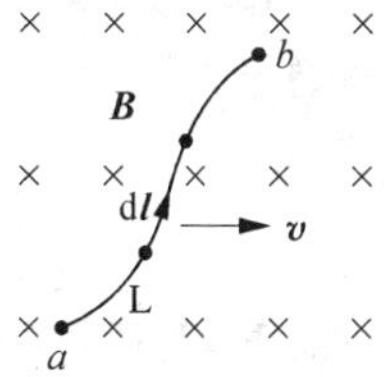

应用上式求动生电动势的具体步骤如下：

(1) 在一般情形下，导线 L 不一定是直导线，其运动也不一定作平动，且处在非均匀磁场中(图 13 - 7). 为此，我们可以首先沿导线 L 假定电动势的一个指向(比如，在图13 - 7中，选取 $a\rightarrow b$ 为电动势的指向)；

图 13 - 7

(2) 循电动势的指向，在导线上任取一个线元矢量 $\mathrm{d}\boldsymbol{l}$，它相当于一小段直导线，其上的磁场可视作均匀的；

(3) 根据线元 $\mathrm{d}\boldsymbol{l}$ 的速度$\boldsymbol{v}$ 和该处的磁感应强度$\boldsymbol{B}$ 以及两者之间小于 180°的夹角 θ，按矢积的定义，求 $\boldsymbol{v}\times\boldsymbol{B}$. $(\boldsymbol{v}\times\boldsymbol{B})$ 仍是一个矢量，其大小为 $Bv\sin\theta$；方向按右手螺旋法则确定；

(4) 设矢量 $(\boldsymbol{v}\times\boldsymbol{B})$ 与 $\mathrm{d}\boldsymbol{l}$ 之间小于 180°的夹角为 γ，则按标积的定义，$(\boldsymbol{v}\times\boldsymbol{B})\cdot\mathrm{d}\boldsymbol{l}$ 乃是一个标量，其值即为线元 $\mathrm{d}\boldsymbol{l}$ 上的动生电动势，即

$$\mathrm{d}\mathscr{E}_i = (\boldsymbol{v}\times\boldsymbol{B})\cdot\mathrm{d}\boldsymbol{l} = (vB\sin\theta)\mathrm{d}l\cos\gamma$$

(5) 最后，循电动势的指向 $a\rightarrow b$，对上式进行积分，就可求得整个运动导线上的动生电动势，即

$$\mathscr{E}_{\mathrm{i}}=\int_a^b vB\sin\theta\cos\gamma\mathrm{d}l \tag{13-4a}$$

今后读者按式(13－4)求动生电动势时,可直接利用它的具体计算式(13－4a),但必须搞清楚其中 θ, γ 角的含义.

(6) 根据求出的动生电动势 $\mathscr{E}_{\mathrm{i}}$ 的正、负,判定其指向.若 $\mathscr{E}_{\mathrm{i}}>0$,其指向与事先假定的指向 $a\to b$ 一致,表明 a 端为电源负极,b 端为电源正极;若 $\mathscr{E}_{\mathrm{i}}<0$,其指向则与 $a\to b$ 相反,即 a 端为电源正极,b 端为电源负极.

问题 13.2.1 (1) 何谓动生电动势?其公式(13－4)是如何导出的?试证:在图 13－3 中,直导体 cd 在单位时间内切割的磁感应线条数,在数值上等于棒中的感应电动势 $\mathscr{E}_{\mathrm{i}}$.

(2) 如图,求长为 l 的直导体 ab 以垂直其自身的匀速 $\boldsymbol{v}$ 在均匀磁场 $\boldsymbol{B}$ 中平动时的动生电动势.设磁感应强度 $\boldsymbol{B}$ 与速度 $\boldsymbol{v}$ 的夹角为 θ;若 l, $\boldsymbol{v}$, $\boldsymbol{B}$ 三者互相垂直,又将如何?(**答**:$\mathscr{E}_{\mathrm{i}}=Blv\sin\theta$, $\mathscr{E}_{\mathrm{i}}=Blv$)

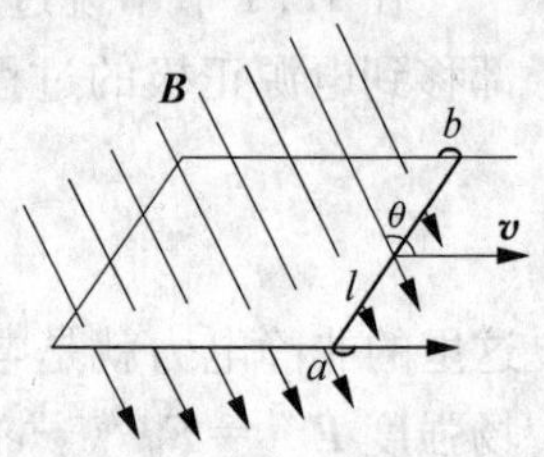

问题 13.2.1(2)图

例题 13－5 如图(a),在通有电流 I 的长直导线近旁,有一个半径为 R 的半圆形金属细杆 acb 与之共面,a 端与长直导线相距为 D,当细杆保持其直径 aOb 垂直于长直导线的情况下,以匀速 $\boldsymbol{v}$ 铅直向上平动时,求此细杆的动生电动势.

分析 细杆处于非均匀磁场中,其上各点的磁感应强度不同.

解 假定 $a\to c\to b$ 为积分方向,循此方向,不妨在 c 处(相应的圆心角为 α)取线元 $\mathrm{d}\boldsymbol{l}$;$\mathrm{d}l$ 所对的圆心角为 $\mathrm{d}\alpha$,其长度为 $\mathrm{d}l=R\mathrm{d}\alpha$.在 $\mathrm{d}\boldsymbol{l}$ 处的磁感应强度大小为

$$B=\frac{\mu_0 I}{2\pi x}=\frac{\mu_0 I}{2\pi(D+R-R\cos\alpha)}$$

方向垂直纸面向里.因此,$\boldsymbol{v}\perp\boldsymbol{B}$, $\theta=90^\circ$;按右手螺旋法则,矢量 $(\boldsymbol{v}\times\boldsymbol{B})$ 的方向为水平向左,与 $\mathrm{d}\boldsymbol{l}$ 所成的角为 $\gamma=\pi/2+\alpha$.于是,在金属细杆 acb 中的动生电动势为

$$\begin{aligned}\mathscr{E}_{\mathrm{i}}&=\int_{\widehat{acb}}(\boldsymbol{v}\times\boldsymbol{B})\cdot\mathrm{d}\boldsymbol{l}\\&=\int_0^\pi\frac{\mu_0 Iv}{2\pi(D+R-R\cos\alpha)}\sin 90^\circ\cos\left(\frac{\pi}{2}+\alpha\right)R\mathrm{d}\alpha\\&=\frac{\mu_0 Iv}{2\pi}\int_0^\pi\frac{-R\sin\alpha}{D+R-R\cos\alpha}\mathrm{d}\alpha\\&=-\frac{\mu_0 Iv}{2\pi}\ln(D+R-R\cos\alpha)\Big|_0^\pi\\&=-\frac{\mu_0 Iv}{2\pi}\ln\frac{D+2R}{D}\end{aligned} \tag{ⓐ}$$

$\mathscr{E}_{\mathrm{i}}<0$,表明电动势的指向与假定的积分方向相反,应是 $b\to c\to a$.因此,按实际指向 $b\to c\to a$,所求动生电动势应为正值,即

$$\mathscr{E}_{\mathrm{i}}=\int_{\widehat{bca}}(\boldsymbol{v}\times\boldsymbol{B})\cdot\mathrm{d}\boldsymbol{l}=-\int_{\widehat{acb}}(\boldsymbol{v}\times\boldsymbol{B})\cdot\mathrm{d}\boldsymbol{l}=\frac{\mu_0 Iv}{2\pi}\ln\frac{D+2R}{D} \tag{ⓑ}$$

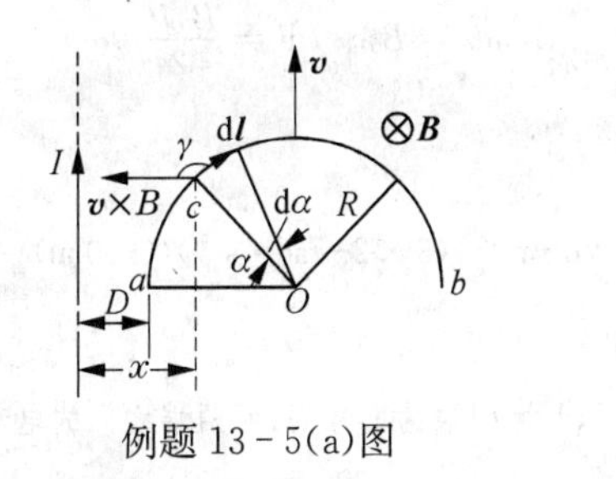

例题 13-5(a)图

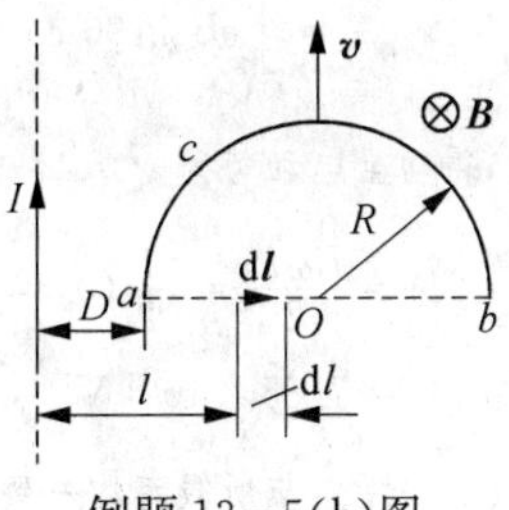

例题 13-5(b)图

另解　如图(b)所示，添加辅助线 aOb，连接金属细杆 acb 的两端，使之构成一个假想的闭合回路 $aObca$. 当此回路以匀速 $\boldsymbol{v}$ 平行于载流导线运动时，回路内各点到载流导线的距离保持不变，因此，各点的磁感应强度 $\boldsymbol{B}$ 也保持不变，穿过回路的磁通量 Φ_{m} 没有改变，即 $\mathrm{d}\Phi_{\mathrm{m}}/\mathrm{d}t=0$. 所以，纵然其中每条导线因切割磁感线而具有动生电动势，但根据法拉第电磁感应定律，$\mathscr{E}_{\mathrm{i回路}}=-\mathrm{d}\Phi_{\mathrm{m}}/\mathrm{d}t=0$，即整个回路却无电动势.

考虑到整个回路上的感应电动势是两段导线，bca 与 aOb 的电动势之代数和(这相当于两个串联的电池所构成的一个电池组，其电动势为各个电池的电动势之代数和)，即

$$\mathscr{E}_{\mathrm{i回路}}=\mathscr{E}_{\mathrm{i}bca}+\mathscr{E}_{\mathrm{i}aOb}$$

如上所述，$\mathscr{E}_{\mathrm{i回路}}=0$，故

$$\mathscr{E}_{\mathrm{i}bca}=-\mathscr{E}_{\mathrm{i}aOb} \tag{ⓒ}$$

因而，只须求出直导线 aOb 的电动势 $\mathscr{E}_{\mathrm{i}aOb}$，就可得出所求细杆的电动势.

今在直导线 aOb 上假定电动势的指向为 $a\to O\to b$，循此指向，取线元 $\mathrm{d}\boldsymbol{l}$[图(b)]，它与载流导线相距为 l. 读者据此可以自行求出直导线 aOb 中的电动势为

$$\mathscr{E}_{\mathrm{i}aOb}=-\frac{\mu_0 I v}{2\pi}\ln\frac{D+2R}{D} \tag{ⓓ}$$

把上式代入式ⓒ，其结果与第一种解法求得的式ⓑ相同.

说明　从本例可知，我们可以直接按式(13-4)或(13-4a)求动生电动势；有时，特别是当导线形状较复杂而不易直接计算时，也可添加适当的辅助线，构成假想的导体回路，利用法拉第电磁感应定律[式(13-1)]，间接解算出回路中该导线的动生电动势.

例题 13-6　如图，一金属棒 OA 长 $l=50\,\mathrm{cm}$，在大小为 $B=0.50\times10^{-4}\ \mathrm{Wb\cdot m^{-2}}$、方向垂直纸面向内的均匀磁场中，以一端 O 为轴心作逆时针的匀速转动，转速 ω 为 $2\ \mathrm{r\cdot s^{-1}}$. 求此金属棒的动生电动势；并问哪一端电势高？

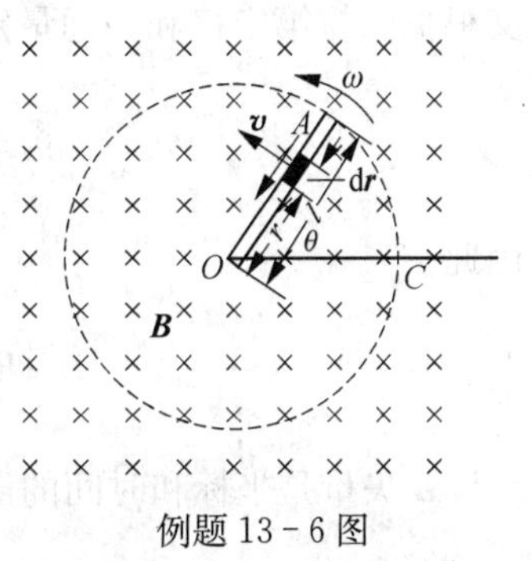

例题 13-6 图

解　假定金属棒中电动势的指向为 $A\to O$，循着这个指向，在金属棒上距轴心 O 为 r 处取线元 $\mathrm{d}\boldsymbol{r}$，其速度大小为 $v=r\omega$，方向垂直于 OA，也垂直于磁场 $\boldsymbol{B}$，按题意，$\boldsymbol{v}\perp\boldsymbol{B}$，$\theta=90^\circ$；故按右手螺旋法则，矢量$(\boldsymbol{v}\times\boldsymbol{B})$与 $\mathrm{d}\boldsymbol{r}$ 同方向，即 $\gamma=0$. 于是，按式(13-4a)，得棒中的动生电动势为

$$\mathscr{E}_i = \int_{OA} vB\sin 90^\circ \cos 0^\circ \mathrm{d}r = \int_0^l Br\omega \mathrm{d}r = B\omega\int_0^l r\mathrm{d}r = \frac{B\omega l^2}{2}$$

代入题设数据，得动生电动势为

$$\begin{aligned}\mathscr{E}_i &= \frac{B\omega l^2}{2} = \frac{1}{2}(0.5\times 10^{-4}\ \mathrm{Wb\cdot m^{-2}})(2\times 2\pi\ \mathrm{rad\cdot s^{-1}})(0.50\ \mathrm{m})^2 \\ &= 7.85\times 10^{-5}\ \mathrm{V}\end{aligned}$$

$\mathscr{E}_i > 0$，故它的指向与所假定的一致，即 $A\to O$，故 O 端的电势高；而两端之间的电势差为 $V_O - V_A = \mathscr{E}_i = 7.85\times 10^{-5}$ V.

13.3 感生电动势　涡旋电场

13.3.1　感生电动势与感生电场　涡旋电场

如前所述，当线圈或导线在磁场里不运动，而是磁场不断地变化，在线圈或导线内产生的感应电动势称为**感生电动势**. 感生电动势产生的原因不能用洛仑兹力来说明，但肯定也是电子受定向力而运动的结果. 在静电场中，电子在电场力作用下，可作定向运动. 于是麦克斯韦发展了电场的概念，提出假说：当空间的磁场发生变化时，在其周围产生一种**感生电场**，也称为**涡旋电场**，这种电场对电荷有力作用，这种力是非静电力. 因此，感生电场是产生感生电动势的原因.

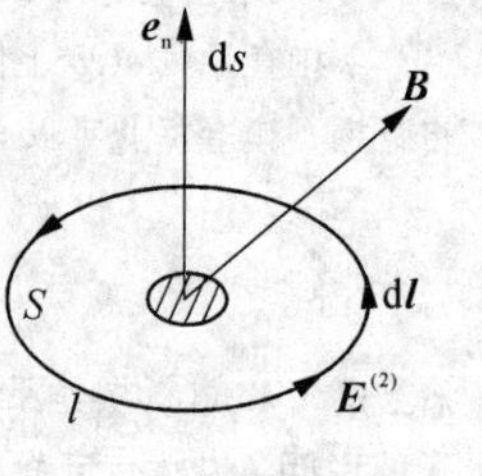

设变化磁场中有一个周长为 l 的导体回路，回路所包围的面积为 S，导体所在处的变化磁场所产生的感生电场为 $\boldsymbol{E}^{(2)}$，如图 13-8 所示，根据电动势的定义，回路 l 中产生的感生电动势为

图 13-8　感生电动势由感生电场产生

$$\mathscr{E}_i = \oint_l \boldsymbol{E}^{(2)}\cdot \mathrm{d}\boldsymbol{l}$$

又根据法拉第定律和磁通量定义式，有

$$\mathscr{E}_i = -\frac{\mathrm{d}\Phi_m}{\mathrm{d}t} = -\frac{\mathrm{d}}{\mathrm{d}t}\iint_S \boldsymbol{B}\cdot \mathrm{d}\boldsymbol{S} \tag{13-5}$$

因此

$$\oint_l \boldsymbol{E}^{(2)}\cdot \mathrm{d}\boldsymbol{l} = -\frac{\mathrm{d}}{\mathrm{d}t}\iint_S \boldsymbol{B}\cdot \mathrm{d}\boldsymbol{S}$$

$\boldsymbol{B}$ 矢量是坐标和时间的函数，对面积 S 求积分时，坐标为变量，时间看作恒

量;对时间求微分时,时间为变量,坐标看作恒量,因此改写上式为

$$\oint_l \boldsymbol{E}^{(2)} \cdot \mathrm{d}\boldsymbol{l} = -\iint_S \frac{\partial \boldsymbol{B}}{\partial t} \cdot \mathrm{d}\boldsymbol{S} \tag{13-6}$$

此式的物理意义是变化的磁场在其周围产生感生电场.实验证明,不管在磁场里有没有导体存在,都会在空间产生感生电场,利用此式可求感生电场 $\boldsymbol{E}^{(2)}$,于是感生电动势与变化磁场的关系式可写为

$$\mathscr{E}_i = -\iint_S \frac{\partial \boldsymbol{B}}{\partial t} \cdot \mathrm{d}\boldsymbol{S} \tag{13-7}$$

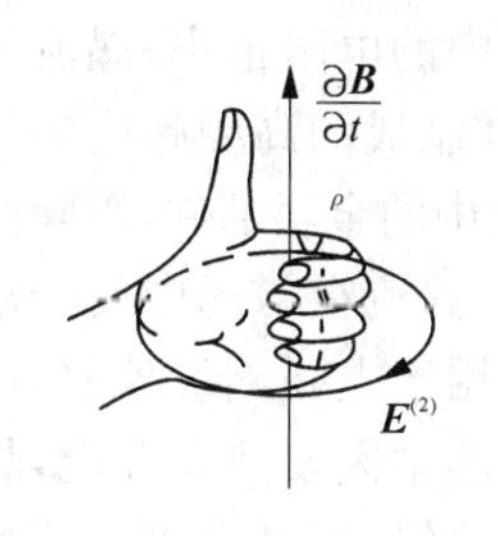

图 13-9　$\boldsymbol{E}^{(2)}$ 与 $\partial \boldsymbol{B}/\partial t$ 形成左手螺旋关系

式(13-6)表明,**在涡旋电场中,对于任何的闭合回路,$\boldsymbol{E}^{(2)}$ 的环流** $\oint_l \boldsymbol{E}^{(2)} \cdot \mathrm{d}\boldsymbol{l} \neq 0$. 所以,**涡旋电场是非保守力场**.这就是电荷的电场和变化磁场的电场两者之间的一个重要区别.上式(13-6)中的负号来源于楞次定律的数学表示;即 $\boldsymbol{E}^{(2)}$ 与 $\partial \boldsymbol{B}/\partial t$ 在方向上遵循左手螺旋关系,如果左手的四指沿着电场线 $\boldsymbol{E}^{(2)}$ 的绕向弯曲,则大拇指伸直的指向就是 $\partial \boldsymbol{B}/\partial t$ 的方向(图 13-9).

综上所述,感生电场和静电场的相同之处在于皆对电荷有作用力,不同之处主要有二:①静电场是由静止电荷激发的,感生电场却是由变化着的磁场所激发;②静电场的电力线不闭合,沿闭合回路一周时,静电力作功为零,感生电场的电力线是闭合的,故称**涡旋电场**.沿闭合回路一周时,感生电场力作功不为零.

13.3.2　电子感应加速器

电子感应加速器是利用涡旋电场加速电子以获得高能的一种装置.如图13-10 所示,在绕有励磁线圈的圆形电磁铁两极之间,安装一个环形真空室.当励磁线圈通有交变电流时,电磁铁便在真空室区域内激发随时间变化的交变磁场,使该区域内的磁通量发生变化,从而在环形真空室内激发涡旋电场.这时,借电子枪射入环形真空室中的电子,既要受磁场中的洛伦兹力 $\boldsymbol{F}_m$ 作用,在环形真空室内沿圆形轨道运动;同时,在涡旋电场中又要受电场力 $\boldsymbol{F}_e^{(2)} = -e\boldsymbol{E}^{(2)}$ 作用,沿轨道切线方

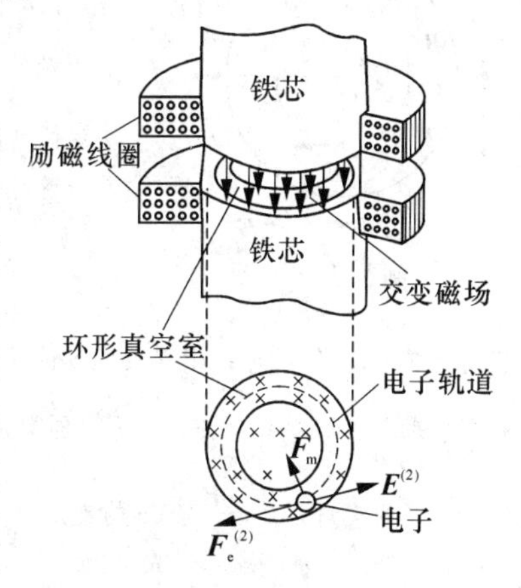

图 13-10　电子感应加速器工作原理

向被加速. 为了使电子在涡旋电场作用下沿恒定的圆形轨道不断被加速而获得越来越大的能量,必须保证磁感应强度随时间按一定的规律变化.

利用电子感应加速器可以使电子获得数十兆甚至数百兆电子伏的能量. 借这种高能电子去轰击各种靶子(如原子核),可产生 γ 射线、X 射线等,供工业和医疗等方面应用. 电子感应加速器的制成,对麦克斯韦关于涡旋电场观点的正确性,是一个有力的证明.

13.3.3 涡电流及其应用

把金属块放在变化的磁场中,金属内产生的感生电场(涡旋电场)能使金属中的自由电子运动形成涡旋形电流,简称**涡流**. 由于金属中的电阻很小,涡流的强度很高,产生大量热量使金属发热,甚至熔化. 用此原理制成的高频感应炉可进行有色金属的冶炼. 涡流的热效应还用来加热真空系统中的金属部件,以除去它们吸附的气体. 又如,金属在磁场中运动时要产生涡流,涡流在磁场中要受洛仑兹力作用使金属的运动受阻,常称**电磁阻尼**,此原理常用于电磁测量仪表,以及无轨电车中的电磁制动器. 涡流在电机、变压器等的铁芯中因发热而耗能,故有害无益,所以它们的铁芯是用许多薄片叠合而成,片间绝缘,隔断强大涡流的流动.

例题 13-7 如图,在横截面半径为 R 的无限长圆柱形范围内,有方向垂直于纸面向里的均匀磁场 $\boldsymbol{B}$,并以 $\dfrac{dB}{dt}>0$ 的恒定变化率变化. 求圆柱内、外空间的感生电场.

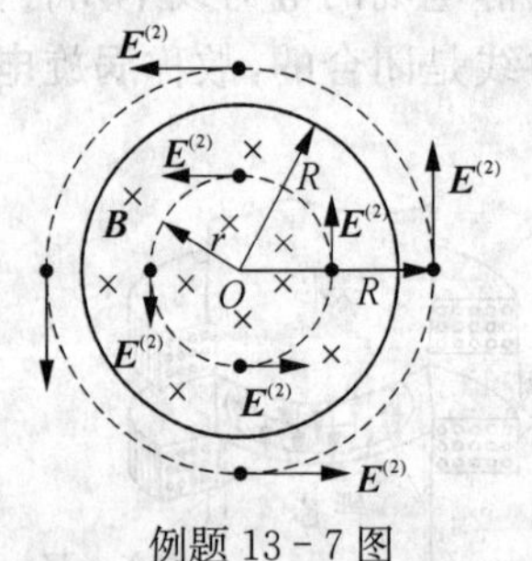

例题 13-7 图

解 由于圆柱形空间内磁场均匀,且与圆柱轴线对称,因此磁场变化所激发的感生电场 $\boldsymbol{E}^{(2)}$ 的电场线是以圆柱轴线为圆心的一系列同心圆,同一圆周上的电场强度 $\boldsymbol{E}^{(2)}$ 大小相同,方向与圆相切.

对于半径 $r<R$ 的圆周上各点 $\boldsymbol{E}^{(2)}$ 的方向,可以从 $\dfrac{dB}{dt}>0$ 和楞次定律判定,即 $\boldsymbol{E}^{(2)}$ 与 $\partial\boldsymbol{B}/\partial t$ 在方向上成左手螺旋关系,如图所示,乃沿逆时针方向. 求感生电场 $\boldsymbol{E}^{(2)}$ 的公式为

$$\oint_L \boldsymbol{E}^{(2)}\cdot d\boldsymbol{l}=-\iint_S \frac{\partial\boldsymbol{B}}{\partial t}\cdot d\boldsymbol{S}$$

应用上式时,必须注意到 $d\boldsymbol{l}$ 是面积 S 的周界上的一小段,它与 $d\boldsymbol{S}$ 的方向之间存在右手螺旋关系. 本题中如果选取 $d\boldsymbol{l}$ 的绕行方向与 $E^{(2)}$ 同向,则 $d\boldsymbol{S}$ 的方向由纸面向外,而 $\dfrac{\partial\boldsymbol{B}}{\partial t}$ 的方向由纸面向里,因此 $\boldsymbol{E}^{(2)}$ 与 $d\boldsymbol{l}$ 的夹角为 $0°$,$\dfrac{\partial\boldsymbol{B}}{\partial t}$ 与 $d\boldsymbol{S}$ 的夹角为 π. 积分计算得

$$E^{(2)}2\pi r=\frac{\partial B}{\partial t}\pi r^2$$

所以

$$E^{(2)}=\frac{r}{2}\frac{\partial B}{\partial t}$$

对于半径 $r>R$ 的圆周上各点 $\boldsymbol{E}^{(2)}$ 的方向,也是逆时针方向,同理,可进行积分计算,得

$$E^{(2)}2\pi r=\frac{\partial B}{\partial t}\pi R^2$$

所以

$$E^{(2)}=\frac{R^2}{2r}\frac{\partial B}{\partial t}$$

13.4 自感和互感

13.4.1 自　感

当回路中通有电流而在其周围激发磁场时,将有一部分磁通量穿过这回路所包围的面积.因而,当回路中的电流强度、或回路的形状、大小、或回路周围的磁介质发生变化时,穿过这回路所包围面积内的磁通量都要发生变化.从而在这回路中也要激起感应电动势[参见问题 13.1.1(3)].上述**由于回路中的电流所引起的磁通量变化、而在回路自身中激起感应电动势的现象**,称为**自感现象**,回路中激起的电动势称为**自感电动势**.

关于自感现象,我们可以用下述实验来观察.在图 13－11 所示的电路中,A 和 B 是两只相同的白炽电灯泡,灯泡 B 与具有显著自感而电阻很小的线圈 L 串联,灯泡 A 和变阻器 R 串联,把它的电阻调节到和线圈 L 的电阻相同.现在打开电键 K′,按下电键 K,接通电流,可以看到灯 A 先亮,而和线圈 L 串联的灯泡 B,需经过相当一段时间后才和灯泡 A 有同一的亮度.这是由于当电路接通时,电流在片刻之间从无到有,线圈 L 所包围的面积内穿过的磁通量也从无到有地增加,但由于自感的存在,线圈 L 中就产生了感应电动势,以反抗电流的增长,因而使电路中的电流不能立即达到它的最大值,而只是逐渐增长,比没有自感的电路缓慢些.

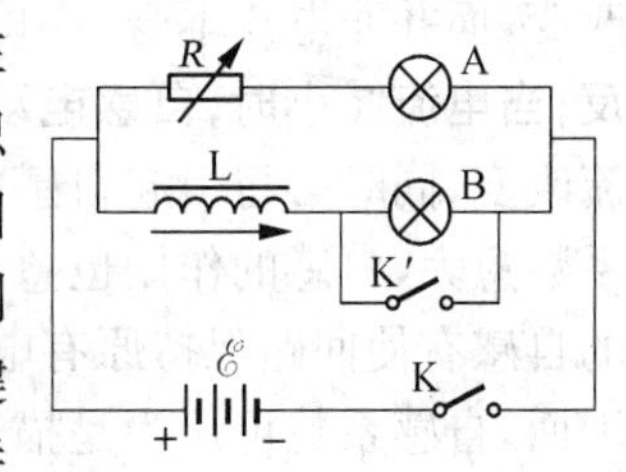

图 13－11　自感现象实验示意图

现在按下电键 K′,同时打开 K.在打开电键 K 的瞬时,这时电路中的电流就变为零,通过 L 所包围面积的磁通量也减少,由于线圈 L 的自感作用,有和原来电流相同流向的感应电流出现,如图中箭头所示.因为在切断原来电流的瞬时,电流从有到无,在很短时间 Δt 内,线圈 L 便产生很大的自感电动势,又因 K′已按下,故有感应电流通过灯泡 A,因此使 A 发出比原来更强的闪光,而后逐渐

熄灭.

设闭合回路中的电流强度为 i,根据毕奥-萨伐尔定律,空间任意一点的磁感应强度 $\boldsymbol{B}$ 的大小都和回路中的电流强度 i 成正比,因此穿过该回路所包围面积内的磁通量 Φ_{m} 也和 i 成正比,即

$$\Phi_{\mathrm{m}} = Li \tag{13-8}$$

比例系数 L 叫做回路的**自感系数**或**自感**. 自感系数是表征回路本身的一种属性,与电流的大小无关,它的数值由回路的几何形状、大小及周围介质(指非铁磁质)的磁导率所决定. 从上式可见,**某回路的自感系数在数值上等于这回路中的电流强度为 1 单位时穿过这回路所包围面积中的磁通量**.

按法拉第电磁感应定律,回路中所产生的自感电动势为

$$\mathscr{E}_L = -\frac{\mathrm{d}\Phi_{\mathrm{m}}}{\mathrm{d}t} = -\frac{\mathrm{d}(Li)}{\mathrm{d}t} = -\left(L\frac{\mathrm{d}i}{\mathrm{d}t} + i\frac{\mathrm{d}L}{\mathrm{d}t}\right)$$

如果回路的形状、大小和周围磁介质的磁导率都不变,则取决于这些因素的自感系数 L 也不变,即 $\mathrm{d}L/\mathrm{d}t = 0$, 于是得

$$\mathscr{E}_L = -L\frac{\mathrm{d}i}{\mathrm{d}t} \tag{13-9}$$

式中,负号是楞次定律的数学表示,它指出自感电动势所反抗的是回路中电流的改变,而并非电流本身. 亦即,当**电流增加时,自感电动势与原来电流的流向相反;当电流减小时,自感电动势与原来电流的流向相同**. 由此可见,任何回路中电流改变,同时必将引起自感的作用,以反抗回路中电流的改变. 显然,回路的自感系数愈大,自感的作用也愈大,则改变该回路中的电流也愈不易. 换句话说,回路的自感有使回路保持原有电流不变的性质,这一特性和力学中物体的惯性相仿. 因而,自感系数可认为是描述回路"电惯性"的一个物理量.

在 SI 中,若在某回路中电流强度的改变率 $\mathrm{d}i/\mathrm{d}t$ 为 $1\ \mathrm{A \cdot s^{-1}}$ 时,自感电动势 $\mathscr{E}_L$ 为 1 V,则相应地该回路的自感系数为 1 H,称为**亨利**,简称**亨**,即 $1\ \mathrm{H} = 1\ \mathrm{V}/1\ \mathrm{A \cdot s^{-1}} = 1\ \Omega \cdot \mathrm{s}$; 或由自感系数的定义式(13-8),也可将亨利表示为 $1\ \mathrm{H} = 1\ \mathrm{Wb \cdot A^{-1}}$.

如果回路是一个绕有 N 匝的线圈,我们以长直螺线管为例来计算它的自感系数,设长直螺线管的长度为 l,总匝数为 N,假设通有电流 i,则螺线管内的磁感应强度为

$$B = \mu ni = \frac{\mu Ni}{l}$$

式中,μ 为充满螺线管内磁介质的磁导率.

设 S 为螺线管的横截面积,则通过螺线管中每一匝的磁通量为 $\Phi_{\mathrm{m}} = BS$,

通过 N 匝螺线管的磁链为 $N\Phi_m = NBS = (\mu N^2 Si)/l$，按式(13-3)，可得自感电动势为

$$\mathscr{E}_L = -\frac{d(N\Phi_m)}{dt} = -\frac{d}{dt}\left(\frac{\mu N^2 Si}{l}\right) = -\frac{\mu N^2 S}{l}\frac{di}{dt}$$

与式(13-9)相比较；并设 $n = N/l$ 为螺线管上单位长度的匝数，$Sl = \tau$ 为螺线管的体积，则上式可写成

$$L = \mu n^2 \tau \tag{13-10}$$

如此看来，某个导体回路的自感系数只由回路的匝数、大小、形状和介质的磁导率所决定，与回路中有没有电流无关. 因此，和电容 C、电阻 R 等一样，自感 L 也是表征电路元件本身特性的一个物理量. 各种不同的线圈具有不同的自感，式(13-10)表明，螺线管的自感系数 L 与它的体积 τ、单位长度上线圈匝数 n 的平方和管内介质的磁导率 μ 成正比. 为了绕制一个自感系数较大的螺线管，通常采用较细的导线做成绕组，以增加单位长度上线圈的匝数；有时还在管内充以磁导率 μ 较大的磁介质(例如铁芯)，以增加自感系数. 反之，对已绕制好的一个螺线管，它的自感为一定值. 由于实际的螺线管线圈总是有限长的，若用式(13-10)计算它的自感系数，仅能给出其近似值，故一般须由实验测定.

自感线圈在电路中是一个重要元件，常称**自感器**，其符号为 无铁芯

或 有铁芯 .

此外，在电工设备中，常利用自感作用制成日光灯的镇流器、自耦变压器或扼流圈. 在电子技术中，利用自感器和电容器可以组成谐振电路或滤波电路等.

问题 13.4.1 (1) 何谓自感现象？如何引入自感系数？其单位如何确定？在通有交变电流的交流电路中接入一个自感线圈，问这线圈对电流有何作用？在通有直流电的电路中接入一自感线圈，问这线圈对电流有作用吗？

(2) 要设计一个自感系数较大的线圈，应从哪些方面去考虑？

(3) 自感系数是由 $L=\Phi_m/i$ 定义的，能否由此式说明：通过线圈的电流愈小，自感系数 L 就愈大？

例题 13-8 如图，设有一电缆，由两个"无限长"同轴圆筒状的导体组成，其间充满磁导率为 μ 的磁介质. 某时刻在电缆中沿内圆筒和外圆筒流过的电流强度 i 相等，但方向相反. 设内、外圆筒的半径分别为 R_1 和 R_2，求单位长度电缆的自感系数.

解 应用有磁介质时磁场的安培环路定理可知，在内圆筒以内及在外圆筒以外的区域中，磁

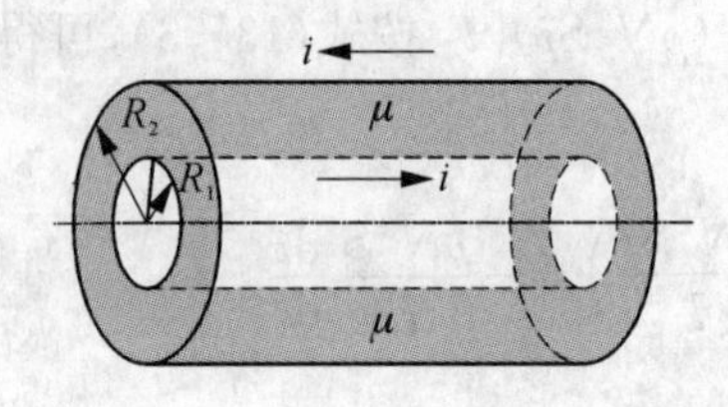

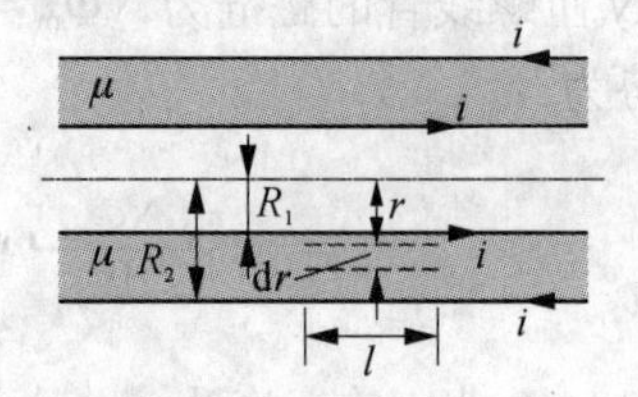

例题 13-8 图

场强度均为零.在内、外两圆筒之间,离开轴线距离为 r 处的磁场强度为 $H=i/(2\pi r)$.今任取一段电缆,长为 l,穿过电缆纵剖面上的面积元 $l\mathrm{d}r$ 的磁通量为

$$\mathrm{d}\Phi_{\mathrm{m}}=BS=(\mu H)(l\mathrm{d}r)=\frac{\mu il}{2\pi}\frac{\mathrm{d}r}{r}$$

对某一时刻而言,i 为一定值,则长度为 i 的两圆筒之间的总磁通量为

$$\Phi_{\mathrm{m}}=\int_S\mathrm{d}\Phi_{\mathrm{m}}=\int_{R_1}^{R_2}\frac{\mu il}{2\pi}\frac{\mathrm{d}r}{r}=\frac{\mu il}{2\pi}\ln\frac{R_2}{R_1}$$

按 $\Phi_{\mathrm{m}}=Li$,可得长度为 l 的这段电缆的自感系数为

$$L=\frac{\Phi_{\mathrm{m}}}{i}=\frac{\mu l}{2\pi}\ln\frac{R_2}{R_1}$$

由此,便可求出单位长度电缆的自感系数为

$$L'=\frac{L}{l}=\frac{\mu}{2\pi}\ln\frac{R_2}{R_1}$$

13.4.2 互　感

设有两个邻近的导体回路 1 和 2,分别通有电流 i_1 和 i_2(图 13-12).i_1 激发一磁场,这磁场的一部分磁感应线要穿过回路 2 所包围的面积,用磁通量 Φ_{m21} 表示.当回路 1 中的电流 i_1 发生变化时,Φ_{m21} 也要变化,因而在回路 2 内激起感应电动势 $\mathscr{E}_{21}$;同样,回路 2 中的电流 i_2 变化时,它也使穿过回路 1 所包围面积的磁通量 Φ_{m12} 变化,因而在回路 1 中也激起感应电动势 $\mathscr{E}_{12}$.**上述两个载流回路相互地激起感应电动势的现象**,称为**互感现象**.

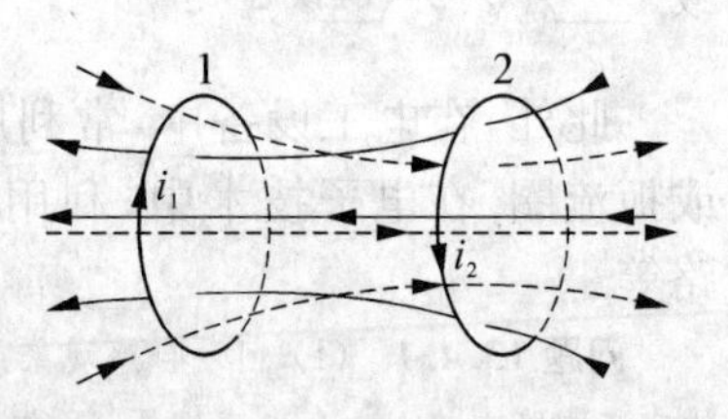

图 13-12　互感现象

假设这两个回路的形状、大小、相对位置和周围磁介质的磁导率都不改变,则根据毕奥-萨伐尔定律,由 i_1 在空间任何一点激发的磁感强度都与 i_1 成正比,相应地,穿过回路 2 的磁通量 Φ_{m21} 也必然与 i_1 成正比,即

$$\Phi_{m21} = M_{21} i_1$$

同理，有

$$\Phi_{m12} = M_{12} i_2$$

式中，M_{21} 和 M_{12} 是两个比例系数，它们只和两个回路的形状、大小、相对位置及其周围磁介质的磁导率有关，可以证明(从略)，$M_{12} = M_{21} = M$，M 称为两回路的**互感系数**，简称**互感**. 这样，上两式可简化为

$$\left.\begin{aligned}\Phi_{m21} &= Mi_1\\ \Phi_{m12} &= Mi_2\end{aligned}\right\} \tag{13-11}$$

由上式可知，**两个导体回路的互感在数值上等于其中一个回路中的电流强度为 1 单位时，穿过另一个回路所包围面积的磁通量**.

应用法拉第电磁感应定律，可以决定由互感产生的电动势. 由于上述回路 1 中电流强度的变化，在回路 2 中产生的感应电动势为

$$\mathscr{E}_{21} = -\frac{\mathrm{d}\Phi_{m21}}{\mathrm{d}t} = -M\frac{\mathrm{d}i_1}{\mathrm{d}t} \tag{13-12}$$

同理，回路 2 中电流强度的变化，在回路 1 中产生的感应电动势为

$$\mathscr{E}_{12} = -\frac{\mathrm{d}\Phi_{m12}}{\mathrm{d}t} = -M\frac{\mathrm{d}i_2}{\mathrm{d}t} \tag{13-13}$$

根据互感定义式(13－11)，我们也可计算 N 匝线圈的互感(见例题 13－9). 互感系数的计算一般很复杂，常用实验方法测定.

根据上述(13－12)和(13－13)两式，可以规定互感系数的单位. 如果在两个导体回路中，当一个回路的电流强度改变率为 1 A・s^{-1} 时，在另一回路中激起的感应电动势为 1 V，则两个导体回路的互感系数规定为 1 H，这与自感系数的单位是相同的.

互感在电工和电子技术中应用很广泛. 通过互感线圈使能量或信号由一个线圈方便地传递到另一个线圈；利用互感现象的原理可制成变压器、感应圈等.

问题 13.4.2　(1) 何谓互感现象？如何引入互感系数及其单位？

(2) 互感电动势与哪些因素有关？为了在两个导体回路间获得较大的互感，需用什么方法？

例题 13－9　如图，一长直螺线管线圈 C_1，长为 l，截面积为 S，密绕 N_1 匝表面绝缘的导线，在 C_1 上再绕另一与之共轴的线圈 C_2，其长度和截面积都与线圈 C_1 相同，密绕 N_2 匝表面绝缘的导线. 线圈 C_1 称为**原线圈**，线圈 C_2 称为**副线圈**. 螺线管内磁介质的磁导率为 μ. 求：(1) 这两个共轴螺线管的互感系数；(2) 这两个螺线管的自感系数与互感系数的关系.

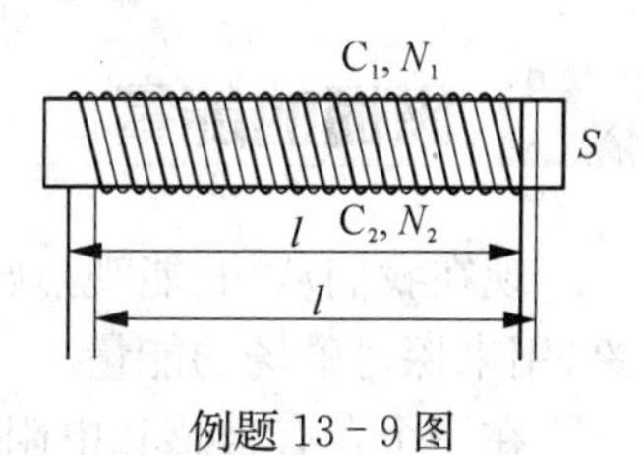

例题 13－9 图

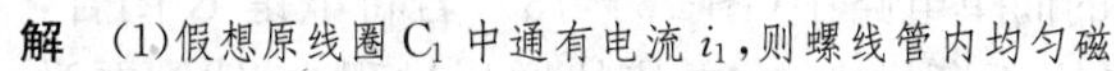

解　(1) 假想原线圈 C_1 中通有电流 i_1，则螺线管内均匀磁

场的磁感应强度为 $B=\mu N_1 i_1/l$，且磁通量为

$$\Phi_m = BS = \mu \frac{N_1 i_1}{l} S$$

因为磁场集中在螺线管内部，所有磁感线都通过副线圈 C_2，即通过副线圈的磁通量也为 Φ_m，故副线圈的磁链为

$$N_2 \Phi_m = \mu \frac{N_1 N_2 i_1}{l} S$$

按互感系数的定义式(13-11)，对 N_2 匝线圈来说，当穿过每匝回路的磁通量相同时，应有 $Mi_1 = N_2\Phi_m$，由此得两线圈的互感系数为

$$M = \frac{N_2 \Phi_m}{i_1} = \mu \frac{N_1 N_2}{l} S$$

(2) 在原线圈通电流 i_1 时，原线圈自己的磁链为

$$N_1 \Phi_m = \mu \frac{N_1^2 i_1}{l} S$$

按自感系数的定义式(13-8)，对 N_1 匝线圈来说，当穿过每匝回路的磁通量相同时，应有 $L = N_1\Phi_m/i$，由此得原线圈的自感系数为

$$L_1 = \frac{N_1 \Phi_m}{i_1} = \mu \frac{N_1^2 S}{l}$$

同理，副线圈的自感系数为

$$L_2 = \mu \frac{N_2^2 S}{l}$$

故有

$$M^2 = L_1 L_2$$

由此可得这两螺线管的自感系数与互感系数的关系为

$$M = \sqrt{L_1 L_2} \tag{13-14}$$

顺便指出，只有对本例所述这种完全耦合的线圈，才有 $M=\sqrt{L_1 L_2}$ 的关系. 一般情形下，$M = k\sqrt{L_1 L_2}$，而 $0 \leqslant k \leqslant 1$，$k$ 称为**耦合系数**，k 值视两线圈的相对位置(即耦合的程度)而定.

13.5 磁场的能量

现在我们从功、能观点出发，分析在磁场建立过程中所发生的电磁感应现象，用来探讨磁场的能量.

在一个含有自感和电阻的简单电路中(图 13-13)，若将电键 K 闭合，与外电源 $\mathscr{E}$ 接通，线圈中的电流从零逐渐增大. 在电流的增长过程中，线圈要激起自

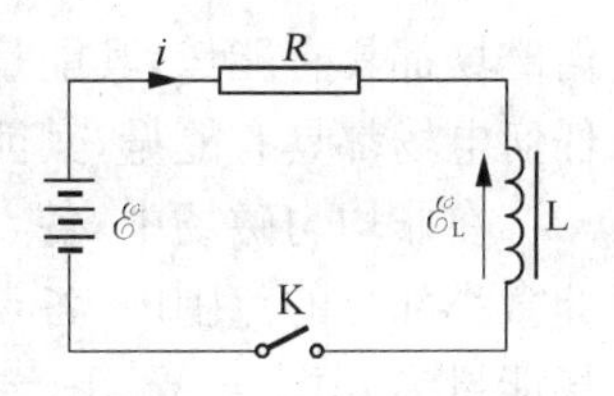

图 13-13 磁场的能量

感电动势，反抗电流的增长，使电流不能立即增大到它的稳定值 I，亦即自感电动势对线圈中磁场的建立产生阻碍作用. 因此，在建立磁场的过程中，外界(电源)所供给的能量，除一部分在电阻上转换为热能外，另一部分要克服自感电动势而作功，并转换为线圈中磁场的能量. 反之，在断开电键 K 的过程中，电路中的电流逐渐减小时，自感电动势的指向与电流流向相同，这时自感电动势在电路中作正功，向电路供应能量，由于这时电源已不再供给能量，那么这部分能量只能来自线圈中的磁场. 最后，当电流衰减到零时，线圈中的磁场随之消失，原来建立磁场时所储存的能量全部释放出来，在电路的电阻上转换为热能而耗散掉.

现在我们来求当电路中具有恒定电流 I 时线圈中磁场的能量. 显然，这能量就等于当电流从零增加至稳定值 I 的过程中，外电源反抗自感电动势所做的功.

设上述电路中线圈的自感为 L，在线圈中电流由零增加到稳定值 I 的过程中，某一时刻的电流为 i，线圈中的自感电动势为 $\mathscr{E}_L = -L\mathrm{d}i/\mathrm{d}t$，按上一章关于电源电动势的定义式(12-14)，即 $\mathscr{E} = A/q$，则电源做功为 $A=\mathscr{E}q=\mathscr{E}it$；而今在 $\mathrm{d}t$ 时间内，外电源反抗自感电动势所做的功应是

$$\mathrm{d}A = -\mathscr{E}_L i\,\mathrm{d}t = L\,i\,\mathrm{d}i$$

所以电流从零增加至 I 时，外电源所做的功是

$$A = \int_0^I L\,i\,\mathrm{d}i = \frac{1}{2}LI^2$$

这功就转换为线圈中磁场的能量，用 W_m 表示磁场能量，则

$$W_\mathrm{m} = \frac{1}{2}LI^2 \tag{13-15}$$

如果我们所用的是密绕的长螺线管，则按式(13-10)，它的自感系数为 $L = \mu n^2\tau$. 螺线管内部是均匀磁场，当通电流 I 时，它的磁感应强度为 $B = \mu nI$. 这样，上述磁场的能量 W_m 可写作

$$W_\mathrm{m} = \frac{1}{2}LI^2 = \frac{1}{2}\mu n^2\tau\frac{B^2}{(\mu n)^2} = \frac{B^2}{2\mu}\tau$$

式中 τ 表示长螺线管的体积. 于是，**磁场能量密度**为

$$w_\mathrm{m} = \frac{W_\mathrm{m}}{\tau} = \frac{B^2}{2\mu} = \frac{1}{2}BH = \frac{\mu}{2}H^2 \tag{13-16}$$

上述结果虽从均匀磁场的特例导出，但可以证明它也适用于非均匀磁场. 任

何磁场都具有能量,其能量密度为 $B^2/(2\mu)$ 或 $BH/2$ 或 $\mu H^2/2$. 与此对应的是:任何电场都具有能量,其能量密度为 $\varepsilon E^2/2$ 或 $ED/2$ 或 $D^2/(2\varepsilon)$.

在非均匀磁场中,各点的 $\boldsymbol{B}$, $\boldsymbol{H}$, μ 不尽相同,但可取一个微小体积元 $\mathrm{d}\tau$,在此微小部分的范围内,各点的 $\boldsymbol{B}$, $\boldsymbol{H}$, μ 可以认为是相同的,则体积元 $\mathrm{d}\tau$ 中的磁场能量为 $\mathrm{d}W_{\mathrm{m}} = w_{\mathrm{m}}\mathrm{d}\tau = (BH/2)\mathrm{d}\tau$,而整个有限体积 τ 中的磁场能量为

$$W_{\mathrm{m}} = \int_{\tau}\mathrm{d}W_{\mathrm{m}} = \int_{\tau}w_{\mathrm{m}}\mathrm{d}\tau = \int_{\tau}\frac{BH}{2}\mathrm{d}\tau \qquad (13-17)$$

问题 13.5.1 (1) 写出磁场能量及其能量密度的公式,并阐明其意义.

(2) 在真空中,设一均匀电场与一个 0.5 T 的均匀磁场具有相同的能量密度,求此电场的电场强度大小.(**答**:$E=1.5\times10^{8}\ \mathrm{V\cdot m^{-1}}$)

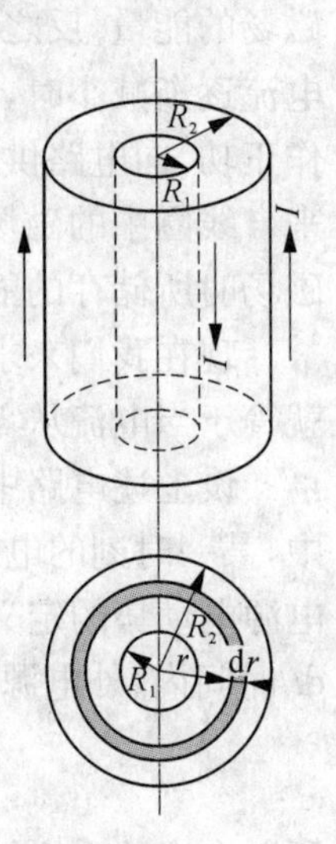

例题 13-10 图

例题 13-10 设有一电缆,由两个无限长的同轴圆筒状导体所组成,其间的介质情况可不考虑,内圆筒和外圆筒上的电流流向相反而强度 I 相等. 设内、外圆筒横截面的半径分别为 R_1 和 R_2,试计算长为 l 的一段电缆内的磁场所储藏的能量.

解 根据安培环路定理可得,在内、外两圆筒之间的区域内离开轴线的距离为 r 处的磁感应强度为 $B=\mu_0 I/(2\pi r)$,在该处的磁场能量密度为

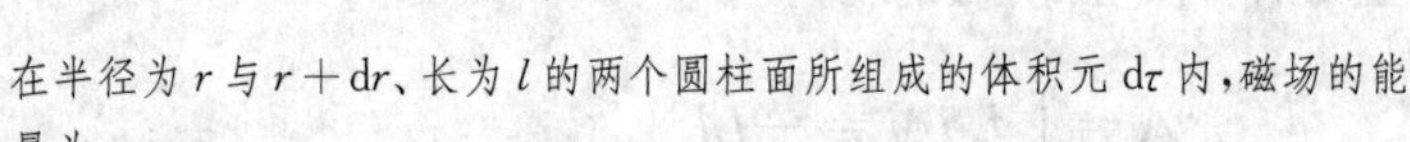

$$w_{\mathrm{m}} = \frac{1}{2}\frac{B^2}{\mu_0} = \frac{1}{2\mu_0}\left(\frac{\mu_0 I}{2\pi r}\right)^2 = \frac{\mu_0 I^2}{8\pi^2 r^2}$$

在半径为 r 与 $r+\mathrm{d}r$、长为 l 的两个圆柱面所组成的体积元 $\mathrm{d}\tau$ 内,磁场的能量为

$$\mathrm{d}W_{\mathrm{m}} = w_{\mathrm{m}}\mathrm{d}\tau = \frac{\mu_0 I^2}{8\pi^2 r^2}2\pi r l\,\mathrm{d}r = \frac{\mu_0 I^2 l}{4\pi}\frac{\mathrm{d}r}{r}$$

对上式积分,可得内、外圆筒之间磁场内储藏的总磁能

$$W_{\mathrm{m}} = \int_{V}w_{\mathrm{m}}\mathrm{d}\tau = \frac{\mu_0 I^2 l}{4\pi}\int_{R_1}^{R_2}\frac{\mathrm{d}r}{r} = \frac{\mu_0 I^2 l}{4\pi}\ln\frac{R_2}{R_1}$$

说明 磁场能量也可用 $W_{\mathrm{m}} = LI^2/2$ 计算. 读者试由例题 13-8 求得的同轴电缆单位长度的自感系数 L' 来求总磁能,结果与上面一致.

13.6 麦克斯韦的位移电流假设

我们一再提到电流的连续性,即在无分支的电路中,通过任何截面的电流强度恒相等. 但是在接有电容器(极板间为真空或为电介质)的电路中,情况就不同了.

图 13-14 表示一个接有平板电容器的电路,充电时[图(a)],正电荷从极板

B 的内表面出发，循着板 B 内部和电阻 R 等，再流向极板 A 而到达板 A 的内表面为止；放电时[图(b)]，正电荷流动的流向则相反. 不论在充电或放电时，在上述过程中，通过导体上任一截面的电流强度，在同一时刻都相等. 但是这种在金属导体中的传导电流，不能在电容器两极板之间的真空或电介质中流动，即在电容器的两极板之间没有电流，因而对整个电路来说，传导电流是不连续的.

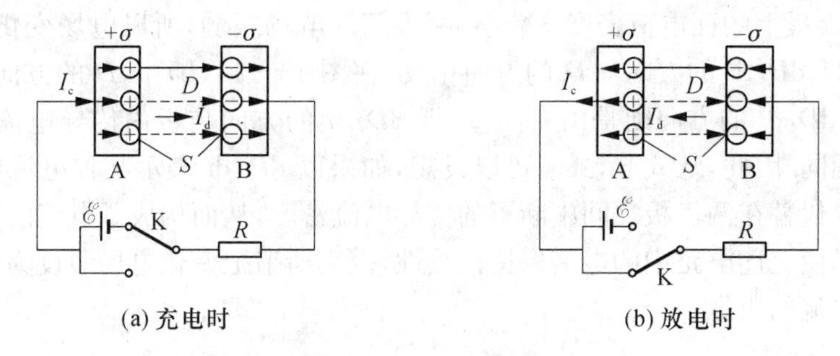

图 13-14　位移电流

为了解决上述电流的不连续问题，并在上述场合下使得适用于闭合传导电流的安培环路定理也能成立，我们来介绍麦克斯韦提出的位移电流的概念.

在上述电路中，当电容器充电或放电时，任一时刻极板 A 上有正电荷 q，其面电荷密度为 $+\sigma$；极板 B 上有负电荷 $-q$，其面电荷密度为 $-\sigma$. 它们都随时间的变化而变化，充电时增大，放电时减小. 设电容器每一极板的面积为 S，则极板内部的传导电流强度为

$$I_c = \frac{\mathrm{d}q}{\mathrm{d}t} = \frac{\mathrm{d}(S\sigma)}{\mathrm{d}t} = S\frac{\mathrm{d}\sigma}{\mathrm{d}t} \tag{ⓐ}$$

传导电流密度为 $j_c = I_c/S$，即

$$j_c = \frac{\mathrm{d}\sigma}{\mathrm{d}t} \tag{ⓑ}$$

在两极板 A，B 之间的真空(或电介质)中传导电流虽然为零，但是在电容器充电或放电的过程中，板上的面电荷密度 σ 随时间的变化而变，因而两极板间电场中的电位移矢量的大小 $D=\sigma$[式(11-43)]和电位移通量 ($\Phi_e = DS = \sigma S$) 也都随时间的变化而变化；其时间变化率分别为

$$\frac{\mathrm{d}D}{\mathrm{d}t} = \frac{\mathrm{d}\sigma}{\mathrm{d}t} \tag{ⓒ}$$

$$\frac{\mathrm{d}\Phi_e}{\mathrm{d}t} = S\frac{\mathrm{d}\sigma}{\mathrm{d}t} \tag{ⓓ}$$

从式ⓐ,式ⓓ可见,两极板之间电位移通量随时间变化的变化率 $\mathrm{d}\Phi_e/\mathrm{d}t$,在数值上等于极板内的传导电流 I_c. 并且还可看出,当电容器充电时,极板上的面电荷密度 σ 增加,两板间的电场增强,所以,电场变化(增强)的方向、即 $\mathrm{d}\boldsymbol{D}/\mathrm{d}t$ 的方向与 $\boldsymbol{D}$ 的方向一致,在图 13-14(a)中,$\boldsymbol{D}$ 的方向是由左向右的,而 $\mathrm{d}\boldsymbol{D}/\mathrm{d}t$ 的方向也是由左向右,即 $\mathrm{d}\boldsymbol{D}/\mathrm{d}t$ 的方向与板内传导电流密度的方向相同;反之,在放电时,极板上的面电荷密度 σ 减小,两板间的电场减弱,所以电场变化(减弱)的方向、即 $\mathrm{d}\boldsymbol{D}/\mathrm{d}t$ 的方向与 $\boldsymbol{D}$ 的方向相反,在图 13-14(b)中,$\boldsymbol{D}$ 的方向是由左向右,而 $\mathrm{d}\boldsymbol{D}/\mathrm{d}t$ 的方向则是由右向左,即 $\mathrm{d}\boldsymbol{D}/\mathrm{d}t$ 的方向与板内传导电流密度的方向仍相同. 因此,从式ⓑ,式ⓒ可以设想,如果以 $\mathrm{d}\boldsymbol{D}/\mathrm{d}t$ 表示某种电流密度,则它就可以代替在两极板之间中断了的传导电流密度,从而构成了电流的连续性.

为了使上述电路中的电流保持连续性,麦克斯韦把变化电场假设为电流,引入位移电流的概念,令

$$I_d = \frac{\mathrm{d}\Phi_e}{\mathrm{d}t} \qquad ⓔ$$

$$j_d = \frac{\mathrm{d}\boldsymbol{D}}{\mathrm{d}t} \qquad ⓕ$$

I_d 和 j_d 分别称为**位移电流**和**位移电流密度**. **即通过电场中某截面的位移电流等于通过该截面的电位移通量的时间变化率;电场中某点的位移电流密度等于该点电位移的时间变化率.** 麦克斯韦认为:位移电流和传导电流一样,都能激发磁场,该磁场和与它等值的传导电流所激发的磁场完全相同. 这样,在整个电路中,传导电流中断的地方就由位移电流来接替,而且它们的数值相等,流向也一致. 也就是说,如果把导体上的传导电流和真空(或电介质)中的位移电流都考虑在内,整个电路中的电流就处处连续.

麦克斯韦对位移电流的上述假设,不仅使电流成为连续的,而且在磁效应方面,位移电流也和传导电流等效. 这就是说,**变化着的电场和传导电流一样,也是建立磁场的原因,而且变化电场所建立的磁场,其磁感应线也是闭合曲线**,即为涡旋场. 如果以 $\boldsymbol{H}^{(2)}$ 表示位移电流 I_d 在周围建立的磁场,则根据上述假设,$\boldsymbol{H}^{(2)}$ 也应适合安培环路定理,即

$$\oint_l \boldsymbol{H}^{(2)} \cdot \mathrm{d}\boldsymbol{l} = I_d = \frac{\mathrm{d}\Phi_e}{\mathrm{d}t} \qquad (13-18)$$

即磁场强度 $\boldsymbol{H}^{(2)}$ 沿任意闭合回路 l 的环流,等于穿过该回路所包围面积的电位移通量对时间的变化率 $\mathrm{d}\Phi_e/\mathrm{d}t$. 而 Φ_e 为穿过该闭合回路 l 所包围面积 S 的电位移通量,即

$$\Phi_e = \iint_S \boldsymbol{D} \cdot \mathrm{d}\boldsymbol{S}$$

对给定回路来说,电位移通量的变化完全由电场的变化所引起,故

$$\frac{\mathrm{d}\Phi_e}{\mathrm{d}t} = \frac{\mathrm{d}}{\mathrm{d}t}\iint_S \boldsymbol{D} \cdot \mathrm{d}\boldsymbol{S} = \iint_S \frac{\partial \boldsymbol{D}}{\partial t} \cdot \mathrm{d}\boldsymbol{S}$$

因此,式(13-18)又可表示为

$$\oint_l \boldsymbol{H}^{(2)} \cdot \mathrm{d}\boldsymbol{l} = \iint_S \frac{\partial \boldsymbol{D}}{\partial t} \cdot \mathrm{d}\boldsymbol{S} \qquad (13-19)$$

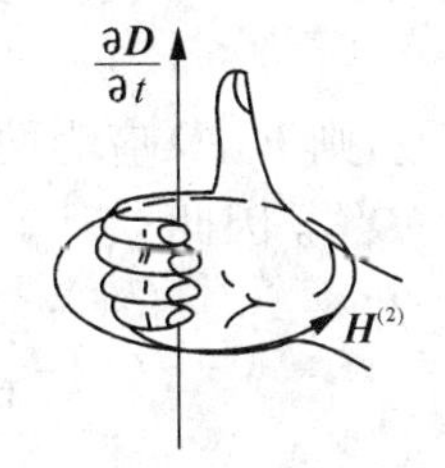

图 13-15　$\boldsymbol{H}^{(2)}$ 与 $\partial\boldsymbol{D}/\partial t$ 形成右手螺旋关系

上式表达了变化电场(由 $\partial\boldsymbol{D}/\partial t$ 描述)与它所建立的磁场 $\boldsymbol{H}^{(2)}$ 之间的联系. 磁场线 $\boldsymbol{H}^{(2)}$ 的绕向和回路中电位移矢量对时间的变化率 $\partial\boldsymbol{D}/\partial t$ 的方向形成右手螺旋关系,即如果右手四指弯曲的方向沿着磁场线 $\boldsymbol{H}^{(2)}$ 的绕向,则伸直的大拇指的指向就是 $\partial\boldsymbol{D}/\partial t$ 的方向(图13-15).

麦克斯韦的位移电流假设已由它所导出的许多结论和实验结果而得到证实. 由此可见,位移电流的引入,深刻地揭露了变化电场和磁场的内在联系.

最后指出,仅就激发磁场方面来说,位移电流和传导电流是等效的,因此都称为电流;但在其他方面,两者不能相提并论,例如传导电流通过导体时要产生热效应,而位移电流则没有热效应.

问题 13.6.1　试述位移电流及其意义,它与传导电流有何异同?

13.7 麦克斯韦方程组的积分形式

麦克斯韦系统地总结了前人的成果,特别是总结了电磁学的基本规律,然后提出了涡旋电场和位移电流的概念,从理论上概括、总结、推广和发展了电磁学理论,从而建立了表达电磁场理论的麦克斯韦方程组,为此,我们先对电场和磁场的规律作一归纳.

13.7.1　电　场

空间任一点的电场可以是由电荷激发的静电场或稳恒电场,也可以是由变化的磁场激发的涡旋电场. 稳恒电场和静电场的规律是相同的,是有源无旋场,是保守场,具有电势;涡旋电场是无源有旋场. 前者的电力线不闭合,后者则是闭合的,若用 $\boldsymbol{E}^{(1)}$,$\boldsymbol{D}^{(1)}$ 表示静电场或稳恒电场的电场强度和电位移矢量,用 $\boldsymbol{E}^{(2)}$,

$\boldsymbol{D}^{(2)}$表示涡旋电场的电场强度和电位移矢量,则高斯定理和电场强度的环流为

$$\oiint_S \boldsymbol{D}^{(1)} \cdot \mathrm{d}\boldsymbol{S} = \sum_i q_i \tag{13-20}$$

$$\oint_l \boldsymbol{E}^{(1)} \cdot \mathrm{d}\boldsymbol{l} = 0 \tag{13-21}$$

$$\oiint_S \boldsymbol{D}^{(2)} \cdot \mathrm{d}\boldsymbol{S} = 0 \tag{13-22}$$

$$\oint_l \boldsymbol{E}^{(2)} \cdot \mathrm{d}\boldsymbol{l} = -\iint_S \frac{\partial \boldsymbol{B}}{\partial t} \cdot \mathrm{d}\boldsymbol{S} \tag{13-23}$$

设$\boldsymbol{E}$, $\boldsymbol{D}$分别表示空间任一点电场的电场强度和电位移矢量,则$\boldsymbol{E}$, $\boldsymbol{D}$应为两类性质不同的电场的矢量和,即$\boldsymbol{E} = \boldsymbol{E}^{(1)} + \boldsymbol{E}^{(2)}$, $\boldsymbol{D} = \boldsymbol{D}^{(1)} + \boldsymbol{D}^{(2)}$, 因此

$$\oiint_S \boldsymbol{D} \cdot \mathrm{d}\boldsymbol{S} = \sum_i q_i \tag{13-24}$$

$$\oint_l \boldsymbol{E} \cdot \mathrm{d}\boldsymbol{l} = -\iint_S \frac{\partial \boldsymbol{B}}{\partial t} \cdot \mathrm{d}\boldsymbol{S} \tag{13-25}$$

13.7.2 磁　场

空间任一点的磁场可以是传导电流产生的,也可以是位移电流产生的. 两者产生的磁场是相同的,都是涡旋场,磁感应线都是闭合的. 若用$\boldsymbol{B}^{(1)}$和$\boldsymbol{H}^{(1)}$表示传导电流的磁场,$\boldsymbol{B}^{(2)}$和$\boldsymbol{H}^{(2)}$表示位移电流的磁场,则高斯定理和安培环路定律为

$$\oiint_S \boldsymbol{B}^{(1)} \cdot \mathrm{d}\boldsymbol{S} = 0 \tag{13-26}$$

$$\oint_l \boldsymbol{H}^{(1)} \cdot \mathrm{d}\boldsymbol{l} = \sum_i I_i \tag{13-27}$$

$$\oiint_S \boldsymbol{B}^{(2)} \cdot \mathrm{d}\boldsymbol{S} = 0 \tag{13-28}$$

$$\oint_l \boldsymbol{H}^{(2)} \cdot \mathrm{d}\boldsymbol{l} = I_\mathrm{d} = \iint_S \frac{\partial \boldsymbol{D}}{\partial t} \cdot \mathrm{d}\boldsymbol{S} \tag{13-29}$$

设$\boldsymbol{B}$, $\boldsymbol{H}$分别表示空间任一点磁场的磁感应强度和磁场强度,则$\boldsymbol{B}$, $\boldsymbol{H}$应为两种相同性质磁场的矢量和,即$\boldsymbol{B} = \boldsymbol{B}^{(1)} + \boldsymbol{B}^{(2)}$, $\boldsymbol{H} = \boldsymbol{H}^{(1)} + \boldsymbol{H}^{(2)}$. 因此

$$\oiint_S \boldsymbol{B} \cdot \mathrm{d}\boldsymbol{S} = 0 \tag{13-30}$$

$$\oint_l \boldsymbol{H} \cdot \mathrm{d}\boldsymbol{l} = \sum_i I_i + \iint \frac{\partial \boldsymbol{D}}{\partial t} \cdot \mathrm{d}S \tag{13-31}$$

上式中等号右端是传导电流和位移电流之和，称为**全电流**，上式也称为全电流定律. 全电流总是闭合的，亦即全电流永远是连续的. 实际上，无论在真空中或在电介质中的电流主要是位移电流，传导电流可忽略不计，但是，当电介质被击穿时，传导电流就不能忽略了. 在一般情况下，金属中的位移电流可忽略不计，但在电流变化频率较高的情况下，位移电流就不能略去.

13.7.3　电磁场的麦克斯韦方程组(积分形式)

综合上述电场和磁场的规律，可简洁而完美地用下列四个方程表达：

$$\oiint_S \boldsymbol{D} \cdot \mathrm{d}\boldsymbol{S} = \sum_i q_i \tag{13-24}$$

$$\oint_l \boldsymbol{E} \cdot \mathrm{d}\boldsymbol{l} = -\iint_S \frac{\partial \boldsymbol{B}}{\partial t} \cdot \mathrm{d}\boldsymbol{S} \tag{13-25}$$

$$\oiint_S \boldsymbol{B} \cdot \mathrm{d}\boldsymbol{S} = 0 \tag{13-30}$$

$$\oint_l \boldsymbol{H} \cdot \mathrm{d}\boldsymbol{l} = \sum_i I_i + \iint_S \frac{\partial \boldsymbol{D}}{\partial \boldsymbol{t}} \cdot \mathrm{d}\boldsymbol{S} \tag{13-31}$$

一般地说，$\frac{\partial \boldsymbol{B}}{\partial t}$是随时间的变化而变化的. 从上述方程组可知，变化的磁场所激发的电场是变化的，又$\frac{\partial \boldsymbol{D}}{\partial t}$也是随时间的变化而变化的，同理可知，变化的电场所激发的磁场也是变化的. 这样，变化的电场和磁场是紧密联系、互相交织在一起的. 而不是简单的电场和磁场的叠加，故可以称为统一的**电磁场**，这在认识上是一个飞跃. 这四个方程称为**麦克斯韦方程组的积分形式**. 在实际应用中更为重要的是要知道场中各点的场量，为此，可以通过数学变换，将上述积分形式的方程组变为微分形式的方程组，而这个微分方程组，常称为**麦克斯韦方程组**.

在各向同性均匀介质中，由麦克斯韦方程组，再加上以前曾介绍过的描述物质性质的物质方程，即

$$\boldsymbol{D} = \varepsilon \boldsymbol{E}$$
$$\boldsymbol{B} = \mu \boldsymbol{H}$$
$$\boldsymbol{j} = \gamma \boldsymbol{E}$$

再考虑到边界条件和初始条件,原则上就可求解电磁场的问题.因此,麦克斯韦方程组在电磁学中具有举足轻重的重要地位.

问题 13.7.1 试述麦克斯韦方程式(积分形式)及其意义.

13.8 电磁振荡 电磁波

13.8.1 电磁振荡

在具有电容和自感的电路中,电流作周期性的变化,称为**电磁振荡**.产生电磁振荡的电路称为**振荡电路**.最简单的振荡电路是由一电容器与一自感线圈串联而成的 L—C 回路,如图 13-16 所示.在 $t=0$ 时,电容器已充了电,极板之间有电场,因而具有电能,连接线圈后,电容器开始放电,同时由于线圈的自感作用,电流只能是从零开始逐渐增大.这样,电容器由于放电而电能逐渐减少,同时线圈中由于电流增大而磁能逐渐增加.在一段时间以后,电容器上的电量减小到零,电能也就减小为零.但此时电路中的电流达到最大,线圈中所产生的磁能达到最大.相当于图中 $t=T/4$ 的情况.T 表示振荡的周期.粗看起来,电容器这时放电完了,电流应当中止.但是由于在磁场减小的同时,线圈中将产生自感电动势,从而产生感应电流.按楞次定律,这一电流应该沿原有的方向流动,使电容器重新充电,不过在极板上所集积的电荷的符号与 $t=0$ 时相反.到 $t=T/2$ 时,这时反向的充电过程结束,磁场消失了,电流也就消失了,所有的能量又重新转化为电能集中在电容器内,然后再开始放电.这样,电荷在电容器的极板间来回流动,形成了电磁振荡.这种振荡与我们所熟知的弹簧振子的机械振动(图 13-16 的右方)可作类比.

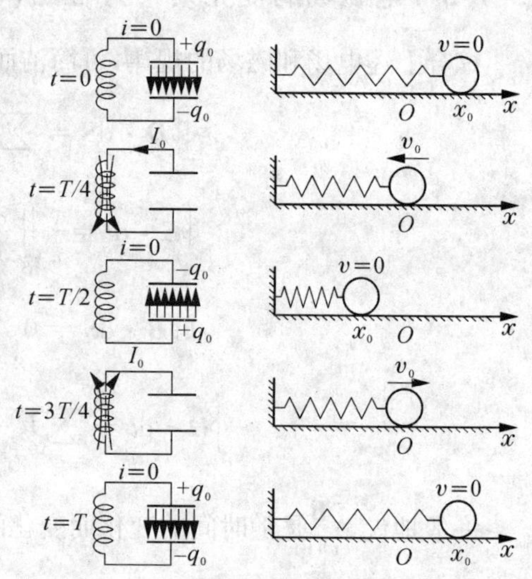

图 13-16 电磁振荡和弹簧振子的振动

由上述讨论可知:电磁振荡中电容器带电后所产生的电势差,对应于弹簧振子在振动时弹簧伸长或缩短所产生的弹性力,线圈的自感作用对应于弹簧振子的惯性作用.从能量方面考虑,则电能与弹性势能相对应,而磁能与动能相对应.

在上述电路中,若电阻和辐射等阻尼可以忽略不计,则电能与磁能相互转变时,由于没有其他形式能量的耗散和转换,电能与磁能之总和保持不变,电荷和电流的最大值也保持不变，这种振荡称为**无阻尼自由振荡**. 对此，我们可以进一步作如下的定量分析.

设任一时刻电容为 C 的电容器上带电荷为 q，自感为 L 的线圈中的电流为 i. 对无阻尼自由振荡而言，按能量守恒定律，电能 $W_e = q^2/(2C)$ 与磁能 $W_m = Li^2/2$ 之和为恒量，即

$$\frac{1}{2}\frac{q^2}{C} + \frac{1}{2}Li^2 = \text{恒量}$$

将上式对时间 t 求导后，把 $i = \mathrm{d}q/\mathrm{d}t$, $\mathrm{d}i/\mathrm{d}t = \mathrm{d}^2q/\mathrm{d}t^2$ 代入，化简，并令 $\omega^2 = 1/(LC)$. 得

$$\frac{\mathrm{d}^2q}{\mathrm{d}t^2} + \omega^2 q = 0 \tag{13-32}$$

把上式与简谐运动方程 $\mathrm{d}^2x/\mathrm{d}t^2 + \omega^2 x = 0$ 相比较，可知其解为

$$q = q_0\cos(\omega t + \varphi) \tag{13-33}$$

式中，q_0 是按初始条件：$t = 0$ 时，$q = q_0$ 来决定的，即 q_0 为电容器极板上电荷的最大值（即电荷振幅）. 将上式对时间 t 求导，得电流为

$$i = -\omega q_0\sin(\omega t + \varphi) \tag{13-34}$$

式中，ωq_0 是电流振幅，即电流的最大值 I_0. 式(13-33)、式(13-34)表明，在无阻尼的电磁振荡过程中，振荡电路两端极板上电荷的大小、正负和振荡电路中电流的大小、流向都随时间 t 的变化作周期性变化. 由于 $\omega^2 = 1/(LC)$，而 ω 即为振荡的角频率，则振荡的周期和频率分别为 $T = 2\pi/\omega$, $\nu = 1/T$, 由此得

$$T = 2\pi\sqrt{LC} \tag{13-35}$$

和

$$\nu = \frac{1}{2\pi}\sqrt{\frac{1}{LC}} \tag{13-36}$$

从上两式可知，无阻尼自由振荡的周期和频率取决于振荡电路本身的性质（即 L 和 C），故分别称为**固有周期**和**固有频率**. 自感和电容越小，固有周期越短，也就是固有频率越高.

无阻尼自由振荡是理想的情况，事实上任何电路都有电阻，因而一部分能量要转变为热能. 此外，振荡电路还要把电磁能量以电磁波的形式向周围空间发射出去. 因此，电磁能量的总和逐渐减少，电荷和电流的振幅逐渐衰减. 这种能量和振幅随时间减小的振荡称为**阻尼振荡**或**减幅振荡**. 和机械振动相仿，阻尼振荡的频率比无阻尼时的频率要低.

若电路中有“外加的”周期性电动势作用，也可以产生振荡. 这种振荡与上述自由振荡不同，称为**受迫振荡**. 受迫振荡的频率取决于外加电动势的频率. 当外加电动势频率与电路自由振荡的固有频率相同时，振荡的振幅达到最大值，这种现象称为**电共振**. 电共振在无线电技术中有广泛的应用. 例如，我们用可变电容器和线圈组成 LC 电路，当改变电容时，由式(13 - 36)，此电路的固有频率也随着改变，在达到与外加电动势的频率相等时，便产生电共振. 这种 LC 电路叫做**谐振电路**.

问题 13.8.1 (1) 什么叫电磁振荡？试与机械振动相比拟. 从能量观点说明含有自感线圈和电容器的电路(电阻不计)能产生电磁振荡，只含有电阻和电容的电路或只含有电阻和自感线圈的电路都不可能产生电磁振荡.

(2) 在 LC 电路中，不计电阻，问振荡的频率和振幅分别取决于哪些因素？有一个 $L = 10\ \mathrm{mH}$ 的线圈和两个电容分别为 $C_1 = 5\ \mu\mathrm{F}$, $C_2 = 2\ \mu\mathrm{F}$ 的电容器，试将它们组合成各种 LC 电路，可得几种谐振频率？

(3) 在同一电路中同时通有直流和高频交变电流，①用什么方法才能只允许直流通过？②又用什么方法才能只允许交变电流通过？

13.8.2 电磁波

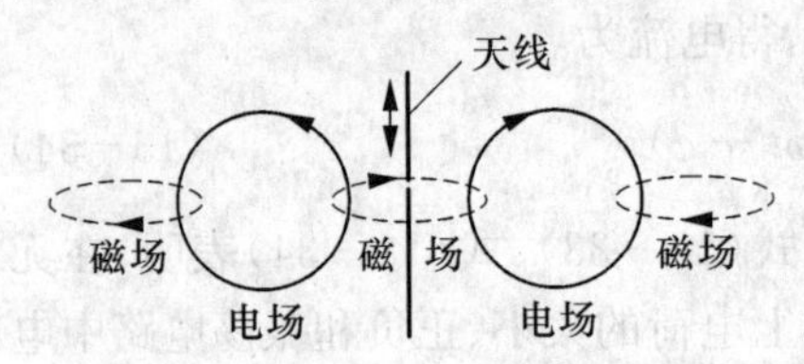

图 13 - 17 变化的电场与变化的磁场向周围空间传播示意图

我们知道，当介质中质元之间相互有弹性力作用时，某处质元的机械振动可以引起周围质元的机械振动，因而由近及远地把振动向周围的介质中传播出去，形成机械波. 与此相仿，根据麦克斯韦的电磁场理论，设在空间某一区域中电场有变化，并设电场随时间的变化率也是随时间变化的，那么在邻近的区域就要引起随时间变化的磁场；这变化的磁场又在较远的区域引起新的变化电场，接着，这新的变化电场又在更远的区域引起新的变化磁场，此后的过程可以依次类推. 这样，如图 13 - 17 所示，变化的电场和变化的磁场交替产生，由近及远地向周围空间传播出去. **这种变化的电磁场在空间中的传播，称为电磁波.**

在电磁波传播途中，任一点上的电场强度和磁场强度的大小和方向都在随时间变化着；而在整个空间，这个变化的电磁场按一定的速度以波的形式向四周传播出去.

电磁波在本质上不同于机械波，它是变化的电场和磁场交替产生，并由近及远传播时，无需借助于介质，在真空中也能传播.

13.8.3　电磁波的辐射和传播

我们知道，一切电场和磁场都来源于电荷及其运动. 相对于我们(参考系)静止或作匀速直线运动的电荷，相应地只能在其周围激发静电场或稳恒磁场，不能向远处辐射出去. 如果电荷相对于我们作变速运动，那么，其周围的电场和磁场都将随时间的变化而变化，从而将引起变化的电磁场在空间的传播. 也就是说，变速运动的电荷能够向周围空间辐射电磁波.

为了有效地发射电磁波，现在讨论振荡偶极子所辐射的电磁波.

在电磁振荡中，振荡电路中的电流在作周期性变化. 由麦克斯韦的电磁场理论可知，振荡电路能够发射电磁波. 但在普通振荡电路中，振荡的频率很低，而且电场和磁场几乎分别集中于电容器和自感线圈内，不利于电磁波的发射. 要增大振荡电路的发射，必须改变电路的形状，一方面使振荡的频率能够增高，另一方面使电场和磁场能够尽量地分散在周围的空间.

在图 13-18(a)所示的振荡电路中，电场和磁场分别地被局限在电容器和自感线圈内. 现在我们把电容器 C 两极板间的距离逐渐增大，并把两极板缩成为两个球，同时把线圈的自感 L 逐渐减小，最后变成一条直导线，如图 13-18(b)，(c)，(d)所示. 很明显，电路变成直线时，电场和磁场就分散在周围空间，而且这时电路的电容 C 和自感 L 都很小，因而由式(13-36)可知，其振荡频率很高. 图 13-18(d)所示的这段直导线，电流在其中往复振荡，使电荷在其中涌来涌去，导线两端出现正、负交替的等量异种电荷，这样的电路就是一个**振荡偶极子**，以它为波源，能够发出电磁波，向四周的空间传播出去. 实际上，广播电台的天线[①]就相当于一个振荡偶极子.

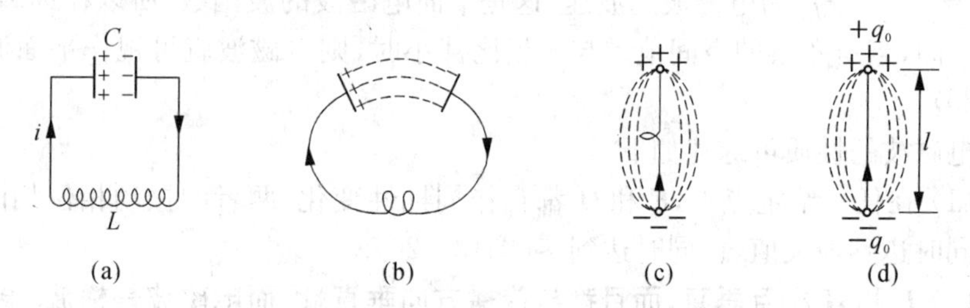

图 13-18　增高振荡频率并开放电磁场的方法

① 广播电台是通过天线发射电磁波而将音频信号传递出去的. 其传递过程是：先将需要传送出去的音频信号转变为电信号；这种与声音频率相同的电信号，因频率较低而不能直接发射出去，需把这种电信号叠加到振荡电路中的高频等幅电流上，于是高频振荡电流的振幅就随着电信号的音频电流的波形而改变，或者说，高频等幅电流被所要传递的电信号所**调制**，这种调制的方法叫做**调幅**. 经过调幅的高频振荡电流馈送到天线上，就发射出载有音频信号的电磁波(这种电磁波叫做**调制波**). 常用的调制方法除调幅外，还有**调频**.

如上所述,由于电荷 q 在导线两端正、负交替地出现,振荡偶极子实际上是一个电矩 $\boldsymbol{p}=q\boldsymbol{l}$ 随时间的变化作周期性变化的电偶极子.最简单的振荡偶极子是电矩按余弦方式变化的偶极子,它的电矩大小 p 可表示为

$$p = p_0 \cos \omega t$$

式中,$p_0 = q_0 l$ 是振幅,而 q_0 是电荷最大值;ω 是角频率.这种振荡偶极子所激发的电场和磁场都是迅速变化的,因而必须用麦克斯韦方程计算.下面仅列出计算结果(推导从略).

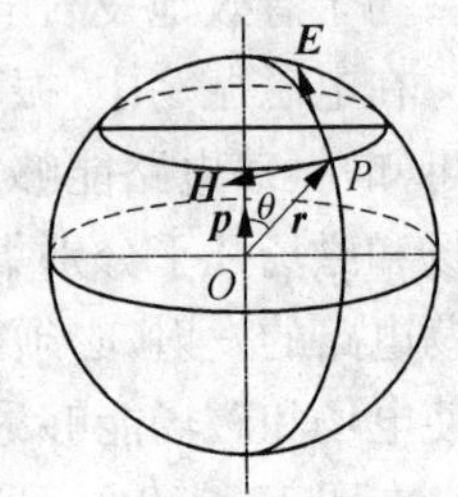

图 13-19　振荡偶极子的辐射

设振荡偶极子位于原点 O,其电矩 $\boldsymbol{p}$ 的方向为竖直向上(图 13-19),周围介质的电容率和磁导率分别为 ε 和 μ. P 为空间任意一点,其位矢 $\boldsymbol{r}$ 与铅直方向成 θ 角.计算结果表明,点 P 的电场强度 $\boldsymbol{E}$、磁场强度 $\boldsymbol{H}$ 和位矢 $\boldsymbol{r}$ 三个矢量互相垂直,并组成一个右旋系统(见图),即矢积 $\boldsymbol{E}\times\boldsymbol{H}$ 的方向与 $\boldsymbol{r}$ 的方向一致.振荡偶极子辐射出去的电磁波是球面波.如果点 P 离偶极子的距离足够远,在点 P 附近所考察的空间范围与 r 相比甚小,则电场强度 $\boldsymbol{E}$ 和磁场强度 $\boldsymbol{H}$ 的数值分别为

$$E = E_0 \cos \omega\left(t - \frac{r}{v}\right) \tag{13-37a}$$

$$H = H_0 \cos \omega\left(t - \frac{r}{v}\right) \tag{13-37b}$$

式中,$v = 1/\sqrt{\varepsilon\mu}$ 为电磁波的波速.这是平面电磁波的波函数.所以在远离偶极子的空间,当所考察的空间范围与 r 相比甚小时,则电磁波就可视作平面波(图 13-20).

电磁波的性质可综述如下:

(1) 在任一给定点上,$\boldsymbol{E}$ 和 $\boldsymbol{H}$ 都在作周期性变化,两者的振动相位相同,即它们同时达到最大值,也同时达到零(图13-20).

(2) **$\boldsymbol{E}$ 和 $\boldsymbol{H}$ 相互垂直,而且都与传播方向垂直,因而电磁波是横波.** 电磁波的波速 $\boldsymbol{v}$ 的方向与 $\boldsymbol{E}$ 及 $\boldsymbol{H}$ 两矢量方向间的关系构成一个右手螺旋关系.若右手四指由 $\boldsymbol{E}$ 矢量方向转过 90°而至 $\boldsymbol{H}$ 矢量方向,则大拇指伸直方向就是电磁波的传播方向,即波速 $\boldsymbol{v}$ 的方向(图 13-20).

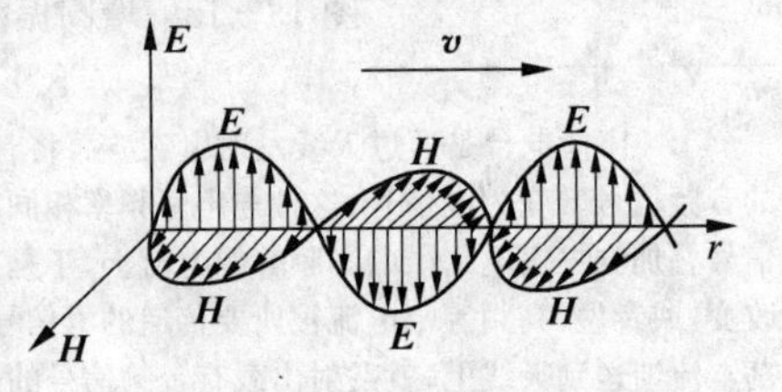

图 13-20　平面电磁波

(3) 在空间任一点上的 $\boldsymbol{E}$ 与 $\boldsymbol{H}$,在数

值上有如下的确定关系：

$$\sqrt{\varepsilon}E=\sqrt{\mu}H \tag{13-38}$$

(4) 电磁波传播速度的大小 v 决定于介质的电容率 ε 和磁导率 μ. 由于真空的电容率 $\varepsilon_0=8.854\times10^{-12}\ \mathrm{F\cdot m^{-1}}$，真空的磁导率 $\mu_0=4\pi\times10^{-7}\ \mathrm{H\cdot m^{-1}}$，电磁波在真空中的传播速度通常用 c 表示，则

$$c=\frac{1}{\sqrt{\varepsilon_0\mu_0}}=\sqrt{\frac{1}{8.854\times10^{-12}\ \mathrm{F\cdot m^{-1}}\times4\pi\times10^{-7}\ \mathrm{H\cdot m^{-1}}}}$$
$$=2.998\times10^{8}\ \mathrm{m\cdot s^{-1}}\approx3.0\times10^{8}\ \mathrm{m\cdot s^{-1}}$$

这一结果与目前用气体激光测定的真空中光速的最精确实验值 $c=299\,792\,458\ \mathrm{m\cdot s^{-1}}$ 非常接近. 历史上，麦克斯韦曾认为这不是一种巧合，并以此作为依据提出光的电磁理论，预言光从本质上来说是一种电磁波. 这种光的电磁理论后来果然被大量实验所证实.

(5) 电场和磁场的变化都是同周期的(图 13 - 20). 以 λ, T 和 ν 分别表示电磁波的波长、周期和频率，则

$$\lambda=vT=\frac{v}{\nu} \tag{13-39}$$

式中，v 为电磁波的波速大小，ν 和 T 都是由电磁波的辐射源所决定的. 显然，这里的辐射源就是振荡偶极子.

(6) 振荡偶极子所辐射的电磁波频率等于偶极子的振动频率. 理论表明，$\boldsymbol{E}$ 和 $\boldsymbol{H}$ 的振幅都和这频率的平方成正比. 这说明短波波源比长波波源更易于辐射.

13.8.4　电磁波的能量

电磁波的传播就是变化电磁场的传播. 由于电磁场具有能量，所以随着电磁波的传播，就有能量的传播. 这种以电磁波形式传播出去的能量，叫做**辐射能**.

以前讲过，电场和磁场的能量密度分别为

$$w_e=\frac{1}{2}\varepsilon E^2,\quad w_m=\frac{1}{2}\mu H^2$$

式中，ε 和 μ 分别为介质的电容率和磁导率. 所以，电磁场的总能量密度为

$$w=w_e+w_m=\frac{1}{2}(\varepsilon E^2+\mu H^2) \tag{ⓐ}$$

由于上述能量决定于 E 和 H，所以辐射能量的传播速度就是电磁波的传播

速度,辐射能的传播方向就是电磁波的传播方向. 设 dA 为垂直于电磁波传播方向的截面积,则在介质不吸收电磁能量的条件下,在 $\mathrm{d}t$ 时间内通过面积 dA 的辐射能量应为 $w\mathrm{d}Av\mathrm{d}t$,在单位时间 ($\mathrm{d}t=1$) 内通过垂直于传播方向上每单位面积 ($\mathrm{d}A=1$) 的辐射能量 S,即为电磁波的能流密度,可写成

$$S=wv \tag{b}$$

将式ⓐ代入式ⓑ,并由 $v=1/\sqrt{\varepsilon\mu}$ 和 $\sqrt{\varepsilon}E=\sqrt{\mu}H$,得

$$S=\frac{v}{2}(\varepsilon E^2+\mu H^2)=\frac{1}{2\sqrt{\varepsilon\mu}}(\sqrt{\varepsilon}E\sqrt{\mu}H+\sqrt{\mu}H\sqrt{\varepsilon}E)$$

即

$$S=EH \tag{13-40}$$

由于 $\boldsymbol{E}$ 和 $\boldsymbol{H}$ 两者互相垂直,并且都垂直于传播方向,三者组成一个右手螺旋关系;而辐射能的传播方向就是电磁波的传播方向,所以上式又可进一步表示成矢量式,即

$$\boldsymbol{S}=\boldsymbol{E}\times\boldsymbol{H} \tag{13-41}$$

式中,$\boldsymbol{S}$ 为电磁波的**能流密度矢量**,也称为**坡印廷矢量**. 上式中三个矢量 $\boldsymbol{E}$, $\boldsymbol{H}$ 和 $\boldsymbol{S}$ 组成的右手螺旋关系如图 13-21 所示.

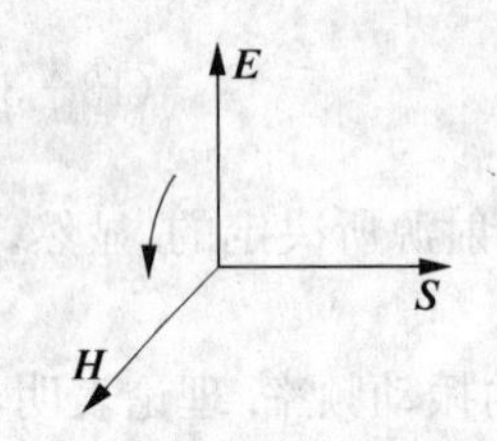

图 13-21 $\boldsymbol{E}$, $\boldsymbol{H}$ 和 $\boldsymbol{S}$ 三矢量组成右手螺旋关系

振荡偶极子在单位时间内辐射出去的能量,称为**辐射功率**. 可以证明,振荡偶极子的辐射功率与频率的四次方成正比. 即辐射能量随着频率的增高而迅速增大. 普通发电厂发出的交流电的频率仅为 50 Hz,因此,电路中辐射出来的电磁波能量可忽略不计. 事实上,只有频率大于10^5 Hz(例如无线电使用的频率)时,才有显著的辐射. 所以在辐射电磁波时,必须设法增高其频率.

1888 年,赫兹用实验方法证实了电磁波的存在,并验证了电磁波与光波在性质上相同,传播的速度也相同. 并且可以发生反射、折射、干涉、衍射和偏振等现象. 也就是说,**电磁波服从一般波动所具有的一切规律**. 至此,麦克斯韦电磁场理论才获得了实验的证明.

问题 13.8.2 (1) 什么叫电磁波? 它与机械波在本质上有什么区别? 试述电磁波的产生方法及其在传播时的一些性质. 为什么当半导体收音机磁性天线的磁棒(棒上绕有线圈)和电磁波的磁场强度 $\boldsymbol{H}$ 方向平行时,收到的信号最响?

(2) 振荡偶极子辐射的电磁波在什么情况下可看作为平面波? 为什么说电磁波是一种横波?

(3) 试述坡印廷矢量及其意义.

(4) 为什么振荡频率越高,电磁波的能量越容易辐射出去?

13.9 电磁波谱

自从用电磁振荡方法产生电磁波，并证明它的性质和光波的性质完全相同以后，人们陆续发现，不仅光波是电磁波，还有 X 射线、γ 射线等也都是电磁波. 所有这些电磁波在本质上完全相同，仅在波长上有差别. 但是，波长不同的电磁波在真空中的传播速度却都是 c. 因为 $\nu\lambda = c$，所以频率不同的电磁波在真空中具有不同的波长. 频率愈高，相应的波长就越短. 所以，可以按照它们的波长或频率的次序排列成谱，这谱称为**电磁波**谱（图 13 - 22）. 图中指出了各种波长范围（波段）的电磁波名称. 现将各波段的电磁波及其用途简介如下：

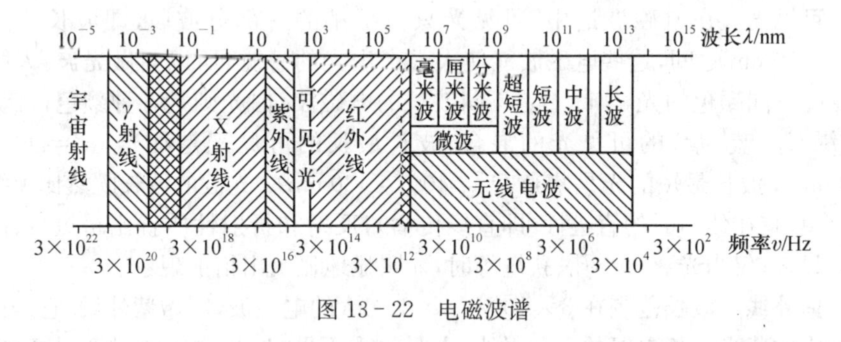

图 13 - 22 电磁波谱

无线电波 在电磁波谱中，波长最长的是**无线电波**. 一般的无线电波是电磁振荡电路通过天线发射出去的. 无线电波按波长的不同而被分为长波、中波、短波、超短波、微波等波段. 其中，长波的波长在 3 km 以上，微波的波长小到0. 1 mm.

不同波长（频率）的电磁波有不同的用途. 广播电台使用的中波频率范围（频段）规定为 535～1 605 kHz；短波频率通常为 2～24 MHz；电视台使用的频率在超短波段；用来测定物体位置的雷达、无线电导航等使用的频率在微波段. 就其传播特性而言，长波、中波由于波长很长，衍射现象显著，所以从电台发射出去的电磁波能够绕过高山、房屋而传播到千家万户；短波的波长较短，衍射现象减弱，主要靠地球外的电离层与地面间的反射，故能传得很远. 超短波、微波由于波长小而几乎只能按直线在空间传播，但因地球表面是球形的，故需设中继站，以改变其传播方向，使之循地球形状将电信号传到远处. 电视，远距离通讯、雷达都采用微波. 当前，多用同步通讯卫星作为微波中继站. 一般只需有三颗同步通讯卫星，就可将无线电信号传送到地球上大部分地区.

红外线 在微波和可见光之间的一个广阔波段范围（波长在 760～10^6 nm 之间）的电磁波，叫做**红外线**. 它在电磁波谱中位于可见光的红光部分之外，人眼看不见,波长比红光更长,红外线主要是由炽热物体辐射出来的.它的显著特性是热效应大,能透过浓雾或较厚大气层而不易被吸收.平时我们站在封闭的火炉的周围,虽看不见光,却明显地感受到热,这种热来源于炉壁辐射的电磁波——红外线.所谓**热辐射**,主要是指红外线辐射.红外线在生产和军事上有着重要应用,例如用红外线烘干油漆,干得快、质量好;由于坦克、舰艇、人体等一切物体都在不停地发射红外线,并且不同的物体所辐射的红外线,其波长和强度亦不同,故而在夜间或浓雾天气可通过红外线探测器来接收信号,并用电子仪器对接收到的信号进行处理,或用对红外线敏感的照相底片进行远距离摄影和高空摄影,从而就可察知物体的形状和特征.这种技术称为**红外线遥感**.利用遥感技术可在飞机或卫星上勘测地形、地貌,监测森林火情和环境污染,预报台风、寒潮,寻找水源或地热等.此外,根据物质对红外线的吸收情况,可以研究物质的分子结构.

可见光 在电磁波谱中,可见光只占很小的一部分波段,即波长范围在400～760 nm之间,这些电磁波能使人眼产生光的感觉,所以叫做**光波**.人眼所看见的不同颜色的光,实际上是不同波长的电磁波,白光则是各种颜色(红、橙、黄、绿、青、蓝、紫)的可见光的混合.波长最长的可见光是红光 ($\lambda = 630 \sim 760$ nm),波长最短的光是紫光 ($\lambda = 400 \sim 430$ nm).光波的波长既然比无线电波更短,它在传播时的直进性(即直线传播),反射和折射性质就比超短波、微波更为显著;仅当光通过小孔、狭缝等时,才明显地显示出衍射现象.

紫外线 波长范围在 $3\times10^2 \sim 4\times10$ nm 的电磁波,叫做**紫外线**.它是比可见光中的紫光波长更短的一种射线,人眼也看不见.炽热物体的温度很高(例如太阳)时,就会辐射紫外线.紫外线有显著的生理作用,杀菌能力较强.在医疗上有其应用;许多昆虫对紫外线特别敏感,农村常用紫外灯(黑光灯)来诱捕害虫;紫外线还会引起强烈的化学作用,使照相底片感光.另一方面,波长为 290～320 nm的紫外线,对生命有害,易诱发皮肤癌,使白内障和呼吸道患者增多.由于臭氧对太阳辐射中的上述紫外线的吸收能力极强,有 95%以上可被它吸收,可是近数十年来,地球上空的臭氧层被严重破坏①,导致到达地球表面的紫外辐射增加.因此,为了减小和避免太阳紫外线的损害,在中午宜尽量减少在阳光下的停留时间,并配戴墨镜,用遮阳伞,甚至穿防护服.由于紫外线很易被长波的红色可见光吸收,滤掉太阳光中较多的紫外线,因此,穿红色衣服,也可减轻皮肤受

---

① 臭氧层在地球上方 10～50 km 之间,浓度最大时也只占空气分子的百万分之几.它宛如吸收太阳辐射中 290～320 nm 紫外线的天然滤波器,对人类有益.近几十年来,由于在冰箱、空调、泡沫塑料、喷雾剂中广泛使用氯氟碳化物,当它们被释放到大气中时,氟本身对地球臭氧并无破坏作用,但分解后产生的氯却使地球上空的臭氧层遭到局部破坏,形成**臭氧洞**.目前,据测试,南极上空的臭氧洞已达 $1\,000\times10^4$ km^2,相当于整个欧洲的面积.当前人们正在研究和设法解决这个问题.例如,对冰箱研制新的制冷剂,以代替氟里昂-12 等.

紫外线的影响.

X 射线　又称**伦琴射线**(俗称 **X 光**),是波长比紫外线更短的电磁波,其波长范围在 $10 \sim 10^{-3}$ nm 之间.它一般是由伦琴射线管产生的.X 射线具有很强的穿透能力,能使照相底片感光、使荧光屏发光.这种性质,在医疗上广泛用于透视和病理检查;工业上用于检查金属部件的内部缺陷和分析晶体结构.

γ 射线　是一种比 X 射线波长更短的电磁波,其波长在 $3\times10^{-1} \sim 10^{-5}$ nm 以至更短.它来自宇宙射线或是由某些放射性元素在衰变过程中放射出来的.它的穿透能力比 X 射线更强,也可用于金属探伤等.通过对 γ 射线的研究,还可帮助了解原子核的结构.此外,原子武器爆炸时,有大量 γ 射线放出,它是原子武器主要杀伤因素之一.

综上所述,各种电磁波的获得方法是不同的,目前在电磁波谱中除以波长极短($10^{-5} \sim 10^{-6}$ nm 以下)的一端以外,没有任何未知的空白.

问题 13.9.1　试按波长的长短将下列电磁波排列起来:可见光、红外线、无线电波、γ 射线、紫外线、X 射线.

习　题　13

13-1　设穿过一回路的磁通量原为 5×10^{-4} Wb.在 0.001 s 内完全消失,试求回路内平均感应电动势的大小.(**答**:0.5 V)

13-2　设回路平面与磁场方向相垂直,穿过回路的磁通量 Φ_m 随时间 t 的变化规律为 $\Phi_m = (3t^3 + 2t^2 + 5)\times10^{-2}$ (式中,Φ_m 以 Wb 计,t 以 s 计),求 $t = 1$ s 时回路中感应电动势的大小和指向.已知磁场方向始终垂直纸面向外.(**答**:13×10^{-2} V,循顺时针转向)

13-3　如图,一铅直的长直导线通有电流 $I = 1.5$ A,将一个面积 $S = 1.4\ \text{cm}^2$ 的小铜圈 C 以速度 $v = 3.25\ \text{m}\cdot\text{s}^{-1}$ 匀速地离导线水平向右移动,铜圈平面与直导线在同一平面内,当铜圈距导线 20 cm 时,求铜圈中的感应电动势.(提示:小铜圈内各点磁感应强度可视作一样,可先求出穿过铜圈面积的磁通量与铜圈到长直导线距离之间的关系,再将距离作为自变量求 $\mathscr{E}_i$.)(**答**:$\mathscr{E}_i = 3.41\times10^{-9}$ V,在铜圈内循顺时针转向)

13-4　如图,设在铁芯上套有两个线圈 A 和 B,当原线圈 A 中的电流变化时,铁芯中的磁通量也变化,磁感应线的正方向如图所示.副线圈 B 有 400 匝,当铁芯中磁通量 Φ_m 在 0.1 s 内均匀地增加 2×10^{-2} Wb 时,求线圈 B 中感应电动势的大小和指向.如线圈 B 的总电阻为 20 Ω,求感应电流的大小.(**答**:80 V,4 A)

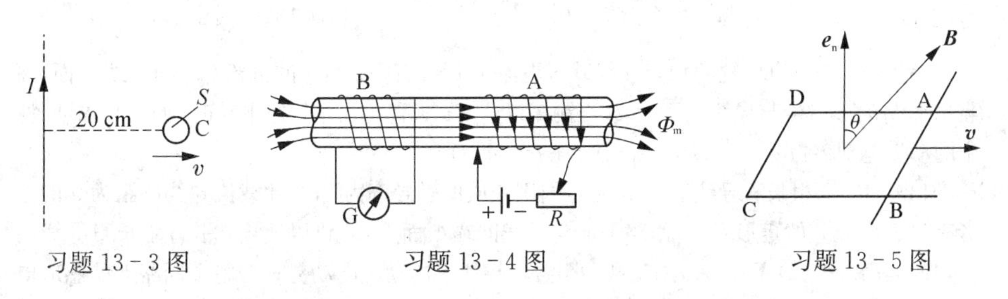

习题 13-3 图　　习题 13-4 图　　习题 13-5 图

13-5 如图所示,水平放置的矩形导体回路ABCD的AB段可平行于DC段而左右滑动,回路放在均匀磁场$\boldsymbol{B}$中,磁场方向与回路平面的法线$\boldsymbol{e}_n$成$\theta=60^\circ$角,$B=0.6\,\mathrm{T}$,AB长1 m,令AB段以速度$v=5\,\mathrm{m\cdot s^{-1}}$向右运动.求回路中电动势的大小和电流的流向.(**答**:1.5 V,A→B)

13-6 飞机金属机翼的两端相距20 m,以200 $\mathrm{m\cdot s^{-1}}$的航速水平地飞行.如果地磁场的磁感应强度的铅直分量为0.5×10^{-4} T,求机翼两端的电势差.(**答**:0.2 V)

13-7 如图所示,两段导体棒AB=BC=10 cm,在B处相接而成30°角.若使整个棒在均匀磁场中以速度$v=1.5\,\mathrm{m\cdot s^{-1}}$平动,$\boldsymbol{v}$的方向垂直于AB;磁场方向垂直图面向内,磁感应强度为$B=2.5\times10^{-2}\,\mathrm{Wb\cdot m^{-2}}$,问A,C间的电势差为多少?哪一端电势高?(**答**:7.02×10^{-3} V,A端高)

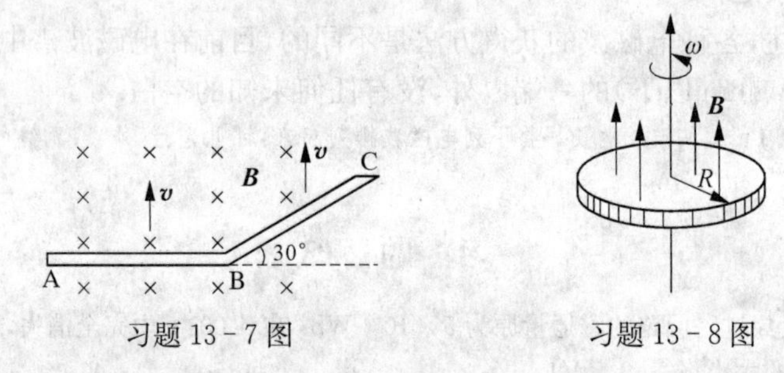

习题13-7图　　习题13-8图

13-8 如图,一半径为R的水平导体圆盘,在竖直向上的均匀磁场$\boldsymbol{B}$中以匀角速ω绕通过盘心的轴转动,圆盘的轴线与磁场$\boldsymbol{B}$平行.(1)求盘边与盘心间的电势差;(2)问盘边还是盘心的电势高?当盘反转时,它们的电势高低是否也会反过来?(**答**:(1)$R^2\omega B/2$;(2)盘边电势高;反转时盘心电势高)

13-9 如图,一铜棒长为$l=0.5\,\mathrm{m}$,水平放置于一竖直向上的均匀磁场$\boldsymbol{B}$中,绕位于距a端$l/5$处的竖直轴OO'在水平面内匀速旋转,每秒钟转两转,转向如图所示.已知该磁场的磁感应强度$B=0.50\times10^{-4}\,\mathrm{Wb\cdot m^{-2}}$.求铜棒两端$a$,$b$的电势差.(**答**:$-4.71\times10^{-5}$ V)

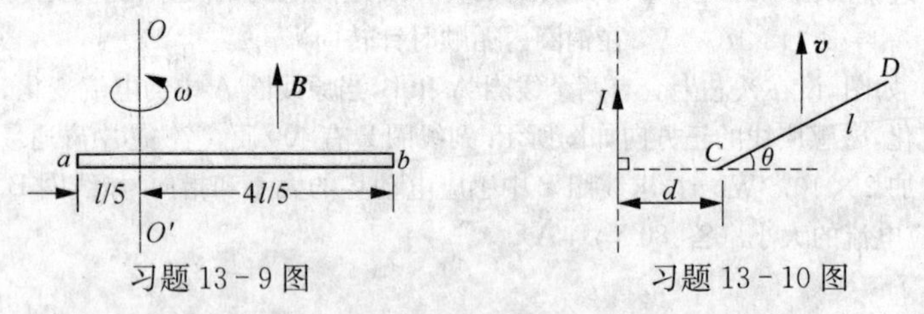

习题13-9图　　习题13-10图

13-10 一铅直放置的长直导线载有电流I,近旁有一长为l的铜棒CD与导线共面,并与水平成θ角,C端与导线相距为d.当铜棒以速度$\boldsymbol{v}$竖直向上作匀速平动时(如图),求证:棒中的动生电动势为$\mathscr{E}_i=(\mu_0 Iv/2\pi)\ln(1+l\cos\theta/d)$.

13-11 一根长直导线通有电流I,周围介质的磁导率为μ,与此载流导线相距为d的近旁有一长b、宽a的矩形回路,回路平面与导线同在纸面上.回路以速度$\boldsymbol{v}$平行于长直导线向上匀速运动.求:(1)AB,BC,CD和DA各段导线上的动生电动势;(2)整个回路上的感应电动势.(答:(1) 分别为 $-(\mu Iv/2\pi)\ln(1+a/d)$, 0, $(\mu Iv/2\pi)\ln(1+a/d)$, 0;(2) 0)

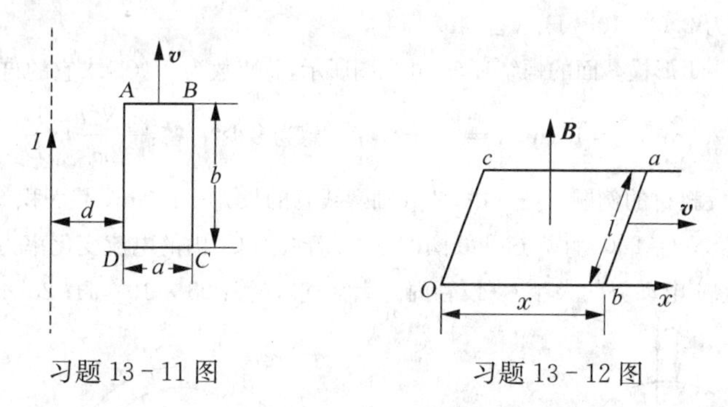

习题 13 - 11 图　　习题 13 - 12 图

13 - 12　如图所示,在均匀磁场 $\boldsymbol{B}$ 中放置一长方形导体回路 $Ocab$,其中,边长为 l 的 ab 段可沿 x 轴方向以匀速 $\boldsymbol{v}$ 向右滑动. 设磁场 $\boldsymbol{B}$ 的方向垂直于回路平面,磁感应强度的大小 $\boldsymbol{B}$ 随时间 t 的变化规律为 $B = kt$(比例系数 $k > 0$). 求回路中任意时刻的感应电动势.(答:$\mathscr{E}_i = -2klvt$,循顺时针转向)

13 - 13　如图,在磁感应强度 $B = 0.84\ \mathrm{Wb \cdot m^{-2}}$ 的均匀磁场中,有一边长为 $a = 5\ \mathrm{cm}$ 的正方形线圈在旋转,磁感应强度方向与转轴垂直,当线圈以角速度 $\omega = 20\pi\ \mathrm{rad \cdot s^{-1}}$ 旋转时,求线圈中最大的感应电动势.(答:1.32×10^{-1} V)

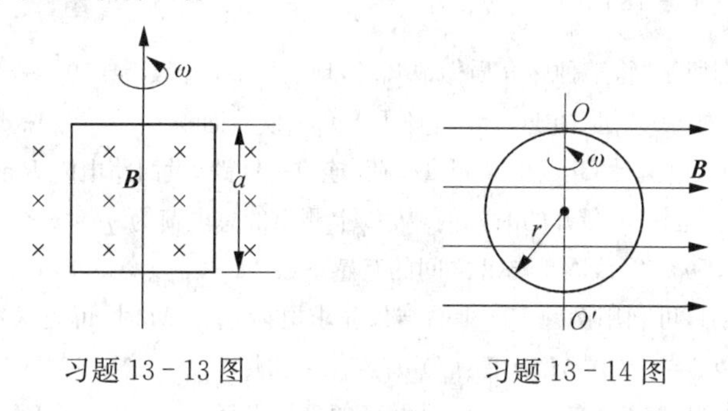

习题 13 - 13 图　　习题 13 - 14 图

13 - 14　一半径为 r,总电阻为 R 的圆环,在均匀磁场 $\boldsymbol{B}$ 中以匀角速度 ω 绕一通过圆环直径的轴 OO' 转动,该轴垂直于磁场 $\boldsymbol{B}$. 当 $t = 0$ 时,圆环平面与纸面重合,t 时刻圆环平面转过 θ 角,且不考虑自感作用. 求:(1)当 $0 < \theta < 90°$ 时,圆环中的感应电流;(2)当 $\theta = 30°$ 时,圆环所受的磁力矩.(答:(1) $i = (\omega B\pi r^2/R)\cos\omega t$,流向循顺时针转向;(2) $M = 3\omega B^2\pi^2 r^4/4R$,其方向将导致圆环逆着原来的转向绕轴旋转)

13 - 15　每米绕有 600 匝线圈的长直螺线管,通以均匀变化的电流,其变化率为 $\mathrm{d}I/\mathrm{d}t = 500\ \mathrm{A \cdot s^{-1}}$. 今在螺线管内的中部放置一个匝数为 60 匝、半径为 1.0 cm 的圆形小线圈,此小线圈的平面垂直于螺线管的中心轴线. 求小线圈中感应电动势的大小.(答:7.11×10^{-3} V)

13 - 16　在教材图 13 - 11 所示电路中,电阻 $R = 10\ \mathrm{k\Omega}$、电感 $L = 1$ H,电源的电动势为 $\mathscr{E} = 10$ V. 当电键 K 闭合后,电路中电流达到稳定值 $I_m = 1$ mA. 此后,电键 K 断开,并合上电键 K′,此电流由稳定值 I_m 在 1 μs(即 10^{-6} s)内变为零. 求线圈中的自感电动势.(答:1 000 V,是原来电源电压的 100 倍!)

13-17 在长为 0.20 m、直径为 5.0 cm 的硬纸筒上,需绕多少匝线圈,才能使绕成的螺线管的自感约为 2.0×10^{-3} H.(答:400 匝)

13-18 一矩形横截面的螺绕环,尺寸如图所示,总匝数为 N.(1)求它的自感.(2)设 $N=1\,000$ 匝,$D_1=20$ cm,$D_2=10$ cm,$h=1.0$ cm,求自感为多少?(答:$\dfrac{\mu_0 N^2 h}{2\pi}\ln\dfrac{D_1}{D_2}$;$1.39\times10^{-3}$ H)

13-19 设教材的例题 13-9 中,两共轴螺线管的长 $l=1.0$ m,截面积 $S=10\ \text{cm}^2$,匝数 $N_1=1\,000$,$N_2=200$. 计算这两线圈的互感. 若线圈 C_1 内的电流变化率为 $10\ \text{A}\cdot\text{s}^{-1}$,求线圈 C_2 内的感应电动势的大小?(设管内充满空气.)(答:25×10^{-5} H;25×10^{-4} V)

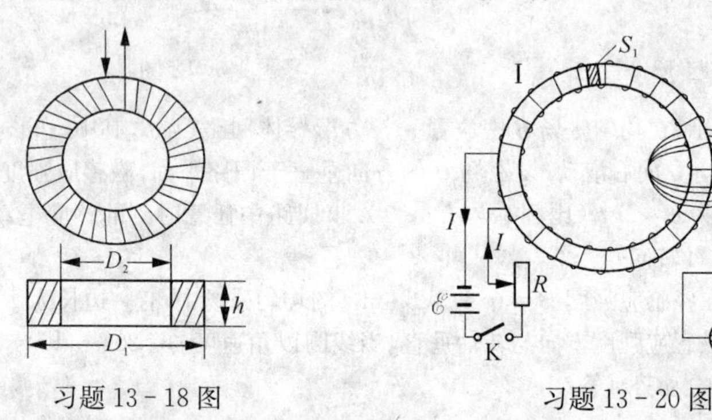

习题 13-18 图　　习题 13-20 图

***13-20** 如图所示,将某种磁介质做成圆环,环的横截面积 $S_1=10/4\pi\ \text{cm}^2$,沿周长为 20 cm 的环上密绕线圈 1 000 匝. 在这一螺绕环Ⅰ上套一横截面积 $S_2=20/4\pi\ \text{cm}^2$ 的线圈Ⅱ,共密绕 5 匝,并与冲击电流计 G(可用来测量电荷)连成一回路,设回路电阻 $R=5\ \Omega$. 线圈Ⅰ通有直流电流 1 A,当电键 K 断开的时间内,从 G 上测出的总电荷为 $q=2\times10^{-5}$ C. 求:(1)磁介质的相对磁导率 μ_r;(2)线圈Ⅰ与Ⅱ之间的互感系数 M.

(提示:求 μ_r 时,可利用例题 13-1 的结果先求电荷 q;求 M 时,可先求穿过线圈Ⅱ的磁通量 Φ_m,再由 $N\Phi_m=Mi$ 求 M.)(答:(1) $\mu_r=40$;(2) $M=1.00\times10^{-4}$ H)

13-21 一环状铁芯绕有 1 000 匝线圈,环的平均半径为 $r=8$ cm,环的横截面积 $S=1\ \text{cm}^2$,铁芯的相对磁导率 $\mu_r=500$. 试求:当线圈中通有电流 $I=1$ A 时,磁场的能量和磁场的能量密度.(答:6.25×10^{-2} J;$1.24\times10^{3}\ \text{J}\cdot\text{m}^{-3}$)

13-22 设电流 I 均匀地通过一半径为 R 的无限长圆柱形直导线的横截面,(1)求导线内的磁场分布;(2)求证:每单位长度导线内所储存的磁场能量为 $\mu_0 I^2/16\pi$.

13-23 在习题 13-18 中,若螺绕环内部充满相对磁导率为 μ_r 的磁介质,当线圈上通有电流 I 时,求螺绕环内、外的磁场能量.(答:$W_{m内}=(1/4\pi)\mu_r\mu_0 N^2 I^2 h\ln(D_1/D_2)$;$W_{m外}=0$)

13-24 如图,设磁场中各点的磁感应强度 $\boldsymbol{B}$ 的大小以恒定的变化率 $\Delta B/\Delta t$ 增加着,求距离中心 O 为 $r(r<R)$ 处的涡旋电场强度的大小.

(提示:由于对称性,在圆心为 O、半径为 r 的圆周上,$E^{(2)}$ 的大小相同,方向沿切线方向. 因此按式(13-6)即可求解.)$\left(答:E^{(2)}=\dfrac{1}{2}r\dfrac{\Delta B}{\Delta t}\right)$

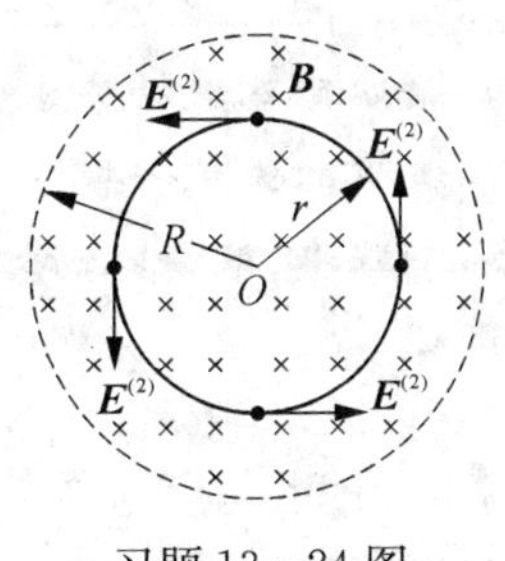

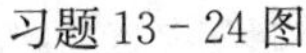
习题 13 - 24 图

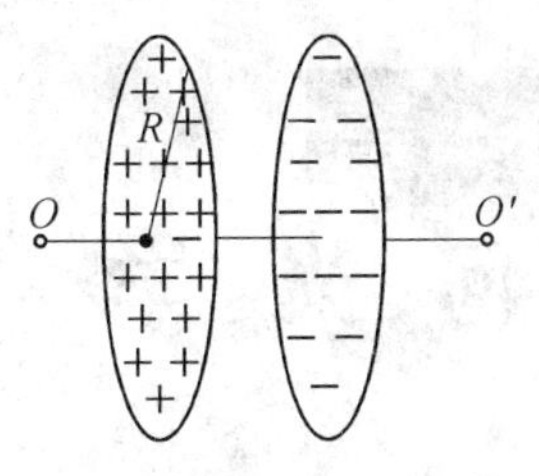

习题 13 - 25 图

13 - 25　如图,对一个半径为 R 的圆形平行平板电容器充电时,保持两极板之间的电场均匀变化,其变化率为 $\mathrm{d}E/\mathrm{d}t$. 设两极板间充满空气,并忽略边缘效应,求两极板间的位移电流和距轴 OO' 为 $r(<R)$ 处的磁感应强度.(**答**:$I_{\mathrm{d}}=\pi R^2\varepsilon_0\mathrm{d}E/\mathrm{d}t$,流向向右;$B=(\mu_0\varepsilon_0 r/2)\mathrm{d}E/\mathrm{d}t$)

13 - 26　一个 LC 电路由自感为 1.015 H 的线圈和电容为 0.0250×10^{-6} F 的电容器所组成,线路中电阻忽略不计,倘若在开始时测得此 LC 电路中的电容器带电 2.50×10^{-6} C. (1)分别写出此电路接通以后,电容器两极板间的电势差和电流随时间变化的表达式;(2)求在 $T/8$, $T/4$ 及 $T/2$ 时,电容器两极板间的电势差和电路中的电流;(3)写出电场的能量、磁场的能量及总能量各随时间变化的表达式;(4)求在 $T/8$, $T/4$ 及 $T/2$ 时电能、磁能和总能量.(**答**:(2)电势差分别为 70.7 V, 0, −100 V,电流分别为 -1.11×10^{-2} A, -1.58×10^{-2} A, 0;(3) $W_{\mathrm{e}}=1.25\times10^{-4}\cos^2(6.3\times10^3 t)$ J, $W_{\mathrm{m}}=1.25\times10^{-4}\sin^2(6.3\times10^3 t)$ J, $W=1.25\times10^{-4}$ J;(4)总能量均为 1.25×10^{-4} J)

13 - 27　已知电磁波在空气中的波速为 $3.0\times10^8\ \mathrm{m\cdot s^{-1}}$,试计算下列各种频率的电磁波在空气中的波长:(1)一广播电台使用的一种频率是 990 kHz;(2)我国第一颗人造地球卫星播放东方红乐曲的无线电波的频率是 20.009 MHz;(3)一电视台某频道的图像载波频率是 184.25 MHz.(**答**:(1)303.03 m;(2)14.99 m;(3)1.63 m)

13 - 28　一平面电磁波在真空中传播,电场强度振幅为 $E_0=100\times10^{-6}\ \mathrm{V\cdot m^{-1}}$,求磁场强度振幅及电磁波的强度(即能流密度).(**答**:$2.65\times10^{-7}\ \mathrm{A\cdot m^{-1}}$;$1.33\times10^{-11}\ \mathrm{W\cdot m^{-2}}$)

第14章 几何光学

错误同真理的关系，就像睡梦同清醒的关系一样. 一个人从错误中醒来，就会以新的力量走向真理.

——(德)歌德(J. W. V. Goethe，1749—1832)

人们降生到这个世界(地球)，首先将感受到光. 光和人类的生存关系极其密切. 每个人依靠光和借助其他仪器既能够观察辽阔的星际宇宙，又能辨认肉眼无法观察到的微小物质粒子结构. 可以说，人们所能感知的外部世界的信息绝大部分由光提供；人类赖以生存的太阳能也是由太阳光源源不断地输送到地球上来的. 因此，光对人类至关重要，所以很久以前，人们就对它进行研究了.

光学作为一门发展较早的科学，人们最初是从物体成像的研究中形成了光线的概念，并根据光线在同一种均匀介质中沿直线传播的现象，借几何学方法，总结出有关规律，从而逐步形成了**几何光学**. 但是，光线只是用来标示光的传播方向，不能说明光究竟是什么. 17世纪时已有两种关于光的本性的学说：一是牛顿所提出的微粒说，认为光是一股微粒流；二是与牛顿同时代的惠更斯所提出的波动说，认为光是机械振动在一种所谓"以太"的特殊介质中的传播. 起初，微粒说占统治地位. 19世纪以来，随着实验技术的提高，光的干涉、衍射和偏振等实验结果证明，光具有波动性，并且是横波，使光的波动说获得普遍公认.

19世纪后半叶，麦克斯韦提出了电磁波理论，又为赫兹的实验所证实，人们才认识到光不是机械波，而是一种电磁波，从而形成了以电磁波理论为基础的**波动光学**.

在上世纪末和本世纪初，当人们深入到光与物质的相互作用问题时，又进一步发现了光电效应等新现象，无法用波动光学理论进行解释，只有从光的量子性出发才能阐明，即认为光波是有一定质量、能量和动量的**光子流**. 而今，我们认识到光具有波动和粒子两方面相互并存的性质，称为**光的二象性**.

本章首先研究几何光学.

14.1 几何光学的基本定律

早期由实验建立起来的几何光学三条基本定律，都可以根据光的微粒说或波动说获得证明. 分述于下.

14.1.1 光的直进定律

光的直进定律是说，**光在均匀介质中沿直线传播**. 针孔成像可以作为这定律的实验证明. 在匣壁上钻一针孔O(图14-1)，则匣前实物(即光源S[①])在匣后的毛玻璃屏幕上，便显示出清晰的像. 这就是光线直进的结果. 这个像相对于实物的位置，不但上、下倒置，并且左、右对调. 针孔匣无异于一架简单的照相机，而针孔就是镜头. 若针孔过小，光的直进定律失效，屏幕上的像被扩大为一片光斑，这是由于光的衍射现象所引起的. 若针孔过大，则像渐模糊，形成一块照耀明亮的区域. 这从图14-2就可看到：孔ab让光通过后，幕上cd区域内各点受到光源大部分光的照耀，特别明亮；但ce和df两区域内各点只受到光源的一部分光的

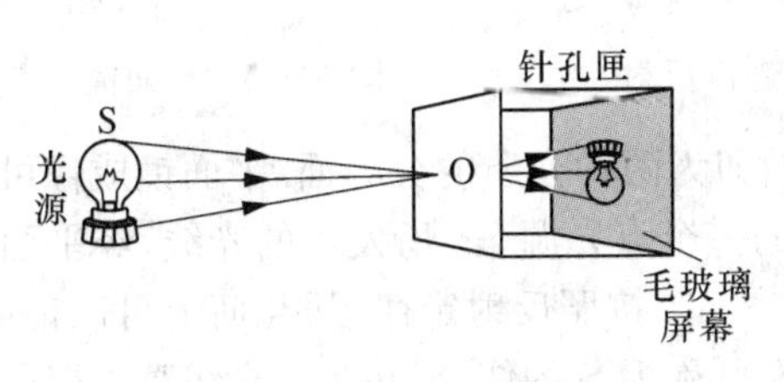

图14-1 针孔成像

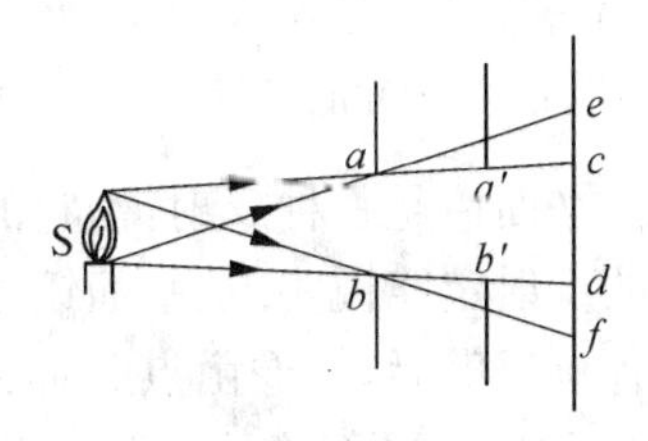

图14-2 光阑

照耀，明亮程度自c和d分别向外渐减，到e和f就变成黑暗. 如在光孔ab之后再置一光孔$a'b'$，则ce及df半明亮区消失，幕上显示一均匀明亮区域cd. 光孔$a'b'$称为**光阑**. 光阑$a'b'$的作用是使幕上明亮区域的亮度均匀一致. 光孔ab和光阑$a'b'$使射于幕上的光线成为**光束**$aa'bb'$.

14.1.2 光的反射定律 平面镜

光在介质中传播时，若遇另一种介质，则在两种介质的分界面上，一部分光线发生**反射**(图14-3)，还有一部分光线透入另一种介质中，称为**透射**. 能够被光线所透射的介质，称为**透明介质**，如水、玻璃等.

反射时服从**光的反射定律：入射光线、反射面的法线e_n和反射光线三者处在同一平面上，并且入射角(入射光线与法线的夹角)i和反射角(反射光线与法线的夹角)i'相等**(图14-3). 入射和反射光线的光路是可逆的，即如果光线逆着反射光线沿RI方向射向分界面MN时，则必将逆着原来的入射光线方向IS反射. 这就是**光路可逆性原理**. 这条原理在几何光学中普遍适用.

---

① 通常，把自身能够发光的物体或者能够反射光的物体，统称为**光源**. 太阳和其他一些恒星等属于天然光源；而白炽电灯、日光灯、高压汞灯、钠光灯、氙灯等都是人造光源. 目前，在科学技术上应用日益广泛的激光器，是一种特殊的光源，它所发射的激光与上述各种光源发射的光相比，具有许多不同的特点.

当 $i=0$ 时，则必有 $i'=0$，光线循原来的入射光路反射回去. 这种情况称为**正入射**.

如图 14-4 所示，通常由于入射面难免有些粗糙不平，则投射其上各点的平行光线，按反射定律反射时，由于各入射点的法线互不平行，以致各反射光线并不能都沿同一方向，这就成为**漫反射**. 人们平时能看到不发光的物体，就是凭借入射光在其表面的反射或漫反射.

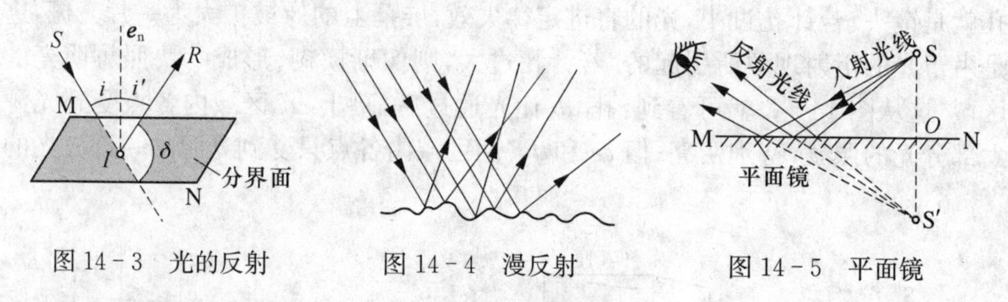

图 14-3　光的反射　　图 14-4　漫反射　　图 14-5　平面镜

平面镜是一种反射镜，它的反射面即为两种介质的分界面. 平面镜成像可由光的反射定律说明. 从平面镜 MN 前的一个点光源 S[①] 所发出的光线，经平面镜上各点反射后，好像由点 S′而来(图 14-5). 按照反射定律，从几何上可以证明，点 S 和 S′对平面镜的位置是对称的. S′可称为 S 的像. S′并非是光线真正聚散之处，所以称为**虚像**，它与针孔成像不同，在针孔后所成的像是光线直接照射而成的，因而是**实像**. 实像能够在屏幕等物体上显示出来，而虚像只能在镜中见到.

平面镜所成的物体的像，是来自物体上各点的光线经平面镜反射所得到的像组合而成的，物体和它的像大小相等，并与平面镜彼此对称，这就是所谓**镜面对称**.

平面镜是最简单的光学仪器，可用来改变光线前进的方向，从而能控制光路. 光线方向的改变常用反射光线偏离入射光线的角度 δ 表示(图 14-3)，δ 称为**偏向角**. 读者根据光的反射定律，可以自行证明偏向角 δ 的下述特点：

(1) 光线从平面镜反射的偏向角 δ 是入射角 i 的两倍的补角，即 $\delta=180^\circ-2i$.

(2) 若入射光线方向不变，将平面镜 MN 旋转 α 角，则反射光线方向也发生改变(图 14-6)，

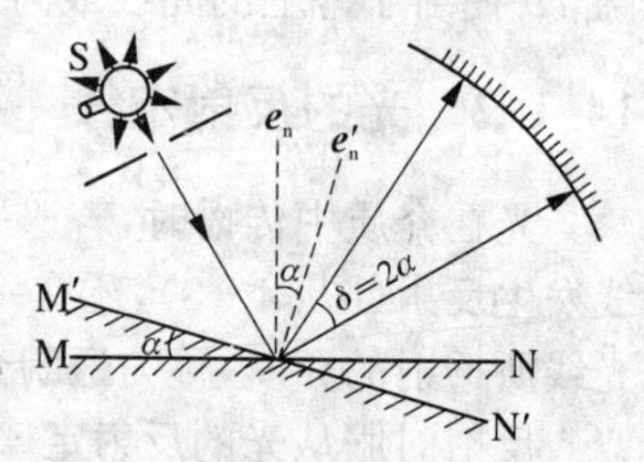

图 14-6　平面镜旋转后反射光线的偏向角

① 如果光源是一个很小的发光点，或者光源本身虽具有一定大小的体积，但与被照射的物体之间的距离相比甚小，则这种光源都可称为**点光源**. 点光源发出的光是向四周辐射的；若采用适当装置(例如图 14-2 的光阑)或将光源置于适当位置(例如手电筒或探照灯、汽车的前灯等，其光源是位于旋转抛物面型凹面镜的焦点上的)，则光源发出的光不是发散的，而是**平行光束**，即光线集中地向一个方向照射，这种光源则称为**平行光源**.

其偏向角大小为 $\delta = 2\alpha$.

问题 14.1.1 (1) 试述光的反射定律.

(2) 下列各平面镜 M(或 M_1 与 M_2)的入射光线如图所示,试画出其反射光线;并说明它们的用途.

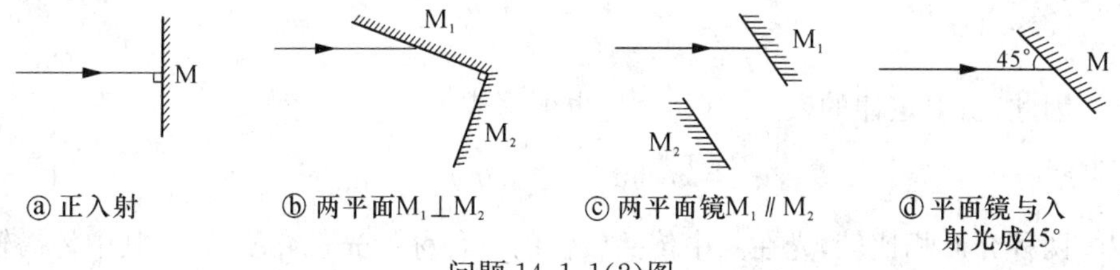

问题 14.1.1(2)图

14.1.3 光的折射定律　全反射

光线射在两种介质分界面上,当一部分光线透入第二种介质时,光线传播方向发生改变,这称为**折射**(图 14-7).在第二种介质中,折射光线与分界面法线 $\boldsymbol{e}_n$ 的夹角称为**折射角**.**光的折射定律**是:**入射光线、折射光线和分界面的法线 $\boldsymbol{e}_n$ 三者处在同一平面上,入射角 i 和折射角 r 有下述关系:**

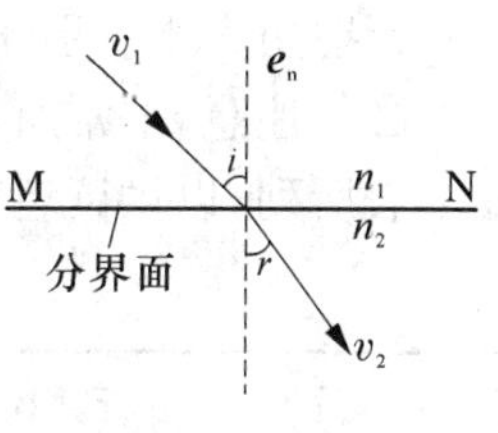

图 14-7　光的折射

$$\frac{\sin i}{\sin r} = n_{21} \tag{14-1}$$

对给定的两种介质来说,上式中的 n_{21} 是一个常数,称为第二种介质(光在其中折射)对于第一种介质(光在其中反射)的**相对折射率**,它与两种介质的性质有关,并且也随光的颜色而变.

由实验可知,n_{21} 等于光在两种介质中传播的速度(光速)之比,即

$$n_{21} = \frac{v_1}{v_2} \tag{14-2}$$

式中,v_1,v_2 分别为光在第一和第二种介质中的传播速度.

反之,第一种介质对第二种介质的相对折射率为 $n_{12} = v_2/v_1 = 1/n_{21}$. 物质相对于真空的折射率称为**绝对折射率**,简称**折射率**.以 c 表示真空中的光速,则第一种介质和第二种介质的绝对折射率分别为

$$n_1 = \frac{c}{v_1}\text{①}, \quad n_2 = \frac{c}{v_2} \tag{14-2a}$$

---

① 由此式可知,真空的折射率为 $n=\frac{c}{c}=1$,空气的折射率也近似为 1,故真空与空气的折射率常不加区别.其次,光在介质中的传播速度比在真空中的小.

从上述关系可推出相对折射率与绝对折射率的关系：

$$n_{21}=\frac{\dfrac{c}{n_1}}{\dfrac{c}{n_2}}=\frac{n_2}{n_1} \tag{14-3}$$

因此，折射定律的表达式(14-1)也可写成

$$n_1\sin i=n_2\sin r \tag{14-4}$$

两种介质相比较，光在其中传播较快的一种称为**光疏介质**，光在其中传播较慢的一种称为**光密介质**. 由式(14-2a)可知，光疏介质的绝对折射率较小，而光密介质的绝对折射率较大. 当光线从光疏介质进入光密介质时(例如从空气进入水时)，折射角小于入射角，而从光密介质进入光疏介质时(例如从水进入空气时)，折射角大于入射角.

必须注意，平常所指的物质的折射率都是指绝对折射率. 一些物质的折射率如下表所列，以供读者查用.

表 14-1　一些物质的折射率

物　质	折射率	物　质	折射率	物　质	折射率
空气	1.000 293	水	1.333 0	冕牌玻璃	1.518 1
氢	1.000 132	甘油	1.474	火石玻璃	1.612 9
氮	1.000 296	酒精	1.360 5	金刚石	2.149
氧	1.000 270	乙醚	1.351	方解石	$n_o=1.6584$ $n_e=1.4864$
二氧化碳	1.000 444	甲醇	1.329	石英	$n_o=1.5442$ $n_e=1.5533$

应当指出，当光从折射率 n_1 较大的**光密介质**投射到折射率 n_2 较小的**光疏介质**时，如果增大入射角，则折射角也随之增大. 最后当入射角增大到某一角度时，折射角变成 90°，再增大入射角，光线就全部反射回光密介质中，而无折射，即光能量没有透射损失，这一现象叫做**全反射**(图 14-8). 使折射角成为 90°时的入射角，称为**临界角**，以 A 表示，由折射定律可得

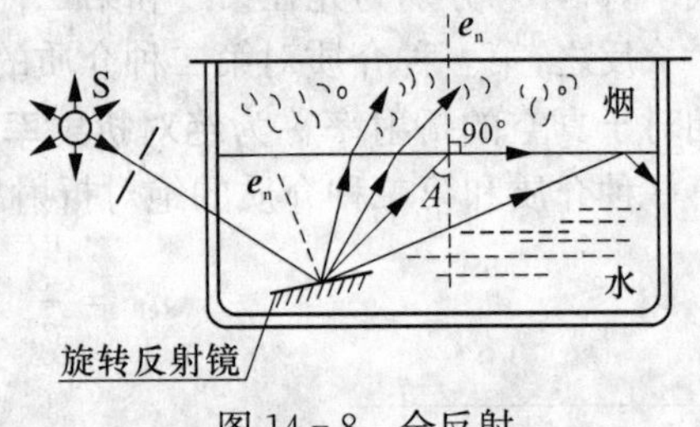

图 14-8　全反射

$$\sin A=\frac{n_2}{n_1} \tag{14-5}$$

近年来新兴的纤维光学，就是利用全反射来传递光能量的. 将一条折射率较高的玻璃纤维丝（纤芯）外包一层折射率较低的介质（包层），若光线射到纤芯与包层的分界面上，其入射角 θ 处处大于临界角，则光线在纤芯内相继地从纤芯与包层间的界面上作全反射，而自纤维的一端经很长距离传到另一端（图 14－9）. 这种起传光作用的玻璃丝叫做**光学纤维**，简称**光纤**. 将数以万计的光学纤维组成一股光纤束，各条纤维内的光不会相互穿越. 如将光纤束中各条光纤按一定顺序排列，则不仅能传递光能量，也能用来传递图像. 如图 14－10 所示，将一图形置于光纤束的一个端面上，图形上各点发出的光线将分别沿光纤束中相应的一条光纤传到另一端面上，而得到一个像点，这些像点的集合就显示出与原来图形相同的图像.

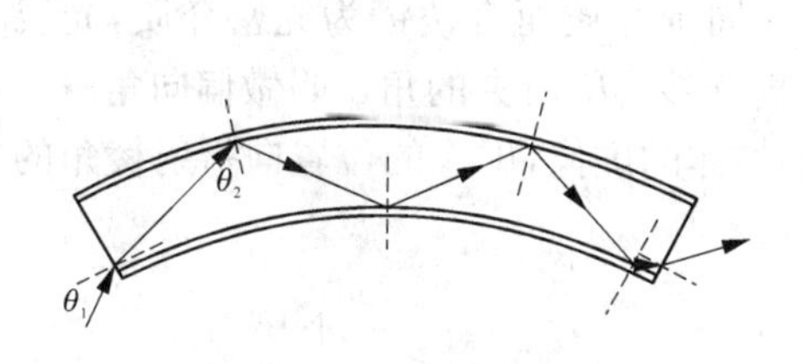

图 14－9　光学纤维　　　　图 14－10　光纤束传像

由于光学纤维柔软而不怕震，将光纤束做成弯曲形状也能传光、传像，所以目前已日益广泛地应用于国防、医学和通信等许多领域中. 特别是在通信技术中，利用光纤代替通信电缆，具有通信容量大、抗电磁干扰性强、节省有色金属等优点.

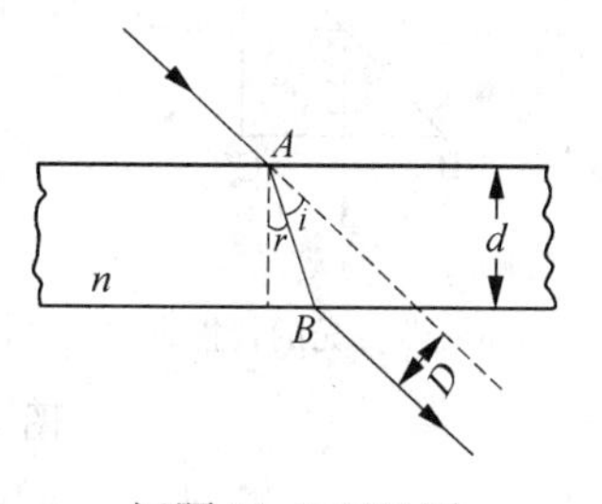

问题 14.1.2(3)图

问题 14.1.2　(1) 试述光的折射定律.

(2) 在什么情况下能够实现全反射？试求玻璃的临界角.

(3) 如图，光线自厚度为 d、折射率为 n 的透明平行板（例如玻璃砖）上面的 A 点射入，经两次折射，又从其下面的 B 点射出. 求证：入射光线与出射光线平行、且相距（偏移量）为 $D=(d\sin i)[1-(\cos i)/\sqrt{n^2-\sin^2 i}]$，式中，$i$ 为入射角. 平行板的上、下皆为空气.

14.2 棱　　镜

14.2.1　棱镜　全反射棱镜

棱镜是一种具有多个平行棱边的透明柱体，横截面是三角形的透明柱体叫做**三棱镜**，简称**棱镜**（图 14－11）. 图 14－12 所示的三角形 ABC 代表棱镜的横截面,光线进出的面 AB 和 AC 叫做折射面. 这两个折射面的夹角 φ 叫做折射棱角,与折射棱角相对的一个面 BC 叫做棱镜的底面.

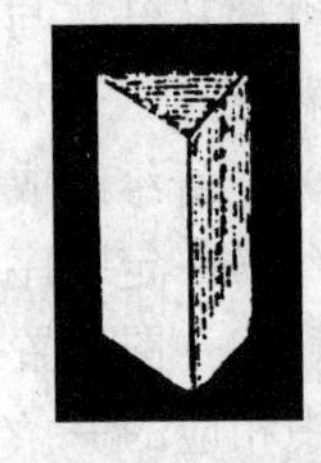
图 14-11 棱镜

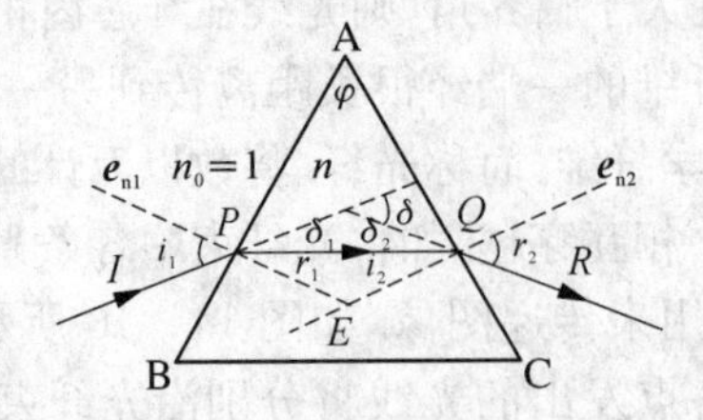

图 14-12 通过棱镜的光线

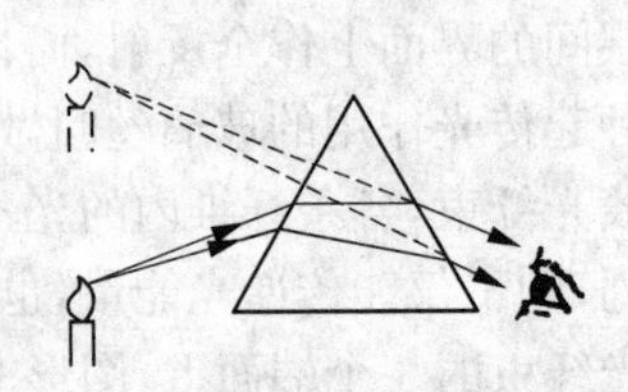
图 14-13 隔着棱镜看到蜡烛的像

光线 IP 从空气入射到 AB 面上后,沿 PQ 方向折入棱镜,再沿 QR 方向折射到空气里. 光线通过棱镜后,由于相对于周围介质而言棱镜为光密介质,光线就向棱镜的底面偏折. 入射光线 IP 和折射光线 QR 所夹的角 δ 叫做**偏向角**.

若隔着棱镜来看某个物体,就可看到物体的虚像,虚像的位置向折射棱角的方向偏移(图 14-13).

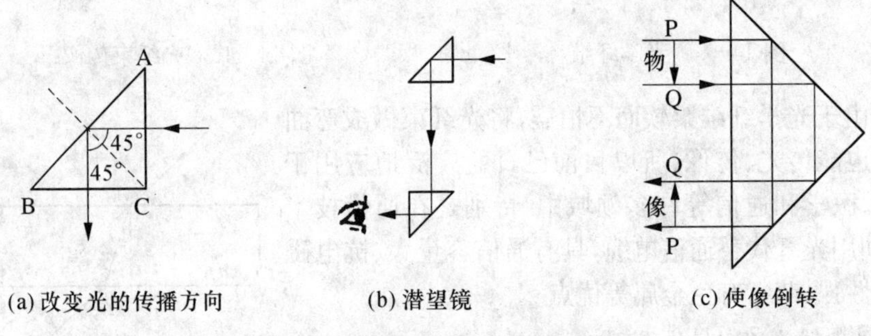

(a) 改变光的传播方向　(b) 潜望镜　(c) 使像倒转

图 14-14 全反射棱镜和它的应用

横截面是等腰直角三角形的棱镜是**全反射棱镜**. 如图 14-14(a)所示,如果光线垂直射到 AC 面上,光线就沿原来的方向进入棱镜. 当光线射到 AB 面时,由于入射角等于 45°,而光从玻璃到空气的临界角是 42°,就发生了全反射,光沿着与 BC 垂直的方向通过 BC 面从棱镜射出,这样光线经过全反射棱镜后就偏折了 90°,光学仪器上常用全反射棱镜来改变光路. 图 14-14(b)表示全反射棱镜在潜望镜里的光路. 图 14-14(c)表示用全反射棱镜可以把物像倒转过来.

利用全反射棱镜来控制光路比用平面镜来得好. 因平面镜对光线不能全部反射,而棱镜在全反射时能将光线全部反射. 另外,考虑到平面镜上涂的金属层,时间一长容易失去光泽而使反射减弱,而棱镜就没有这种缺点.

14.2.2 棱镜的偏向角

如图 14-12 所示的棱镜,出射光线 QR 与入射光线 IP 的偏向角为

$$\delta = \delta_1 + \delta_2 \tag{a}$$

式中,δ_1 为 AB 面上的入射光线 IP 与镜内的光路 PQ 所成的偏向角,δ_2 为 AC 面上的出射光线 QR 与 PQ 所成的偏向角,根据几何关系不难看出,$\delta_1 = i_1 - r_1$, $\delta_2 = r_2 - i_2$, $\varphi = i_2 + r_1$, 则代入式ⓐ,有

$$\delta = (i_1 - r_1) + (r_2 - i_2) = i_1 + r_2 - \varphi \tag{b}$$

按折射定律 $n_0 \sin i_1 = n\sin r_1$, $n\sin i_2 = n_0 \sin r_2$, 其中,n 为棱镜的折射率,并设棱镜周围介质为空气,其折射率 $n_0 \approx 1$, 且因 $i_2 = \varphi - r_1$, 可得

$$r_2 = \arcsin\left\{n\sin\left[\varphi - \arcsin\left(\frac{1}{n}\sin i_1\right)\right]\right\} \tag{c}$$

将上式代入式ⓑ,可知棱镜的偏向角 δ 是入射角 i_1 的函数.

可以证明(从略),当入射光线与出射光线相对于棱镜成对称,光路在镜内平行于棱镜的底边时,则偏向角为最小,记作 $\delta_{\min}$,这时,有

$$r_1 = i_2 = \frac{\varphi}{2} \quad 和 \quad i_1 = \frac{(\delta_{\min} + \varphi)}{2}$$

代入折射定律,得

$$n = \frac{\sin i_1}{\sin r_1} = \frac{\sin\left(\dfrac{\delta_{\min} + \varphi}{2}\right)}{\sin\left(\dfrac{\varphi}{2}\right)} \tag{14-6}$$

若折射棱角 φ 甚小,则偏向角 δ 也极微小,光线与棱镜所成各角的正弦可由其角的弧度代替,即 $\sin(\varphi/2) \approx \varphi/2$, $\sin[(\varphi + \delta_{\min})/2] \approx (\varphi + \delta_{\min})/2$,于是,由式(14-6)得

$$\delta_{\min} = (n-1)\varphi \tag{14-7}$$

根据上述结果,在实验室中用棱镜分光镜测定折射棱角 φ 和某波长光线在棱镜中的最小偏向角 $\delta_{\min}$,就可算出棱镜介质对该色光的折射率 n.

14.2.3 光的色散

光通过各种介质时要产生光的色散现象和吸收现象. 我们在这里对光的色散现象作一简介.

将一束平行的白光通过狭缝 S,入射到三棱镜 P 上(图 14-15),光线经过色

散棱镜折射后,就在棱镜后方的屏幕上形成相当宽的一条具有各种颜色的光带.这光带的一端呈现红色,另一端呈现紫色,从红到紫依次出现红、橙、黄、绿、青、蓝、紫等颜色,这些颜色是连续过渡的,并没有明显的分界.这种现象经过反复实验,确证**白光是由上述七种单色光所组成的复合光**.

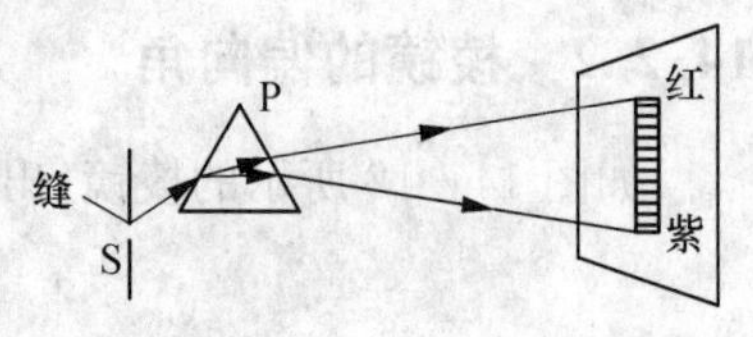

图 14-15 光的色散

复合光通过棱镜被分解为各种单色光的现象,叫做**光的色散**.分开的单色光依次排列而成的光带,叫做**光谱**.在白光产生的光谱中,颜色的过渡是连续的,所以它又称为**连续光谱**.根据光的电磁理论,各种波长的光波在真空中都以恒定的速度 c(即真空中的光速)传播;而在介质中,由于光波与物质的相互作用,光波的传播速度就要减小,而且不同波长的光波,传播速度也各不相同.因此,同一介质对不同的单色光就有不同的折射率.红色光的折射率最小,因此透过三棱镜后,偏折的角度也最小;紫色光的折射率最大,因此透过三棱镜后,偏折的角度也最大.所以,在屏上就显示出由红到紫连续分布的光谱.

可见光是频率约在 7.5×10^{14} Hz 到 3.9×10^{14} Hz 之间的电磁波,取真空中的光速 $c=3.00\times10^{8}\,\mathrm{m\cdot s^{-1}}$,根据波速、波长与频率的关系式 $c=\lambda\nu$,易于求出可见光在真空中的波长范围在 400 nm 到 760 nm 之间.可见光的颜色是由光波的频率决定的,不同频率的光,对人眼引起的颜色感觉是不同的;同一频率的光,在不同的介质中虽因光速不同而具有不同的波长,但因频率不变,故人眼感觉到的是相同颜色.所以**单色光就是指具有一定频率的光**.为便于应用,习惯上将光的各种颜色按光在真空中的不同波长范围来划分,如表 14-2 所列①:

表 14-2 各色可见光在真空中的波长范围

光的颜色	波长 λ 的大致范围	光的颜色	波长 λ 的大致范围
红色	760～630 nm	青色	500～450 nm
橙色	630～600 nm	蓝色	450～430 nm
黄色	600～570 nm	紫色	430～400 nm
绿色	570～500 nm		

① 由于人眼对颜色的感觉是逐渐改变的,并无明确的分界线,人眼对不同波长的光,其灵敏度也有差别(例如,在正常照明条件下,人眼对波长约为 550 nm 的黄绿色光最为敏感,因此,表 14-2 中的划分也不是非常精确的.

在光学中，波长单位过去都用 Å，现在都改用 nm（纳米）做单位. 换算关系为

$$1\ \text{nm} = 10^{-9}\ \text{m}$$

$$1\text{Å} = 10^{-10}\ \text{m}$$

问题 14.2.1　(1) 举例说明棱镜的应用；

(2) 导出棱镜的偏向角公式；并如何由此求其折射率；

(3) 试述棱镜的色散现象.

例题 14-1　设折射棱角为 $\varphi=60°$ 的一个玻璃三棱镜，处于空气中，其折射率为 $n=1.60$. 欲使一条光线可由棱镜的 AB 面入射而从另一面 AC 出射，求最小入射角 $i_{\min}$.

解　设光线能够由 C' 点出射，则在此界面上的入射角 i' 应小于临界角 A，即

$$i' < A = \arcsin\frac{1}{1.60} = 38.7°$$

因 $r = 180° - \angle B'DC' - i' = 180° - 120° - i' = 60° - i'$，所以

$$r > 60° - A = 60° - 38.7° = 21.3°$$

根据折射定律，按题设，有 $\sin i = 1.60\sin r > 1.60\sin 21.3°$，则由此可算出 $i_{\min} = 35.5°$.

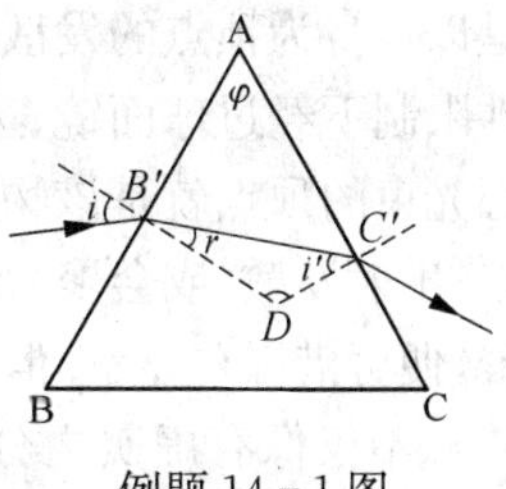

例题 14-1 图

14.3 球面傍轴成像

本节讨论在傍轴光线和傍轴物体的条件下，单一球面的反射和折射的理想成像问题. 这部分内容就是高斯光学所要研究的.

14.3.1 基本概念和符号法则

如图 14-16 所示，若反射面或折射面为球面之一部分，就称为**球面镜**. 球面镜中，以球内面为反射面或折射面的，称为**凹面镜**；以球外面为反射面或折射面的，称为**凸面镜**. 球面上之中心点 O，称为镜之**顶点**；球之中心 C，称为球之**曲率中心**；由镜缘两端引至曲率中心的直线间所夹之角 ACB，称为镜之**孔径**. 连接 O 与 C 的直线，称为球面镜的**主光轴**；对通过曲率中心的任何直线，则称为**副光轴**.

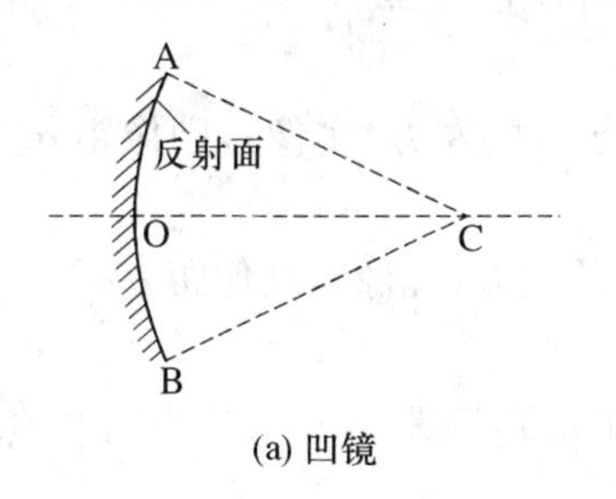

(a) 凹镜

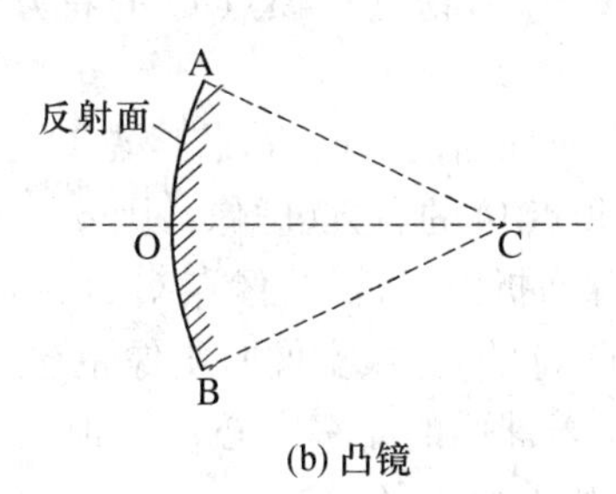

(b) 凸镜

图 14-16　球面镜

下面在讨论球面镜成像时,我们把镜面仅限于球面的一小部分,即镜面的孔径甚小,这样,光线与主光轴很接近而成为**傍轴光线**.

理论和实验表明,如果射向球面的光线是傍轴光线,则经球面反射或折射后都能近似地成像.

球面镜和透镜及其所组成的光学系统主要用于成像. 如果一光束中的各光线(或其反向延长线)交于一点,则此光束称为**同心光束**,其交点称为同心光束的顶点.

根据光线的方向,顶点在无穷远处的同心光束是会聚光束;点光源发出的则是以自身为顶点的发散光束. 入射的同心光束的顶点就是**物点**;若此光束在一定条件限制下经过球面镜、透镜等反射或折射,出射后仍是一个同心光束,则出射的同心光束的顶点就是该物点的**像点**. 入射发散(或会聚)光束的顶点就是实(或虚)物点;出射发散(或会聚)光束的顶点就是虚(或实)像点. 由于实像所在处确有光线会聚,便可借屏幕显示. 但虚像所在处并无光线通过,在屏幕上是显现不出来的.

不仅像有虚实之分,物也有虚实之分. 在一个光学系统中,若入射的是发散的同心光束,则其发射点 P 就是**实物**;若入射的是会聚的同心光束,则其会聚点 Q' 称为**虚物**.

设物点位于 P 处,其像点位于 Q 点,若将物点 P 移到原来的像点 Q,则其像点将出现在 P 点. 凡 P 和 Q 是存在着这种关系的两点,就称为**共轭点**.

为了对球面成像的普遍规律用统一的公式表述,在几何光学中,必须对式中各物理量的正负符号统一地规定一套**符号法则**.

如图 14 - 17 所示,物点 P 到球面顶点 O 的距离 PO 称为**物距**,记作 p;像点 Q 到球面顶点 O 的距离 OQ 称为**像距**,记作 q. 习惯上,设入射光从左向右,符号法则便规定如下:

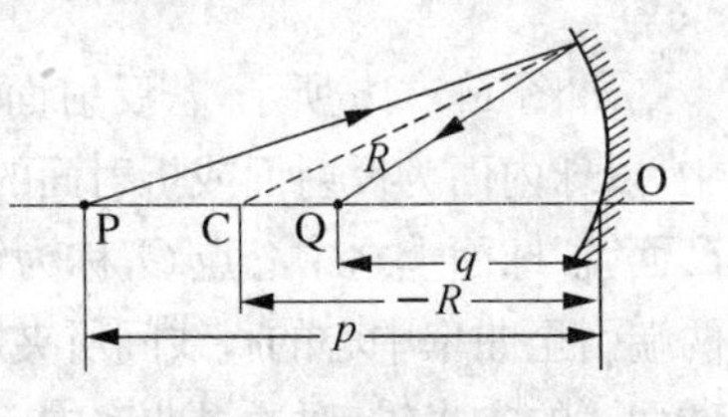

图 14 - 17　球面反射成像

(1) 若物点 P 在顶点 O 的左方(实物),则物距 $p>0$; 若物点在顶点 O 的右方(虚物),则物距 $p<0$.

(2) 对球面反射而言,若像点 Q 在顶点 O 的左方(实像),则像距 $q>0$; 像点 Q 在顶点 O 的右方(虚像),则 $q<0$.

对球面折射而言,若像点 Q 在顶点 O 的左方(虚像),则像距 $q<0$; 若像点 Q 在顶点 O 的右方(实像),则像距 $q>0$.

(3) 若球面的曲率中心 C 在顶点 O 的左方,则曲率半径 $R<0$; C 在顶点 O 的右方,则曲率半径 $R>0$.

(4) 与主光轴垂直的物和像的大小都由主光轴量起,向上量得的为正,向下量得的为负.

需要注意,按上述规定的法则,光路图中的线段就变成有正负的代数量.为了便于处理图中的几何关系,须把光路图中的各线段用相应的绝对值(即取正值)标示.例如,光路图中的 q 本身为负值,则 q 前冠以负号,$(-q)$ 就是正值了.这种图称为**全正图形**.今后我们皆按全正图形标示光路图中各线段的正负.

14.3.2　球面反射成像

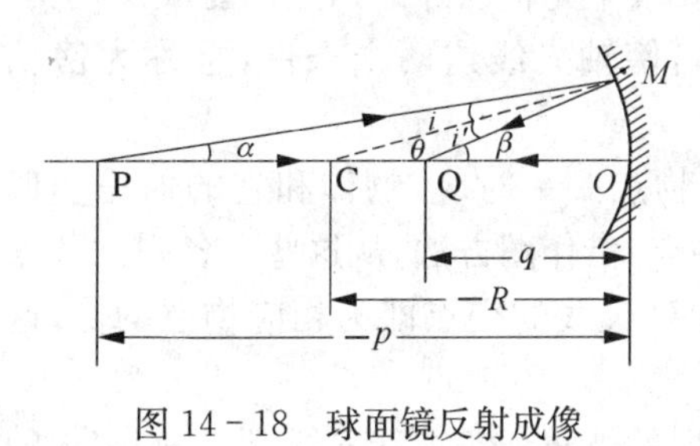

图 14-18　球面镜反射成像

今以凹面镜为例,设物点 P 在主光轴上,而入射线与反射线则皆沿主光轴,因而 P 点的像点 Q 亦必在主轴上.至于像在主轴上的位置,如图 14-18 所示,若 PM 为任一入射线,由于 CM 即为球面上 M 点的法线,按反射定律,反射线 MQ 的方向应满足 $i = i'$ 关系.其中,$i = \angle PMC$,$i' = \angle CMQ$.对傍轴光线来说,则镜面上各点的反射光线皆与主光轴相交于 Q 点,即 Q 是物点 P 的像点.这样,按符号法则,标示物点 P、像点 Q 与曲率中心 C 的位置分别为物距 $\mathrm{OP} = p$,像距 $\mathrm{OQ} = q$, $\mathrm{OC} = -R$,它们分别与主光轴成 α, β 和 θ 角.由几何关系,有 $\theta = i + \alpha$,$\beta = i' + \theta$,且 $i = i'$,则

$$\alpha + \beta = 2\theta \tag{ⓐ}$$

因 α, θ, β 各角皆甚微小,可写作

$$\alpha = \frac{\mathrm{OM}}{\mathrm{OP}} = \frac{\mathrm{OM}}{p},\quad \beta = \frac{\mathrm{OM}}{\mathrm{OQ}} = \frac{\mathrm{OM}}{q},\quad \theta = \frac{\mathrm{OM}}{\mathrm{OC}} = \frac{\mathrm{OM}}{(-R)} \tag{ⓑ}$$

将式ⓑ代入式ⓐ,便得

$$\frac{1}{q} + \frac{1}{p} = -\frac{2}{R} \tag{14-8}$$

若入射光束或出射光束是沿球面主光轴方向的平行光束,则相当于物点或像点位于轴上无穷远处,主轴上无穷远像点的共轭点叫做**物方焦点** F;主轴上无穷远物点的共轭点叫做**像方焦点** F′. F 与 F′到球面顶点的距离分别叫做**物方焦距**和**像方焦距**,分别记作 f 和 f',据此,有 $\lim\limits_{q\to\infty} p = f$, $\lim\limits_{p\to\infty} q = f'$,于是,由式(14-8)可得物方和像方的焦距皆为

$$f = f' = -\frac{R}{2} \tag{14-9}$$

亦即,对反射球面,物方与像方的焦点相重合,这是光路可递性原理的必然结果.

将上式代入式(14-8),便得球面反射的物像公式,即

$$\frac{1}{q}+\frac{1}{p}=\frac{1}{f} \tag{14-10}$$

现在我们来讨论物体的球面反射成像问题.这时由于需要考虑物体的形状和大小,就得把物体看作物点的集合.上面我们讨论的是主轴上物点发出的傍轴光线经球面反射可以保持其同心性.而今要求主光轴以外的物点也能成像,也能保持同心性,这就要求满足**傍轴物体**发出**傍轴光线**这两个条件,总称为**傍轴条件**.

在傍轴条件下,球面镜成像的像点与物点一一对应,物体和它的像是相似的.为此,可在物体上选择几个有代表性的点,借作图方法,从这些点各引两条入射光线,经球面镜反射后,反射线或其反向延长线的交点即为相应物点的像,这样,就可确定整个物体的位置和大小.

为了便于作图,我们可以从球面镜反射的下述三条特殊光线,便可确定像的位置.这三条特殊光线是:

(1) 与主光轴平行的傍轴入射光线经球面反射后通过焦点 F(或其反向延长线通过焦点);

(2) 通过焦点的入射光线经球面镜反射后,它的反射光线必与主光轴平行;

(3) 通过球面的曲率中心 C 的入射线经球面镜反射后,仍沿原光路返回.

在图 14-19 中,图(a)选用了(1),(3)两条特殊光线;图(b)选用(1),(2)两条特殊光线,图(c)选用(1),(3)两条特殊光线.在这三图中,矢线 PA 代表位于 P 点的物体,矢线 QA'代表相应的像.A'为不在主光轴上的A 点的像,A 与A'在同一副光轴上.

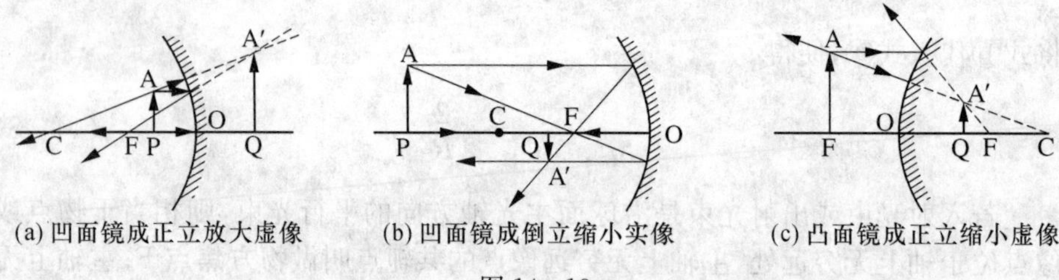

(a) 凹面镜成正立放大虚像　(b) 凹面镜成倒立缩小实像　(c) 凸面镜成正立缩小虚像

图 14-19

作图法不仅可求得像的位置,还可由此求得像的形状和大小.这是因为在傍轴条件下,物点和像点一一对点,物和像是相似的.

从图 14-19(a),(b),(c)可见,当物体位于凹面镜焦点 F 之外时,所成实像是倒立的.当物体在焦点以内时,所成虚像都是正立的.至于在凸面镜中所成的像,则皆为正立的虚像.总之,虚像都是正立的,实像都是倒立的.并且,球面镜

所成的倒像，不但其上下与物体的上下相反，其左右也与物体的左右对调. 左右对调的像，称为**反像**.

继而讨论球面镜反射的横向放大率.

设物体在垂直于主光轴方向上的高为 y，相应的像高为 y'，则像高与物高之比称为**横向放大率**，记作 m，即 $m=y'/y$. 在图 14－20 中，$\triangle APO \backsim \triangle A'QO$，有 $y'/y=q/p$，y，y'，p，q 服从规定的符号法则，y 取正值；y' 取负值. 于是，横向放大率可表示为

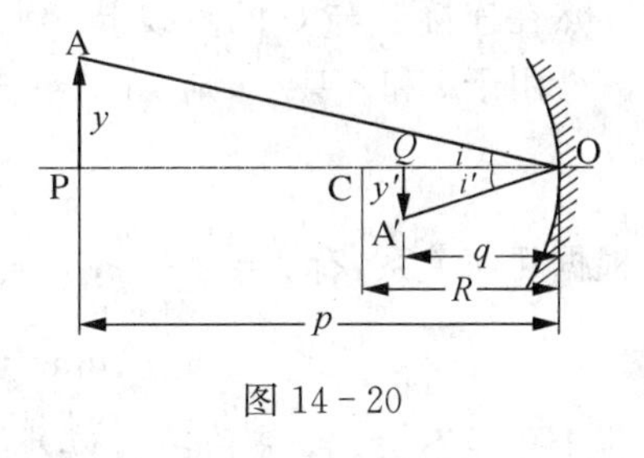

图 14－20

$$m=\frac{y'}{y}=-\frac{q}{p} \qquad (14-11)$$

上式对凹面镜和凸面镜皆适用. 当 $m>0$ 时，成正立像；当 $m<0$ 时，成倒立像.

问题 14.3.1 (1) 试述球面反射成像的符号法则；

(2) 导出球面反射成像公式；

(3) 试对例题 14－2 作图成像，并说明横向放大率的意义.

例题 14－2 一个凹面镜的曲率半径为 20 cm，一长为 $y=5$ mm 的物体置于镜前 30 cm 处. 求反射成像的位置、大小和虚实.

解 已知 $R=-20$ cm，$p=30$ cm，按物像公式 $1/p+1/q=1/f=-R/2$，得像的位置为

$$q=\left[\frac{2}{(-R)}-\frac{1}{p}\right]^{-1}=\left(\frac{2}{20}-\frac{1}{30}\right)^{-1}\text{cm}=15\text{ cm}$$

$q>0$，表明像在镜前距顶点为 15 cm 处，是实像；按横向放大率的公式，像的大小为

$$y'=-\frac{q}{p}y=-\frac{15}{30}\times 0.5\text{ cm}=-0.25\text{ cm}$$

由于横向放大率为 $m=-y'/y=-0.25/0.5<0$，像是倒立的；$|m|=|-0.25/0.5|=0.5<1$，像是缩小的. 因此，所成的像是倒立、缩小的实像.

14.3.3 球面折射成像

设两种折射率分别为 n_1 和 n_2（$n_1<n_2$）的透明介质，其分界面 AB 为半径等于 R 的球面之一部分，其孔径不大，符合傍轴条件. 使入射光线经球面后的折射光线仍能保持同心性. 以球面顶点 O 与曲率中心 C 的连线为主光轴，其上的物点 P 位于折射率为 n_1 的介质中，它发出的入射光束，经球面折射后，将集聚于折射率为 n_2 的介质中像点 Q，如图 14－21 所示.

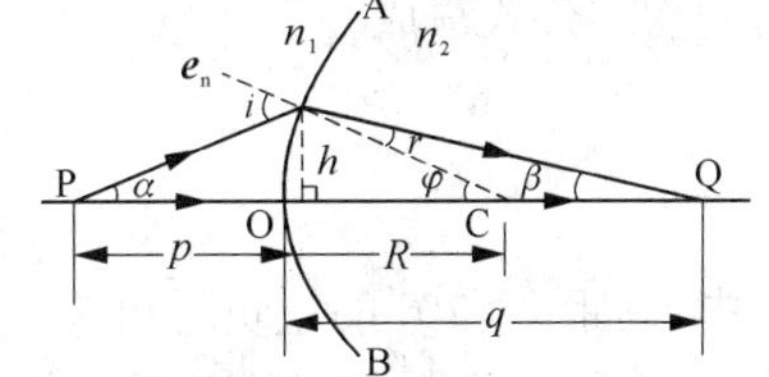

图 14－21 球面折射成像

（$p>0,q>0,R>0$）

从物点P发出的光束中一条光线入射于O点,入射角为零,则必无偏折地进入另一种介质;而P点发出的任一条傍轴光线以入射角 i 投射到球面时,就以折射角 r 透入另一种介质,两条折射线相交于Q点,Q为物点P的像点,其位置显然在连接P与C的直线上.

由于 i 和 r 甚小,则 $\sin r \approx r, \sin i \approx i$ 按折射定律,可近似写作

$$n_1 i = n_2 r \tag{a}$$

根据几何关系,有 $i = \alpha + \varphi$, $\varphi = r + \beta$, 则代入上式,成为

$$n_1 \alpha + n_2 \beta = (n_2 - n_1)\varphi \tag{b}$$

鉴于孔径不大,α, β 和 φ 皆甚小;并且,如图所示,折射点的高为 h,因而可以认为

$$\alpha \approx \tan\alpha \approx \frac{h}{p}, \quad \beta \approx \tan\beta \approx \frac{h}{q}, \quad \varphi \approx \tan\varphi \approx \frac{h}{R} \tag{c}$$

将上列三式代入式ⓑ,便得傍轴条件下球面折射的物像公式为

$$\frac{n_1}{p} + \frac{n_2}{q} = \frac{n_2 - n_1}{R} \tag{14-12}$$

上式与 α 无关,这意味着由P点发出的所有傍轴光线皆交于Q点.

由前述物方焦距和像方焦距的定义,球面折射的物方焦距和像方焦距分别为

$$f = \lim_{q \to \infty} p = \frac{n_1 R}{(n_2 - n_1)}, \quad f' = \lim_{p \to \infty} q = \frac{n_2 R}{(n_2 - n_1)} \tag{14-13}$$

将上两式相比,有

$$\frac{f}{f'} = \frac{n_1}{n_2}$$

若将公式(14-13)中的两个焦距代入公式(14-12),也可把傍轴条件下球面折射的物像公式写成

$$\frac{f'}{q} + \frac{f}{p} = 1 \tag{14-14}$$

式中,焦距 f 和 f' 的正负号可由式(14-13)确定. 在讨论其他光学系统成像时,物距、像距和焦距之间的关系也与上式完全相同. 所以上式是物像公式的普遍形式,称为**高斯物像公式**.

今求球面折射的横向放大率. 如图14-22所示,设物体的高为 y,倒立像的

高为 y'，从光路图可知 $\tan i = y/p$，$\tan r = -y'/q$. 而在傍轴条件下，$\tan i \approx \sin i$，$\tan r \approx \sin r$，则由折射定律 $n_1 \sin i = n_2 \sin r$，可得球面折射成像的横向放大率为

$$m = \frac{y'}{y} = -\frac{n_1 q}{n_2 p} \qquad (14-15)$$

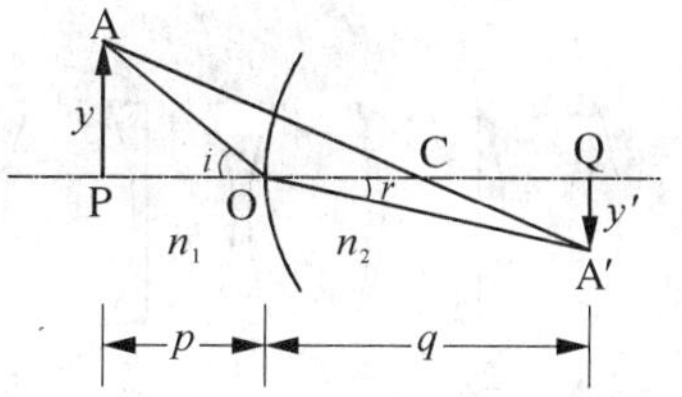

图 14-22

上述式(14-14)、式(14-15)是分别在图 14-21 和图 14-22 所示的球面折射情况下推导出来的. 然而，在球面折射的不同情况（如凹面折射、$n_2 < n_1$，等等）下，只要把物距 p、像距 q、物高 y 和像高 y' 的正负仍按球面反射时所使用的统一符号法则执行，则式(14-14)和式(14-15)皆适用.

问题 14.3.2 试导出球面折射的物像公式和横向放大率的公式. 其符号法则规定与球面反射有何不同.

例题 14-3 设凸球形折射面的曲率中心 C 在顶点的右侧 3 cm 处，物点在顶点左侧 8 cm 处，物空间和像空间的折射率分别为 $n_1 = 1$ 和 $n_2 = 1.5$. 求像点的位置.

解 借符号法则，由题意，有 $n_1 = 1, n_2 = 1.5, R = +3\,\text{cm}$，$p = +8\,\text{cm}$，代入式(14-12)，成为

$$\frac{1}{8\,\text{cm}} + \frac{1.5}{q} = \frac{1.5-1}{3\,\text{cm}}$$

解得 $q = 36$ cm

即 $q > 0$，按符号法则，像点在顶点右方 36 cm 处，是实像点.

14.4 薄透镜的成像

14.4.1 透 镜

将玻璃、水晶等磨成两面为球面（或一面为平面）的透明物体，叫做**透镜**. 图 14-23 表示各种透镜的横截面. 中部比边缘厚的透镜叫做凸透镜，边缘比中部厚的透镜叫做凹透镜.

凸透镜也叫做会聚透镜，因为它能使通过它的光线经过二次折射后会聚起来. 凹透镜也叫做发散透镜，因为它能使通过它的光线折射后向各方向发散. 如图 14-24 所示，可以把凸透镜和凹透镜看作是由许多棱镜组成的. 在凸透镜中，棱镜厚的部分在中部，而在凹透镜中棱镜厚的部分在边缘上. 因为棱镜总是使光线经过二次折射而向底面偏折，所以中部厚的凸透镜能使光线偏向中部，也就是使光线会聚起来，而边缘厚的凹透镜则使光线偏向边缘，也就是使光线发散. 无论是凸透镜还是凹透镜，当光线通过它的中心时，如同通过平行透明薄板一样，它的传播方向都不会改变.

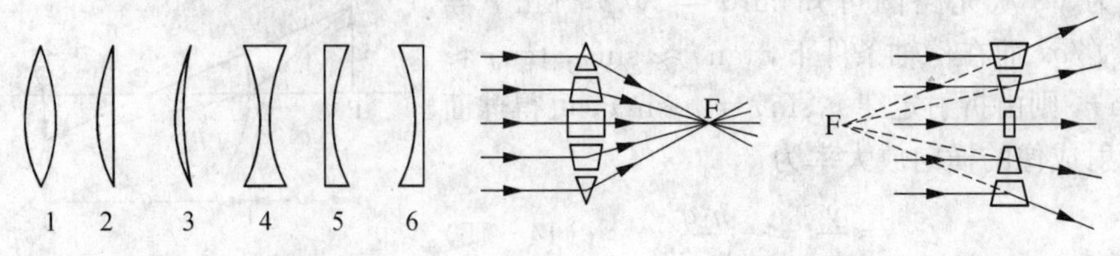

图 14-23　各种透镜

1. 双凸透镜；2. 平凸透镜；3. 凹凸透镜；4. 双凹透镜；5. 平凹透镜；6. 凸凹透镜

图 14-24　透镜可以看作棱镜的组合

现在以凸透镜为例,研究光线通过透镜折射的情况. 如图 14-25(a)所示,透镜两球面的中心 C_1 和 C_2 的连线,称为透镜的**主光轴**. 在主光轴上有这样一点 O,通过这点的光线,其方向不变(对薄透镜来说,入射线与出射线近似重合),点 O 称为透镜的**光心**(见图). 除了主光轴外,所有通过光心的直线都叫做**副光轴**.

如果射在透镜上的光线都平行于它的主光轴,实验证明,这些光线经透镜后将会聚(或聚焦)于主光轴上的一点 F,这个点称为凸透镜的**主焦点**,有时亦简称**焦点**.

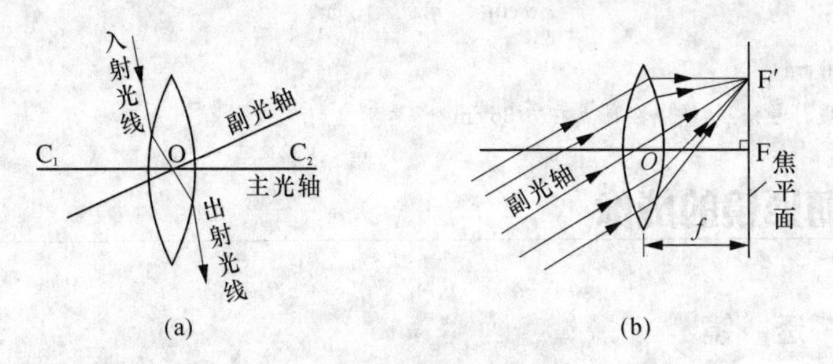

图 14-25　凸透镜的焦点

如果平行光束斜射于透镜上[图 14-25(b)],经过透镜后,将聚焦于另一点 F′(F′称为副光轴上的焦点), F′落在经过焦点 F 而正交于主光轴的平面上,这个平面称为透镜的**焦平面**,焦平面至透镜光心 O 的垂直距离 f,称为透镜的**焦距**.

14.4.2　薄透镜的成像公式

若构成透镜的两球面之孔径不大,透镜的厚度 d 亦远较两球面的曲率半径 R_1 和 R_2 为小,这就称为**薄透镜**,简称**透镜**. 设透镜的折射率为 n_2,周围介质的折射率为 n_1,且 $n_1 < n_2$.

如图 14-26 所示,我们可以将薄透镜看作两个球形折射面所组成. 先求透镜左方物点P在左侧折射球面上折射而得的像点Q_1，再把此像点作为右侧折射球面的虚物，通过该球面折射而成为右方的实像Q，Q即为整个透镜所成的像点. 在傍轴条件下，透镜和单一折射球面一样，一个物点P可成一个像点，且互为共轭.

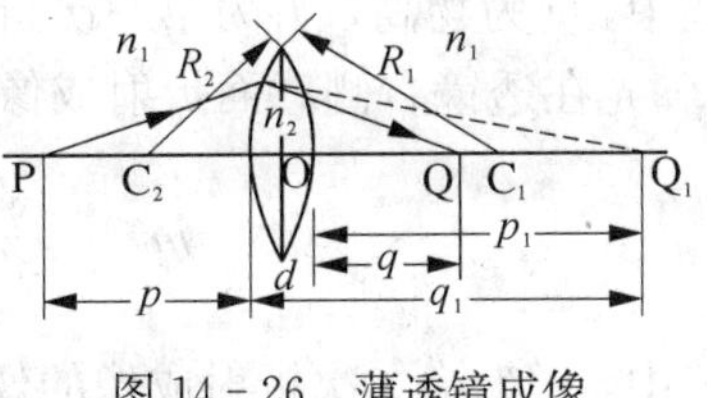

图 14-26 薄透镜成像

物点P经左侧折射球面成实像于Q_1，按符号法则，则物距$p>0$，像距$q_1>0$，曲率半径$R_1<0$，按球面折射的物像公式，有

$$\frac{n_1}{p}+\frac{n_2}{q_1}=\frac{n_2-n_1}{-\mathrm{R}_1}$$

将Q_1看作虚物点而成一实像于Q点. 则按符号法则，虚物点的物距$p_1<0$，而Q点为实像点，像距$q>0$，又$R_2>0$；且折射光线在透镜内向右侧球面入射，从折射率n_2的介质进入折射率n_1的介质，相应的球面折射物像公式为

$$\frac{n_2}{-p_1}+\frac{n_1}{q}=\frac{n_1-n_2}{-R_2}$$

两式相加，便可给出入射光穿出透镜的全过程，即

$$\frac{n_1}{p}+\frac{n_2}{q_1}+\frac{n_2}{(-p_1)}+\frac{n_1}{q}=\frac{n_2-n_1}{R_1}+\frac{n_1-n_2}{(-R_2)}$$

对薄透镜而言，其厚度$d\approx 0$，则$-p_1=q_1-d\approx q_1$，则由上式可得出薄透镜的物像公式为

$$\frac{1}{p}+\frac{1}{q}=\frac{n_2-n_1}{n_1}\left(\frac{1}{R_1}-\frac{1}{R_2}\right) \tag{14-16}$$

由于透镜厚度忽略不计，因此上式中对薄透镜的物距p和像距q就可规定从透镜中心O算起.

对于置于空气中的薄透镜而言，空气的折射率近似为1，即$n_1=1$；并设薄透镜的折射率为n，即$n_2=n$，则由式(14-16)，空气中薄透镜的物像公式成为

$$\frac{1}{p}+\frac{1}{q}=(n-1)\left(\frac{1}{R_1}-\frac{1}{R_2}\right) \tag{14-17}$$

现在由式(14-16)求薄透镜的横向放大率. 入射光从透镜左侧球面进入而折射成像的横向放大率为

$$m_1=\frac{y_1'}{y}=-\frac{n_1}{n_2}\frac{q_1}{p}$$

式中，y 为物高，y'_1 为第一次折射成像的像高，y' 是第二次折射成像的虚物之高. 光在透镜右侧球面折射成像的横向放大率为

$$m_2 = \frac{y'}{y'_1} = -\frac{n_2}{n_1}\frac{q}{(-q_1)} = \frac{n_2}{n_1}\frac{q}{q_1}$$

式中，y' 为第二次折射成像的像高. 显然，总的横向放大率也就是薄透镜的横向放大率，即

$$m = m_1 m_2 = -\frac{q}{p} \tag{14-18}$$

14.4.3 薄透镜的焦距

与单一球面的情况相仿，若物点 P 移向无穷远，则像距变为像方焦距，即 $\lim\limits_{p\to\infty} q = f'$；若像点 Q 成像在无穷远，物距变为物方焦距，即 $\lim\limits_{q\to\infty} = f$. 由式(14-16)，薄透镜的这两个焦距的计算式为

$$\frac{1}{f} = \frac{1}{f'} = \frac{n_2 - n_1}{n_1}\left(\frac{1}{R_1} - \frac{1}{R_2}\right) \tag{14-19}$$

若将薄透镜放在空气中，则 $n_2 = n$，$n_1 \approx 1$，因而上述焦距计算式成为

$$\frac{1}{f} = \frac{1}{f'} = (n-1)\left(\frac{1}{R_1} - \frac{1}{R_2}\right) \tag{14-20}$$

R_1，R_2 的正负取决于符号法则，显然，对凸透镜和凹透镜分别有 $(1/R_1 - 1/R_2) > 0$ 和 $(1/R_1 - 1/R_2) < 0$. 于是由式(14-19)或式(14-20)可知，当透镜折射率 n_2 大于其周围介质的折射率 n_1 时，凸透镜的焦距为正，乃是实焦点；凹透镜的焦距 f 为负，乃是虚焦点.

将式(14-19)代入式(14-16)，则薄透镜的物像公式也可写成

$$\frac{1}{p} + \frac{1}{q} = \frac{1}{f} \tag{14-21}$$

如上所述，透镜的焦距取决于它的折射率及其两边球面的曲率半径，而焦距的大小则反映球面屈折光线或透镜会聚(或发散)光线的本领. 为了量度透镜的聚光本领，我们引用了透镜的**光焦度**这个物理量，记作 Φ，定义为

$$\Phi = \frac{n_1}{f}$$

式中，n_1 为透镜周围介质的折射率. 在空气中的透镜，其光焦度为 $\Phi = 1/f$.

光焦度 Φ 的单位为**屈光度**，用 D 表示，$1\,\text{D} = 1\,\text{m}^{-1}$. 人们所用眼镜的度数就

是由屈光度乘以 100 得到的. 若镜片的光焦度 Φ 为 1 D,则它的度数就是 100 度;人们所戴的平光眼镜,既不会聚光线又不发散光线,其光焦度 $\Phi = 0$.

14.4.4 薄透镜成像的作图法

在满足傍轴的条件下,用作图法处理透镜的成像问题时,我们可以从下述三条特殊光线中任选两条,便可确定薄透镜成像后的像点位置. 这三条特殊光线是:

(1) 平行于主光轴的入射光,其出射光通过像方的焦点 F′;

(2) 通过物方焦点 F 的入射光,其出射光平行于主光轴;

(3) 通过光心的入射光,不改变方向地出射.

在作光路图时,通常把薄凹透镜和薄凸透镜分别用图 14-27(a)和(b)表示,而薄透镜的主光轴用水平线表示, O 点为薄透镜的光心.

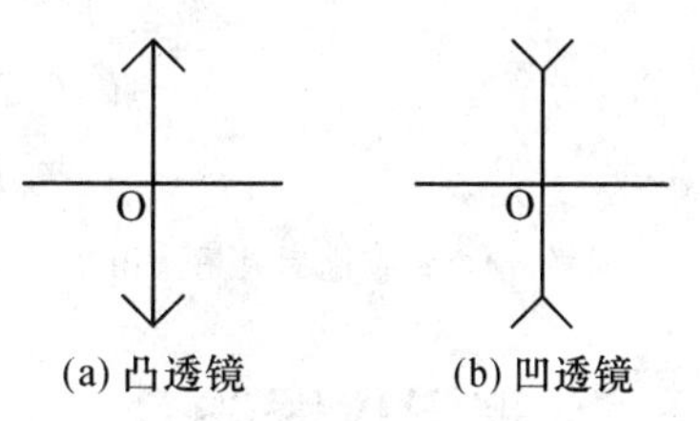

图 14-27 薄透镜的图示

作为示例,下面画出了几种不同情况下薄透镜成像的光路,如图 14-28 所示.

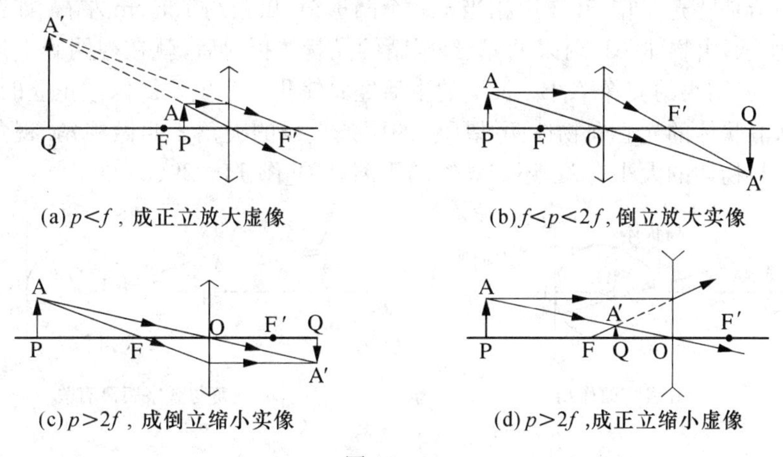

图 14-28

问题 14.4.1 (1) 为什么球面透镜对入射光能够会聚或发散?
(2) 为什么一组傍轴的斜入射的平行光束能会聚在焦平面上?
(3) 试导出傍轴条件下薄透镜的物像公式;
(4) 试述薄透镜成像作图法中的三条特殊光线之成因.

例题 14-4 设凸透镜的焦距为 18 cm,一个小物体位于距透镜 45 cm 处. 试求其像的位置及性质.

解 由物像公式(14-21)

$$\frac{1}{q}+\frac{1}{p}=\frac{1}{f}$$

由题意，$f=18$ cm，$p=45$ cm，代入上式，便成为

$$\frac{1}{q}=\frac{1}{f}-\frac{1}{p}=\left(\frac{1}{18}-\frac{1}{45}\right)\text{cm}^{-1}=\frac{1}{30\text{ cm}}$$

算得 $q=30$ cm

其横向放大率为 $m=-\frac{q}{p}=-\frac{30\text{ cm}}{45\text{ cm}}=-\frac{2}{3}$.

因为 $q>0$，$m<0$，$|m|<1$，所得的像在透镜后面 30 cm 处，乃是倒立缩小的实像.

同样，读者试按比例尺用作图法求出像的位置和性质.

14.5 光学仪器简介

14.5.1 眼 睛

眼睛是感光器官，其作用相当于一个凸透镜，焦距约 1.5 cm 左右. 如图 14-29(a)所示，由物体 AB 射来的光，经眼睛的晶状体折射后，就在视网膜上形成一个倒立的、缩小的实像 A_1B_1. 长期的生活经验使我们产生了倒像是正立的感觉.

从晶状体的光心向物体两端所引的两条直线的夹角 α 叫做**视角**. 视角的大小不但与物体的大小有关，还与观察的距离有关[图 14-29(b)].

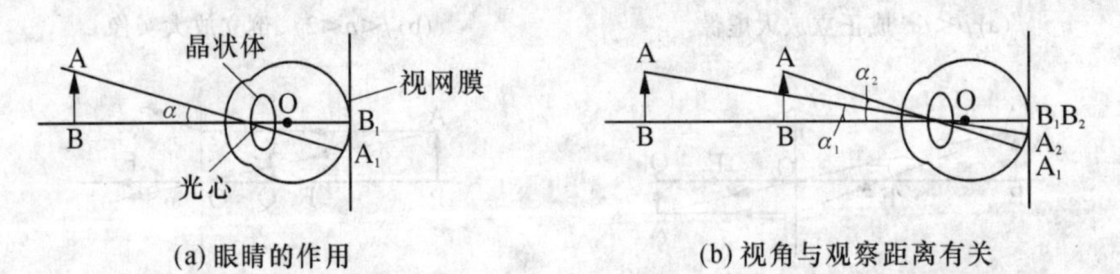

(a) 眼睛的作用　　(b) 视角与观察距离有关

图 14-29

物体离眼睛很远时，视角太小，便看不清楚，物体离眼太近时，眼睛需要高度紧张地调节，很快就会感到疲劳. 当眼睛可以看得清楚而又不感到疲劳的最近距离叫做**明视距离**. 正常眼睛的明视距离一般约为 25 cm. 实验表明，在明视距离处，要把物体看清楚，视角必须大于 1′(分)，物体大于 0.1 mm. 若物体很小，视角小于 1′，我们就要用放大镜或显微镜等光学仪器来增大眼睛的视角.

14.5.2 放大镜

观察细小物体时用的凸透镜叫做**放大镜**. 当物体 AB 在明视距离处时，由于

物体很小,所成的视角 α 也很小,很难看清楚.这时就可以把物体移到放大镜的焦点以内的 $A'B'$ 处,使物体的放大的、正立的虚像 A_1B_1 出现在明视距离处.这样视角增大到 β,于是就能看清楚这个物体(图 14-30).

图 14-30 说明放大镜作用的示意图

使用放大镜或其他光学仪器后,眼镜观察物体的视角将由不使用放大镜或光学仪器前的 α 变为使用放大镜或光学仪器后的 β.这时,视角的放大倍数 $\frac{\beta}{\alpha}$ 叫做**光学仪器的放大率**.设相应于明视距离 d 的像 A_1B_1 之长为 b,则 $\beta=b/d=a/f$(其中,a 为物长,f 为放大镜的焦距);在不使用放大镜而将物体 AB 置于明视距离,其视角 $\alpha=a/d$.由于正常眼睛的明视距离为 25 cm,则放大镜的放大率约为

$$m=\frac{\beta}{\alpha}=\frac{\frac{a}{f}}{\frac{a}{d}}=\frac{d}{f}=\frac{25}{f} \tag{14-22}$$

可见,放大率与焦距有关.通常的放大镜,其焦距虽有 10 cm~1 m,但其放大率一般约为 2.5 到 5 倍之间.

14.5.3 显微镜

显微镜[图 14-31(a)]是用来观察极细小的物体,如动植物的细胞组织、各种细菌、金属的表面组织等.它的放大率远比放大镜大.

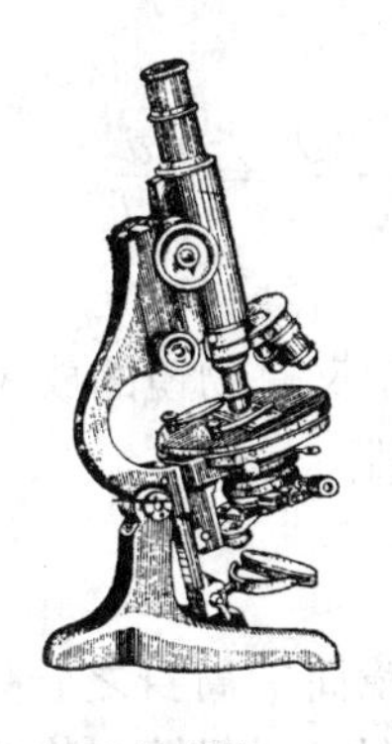

(a) 显微镜

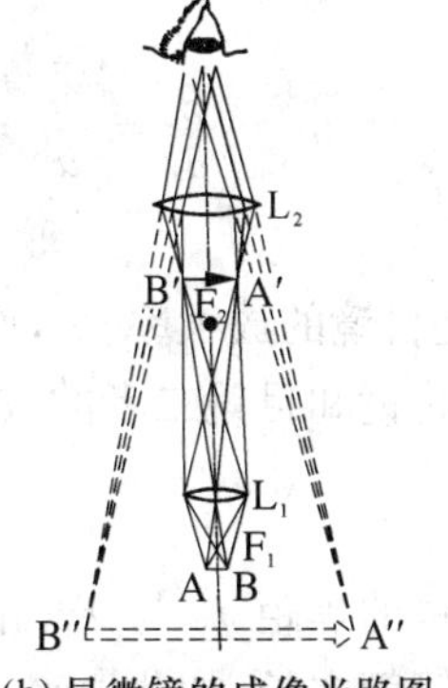

(b) 显微镜的成像光路图

图 14-31

最简单的显微镜是由两个凸透镜组成的,并且两透镜的主轴重合在一起.它的光路图如图14-31(b)所示,接近眼睛的一个凸透镜L_2叫做**目镜**,它的焦距很短;接近物体的一个凸透镜L_1叫做**物镜**,它的焦距更短.把物体AB放在物镜焦点F_1以外非常靠近焦点的地方,物镜给出一个倒立的、放大的实像$A'B'$,并成像在目镜的焦点F_2以内非常靠近焦点的地方.这样,对$A'B'$来说,目镜又是一个放大镜,因此我们从目镜中,就可在明视距离处看到一个放大的虚像$A''B''$,它就是物体AB经过两次放大后的像,它相对于物体是倒立的.

使用显微镜时,先将物镜对准物体AB,使它的位置适在物镜的焦点F_1之外,则其倒立的放大的实像恰好在目镜的焦点F_2之内显现.这样,再经目镜的放大作用,我们将观察到$A'B'$的虚像$A''B''$,其位置在明视距离d的地方.

$A'B'$的大小b'与物体AB的大小a之比约为

$$\frac{b'}{a}=\frac{t}{f_0}$$

式中,f_0为物镜之焦距,t为焦点F_1与F_2之间的距离,b'/a即为显微镜的物镜放大率.而经过目镜之放大后,$A'B'$(亦即$A''B''$)像所张的视角为

$$\beta=\frac{b'}{f_e}=\frac{b}{d}$$

式中,b为$A''B''$之大小,f_e为目镜之焦距,d为明视距离.若不用显微镜,将物体置于明视距离,直接用眼睛观察,则物体的视角将是

$$\alpha=\frac{a}{d}$$

因此,显微镜的放大率约为

$$m=\frac{\beta}{\alpha}=\frac{b}{a}=\frac{\frac{b'}{f_e}}{\frac{a}{d}}=\frac{b'}{a}\cdot\frac{d}{f_e}=\frac{td}{f_0f_e} \tag{14-23}$$

然而d/f_e乃是目镜的放大率m_e,而$m_0=t/f_0$又是物镜的放大率,所以显微镜的放大倍数为物镜和目镜二者的放大率之积,即

$$m=m_0m_e \tag{14-24}$$

普通物镜和目镜的焦距f_0与f_e,相对于显微镜筒的筒身之长皆甚为微小,则t即可视作显微镜筒之长.如此说来,显微镜筒愈长,或目镜与物镜之焦距愈短,则其放大率愈大.

光学显微镜的放大率可达二三千倍,可使我们看清楚0.1 μm左右的细微结

构.但对晶体结构、比分子更小的结构却无能为力，要看清楚它们就要依靠电子显微镜，现代的电子显微镜点分辨率可达 1.9×10^{-10} m，线分辨率可达 1.4×10^{-10} m.

显微镜的发明，使人类对自然界的认识有了一个极大的飞跃，它被广泛应用于冶金、化学、医学、生物等工农业生产的各个部门，成为研究现代科学技术的重要工具.

14.5.4　望远镜

我们观察远处的物体时，由于视角太小而看不清楚.望远镜是一种用来增大视角而能看清远处物体的一种光学仪器.它在军事、天文学上有很重要的应用.望远镜的种类很多，这里只介绍开普勒望远镜.

开普勒望远镜是德国天文学家开普勒(J. Kepler, 1571—1630)于1611年发明的，也叫天文望远镜，它的构造和显微镜的构造差不多，也是由两个凸透镜——物镜和目镜组成的，不同的只是物镜的焦距长而目镜的焦距短.

从图14-32，可以了解开普勒望远镜的原理.物镜 L_1 的作用是得到远处物体的实像.由于物体很远，从物体上各点发射到物镜上的光线几乎是平行的，经过物镜后，就在物镜后焦点 F_1 外离焦点很近的地方，得到物体的倒立的、缩小的实像 A_1B_1.由于目镜 L_2 的前焦点 F_2 和物镜 L_1 的后焦点 F_1 是重合在一起的，所以实像 A_1B_1 位于目镜 L_2 的焦点以内离焦点很近的地方.实像 A_1B_1 对目镜 L_2 来说相当于物体，所以这对目镜起了放大镜的作用，人眼通过它来观察 A_1B_1，即在明视距离 d 处看到一个 A_1B_1 被放大了的虚像 A_2B_2.这样，当我们对着目镜进行观察的时候，进入眼睛的光线就好像是从 A_2B_2 直射来的.显然，A_2B_2 的视角大于直接用眼睛观察远处物体时的视角，我们可明显感觉到物体离我们近了.

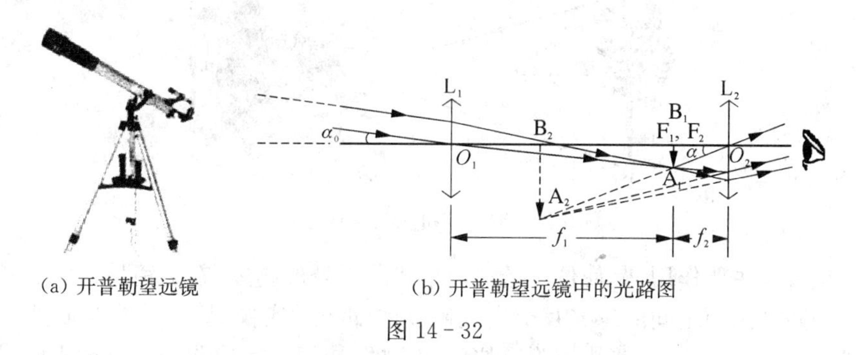

(a) 开普勒望远镜　　(b) 开普勒望远镜中的光路图

图14-32

不言而喻，从望远镜中看到的像之大小不可能与显微镜一样而比被观察物(如遥远的星体)来得大，而只是使眼睛所看到的放大虚像的视角 $\alpha\approx y'/f_2$ 比不用望远镜直接看远处该物体的视角 $\alpha_0=-y'/f_1$ 增大了若干倍.于是，望远镜的放大率应表示为

$$m=\frac{\alpha}{\alpha_0}=\frac{\frac{y'}{f_2}}{\frac{-y'}{f_1}}=-\frac{f_1}{f_2} \qquad (14-25)$$

开普勒望远镜的两个焦距 f_1 与 f_2 皆为正,由上式可知,它成倒立的虚像,且目镜焦距 f_e 越短,物镜焦距 f_0 越长,其放大率越大.

在开普勒望远镜中,由于物体通过物镜后在镜筒中形成一个实像,于是我们可以在镜筒中成实像的地方装一个透明的刻度尺,作为定量的观测,或者在成实像的地方安装摄影装置,把远方的物体或天体拍成照片.

开普勒望远镜的缺点在于像是倒立的,用它来观察地面上的物体时很不方便,于是可在开普勒望远镜的镜筒里装上一组转置棱镜,那么就可形成物体的正立的虚像(图 14-33). 日常观剧用或军事上使用的**双筒棱镜望远镜**就是这样改装而成的.

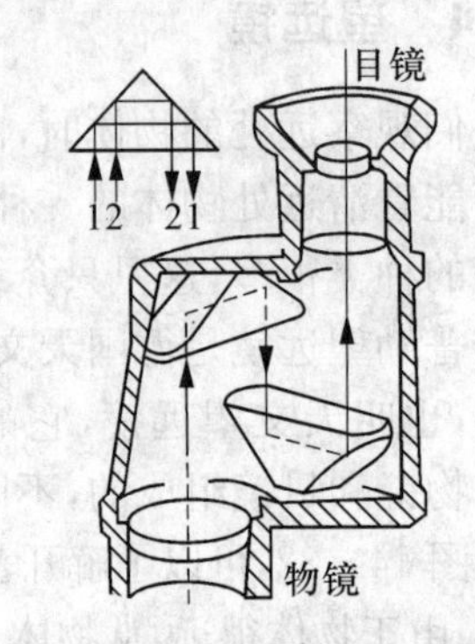

图 14-33　双筒望远镜(图示为一个筒)中倒转棱镜的作用

14.5.5　照相机

利用凸透镜能成倒立、缩小的实像的原理,可制成照相机. 如图 14-34 所示,它的主要部分是由凸透镜或透镜组构成的镜头及由金属或其他材料制成的暗箱组成.

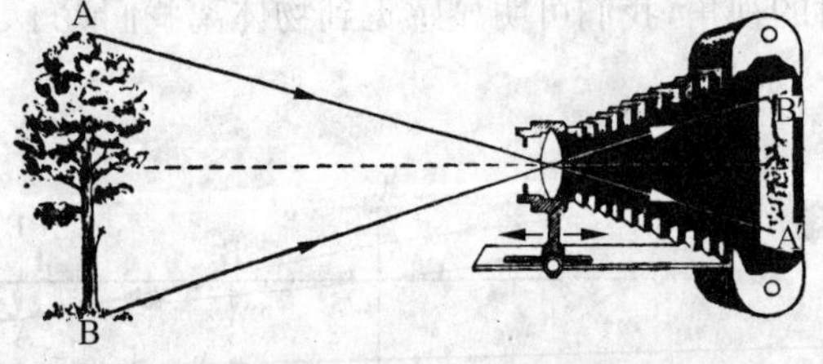

图 14-34　相机及其工作原理

镜头的主要作用,是使位于透镜两倍焦距以外的物体,在透镜另一侧的一倍焦距与两倍焦距之间的感光片上生成倒立的缩小的实像. 调节镜头与底片的距离可使物体成像清晰. 镜头上附有快门和光圈,快门用来控制光通过镜头照射感光底片的时间(叫曝光时间);光圈用来改变透光孔径的大小. 在同样的曝光时间内,光圈孔径大时通过镜头的光多,感光就厉害. 光圈还可以改变景深(即拍摄目标前后景物清晰成像的深度),光圈越小,景深越长. 照相时应兼顾光圈和曝光时间,才能得到满意的效果.暗箱的作用是用来遮蔽其他光线.

感光底片通过显影、定影的化学处理,成为与实物明暗相反的底片,然后,再从底片洗印出照片来.

目前,人们大多使用数码照相机.其优点是无需胶卷,摄取的景象可以直接输入电脑进行处理.操作亦较简便,图象更为清晰,很有可能取代上述的普通照相机.

习 题 14

14-1 光线从空气射入玻璃,当入射角 $\alpha=30°$ 时,折射角 $\gamma=19°$.求玻璃的折射率和光在玻璃中的速度.已知光在空气中的速度是 $v_{空}=3\times10^8\ \mathrm{m\cdot s^{-1}}$.(**答**:$n_{玻}=1.54$, $v_{玻}=1.95\times10^8\ \mathrm{m\cdot s^{-1}}$)

14-2 如图所示,光线从空气射入玻璃,当反射光线与入射光线垂直时,反射光线和折射光线正好成 110°,求玻璃的折射率.(**答**:1.67)

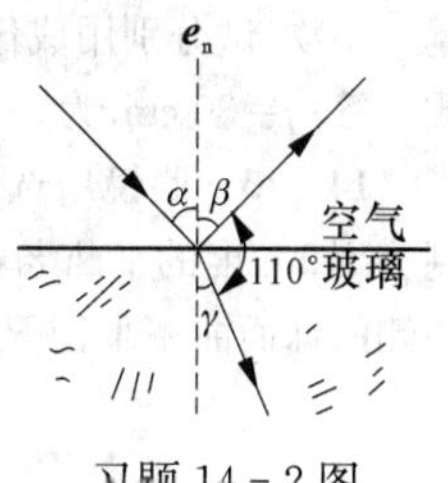

习题 14-2 图

14-3 光线从某种介质射到空气中,测得入射角是 45°,折射角是 60°,求这种介质的折射率和光在这种介质中的传播速度.(**答**:1.225, $2.45\times10^8\ \mathrm{m\cdot s^{-1}}$)

14-4 如图所示,一个高 16 cm、直径 12 cm 的圆柱形筒.人眼在 P 点只能看到正对面内侧的 D 点,$AD=9$ cm,当筒中盛满某种液体时,在 P 点恰好看到正对面内侧的最低点 B.求该液体的折射率.(**答**:1.33)

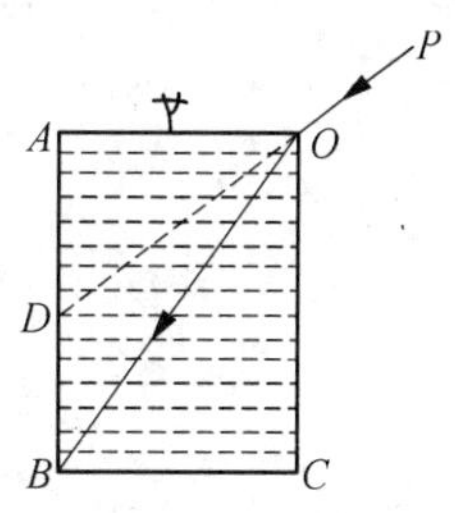

习题 14-4 图

14-5 当电子以超过光在介质中的速率在该介质中运动时,它就辐射电磁波能量(切伦科夫效应).为了获得辐射,在折射率为 1.54 的液体中电子的最小速率需有多大?(**答**:$1.95\times10^8\ \mathrm{m\cdot s^{-1}}$)

14-6 一条光线入射到一个正方形玻璃板上,如图所示,入射角为 45°.若在竖直面上进行全反射,则玻璃的折射率应多大?(**答**:$n>1.22$)

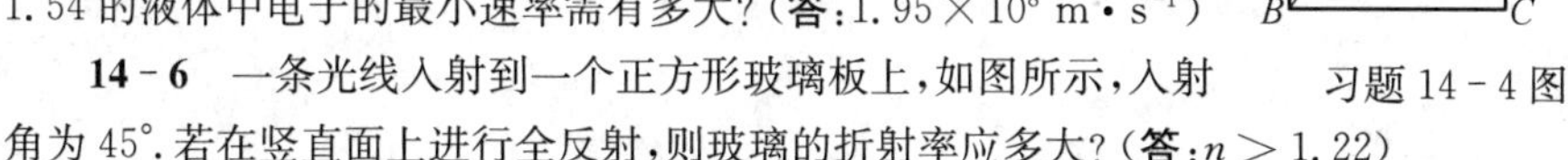

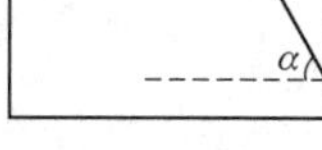

习题 14-6 图

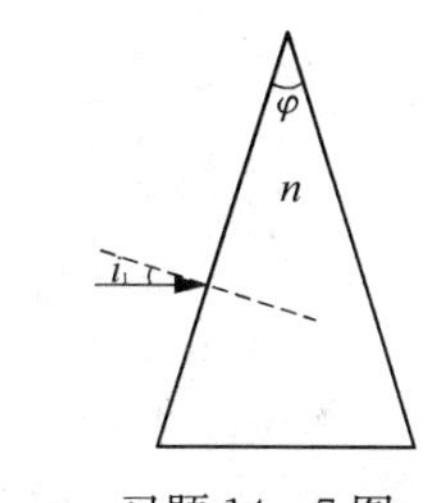

习题 14-7 图

14-7 如图,折射率为 n 的棱镜,其折射棱角 φ 很小,在光接近于垂直入射(i_1 很小)的情况下,求证:偏向角 $\delta=(n-1)\varphi$,与入射角 i_1 无关.

14-8 设凸球面反射镜的曲率半径为 16 cm,一物体高 5 mm,置于镜前20 cm处.求所成像的位置,大小和虚实.(**答**:-5.7 cm, 0.14 cm,缩小、正立的虚像)

14-9 一凹球面反射镜的曲率半径为30 cm,有一高为5 cm的物体位于距顶点40 cm处.求像的位置和高度.(答:24 cm, $y'=-3$ cm,缩小、倒立实像)

14-10 一曲率半径为30 cm的凸球形折射面,其左、右方介质的折射率分别为 $n_1=10$ 和 $n_2=1.5$,物点在顶点左方的10 cm处,求像的位置和虚实.(答: $q=-18$ cm,虚像)

14-11 一曲率半径为30 cm的凹球形折射面,其左、右方介质的折射率分别为 n_1 和 n_2,物点和像点分别在顶点左方的100 cm处和顶点右方的600 cm处,已知 $n_1=1.5$,求 n_2;并问是否是实像?(答: $n_2=1$,实像)

14-12 一凸透镜的焦距为18 cm,在距透镜45 cm的地方放置一小物,试分别用成像公式和作图法求像的位置,并说明像的性质.(答: $q=30$ cm,为一倒立、缩小的实像)

14-13 眼镜厂选用折射率 $n=1.5$ 的玻璃材料为顾客加工配制一副200度的平凸老花眼镜,则应如何计算和加工.(答:平凸透镜一侧的球面曲率半径 $R_2=25$ cm)

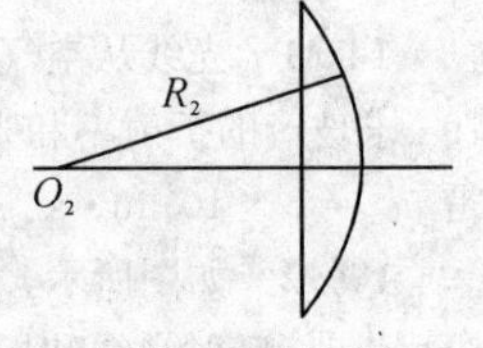

习题14-13图

第15章 波动光学

满招损，谦受益.

——《尚书·大禹谟》

波的干涉和衍射现象是各种波所独有的基本特征. 光是电磁波. 在一定条件下，两列光波在传播过程中当然也可以因叠加而产生干涉和衍射等现象. 本章主要研究可见光在传播过程中呈现的干涉、衍射和偏振等现象的规律.

曾如前述，光在电磁波谱中的波段是很窄的，其波长范围为 400～760 nm. 这一波段的电磁波能引起人们的视觉，故称为**可见光**. 不同波长的可见光引起人们不同颜色的感觉. 人眼对不同波长的光感觉的灵敏度也不同，对波长为 550 nm左右的黄绿光感觉最为敏感.

仅单纯含有一种波长（严格说，应是一种频率）的光，称为单色光.

可见光的天然光源主要是太阳，人工光源主要是炽热物体，特别是白炽灯，它们所发射的可见光谱是连续的. 气体放电管也发射可见光，如荧光灯（日光灯）、高压汞灯、钠光灯、氙灯等. 在实验室中，常利用各种气体放电管加滤色片作为单色光源，如钠光灯，它能发出波长为 589.3 nm 的单色光. 以上光源统称为**普通光源**. 1960 年问世的**激光器**是一种特殊的光源，它所发出的激光具有一系列与普通光不同的鲜明特点，引起了现代光学及应用技术的巨大变革.

15.1 光的干涉　光强度

15.1.1 波干涉现象的回想

我们在 7.6 节中，曾讨论过机械波的干涉现象. 若两列波满足**频率相同、振动方向相同、相位相同或相位差恒定**的相干条件，这两列波就是相干波，它们在空间的重叠区域内各点相遇时，将发生干涉现象.

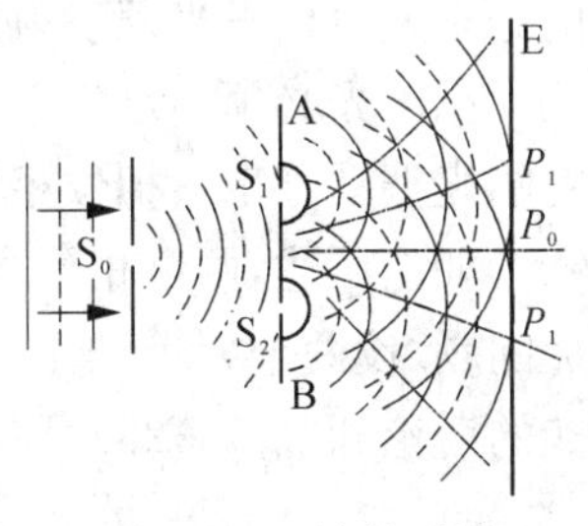

图 15-1　波的干涉

如图 15-1 所示，从狭缝 S_0 发出的波，它的波面是一系列半圆柱面（图中，用实线圆弧表示波峰，虚线圆弧表示波谷）. 今在这列波的传播途中设置一障板 AB,其上开有平行于狭缝 S_0 的两条相同狭缝 S_1 和 S_2,它们的位置对称于狭缝 S_0,即 $S_0S_1=S_0S_2$. 因而,这列波从狭缝 S_0 传播到狭缝 S_1 和 S_2 处的路程相等,意味着狭缝 S_1 和 S_2 处于这列波的同一个半圆柱面形状的波前上;或者说,这列波在狭缝 S_1 和 S_2 处具有相同的相位. 当这列波通过狭缝 S_1 和 S_2 时,根据惠更斯原理,狭缝上各点都可看作子波的波源,每条狭缝都发出一系列波面为半圆柱面的波. 这两列波其实是同一列波经过狭缝 S_1 和 S_2 而被分开来的,因此,它们具有相同的频率和振动方向,并且,在空间各点相遇时还具有恒定的相位差,乃是相干波. 如果相遇于屏 E 上某些地方的这两列波是同相位的(即波峰与波峰相遇,或波谷与波谷相遇),则它们叠加所得的合振幅最大,即干涉加强;如果是相位相反的,即波峰与波谷相遇,则合振幅最小,即干涉减弱.

15.1.2 光强度 光的干涉

光波是光振动的传播;并且主要是指电磁波中电场强度 $\boldsymbol{E}$ 矢量振动的传播. 但是,在光学中,$\boldsymbol{E}$ 矢量、$\boldsymbol{H}$ 矢量都是无法直接观测到的,人们能够看到光的颜色以外,只能观测到光的强度. 例如,任何感光仪器,无论是人的眼睛或者照相底片,观感到的都是光的强度而不是光振动本身. 不过,光的电磁理论指出,光的强度 I 取决于在一段观察时间内的电磁波能流密度(参阅 13.8.4 节)的平均值,其值与光振动的振幅 E 平方成正比,并可写作

$$I = kE^2 \tag{15-1}$$

式中,k 为比例恒量,由于我们只关心光的相对强度,因而不妨取 $k=1$. 因此,光波传到之处,若该处光振动的振幅为最大,看起来就最亮;而振幅为最小(或几乎接近于零)处,则差不多完全黑暗. 由上式可知,亮暗的程度也可用光的强度来表述.

现在我们讨论光的干涉现象. 对于两列光波在空间重叠(相遇)的区域内各点所引起的光振动,若叠加所得的合振动具有恒定的振幅,则将稳定地呈现出加强和减弱的明、暗图样. 这就是**光的干涉现象**. 产生干涉现象的光称为**相干光**,它们分别是由**相干光源**发射出来的.

相干光必须满足**相干条件:光振动的频率相同、振动方向相同**(或具有同方向的光振动分量)、**相位相同或相位差保持恒定**.

如上所述,两束相干光的干涉,可以归结为在空间任一点上两个光振动的叠加问题. 设两个相干光光振动的振幅分别为 E_1 和 E_2,相位差为 $\Delta\varphi$,仿照波的干涉的讨论和式(7-23)可知,光的合振动振幅 E 的平方为

$$E^2 = E_1^2 + E_2^2 + 2E_1E_2\cos\Delta\varphi \tag{15-2}$$

既然我们能观测到的都是光的强度，而不是振幅，因此我们可将上式改写成光强度之间的关系. 对一定频率的光波来说，按式(15-1)，可将式(15-2)改写成

$$I = I_1 + I_2 + 2\sqrt{I_1 I_2}\cos\Delta\varphi \tag{15-3}$$

式中，$\Delta\varphi$ 为两相干光的相位差，I_1，I_2 和 I 分别为两列相干光的光强度和所合成的光强度. 即在相干光叠加时，合成的光强度并不等于两光源单独发出的光波在该点处的光强度之和，即 $I \neq I_1 + I_2$. 若所讨论的两束相干光的振幅相等，则它们的光强度相等，即 $I_1 = I_2$，并因 $1+\cos\varphi = 2\cos^2\varphi/2$，上式可简化为

$$I = 4I_1\cos^2\frac{\Delta\varphi}{2} \tag{15-4}$$

当 $\Delta\varphi = \pm 2k\pi$, $k = 0, 1, 2, \cdots$ 时，

$$I = 4I_1$$

当 $\Delta\varphi = \pm(2k+1)\pi$, $k = 0, 1, 2, \cdots$ 时，

$$I = 0$$

由此可见，两束光强度相等的相干光叠加后，空间各点的合成光强度不是两束光光强度的简单相加. 在某些地方，光强度增大到一束光光强度的 4 倍，而有些地方光强度则为零，即**两束光干涉的结果，光的能量在空间作了重新分布**，于是我们便可以从屏幕上看到由一系列明暗相间的条纹所组成的干涉图样.

对于干涉图样的明暗反差，取决于相应的光强度的对比，光强度反差愈大，明暗对比愈明显. 因此，我们引用**可见度** V 来表征干涉图样的明暗反差，即

$$V = \frac{I_{\max} - I_{\min}}{I_{\max} + I_{\min}} \tag{15-5}$$

特别是在两列相干波的振幅恒定、且 $E_1 = E_2$ 的情况下，有 $I_1 = I_2$，并令 $I_1 = I_2 = I_0$，则由式(15-4)得

$$I_{\max} = 4I_0, \qquad I_{\min} = 0$$

由式(15-5)，在所述情况下，可见度为 $V = 100\%$，达到最大值. 这时，由于最大光强度达到了每列相干光波的光强度的 4 倍，显得更亮；而最小光强度为零，暗得全黑. 亮暗分明，反差极大，干涉图样最为清晰.

所以，为了获得清晰的干涉图样，**两束相干光波的光强度宜力求相等或接近于相等**. 这是对光的干涉所提出的另一个要求.

问题 15.1.1　(1) 试述光强度与光振动振幅之间的关系.

(2) 何谓相干光和相干条件;导出相干光叠加时总光强度与两列相干光强度的关系.

(3) 何谓干涉图样的可见度?$V=0$ 和 $V=100\%$ 分别表示什么意义?为了获得清晰的干涉图样,两列相干光尚需满足什么条件?

15.1.3 相干光的获得

现在我们进一步说明如何才能获得相干光.

对于机械波或无线电波来说,相干条件比较易于满足.例如,两个频率完全相等的音叉在室内振动时,可以觉察到空间有些点的声振动始终很强,而另一些点的声振动始终很弱.这是因为机械波的波源可以连续地振动,发射出不中断的波.只要两个波源的频率相同,相干波源的其他两个条件,即振动方向相同和相位差恒定的条件就较易满足.因此,观察机械波的干涉现象比较容易.

但是对于光波来说,即使两个光源的强度、形状、大小等完全相同,上节所述的光的相干条件仍难获得,这是由于光源发光机制的复杂性所决定的.

根据近代研究,光波是炽热物体中大量分子和原子的运动状态发生变化时辐射出去的电磁波.因此,发光物体(光源)中许多发光的原子、分子,它们分别相当于一个小的点光源.人们看到的每束光,都是由大量原子辐射出来的电磁波汇集而成的.

在发光体中,同一时间内各个分子或原子的状态变化不同,因而它们所发出的光波的振幅、相位、振动方向亦彼此不同.另一方面,分子或原子的发光是间歇的,当某一群分子或原子发光时,另一群分子或原子还没有开始发光;当后者发光时,以前发光的分子或原子群已经由于辐射而损失了能量,或由于周围分子或原子的作用而停止发光了.每个分子或原子发光的持续时间很短,大约只有 10^{-9} s.在这样短促的时间内发出的光波,是一个长度有限的波列;并且,往往在间歇片刻(时间很短,其数量级也是 10^{-9} s)后再发出另一个波列,如图15-2所示.同一个分子或原子前后发出的各个波列,它们的频率和振动方向不尽相同,也无固定的相位关系,这些波列是完全独立的.对于不同原子发出的光波,情况同样如此,也是各自独立的.因此,对整个发光体而言,所发光的相位瞬息万变.

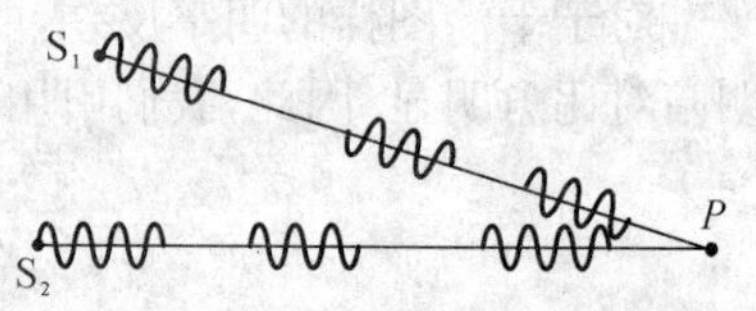

图15-2 光源 S_1,S_2 中分子或原子发出的光波是一系列断续的波列

这样,对两个独立的光源来说,由于其中各原子发出的光振动相位之间没有任何固定的联系,所以,**从两光源中所有原子发出的光振动在空间任一点 P 处叠加时,这些光振动在该点的相位差是随时改变的.实际上,我们只能观察到一**

个平均效应，即光强度的均匀分布[①]. 这种情况叫做**非相干叠加**. 例如我们用两支点燃的蜡烛或电灯(即两个不相干的独立光源)照射屏幕，在幕上就只能看到均匀照亮的一片，而不能形成明、暗相间的干涉图样. 而且，在幕上被均匀照亮区域上的光强度等于每支蜡烛单独照射所产生的各个光强度之和. 由此可见，要使两个独立光源满足相干的条件，特别是相位相同或相位差恒定这个条件，显然难于实现；即使利用同一发光体上两个不同的部分，也不可能实现.

但是，如果两个并排的小孔受到同一个很小的光源或离得很远的宽光源(如一支点燃的蜡烛)照明，则从两个小孔射出来的光可以在小孔后面的屏幕(如墙壁)上产生干涉现象，出现明、暗的条纹，读者不妨可以自行演示一下.

因此，为了获得满足相干条件的光波，我们只能采用人为的方法，**将同一个点光源发出来的光线分成两个细窄的光束，并使这两束光在空间经过不同的路径而会聚于同一点**. 由于这两束光来自同一个点光源，所以，在任何时刻到达观察点的，应该是经过不同波程的两列频率相同、振动方向相同的光波. 尽管各原子辐射的光波，其相位迅速地改变，但任何相位的改变总是亦步亦趋地同时发生在这两列光波中，因此，如果一个光束发生相位的改变，则另一个光束也将同步地发生同样的相位改变，即它们时时刻刻保持恒定的相位差. 总起来说，它们是满足相干条件的.

根据以上所述，通常我们采取下列两种方法来获得相干光.

(1) **分波阵面法(或分波前法)** 可采用类似于图 15-1 所示的装置，设 S_0 处为光源，所发出的光波传播到对称于 S_0 的两狭缝 S_1 和 S_2 时，S_1 和 S_2 处在同一波前上，其相位是相同的，并且，通过狭缝 S_1 和 S_2 后，所分开的两列光波都来自同一光源 S_0，其频率和振动方向也都是相同的. 所以，S_1 和 S_2 成为两个相干光源，所发出的两列相干光在空间将产生干涉现象. 历史上著名的杨氏双缝干涉实验，就是利用分波阵面法获得相干光的(见 15.2 节).

(2) **分振幅法** 利用光的反射和折射，将来自同一光源的一束光分成两束相干光. 例如，如图 15-3 所示，从光源 S_0 发出的光在空气中入射到厚度均匀的薄膜上，一部分光在薄膜的上表面 MN 处反射，形成光束Ⅰ；另一部分光折射而透入膜内，在下表面 $M'N'$ 处被反射，然后经上表面折出，形成光束Ⅱ. 光束Ⅰ，

---

① 即使光源中两个发光原子同时发出振动方向相同的同频率的光波，它们所形成的干涉图样也只能在极短的时间($\sim 10^{-9}$ s)内存在，而另一时刻将被对应于另一个相位差的干涉图样所代替. 在一定的观察和测量时间内，干涉图样瞬息万变，任何接收器都来不及反应，因而觉察不到这种图样的迅捷更迭，而只能记录到光强度的某一时间平均值，如同眼睛不能觉察到交流电通过电灯时灯丝的亮度变化、而只能看到某一不变的平均亮度一样.

Ⅱ是从同一入射光中分开来的[1],因此具有相同的频率和振动方向,并具有恒定的相位差(这是由于它们所经历的介质和波程、即几何路程不同所形成的),所以这两束光是相干光,如果让它们通过透镜或肉眼会聚于空间各点,将产生干涉现象. 在15.3节中讨论的薄膜干涉,就是借这种分振幅法实现干涉的一个实例.

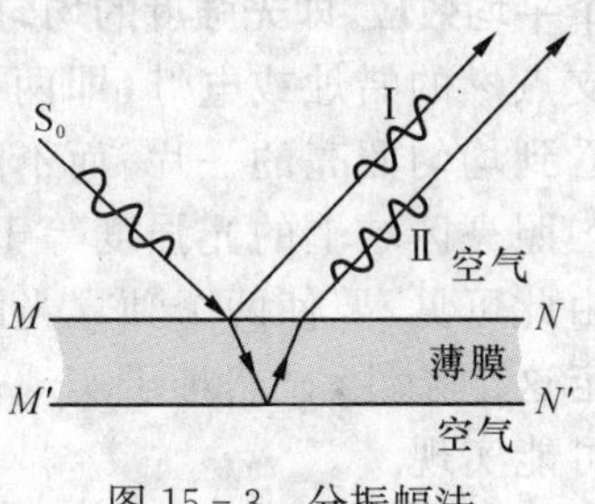

图 15-3　分振幅法

最后,我们要指出,以上所谈到的光的干涉现象,乃是一种理想情况下的干涉,即对光源线度为无限小,波列为无限长的单色光而言的.

实际上,光源总是有一定的大小,它将对光的相干性产生影响,主要表现在干涉图样明暗对比的清晰程度被削弱. 这就是说,光源的线度应受到一定的限制,才能使发出的光获得较好的相干性.

其次,由于光源中的分子或原子每次发光的持续时间 Δt 很短,而且先后各次发出的光波波列,其振动方向和相位又不尽相同. 故而采取了上述的分波阵面法或分振幅法,才能够将同一次发出的光分成两个相干的波列. 显然,这两个波列到达空间某点的时间之差不能大于一次发光的持续时间 Δt,否则在该点相遇的两个波列,就不可能是从同一次发出的光波中分出来的,因而不能满足光波的相干条件. 显然, Δt 愈长,光的相干性就愈好.

因此,我们在考察光的相干性时,严格地说,应考虑到上述影响. 有时可以通过适当的装置来消除这些影响,以获得好的相干性. 幸而,当前有了激光光源,它与普通光源相比,具有亮度高、方向性好、相干性好的特点,这就为实现光的干涉提供了充分的条件.

问题 15.1.2　试述光源的发光机理和获得相干光的两种方法.

15.2 双缝干涉

15.2.1　杨氏双缝干涉实验

1. 实验装置

1801年英国医生兼物理学家托马斯·杨(Thomas Young, 1773—1824)首先用实验方法实现了光的干涉,从而为光的波动学说提供了有力的证据.

---

① 光束Ⅰ,Ⅱ的能量也是从同一入射光的能量中分出来的. 由于光波的能量与振幅有关,所以,由此获得相干光的方法叫做**分振幅法**.

图15-4(a)是实验的装置示意图.将平行单色光垂直地射向狭缝S_0,于是S_0便成为一个发射柱面波的线光源,如图15-4(b)所示.双缝S_1和S_2相对于S_0呈对称分布,因而两者位于柱面波的同一个波面上.根据惠更斯原理,S_1和S_2就成为来自同一光源的频率相同、振动方向相同、相位相同的两个**相干光源**,从它们发出的光在相遇区域内便能产生干涉现象.若在此区域内放置一个观察屏幕E,就可以在屏上观察到一系列与狭缝平行的明、暗相间的稳定条纹,即**干涉条纹**.这些条纹的大致情况,如图15-4(a)的观察屏E所示.由于S_1和S_2是从同一波阵面上分离出来的两部分,因而这种获得相干光的方法就称为**分波阵面法**.下面就对干涉条纹在屏幕上的分布进行定量的分析.

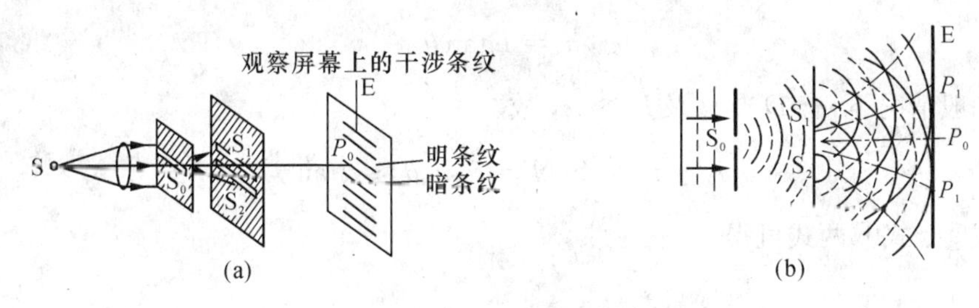

图15-4 双缝干涉实验

2. 明暗条纹在屏幕上的位置

在图15-5中,设S_1和S_2相距为$d(\approx 10^{-3}\text{ m})$,它们到屏幕E的距离为$D$(约1～3 m),屏幕上某点$P$到两狭缝的距离分别为$r_1$和$r_2$.故由点$P$到两狭缝的波程差为

$$\delta = r_2 - r_1$$

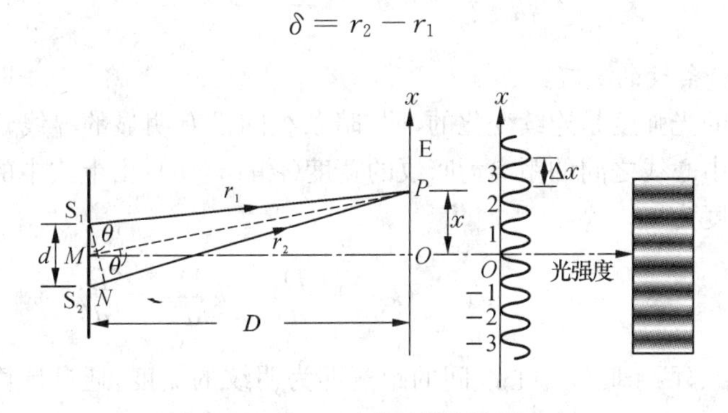

图15-5 干涉条纹的计算

由于S_1和S_2是初相相同的两个相干光源,因此相干光在点P干涉的结果仅由波程差δ来决定,即

$$\delta = r_2 - r_1 = \begin{cases} k\lambda, & k = 0, \pm 1, \pm 2, \cdots \quad \text{明纹} \\ (2k+1)\dfrac{\lambda}{2}, & k = 0, \pm 1, \pm 2, \pm 3, \cdots \quad \text{暗纹} \end{cases} \tag{15-6}$$

式中,k 称为条纹的**级次**. 当 $k=0$ 时,$\delta = r_2 - r_1 = 0$,即**零级明纹**呈现在双缝的中垂面与屏幕的交线处,故又称**中央明纹**. 在零级明纹上、下两侧,对称地排列着正、负级次的条纹. 图中的曲线表示屏幕上光强度的分布情况.

为了确定各级明、暗条纹在屏幕上的位置,我们以零级明纹中心点 O 为原点作坐标轴 Ox,以坐标为 x 的 P 点代表某一条纹的位置. 连结点 P 和双缝的中点 M,并设 PM 与 OM 的夹角为 θ. 由图可得

$$x = D\tan\theta \tag{ⓐ}$$

在一般情况下,有 $D \gg d$ 及 $D \gg x$,故

$$r_2 - r_1 \approx S_2N = d\sin\theta \approx d\tan\theta \tag{ⓑ}$$

由式ⓐ、式ⓑ两式可得

$$r_2 - r_1 = \frac{d}{D}x$$

代入式(15-6),即可得到各级明、暗条纹中心线的位置为

$$x = \begin{cases} k\dfrac{D}{d}\lambda, & k = 0, \pm 1, \pm 2, \cdots \quad \text{明} \\ (2k+1)\dfrac{D}{d}\dfrac{\lambda}{2}, & k = 0, \pm 1, \pm 2, \pm 3, \cdots \quad \text{暗} \end{cases} \tag{15-7}$$

3. 明、暗条纹的宽度

屏幕上的光强度是连续变化的,明、暗条纹间没有明显的界线,我们定义相邻两条明纹中心线之间的距离为暗纹的宽度(图 15-5). 由上式中的明纹条件,可得暗纹宽度为

$$\Delta x = x_{k+1} - x_k = (k+1)\frac{D}{d}\lambda - k\frac{D}{d}\lambda = \frac{D}{d}\lambda \tag{15-8}$$

仿此,相邻两条暗纹中心线间的距离即为明纹的宽度,通过计算,其宽度与上式结果相同.

由上式可见,条纹宽度 Δx 与条纹的级次 k 无关,即各级条纹是等宽的,它们在幕上是均匀排列的. 由上式还可看出,条纹宽度 Δx 与波长 λ 成正比,因此,如果用白光作双缝干涉实验,白光中所含各种波长的单色光各自形成干涉条纹,其宽度各不相同. 红光波长最长,条纹最宽;紫光波长最短,条纹最窄. 所以在零

级明纹的边缘将出现彩色，其它各级明纹也将成为彩色条纹．随着级次 k 的增大，各种波长的不同级次的明纹和暗纹将互相重叠，以致难以分辨．

15.2.2　洛埃德镜实验　半波损失

如图 15－6 所示，英国物理学家洛埃德(H. Lloyd，1800—1881)于 1834 年提出了用一块平面反射镜 KL 观察干涉的装置，称为**洛埃德镜**．具体构想是这样的，从一个狭缝光源 S_1 所发出的光波，其波前的一部分直接照射到屏幕 E 上，另一部分则被平面镜 KL 反射到屏幕上．这两束光为由分波阵面得到的，满足相干条件，因此在叠加区域互相干涉，在此区域的屏幕上可以观察到与狭缝平行的明暗相间的干涉条纹．

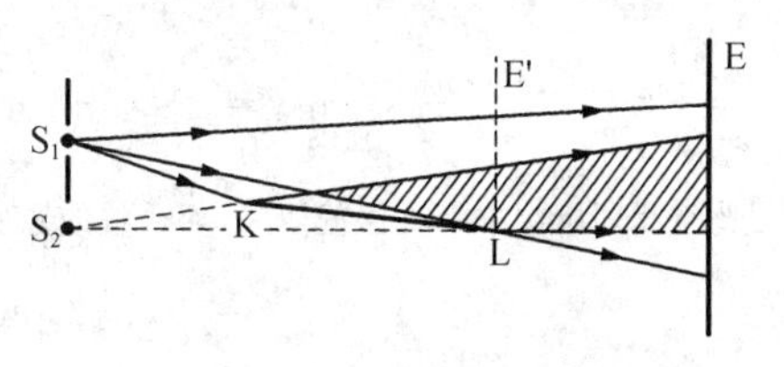

图 15－6　洛埃镜光路图

从镜面上反射出来的光束好似是从虚光源 S_2 发出来的，S_2 也就是 S_1 在平面镜 KL 中的虚像．S_1，S_2 构成一对相干光源，相当于两个狭缝光源，因此所产生的干涉条纹与双缝干涉条纹相类同．

此实验还有一个重要的现象．我们将屏幕 E 平移到图中 E′处，使其与镜端 L 相接触．从图中可见，S_1 和 S_2 到屏幕上 L 处的距离相等，即波程相等，两束相干光在 L 处似乎应该干涉加强而出现明条纹，但事实上在 L 处却出现暗条纹．这是因为：从光源 S_1 发出的光波在镜面上反射时，其相位要发生 π 的突变，故而当此反射光与到达该处的入射光相互叠加后，便会出现暗条纹．由电磁场理论可以严格证明：**当一束光从折射率较小的光疏介质，垂直入射**（$i=0°$）**或掠入射**（$i\approx 90°$）**到折射率较大的光密介质上发生反射时**，在这两种介质分界面的入射点处，**便有 π 的相位突变**，这相当于光波在该处存在半个波长的额外波程差．我们把这种情况往往称为光波的**半波损失**．如果光波从光密介质向光疏介质传播时，在分界面处，入射波的相位与反射波的相位相同，不存在半波损失．

问题 15.2.1　在杨氏双缝实验中，按下列方法操作，则干涉条纹将如何变化？为什么？

(1) 使两缝间的距离逐渐增大；

(2) 保持双缝间距不变，使双缝与屏幕的距离变大；

(3) 将缝光源 S_0[见图 15-4(a)]在垂直于轴线方向往下移动．

问题 15.2.2　在双缝实验中，所用蓝光的波长是 440 nm，在 2.00 m 远的屏幕上测得干涉条纹的宽度为 0.15 cm．试求两缝间距．(**答**. 5.87×10^{-4} m)

问题 15.2.3　(1) 试述由洛埃德镜获得相干光的方法，画出其光路图．并说明如何由洛埃德镜实验证实相位突变现象；何谓半波损失？

(2) 如图，从远处的点光源 S_0 发出的两束光 S_0AP 和 S_0BP 在折射率为 n_1 的介质中传播，它们分别在折射率为 n_2，n_3 的介质表面上反射后相遇于 P 点．已知 $n_2>n_1$，$n_3<n_1$．问这两束光在

分界面发生反射时有无相位 π 的突变?

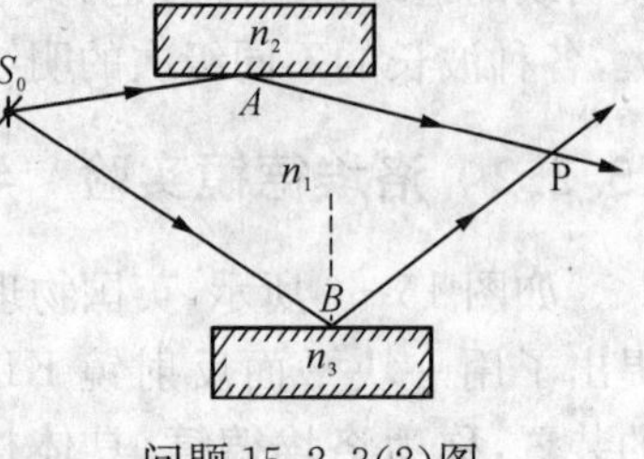

问题 15.2.3(2)图

例题 15-1 如图 15-5 所示,在杨氏双缝实验中测得 $d=1.0\,\mathrm{mm}$, $D=50\,\mathrm{cm}$,相邻明纹宽度为 0.3 mm,求光波波长.

解 按式(15-7)的暗纹形成条件,可得第 k 级和第 $k+1$ 级暗纹中心线的位置分别为

$$x_k=\pm(2k+1)\frac{D}{d}\frac{\lambda}{2},\quad x_{k+1}=\pm[2(k+1)+1]\frac{D}{d}\frac{\lambda}{2}$$

因此得相邻暗纹中心之间的距离,即明纹的宽度为

$$|\Delta x|=|x_{k+1}-x_k|=\frac{D}{d}\lambda \tag{a}$$

即

$$\lambda=\frac{d|\Delta x|}{D} \tag{b}$$

已知:$d=1.0\,\mathrm{mm}=1.0\times10^{-3}\,\mathrm{m}$, $|\Delta x|=0.3\,\mathrm{mm}=0.3\times10^{-3}\,\mathrm{m}$, $D=50\times10^{-2}\,\mathrm{m}$. 代入式ⓑ,得波长为

$$\lambda=\frac{1.0\times10^{-3}\times0.3\times10^{-3}}{50\times10^{-2}}\,\mathrm{m}=6.0\times10^{-7}\,\mathrm{m}=600\,\mathrm{nm}$$

15.3 光程 光程差

我们说过,干涉现象的产生,取决于相干光之间的相位差. 在同种的均匀介质内,例如在杨氏双缝实验中,两束光在空气(介质)中相遇处叠加时的相位差,仅取决于两束光之间波程(即几何路程)之差. 可是,在一般情况下,光波将经历不同的介质,例如光从空气中透入薄膜. 这时,相干光之间的相位差,就不能单纯由两束相干光的波程差来决定. 为此,我们在下面先介绍光程的概念;然后,说明光程差的计算方法.

15.3.1 光 程

我们知道,单色光的光速 v、波长 λ 与频率 ν 有下列关系:

$$v=\lambda\nu$$

当光穿过不同介质时,其频率 ν 始终不变,但其光速 v 则随介质的不同而异,因而,其波长 λ 亦将随介质的不同而改变. 设 c 和 v_1 为给定的单色光分别在真空中和某种介质中的速度, n_1 为这介质对真空的绝对折射率,则由式(14-2a),有

$$v_1=\frac{c}{n_1} \tag{a}$$

设 λ 和 λ_1 分别为该单色光在真空中和这介质中的波长，则 $c=\lambda\nu$，$v_1=\lambda_1\nu$ 把它们代入式ⓐ，可得

$$\lambda_1=\frac{\lambda}{n_1} \tag{ⓑ}$$

可见光经历较密的介质（其折射率恒大于 1）时，其波长要缩短.

空气的折射率 $n_1\approx 1$，所以光在空气中的波长与在真空中的波长相差极微. 通常我们所说的各色光的波长 λ，都是指真空中或空气中的波长.

在折射率为 n_1 的介质中，设频率为 ν 的平面光波的波函数为

$$E=E_0\cos\omega\left(t-\frac{r}{v_1}\right)=E_0\cos 2\pi\left(\nu t-\frac{r}{\lambda_1}\right) \tag{ⓒ}$$

式中，r 为光波所经过的波程，v_1 和 λ_1 分别为在折射率 n_1 的介质中光的速度和波长.

利用式ⓑ，用真空中的波长 λ 代替 λ_1，则光波波函数ⓒ成为

$$E=E_0\cos 2\pi\left(\nu t-\frac{n_1 r}{\lambda}\right) \tag{ⓓ}$$

在上式中，我们看到，光波的相位为 $2\pi\left(\nu t-\frac{n_1 r}{\lambda}\right)$. 在均匀介质中，对给定的单色光来说，$\nu$ 和 λ（真空中的波长）都是恒量，因此在折射率为 n_1 的介质中，决定光波相位的不是波程 r，而是 $n_1 r$. 我们把**介质的折射率与光波经过的波程之乘积**，称为**光程**.

现在我们进一步指出“光程”的意义. 设在折射率为 n 的介质中，光速为 v，则光波在该介质中经过路程 r 所需的时间为 $t=r/v$；在这一段时间内，光波在真空中所经过的路程为

$$ct=c\,\frac{r}{v}=\frac{c}{v}r=nr \tag{ⓔ}$$

而这就是光在介质中的光程. 由此可见，计算光程实际上就是计算与介质中几何路程相当的真空中的路程，也就是把牵涉到不同介质时的复杂情形，都变换成真空中的情形.

问题 15.3.1 (1) 何谓光程？为什么要引用光程这一概念？

(2) 单色光从空气射入水中，光的频率、波长、速度、颜色是否改变？怎样改变？

(3) 波长为 λ 的单色光在折射率为 n 的均匀介质中自点 A 传播到点 B，相位改变了 3π. 问 A，B 两点间的光程是多少？几何路程是多少？（**答**：$3\lambda/2$，$3\lambda/(2n)$）

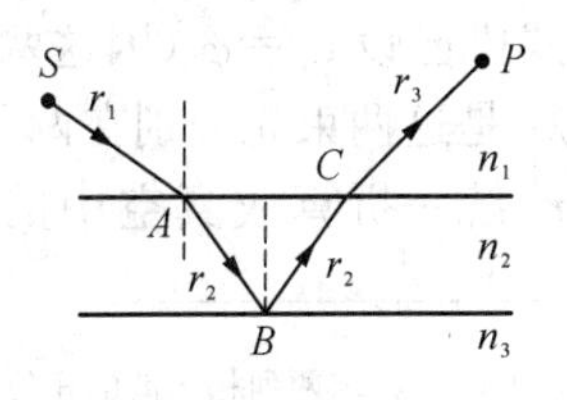

问题 15.3.1(5)图

(4) 一频率为 ν 的单色光由真空进入折射率为 n 的介质. 试证：

在介质中路程 r 内所包含的波长数与真空中路程 nr 内所包含的波长数相等.

(5) 设一束光从 S 出发,经平行透明平板到达点 P,其光路 $SABCP$ 的各段波程 r_1, r_2 和 r_3 如图所示.设介质的折射率分别为 n_1, n_2 和 n_3,试将光线的几何路程折算为光程.(**答:**$n_1r_1+2n_2r_2+n_1r_3$)

例题 15-2 用很薄的云母片($n=1.58$)覆盖在双缝中的一条缝上,如图所示.这时,观察到零级明纹由点 O 移到原来的第9级明纹的位置上.已知所用单色光波长 $\lambda=550$ nm,求云母片的厚度 d.

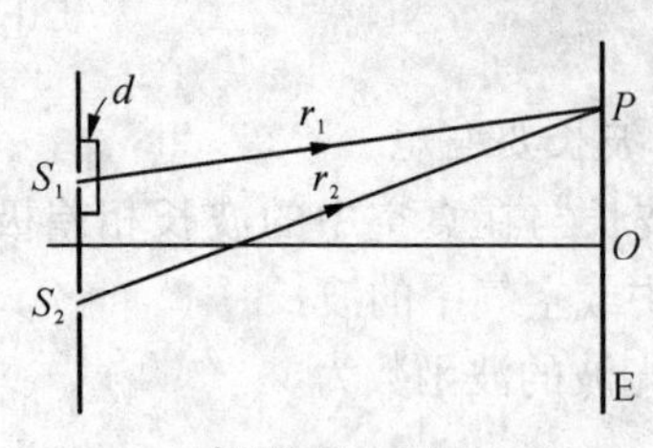

例题 15-2 图

解 按题意,在未覆盖云母片时,屏幕上点 P 处应是第9级明纹.由式(15-6)可得

$$r_2-r_1=9\lambda \quad ⓐ$$

覆盖云母片后,点 P 处变为零级明纹,这意味着由 S_1 和 S_2 到点 P 的光程差为零.今由 S_1 到点 P 的光程为 $nd+(r_1-d)$,由 S_2 到点 P 的光程仍为 r_2,两者之差为零,即

$$r_2-[nd+(r_1-d)]=0 \quad ⓑ$$

联立式ⓐ、式ⓑ两式,解得云母片的厚度为

$$d=\frac{9\lambda}{n-1}=\frac{9\times5.5\times10^{-7}}{1.58-1}\text{ m}=8.5\times10^{-6}\text{ m}$$

15.3.2 光程差

有了光程的概念,就可用来比较光波在不同介质中经过的路程所引起的相位变化,这对于讨论两束相干光各自经过不同介质而干涉的条件,十分方便.设来自同一个点光源的两束相干光 S_1P 和 S_2P,分别在两种介质(折射率分别为 n_1 及 n_2)中经过的波程为 r_1 和 r_2(图 15-7),它们在点 P 的干涉条件决定于相位差:

图 15-7 光程差计算用图

$$\varphi_{12}=\left(\omega t+\varphi_1-\frac{2\pi r_1}{\lambda_1}\right)-\left(\omega t+\varphi_2-\frac{2\pi r_2}{\lambda_2}\right)$$
$$=2\pi\frac{r_2}{\lambda_2}-2\pi\frac{r_1}{\lambda_1} \text{ ①}$$

式中已设 $\varphi_2=\varphi_1$(因这两束相干光来自同一个点光源,它们的初相相同);λ_1 和 λ_2 是这两束光分别在两种介质中的波长.今把上式中的不同介质中的波程 r_1,r_2 统一折算成真空中的波程(即光程),则上式的相位差便可用光程差来表

① 在求两列相干波的相位差时,我们可以随意地将其中任何一列波的相位减去另一列波的相位,毋需顾及它们的顺序,这对决定它们的干涉条件无关紧要,在计算光程差或波程差时,也是如此.

达,即

$$\underset{\text{相位差}}{\varphi_{12}} = \frac{2\pi}{\lambda} \underbrace{(n_2 r_2 - n_1 r_1)}_{\text{光程差}} \tag{15-9}$$

式中,λ 为这两束相干光在真空中的波长;$n_2 r_2 - n_1 r_1$ 是由它们在两种介质中的传播路径(波程)不同所引起的光程差,用 Δ_1 表示,则

$$\Delta_1 = n_2 r_2 - n_1 r_1 \tag{15-10}$$

15.3.3 额外光程差　干涉条件的一般表述

如果两束相干光在传播路径中,还相继地在不同介质的分界面上发生过反射,那么,如15.2.2节所述,对每一次反射都须考虑是否存在相位 π 的突变,或者说,在计算两束相干光的光程差时,对每一次反射是否都需计入一个相应的额外光程差 $\lambda/2$——半波损失(即增加或减小半个波长;本书约定:一律采取增加 $\lambda/2$ 的方式[①]).设所有可能由半波损失产生的额外光程差为 Δ_2,则两束相干光的光程差 Δ 的公式一般地可写作

$$\Delta = \Delta_1 + \Delta_2 \tag{15-11}$$

即总的光程差 Δ 等于波程差引起的光程差 Δ_1 与半波损失引起的光程差 Δ_2 的代数和. 这时,由式(15-9)所表述的两束相干光的相位差与光程差的关系应进一步改写成

$$\varphi_{12} = 2\pi \frac{\Delta}{\lambda} \tag{15-12}$$

式中,Δ 按式(15-11)计算.于是,两束相干光的干涉条件便归结为

$$2\pi \frac{\Delta}{\lambda} = \begin{cases} 2k\pi, & k = 0, \pm 1, \pm 2, \cdots, \quad \text{干涉加强} \\ (2k+1)\pi, & k = 0, \pm 1, \pm 2, \cdots, \quad \text{干涉减弱} \end{cases} \tag{15-13}$$

由上式,可把干涉条件化成用波长 λ 表示的常见形式:

$$\Delta = \begin{cases} k\lambda, & k = 0, \pm 1, \pm 2, \cdots, \quad \text{干涉加强} \\ (2k+1)\dfrac{\lambda}{2}, & k = 0, \pm 1, \pm 2, \cdots, \quad \text{干涉减弱} \end{cases} \tag{15-13a}$$

---

① 在计入额外光程差 $\lambda/2$ 时,可以加上 $\lambda/2$,也可以减去 $\lambda/2$,这不影响干涉条件的结果,只不过在干涉条件中,导致 k 递增或递减一个级次而已,本书统一采用加上 $\lambda/2$ 的办法.

总之,两束相干光在不同介质中传播时,干涉条件取决于这两束光的光程差Δ,而不是两者的波程(即几何路程)之差.

15.3.4 透镜不引起额外的光程差

在光学中,为了把光束会聚(聚焦)在焦平面上成像,我们经常要用到透镜.根据14.4节所述,在透镜成像的实验中,如果平行光波的波前和透镜的光轴垂直,则这光波经过透镜后,能够会聚于透镜焦平面上,且相互加强而产生亮点(像点).这是因为平行光在同一个波前上各点的相位是相同的,经过透镜而会聚于焦平面上一点时(图15-8),相位必然仍是相同的,因而才能相互加强而形成亮点.这就表明,使用透镜并不引起这些光的额外光程差.其实,从光程来考虑,也不难定性理解这一结论.例如,在图15-8所示的平行光中,光束$AA'F$的波程虽然大于光束$BB'F$的波程,但是前者在透镜内的波程小于后者在透镜内的波程,而透镜材料的折射率则大于空气的折射率,故把它们折算成光程,$AA'F$与$BB'F$两者的光程便有可能相等.

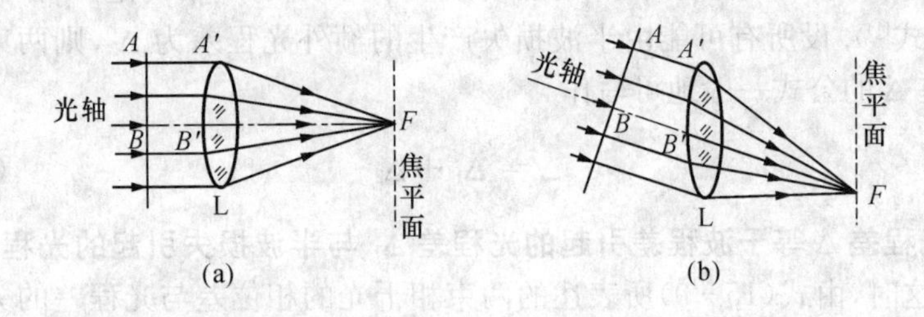

图15-8 平行光经过透镜聚焦成像

问题15.3.2 在问题15.2.3(2)中,设$S_0A = AP = BP = r_1$,$S_0B = r_2$,试在两种情况下求两束光S_0AP和S_0BP的光程差:(1)$n_2 > n_1$,$n_3 < n_1$;(2)$n_2 > n_1$,$n_3 > n_1$.(**答**:(1)$\Delta = n_1(r_1 - r_2) + \lambda/2$;(2)$\Delta = n_1(r_1 - r_2)$)

15.4 平行平面薄膜的光干涉

现在讨论光照射到薄膜上的干涉现象.平时,我们观察透明的薄膜,例如肥皂泡、河面上和雨后地面上的废油层等,常会发现薄膜的表面上呈现许多绚丽的彩色条纹.这些条纹就是自然光(阳光)照射在薄膜上,经过薄膜的上、下表面反射后相互干涉的结果.

日常生活中我们遇到的光波一般是自然界的阳光,它或者直接来自天空,或者是从反光的物体上(例如墙壁等)反射过来的.因此,光波的光源并不是点光源,而是一个宽广的扩展光源.扩展光源上的每一个发光点相当于一个点光源,它向各方向发射光波.

如图15-9所示,在折射率为 n_1 的介质(例如空气)中,有一层均匀透明介质形成的薄膜,其折射率为 n_2,且 $n_2>n_1$. 薄膜的表面为两个互相平行的平面,膜的厚度为 e(图中作了放大).

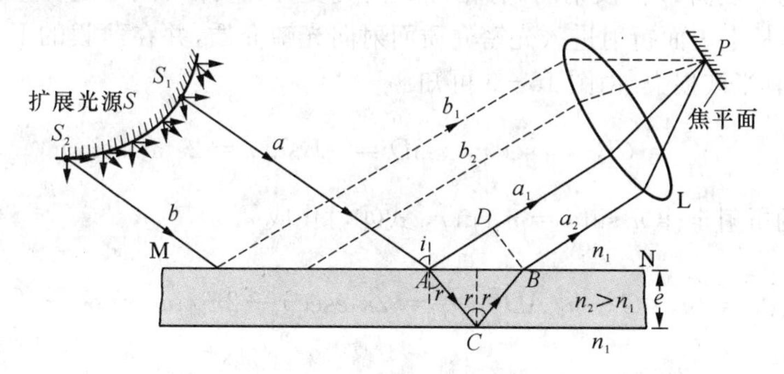

图15-9 薄膜的光干涉

设图示的扩展光源 S 是单色的,它的表面上每一发光点(点光源)都向各方向发射波长为 λ 的单色光. 其中,一个点光源 S_1 发出的一束光 a 投射到薄膜上表面的 A 点,入射角为 i. 光束 a 的一部分在上表面 A 点反射,成为反射光束 a_1;另一部分以折射角 r 透入薄膜内,在其下表面 C 点处反射. 继而射到上表面的 B 点,再从薄膜内折射出来,成为光束 $a_2$①. 根据光的反射定律和折射定律,读者从图示的光路图不难证明,这两束光 a_1 与 a_2 是平行的.

这样,光束 a 投射到薄膜而被分成两个光束 aa_1 和 aa_2. 它们来自同一个点光源 S_1,具有相同的频率和振动方向;当它们通过光轴平行于光束 a_1 和 a_2 的透镜L后,会聚在其焦平面上的 P 点,将有恒定的相位差,因而满足相干光的条件.

由于两束光 aa_1, aa_2 从点光源 S_1 到达 A 点的光程是相等的,其光程差为零,为此,只需计算在 A 点以后的两者光程差. 作 $BD\perp AD$,则光束 aa_1 从 A 点反射后到达 D 点的光程为 $n_1\overline{AD}$;光束 aa_2 从 A 点经 C 点到达 B 点的光程为 $n_2(\overline{AC}+\overline{CB})$. 此后,光束 aa_1 和 aa_2 乃是具有同一波前 BD 的平行光,分别通过透镜L而会聚于 P 点,由于透镜不产生额外的光程差,故它们的光程相等,不存在光程差. 因而,总起来说,这两束光的光程差为

① 尚需说明:在薄膜下表面,除了一部分光反射到上表面外,另一部分光将透过下表面而折出薄膜,成为透射光(图中未画出);再有,从下表面反射到上表面的光束中,除了从薄膜折射出来的光束 a_2 外,还有一部分在薄膜内向下表面反射(图中也未画出)等. 这种几经反射的光甚为微弱,可忽略不计;只有 a_1, a_2 两束光的光强度相差无几. 因此,我们只讨论这两束光的干涉.

$$\Delta = n_2(\overline{AC} + \overline{CB}) - n_1\,\overline{AD} + \frac{\lambda}{2} \qquad ⓐ$$

式中附加了 $\lambda/2$ 一项. 这是因为光束 aa_1 从光疏介质入射到光密介质(薄膜)而在薄膜的上表面 A 点反射时,有相位 π 的突变,故应计入额外光程差 $\lambda/2$;而光束 aa_2 是从上表面折射进入光密介质而射向光疏介质,并在薄膜的下表面 C 点反射,没有半波损失. 由图 15-9 可知:

$$AC = CB = e\sec r, \quad AD = AB\sin i = 2e\tan r\sin i$$

根据光的折射定律 $n_1\sin i = n_2\sin r$, 式ⓐ可化成

$$\begin{aligned}\Delta &= 2n_2\,AC - n_1\,AD + \frac{\lambda}{2} = 2n_2 e\sec r - 2n_1 e\tan r\sin i + \frac{\lambda}{2}\\ &= \frac{2n_2 e}{\cos r}(1-\sin^2 r) + \frac{\lambda}{2} = 2n_2 e\cos r + \frac{\lambda}{2}\\ &= 2e\sqrt{n_2^2 - n_2^2\sin^2 r} + \frac{\lambda}{2}\\ &= 2e\sqrt{n_2^2 - n_1^2\sin^2 i} + \frac{\lambda}{2} \qquad ⓑ\end{aligned}$$

于是,根据式(15-13a),便得薄膜的光干涉条件为

$$2e\sqrt{n_2^2 - n_1^2\sin^2 i} + \frac{\lambda}{2} = \begin{cases} k\lambda, & k = 1, 2, \cdots, \quad \text{干涉加强}^{①} \\ (2k+1)\,\dfrac{\lambda}{2}, & k = 0, 1, 2, \cdots, \quad \text{干涉减弱} \end{cases} \qquad (15-14)$$

类似地,从扩展光源上其他点光源发出的光波中,凡是与光束 a 在同一入射面内、且与光束 a 的入射角 i 相等的所有光束(例如图 15-9 所示的点光源 S_2 发出的光束 b 等),如同光束 a 的情况一样,经薄膜后所形成的每一对相干光束(如光束 bb_1 和 bb_2 等),都将会聚在透镜焦平面上的同一点 P. 由于它们的入射角 i 相等,由式ⓑ可知,每一对相干光束皆有相同的光程差,它们在 P 点产生的干涉强、弱的效果也完全相同,显示出相同的光强度. 并且,由于来自各个点光源 S_1, S_2, …的光束 a, b, …彼此独立,互不相干,这些光强度在 P 点将被非相干叠加(参阅 15.1 节),从而提高了 P 点的明、暗程度.

---

① 因为此处干涉加强条件式的左端恒不等于零(因左端的第二项 $\lambda/2 \neq 0$),所以此式的右端, $k\lambda \neq 0$;如果我们取 $k=0$,此式便不成立. 因此,这里 k 的取法只能从 $k=1$ 开始,这与以前所述的情况有所不同,要求读者注意.

读者不难想象，由于扩展光源的表面展布于空间中，其上每个点光源向各方向发射的光波中，也有与光束 a 不在同一入射面上、但与光束 a 具有相同入射角 i 的众多光束，这些入射光束将形成以薄膜法线为轴的圆锥面[图 15-10(a)]，相应于沿圆锥不同母线(即不同的入射面)的入射光束，纵然与光束 a 一样，经薄膜干涉而在焦平面上会聚时，有相同的相位差(因入射角 i 相同)和相同的干涉效果，可是由于入射面与光束 a 的入射面不同，因而它们在透镜焦平面上将不再会聚于 P 这个点上，而是在焦平面上形成一个光强度相同的圆形条纹. 由于同一个圆形条纹对应于同一个入射角 i，即对应于入射光束与薄膜上表面所成的相同倾角，故把这种条纹称为**等倾干涉条纹**. 条纹的明、暗可以根据薄膜的光干涉条件确定. 由式(15-14)可知，对于不同的入射角，将对应着不同级次的明、暗圆条纹. 因而，在焦平面处的屏幕上所显示出来的等倾干涉图样，乃是一组明、暗相间的同心圆条纹[图 15-10(b)].

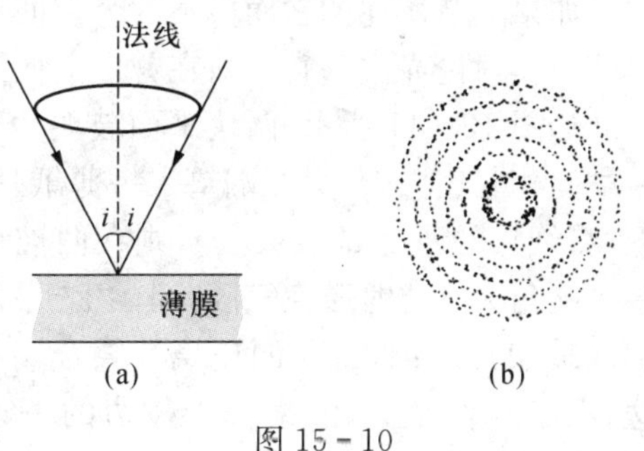

图 15-10

若用白色扩展光源照射薄膜时，这种等倾干涉明条纹便成为彩色光环.

问题 15.4.1 (1) 试讨论光的薄膜干涉现象中的干涉条件.

(2) 小孩吹的肥皂泡鼓胀得较大时，在阳光下便呈现出彩色. 这是何故?

例题 15-3 在空气中垂直入射的白光从肥皂膜上反射，对 630 nm 的光有一个干涉极大(即加强)，而对 525 nm 的光有一个干涉极小(即减弱). 其他波长的可见光经反射后并没有发生极小. 假定肥皂水膜的折射率看作与水相同，即 $n=1.33$，膜的厚度是均匀的，求膜的厚度.

解 按薄膜的反射光干涉加强和减弱的条件式(15-14)，由题设垂直入射，即入射角 $i=0$，有

$$2ne+\lambda_1/2=k\lambda_1 \tag{ⓐ}$$

$$2ne+\lambda_2/2=(2k+1)\frac{\lambda_2}{2} \tag{ⓑ}$$

其中 $\lambda_1=630\ \mathrm{nm}$，$\lambda_2=525\ \mathrm{nm}$. 联立求解式ⓐ和式ⓑ，得

$$k=\frac{\lambda_1}{2(\lambda_1-\lambda_2)}=\frac{630\ \mathrm{nm}}{2\times(630\ \mathrm{nm}-525\ \mathrm{nm})}=3$$

以 $k=3$ 代入式ⓐ，得膜的厚度为

$$e=\frac{(k-0.5)\lambda_1}{2n}=\frac{(3-0.5)\times 630\ \mathrm{nm}}{2\times 1.33}=592.1\ \mathrm{nm}$$

15.5 劈形薄膜的光干涉

15.5.1 劈形薄膜

如果上节所述的平面薄膜两个表面不平行,便形成劈的形状,称为**劈形膜**.本节主要讨论光波垂直入射在劈形空气膜上的干涉.

如图 15-11 所示,两块平面玻璃片 AB 和 AC,其一端互相紧密叠合,另一端垫入一薄纸片(为了便于作图,将纸片的厚度 d 放大了),则在两玻璃片之间形成一个夹角为 θ 的**劈形空气膜**,膜的上、下两个表面就是两块玻璃片的内表面.两玻璃片叠合端的交线称为**棱边**,在膜的表面上,沿平行于棱边的一条直线上各点处,膜的厚度 e 皆相等.

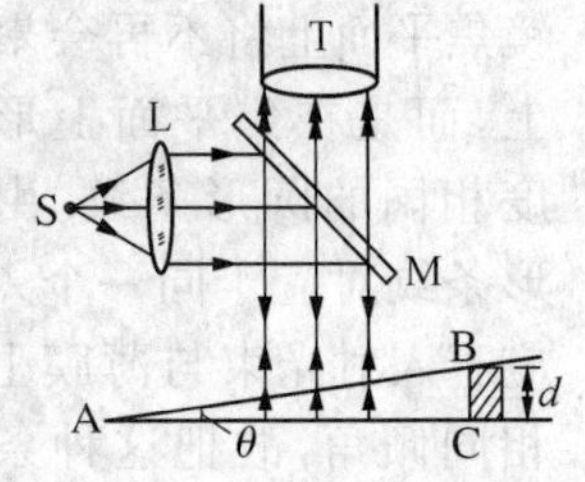

图 15-11 劈形空气膜的光干涉

当单色光源 S 发出的光波经透镜 L 成为平行光后,投射到倾角为 45°的半透明平面镜 M 上,经反射而垂直射向劈形空气膜.从膜的上、下表面分别反射回来的光波,就有一部分透过平面镜 M①,进入读数显微镜 T.在显微镜中便可观察到一组明暗相间、均匀分布的平行直条纹[图 15-12(a),(b)],每一条明(或暗)条纹各自位于劈形空气膜的相等厚度处,它们都是相应的两束反射光干涉的结果.因此,这种条纹叫做**等厚干涉条纹**,这种干涉称为**等厚干涉**.

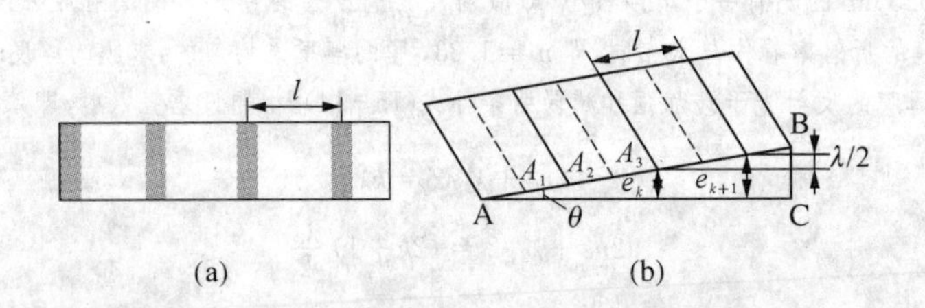

图 15-12 明、暗相间、均匀分布的平行直条纹

为了阐明上述等厚干涉现象,我们先计算入射光在劈形空气膜的上、下表面分别反射所产生的光程差 Δ.由于膜的夹角 θ 甚小,因而入射光和反射光皆可近似看成垂直于空气膜的上、下表面,即入射角 $i\approx 0$,折射角 $r\approx 0$.类似于上一节关于平行平面薄膜的讨论,由于在入射光中,同一入射光束 a 在劈形空气膜

① 例如,在平板玻璃的一个表面上镀以薄银层,就成为半透明平面镜.这样,入射光不仅可以从平面镜上反射到劈形膜上,而且可以使来自劈形膜上的反射光一部分透过平面镜,进入显微镜.

的上、下表面反射后的光束 a_1，a_2 是相干光(图 15-13)，考虑到反射光束 a_2 是在空气膜的下表面反射的，这是从光疏介质(空气)射向光密介质(玻璃片 AC)的反射，故存在额外光程差 $\lambda/2$. 因而，两束反射光 a_1，a_2 的光程差为

$$\Delta = 2n_2 e + \frac{\lambda}{2} \tag{15-15}$$

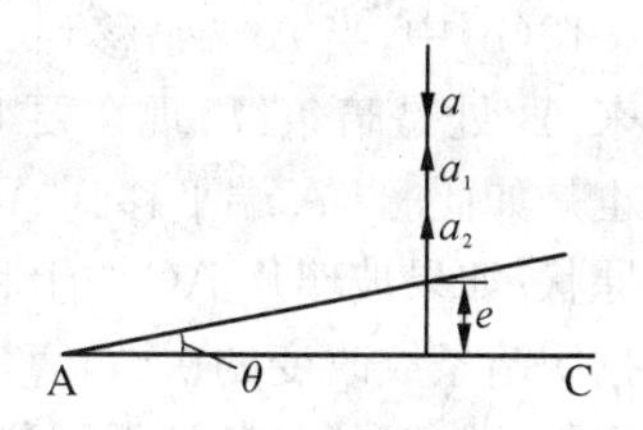

图 15-13 垂直入射光在劈形空气膜上、下表的反射面

式中，n_2 为空气膜的折射率，即 $n_2 = 1$. 由此便得劈形空气膜的光干涉条件：

$$\begin{cases} 2e + \dfrac{\lambda}{2} = k\lambda, & k = 1, 2, 3, \cdots, \text{干涉加强} \\ (2k+1)\dfrac{\lambda}{2}, & k = 0, 1, 2, \cdots, \text{干涉减弱} \end{cases} \tag{15-16}$$

干涉加强和干涉减弱的位置分别对应于一定的级次 k，而由上式可知，一定的级次 k 对应于劈形空气膜的一定厚度 e. 亦即，因干涉加强而出现的某一级次 k 的亮点都位于劈形空气膜的同一厚度上，形成一条平行于棱边的直条纹；同理，因干涉减弱而出现的同一级次的暗条纹，也必是位于同一厚度处[图 15-12(a)、(b)].

任何两个相邻的明条纹或暗条纹的中心线之间的距离 l 都是相等的，即间隔相同. 从图 15-12(b)不难给出：

$$l\sin\theta = e_{k+1} - e_k = \frac{1}{2}(k+1)\lambda - \frac{1}{2}k\lambda$$

化简得

$$l = \frac{\lambda}{2\sin\theta} \tag{15-17}$$

所以，当已知劈形空气膜的夹角 θ 和入射光的波长 λ 时，便可由上式求出条纹的间隔 l. 其次，对波长 λ 给定的入射光来说，劈形空气膜的夹角 θ 愈小，则 l 愈大，干涉条纹愈疏；θ 愈大，则 l 愈小，干涉条纹愈密. 因此，干涉条纹只能在 θ 很小的劈形空气膜上看得清楚. 否则，θ 较大，干涉条纹就密集得无法分辨.

在图 15-12(b)中，如果将玻璃片 AC 向上平移，并保持玻璃片 AB 固定不动，因为两玻璃片的紧密接触处始终是一条暗线(接触处 $e = 0$，只适合于 $k = 0$ 的暗条纹条件)①，所以 AB 面上的明、暗条纹组将沿着 AB 面平移. 例如，在图

① 入射光在厚度 $e = 0$ 的薄膜的两表面反射的两束光，尽管波程都为 $e = 0$，但由于从下表面反射的一束光有半波损失，致使两束光之间存在额外光程差 $\lambda/2$，即相位相反而互相减弱，出现暗条纹.

15-12(b)中,当A端平移到A_1处时,原来A_1处是明条纹,现在要变成暗条纹,原来A_2处是暗条纹,现在要变成明条纹.由此类推,其他各条纹的明暗交替改变也是如此.当A端平移到A_2处时,即玻璃片AC上移$\lambda/2$,各明、暗条纹又恢复原状;如果玻璃片AC向上移动$n\lambda/2$,则各明暗条纹也交替改变n次.由此可根据明暗条纹改变的次数,算出玻璃片AC向上移动的距离.利用这个原理可以制成干涉膨胀仪和各种干涉仪,前者用于测量热膨胀效应甚小的物质的线膨胀系数,后者可用来测量光谱线的波长和检验机械加工的工件表面光洁度.

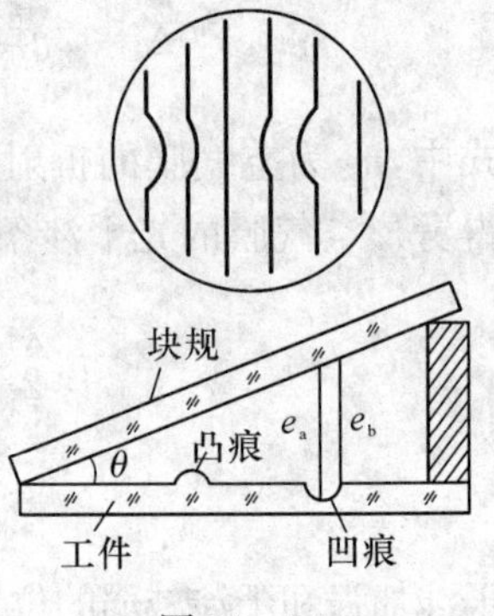

图15-14

利用等厚干涉检测机械加工的工件表面光洁度时,把一块标准的平面玻璃(即**块规**)覆盖在待测的工件表面上,并使之形成一个劈形空气膜(图15-14).这时,用单色光垂直入射,如果工件表面是平整的,则劈形空气膜的等厚干涉条纹必是平行于棱边的直条纹;倘若观察到的干涉条纹并不是直的,在待测表面上有凹痕,凹陷处的膜厚e_a与它右方某处的膜厚e_b相同(图15-14).因此,从显微镜中观察到凹陷处对应的条纹与右方向某处的条纹是属于同一级条纹.所以凹陷处的干涉条纹向劈形膜棱边方向弯曲.同理,若待测工件表面有凸痕,则凸出处的干涉条纹向背离劈形膜的方向弯曲.这样,我们便可以根据条纹的弯曲方向,判断工件表面的凹、凸情况;并且还可由此计算出凹(或凸)痕的深度.

问题15.5.1 (1)劈形空气膜在单色光垂直照射下,试计算从上、下表面反射而相遇于上表面的两条光线的光程差,并由此给出明、暗条纹分布的公式及推算两相邻明(或暗)条纹之间的距离.

(2)波长为λ的单色光垂直照射折射率为n的劈形膜,观察到相邻明条纹中心的间距为$l=\lambda/(2n\theta)$,求相邻两暗条纹中心处的厚度差.(**答**:$\lambda/(2n)$)

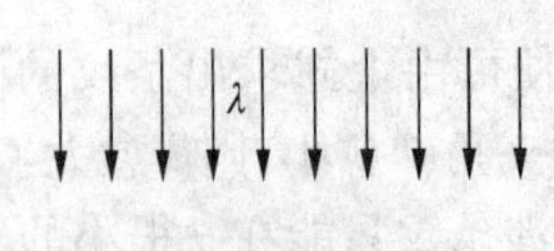

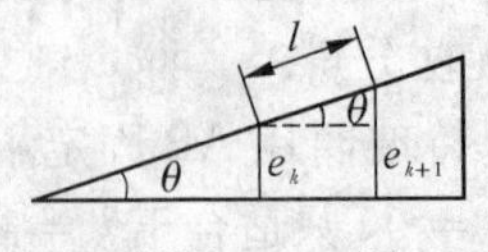

例题15-4图

例题15-4 利用等厚干涉可以测量微小的角度.如图所示,折射率$n=1.4$的透明楔形板在某单色光的垂直入射下,量出两相邻明条纹中心线之间的距离$l=0.25$ cm.已知单色光在空气中的波长$\lambda=700$ nm,求楔形板顶角θ.

解 在楔形板的表面上,取第k级和第$k+1$级这两条相邻的明条纹,用e_k及e_{k+1}分别表示这两条明条纹所在处楔形板的厚度(如图).按明条纹出现的条件,e_k和e_{k+1}应满足下列两式:

$$2ne_k+\frac{\lambda}{2}=k\lambda$$

$$2ne_{k+1}+\frac{\lambda}{2}=(k+1)\lambda$$

读者可自行思考:上两式中为什么都有$\lambda/2$这一项?现在我们将两式相减,得

$$n(e_{k+1}-e_k)=\frac{\lambda}{2} \tag{ⓐ}$$

由图可知,$(e_{k+1}-e_k)$与两明条纹的间隔l之间,有如下关系:

$$l\sin\theta=e_{k+1}-e_k \tag{ⓑ}$$

把上式代入式ⓐ,可求得

$$\sin\theta=\frac{\lambda}{2nl}$$

将$n=1.4$, $l=0.25$ cm, $\lambda=700$ nm$=700\times10^{-9}$ m$=7\times10^{-5}$ cm代入上式,得

$$\sin\theta=\frac{\lambda}{2nl}=\frac{7\times10^{-5}}{2\times1.4\times0.25}=10^{-4}$$

由于$\sin\theta$很小,所以$\theta\approx\sin\theta=10^{-4}$ rad$=20.8''$.

这样小的角度用通常的方法不易测出,而用本例所述光的等厚干涉方法测定,却很简便.

例题 15-5 若从显微镜中观察到劈形膜上的干涉条纹如图所示.已知a和b,以及光波波长λ,求待测工件表面凸出的最大高度H为多大?

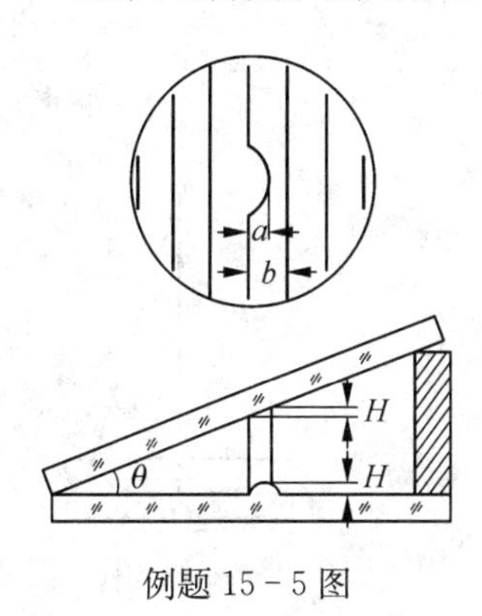

例题 15-5 图

解 因同一级条纹对应的膜厚是相同的,故由图所示,得

$$H=a\sin\theta \tag{ⓐ}$$

又因相邻明纹间距为b,对应的空气膜高度差为$\frac{\lambda}{2}$.故

$$b\sin\theta=\frac{\lambda}{2} \tag{ⓑ}$$

由式ⓐ、式ⓑ联立解出工件表面凸出的最大高度为

$$H=\frac{a}{b}\frac{\lambda}{2}$$

15.5.2 牛顿环

将一曲率半径相当大的平凸玻璃透镜A的凸面,放在一片平板玻璃B的上面,如图15-15所示.于是,在两玻璃面之间,形成一厚度由零逐渐增大的类似于劈形的空气薄层,因而可以得到等厚干涉条纹.自单色光源S发出的光线经过透镜L,成为平行光束,再经倾角为45°的半透明平面镜M反射,然后垂直地照射到平凸透镜A的表面上.入射光线在空气层的上、下两表面(即透镜A的凸面和平板玻璃B的上表面)反射后,一部分穿过平面镜M,进入显微镜T,在显微镜中可以观察到,在透镜的凸面和空气薄层的交界面上,呈现着以接触点O为

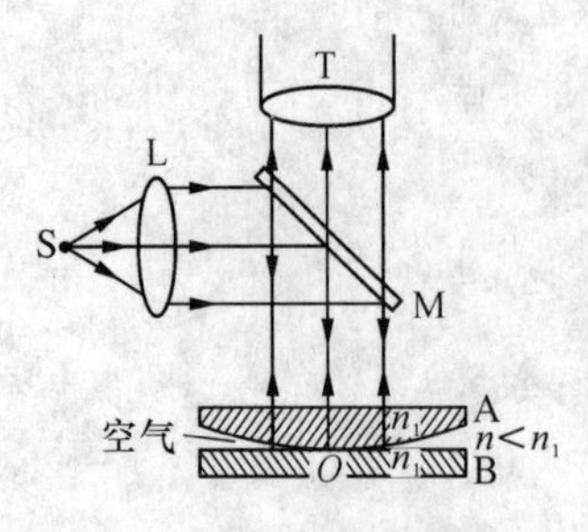

图 15-15　观察牛顿环的仪器简图

中心的一组环形干涉条纹,这组环形条纹在靠近中央部分分布较疏,边缘部分分布较密. 如果光源发出单色光,这些条纹是明、暗相间的环形条纹(参见后面的图 15-17);如果光源发出白色光,则这些条纹是彩色的环形条纹(级次高的条纹互相重叠,分辨不清,一般能看到三、四个彩色环). 这些环状干涉条纹叫做**牛顿环**,它是等厚干涉条纹的另一特例.

现在我们来寻求各环形明、暗条纹中心的半径 r、波长 λ 及平凸透镜 A 的曲率半径 R 三者之间的关系. 根据前面所讲,在空气层的厚度 e 能满足

$$\left.\begin{aligned} 2e+\frac{\lambda}{2}&=k\lambda \\ 2e+\frac{\lambda}{2}&=(2k+1)\frac{\lambda}{2} \end{aligned}\right\} \quad ⓐ$$

的地方,就分别出现明的及暗的干涉条纹. 令 r 为条纹中心的半径,从图 15-16 可得

$$R^2=r^2+(R-e)^2$$

简化后,得

$$r^2=2eR-e^2$$

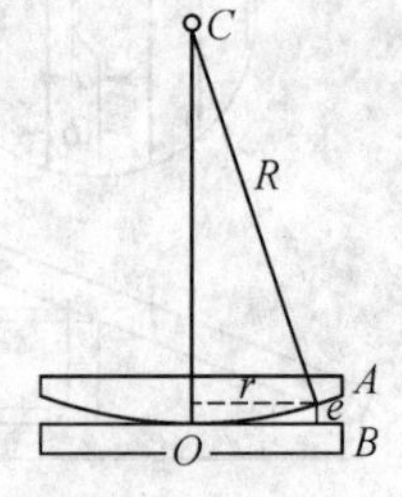

图 15-16

因为 R 远比 e 为大,所以上式中 e^2 可以略去,因而,有

$$e=\frac{r^2}{2R} \quad ⓑ$$

把式ⓑ代入式ⓐ的干涉条件中,化简后,得条纹中心的半径为

$$\left.\begin{aligned} &\text{明环:}r=\sqrt{(2k-1)\frac{\lambda}{2}R}, \quad k=1,2,3,\cdots \\ &\text{暗环:}r=\sqrt{k\lambda R}, \quad k=0,1,2,\cdots \end{aligned}\right\} \quad (15-18)$$

在平凸透镜与玻璃片的接触点 O 上,因为 $e=0$,两反射光线的额外光程差是 $\Delta=\lambda/2$,所以接触点(即牛顿环的中心点)是一个暗点. 可是,平凸透镜放在平玻璃片上,会引起接触点附近的变形,所以接触处实际上不是暗点而是一个暗圆面,如图 15-17(a)所示.

用牛顿环仪器也可以观察透射光的环形干涉条纹. 这些条纹的明暗情形与

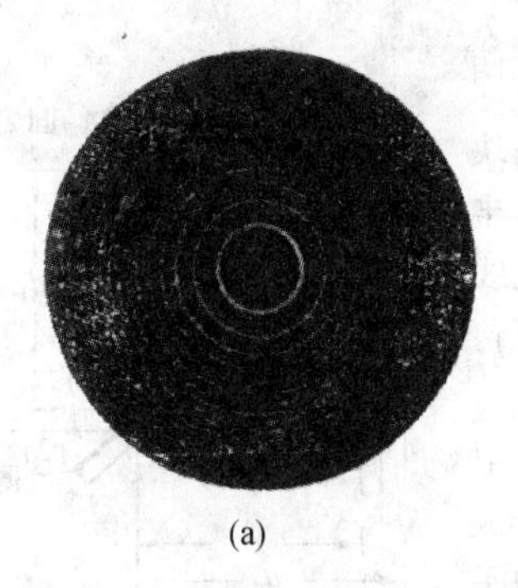

(a)

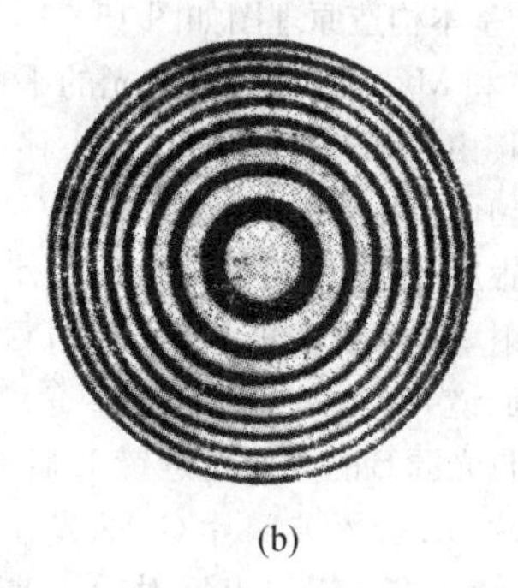

(b)

图 15-17 由反射光及透射光所形成的牛顿环的照片

反射光的明暗条纹恰好相反，环的中心点在透射光中是一个亮点（如图 15-17(b)所示，实际上是一亮圆面）.

在实验室里，用牛顿环来测定光波的波长是一种最通用的方法. 我们也可以根据条纹的圆形程度来检验平面玻璃是否磨得很平，以及曲面玻璃的曲率半径是否处处均匀.

问题 15.5.2 (1) 在牛顿环实验中，试导出单色光垂直照射下所形成牛顿环的明环中心和暗环中心的半径公式.

(2) 为什么在劈形薄膜干涉中条纹的间距相等，而在牛顿环中则是中心接触点附近的条纹较疏，离中心接触点较远处的条纹较密？

例题 15-6 用紫色光观察牛顿环现象时，看到第 k 级暗环中心的半径 $r_k = 4\,\text{mm}$，第 $k+5$ 级暗环中心的半径 $r_{k+5} = 6\,\text{mm}$. 已知所用平凸透镜的曲率半径为 $R = 10\,\text{m}$，求紫光的波长和环数 k.

解 根据牛顿环的暗环半径公式 $r = \sqrt{k\lambda R}$，得

$$r_k = \sqrt{k\lambda R}, \quad r_{k+5} = \sqrt{(k+5)\lambda R}$$

从以上两式得出

$$\lambda = \frac{r_k^2}{kR}, \quad \lambda = \frac{r_k^2 + 5}{(k+5)R}$$

以 $r_k = 4\,\text{mm}$，$r_{k+5} = 6\,\text{mm}$ 和 $R = 10\,\text{m}$ 代入上两式，可联立解算出环数和波长分别为

$$k = 4, \quad \lambda = 400\,\text{nm}$$

*15.6 迈克耳孙干涉仪

前面指出，劈形薄膜表面的干涉条纹的位置取决于光程差；光程差的微小变化会引起干涉条纹的明显移动. 干涉仪就是根据这个原理制成的一种精密仪器，它在工业和科学技术上有着广泛应用. 下面我们介绍一种典型的干涉仪，这是美籍德国物理学家迈克耳孙（Albert Abraham Michelson，1852—1931）于 1880 年根据光的干涉原理创制的，称为**迈克耳孙干涉**

仪. 它的基本构造原理图如图15-18所示.

M_1 和 M_2 是两块精密磨光的平面镜,其中 M_2 是固定的,M_1 由一螺丝控制,可作微小移动. G_1 和 G_2 是两块厚薄均匀而且相等的玻璃片,其中 G_1 的一个表面镀有半透明薄银层(图中用粗线标出),它使照上去的入射光线一半反射,一半透过. 玻璃片 G_1 和 G_2 应严格保持平行,并与平面镜 M_1 或 M_2 倾斜成45°角.

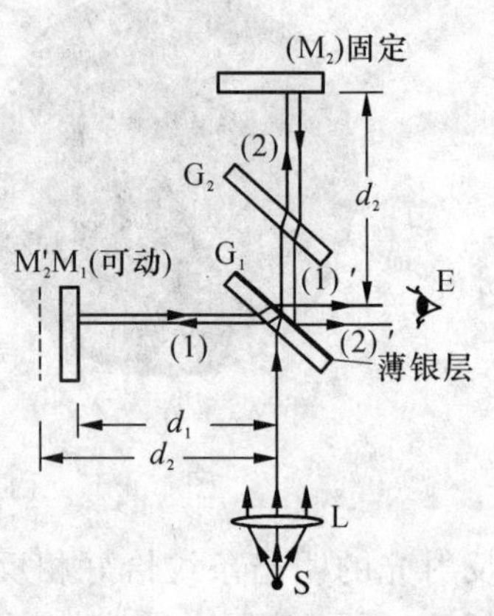

图15-18　迈克耳孙干涉仪的结构和原理的示意图

来自光源S的光穿过透镜L后形成平行光线,并射向玻璃片 G_1. 折入玻璃片 G_1 的光在薄银层上开始分成两束:一束光在薄银层上反射后从玻璃片 G_1 折出,向平面镜 M_1 传播,用(1)表示,被平面镜 M_1 反射回来后,透过玻璃片 G_1 向E方向传播而进入眼睛E,用(1)′表示;另外一束光透过薄银层及玻璃片 G_2 向平面镜 M_2 传播,用(2)表示,它在平面镜 M_2 上反射回来后,再穿过玻璃片 G_2 并经玻璃片 G_1 的薄银层反射,也向E方向传播而进入眼睛E,用(2)′表示. 显然,到达E处的两束光(1)′,(2)′来自同一光源S,有恒定的相位差,故为相干光,所以在E处可以看到干涉条纹. 从上述两束光的行进情况可以看到,光束(1)三次穿过玻璃片 G_1,设置玻璃片 G_2 的目的是使光束(2)也同样穿过玻璃片三次(一次穿过玻璃片 G_1 和两次穿过玻璃片 G_2),这样可以避免两束光(1)和(2)在玻璃中经过的路程不等而引起较大的光程差. 因此,玻璃片 G_2 又称为**补偿镜**.

设想薄银层所形成的平面镜 M_2 的虚像是 M_2'. 因为虚像 M_2' 和平面镜 M_2 相对于镀银层的位置是对称的,所以虚像 M_2' 位于平面镜 M_1 的附近. 来自平面镜 M_2 的反射光(2)′可以看作是从 M_2' 发出来的,所以相干光(1)′,(2)′的光程差主要取决于薄银层到平面镜 M_1 和虚像 M_2' 的距离 d_1 与 d_2 之差.

如果平面镜 M_1 与 M_2 不是严格地相互垂直,那么,虚像 M_2' 与平面镜 M_1 就不是严格地相互平行,因而两者之间就形成一个劈形空气薄膜,来自平面镜 M_1 和 M_2 的光束(1)′,(2)′就类似于上节所述的劈形空气膜两表面上的反射光,结果在视场E中的干涉条纹组将近似地为平行的等厚干涉条纹. 若入射单色光的波长为 λ,则每当调节平面镜 M_1 向前或向后平移 $\lambda/2$ 的距离时,按照上一节的劈形空气膜理论,就可看到干涉条纹平移过一条. 因此,数一数在视场E中移过的条纹数目 N,就可算出平面镜 M_1 移动的距离(以光波的波长计)为

$$\Delta d = N\frac{\lambda}{2} \tag{15-19}$$

如果平面镜 M_1 和 M_2 严格地相互垂直,则平面镜 M_1 与平面镜 M_2 的虚像 M_2' 严格平行,两者之间形成厚度均匀的空气薄膜,这时,可看到一系列明暗相间的同心圆环状的等倾干涉条纹. 每当平面镜 M_1 平移 $\lambda/2$ 时,可观察到环心会冒出或消失一个明环(或暗环). 我们同样可按上式(15-19),数一数冒出或消失的环数 N,求出平面镜移动的距离 Δd.

综上所述,按式(15-19),用已知波长 λ 的光波可以测定长度(即平面镜 M_1 移动的距离

Δd)；反之，也可从移动的距离来测定波长.

迈克耳孙曾用自己的干涉仪测量过红镉线的波长，并测定标准米尺的长度，即 1 m 等于 1 553 163.5 个镉红光的波长.

除迈克耳孙干涉仪外，工业上还常用显微干涉仪检查光学玻璃的表面加工质量，测定机件磨光面的光洁度等；此外尚有根据不同要求和用途而设计的干涉仪，其原理都是基于光的干涉.

问题 15.6.1 试述迈克耳孙干涉仪的基本构造，并分析其光学原理.

15.7 光的衍射现象

15.7.1 光的衍射现象

在第 7 章中讲过，当水波穿过障碍物的小孔时，可以绕过小孔的边缘，不再按照原来波射线的方向，而是弯曲地向障碍物后面传播. 波能够绕过障碍物而弯曲地向它后面传播的现象，称为**波的衍射**现象. 和干涉一样，衍射现象是波动过程基本特征之一.

光的衍射现象进一步说明了光具有波动性. 如图 15－19 所示，在屏障上只开一个缝，叫做**单缝**. 自光源 S 发出的光线，穿过宽度可以调节的单缝 K 之后，在屏幕 E 上呈现光斑 ab[图(a)]. 在 S, K, E 三者的位置已经固定的情况下，光斑的宽度决定于单缝 K 的宽度. 如果缩小单缝 K 的宽度，使穿过它的光束变得更狭窄，则屏幕 E 上的光斑也随之缩小. 但是，当单缝 K 的宽度缩小到一定程度时(约 10^{-4} m)，如果再继续缩小，实验指出，屏幕上的光斑不但不缩小，反而逐渐增大，如图(b)中 $a'b'$ 所示. 这时，光斑的全部亮度也发生了变化，由原来均匀的分布变成一系列的明、暗条纹(如光源为单色光)或彩色条纹(如光源为白色光)，条纹的边缘上也失去了明显的界限，变得模糊不清.

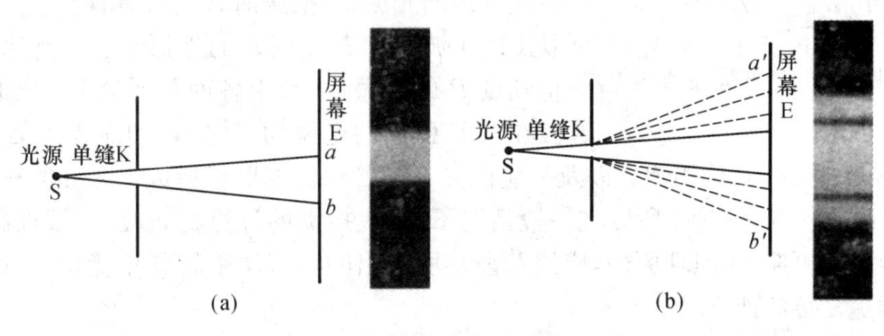

图 15－19 光的衍射现象的演示实验

如果用一根细长的障碍物,例如细线、针、毛发等代替缝 K,在光沿直线传播时,按通常的想法,一部分光势必被障碍物挡住,在屏上出现一个暗影;但是,实际上却并非如此,屏上出现的却是明、暗条纹组(如光源为单色光)或彩色条纹组(如光源为白色光).

以上事实表明,光显著地发生了不符合直线传播的情况. 这就是光的波动性所表现出来的衍射现象.

光的衍射现象在日常生活中也不难观察到. 例如,在夜间隔着纱窗眺望远处灯火,其周围散布着辐射状的光芒,这是灯光通过纱窗小孔的衍射结果. 太阳光或月光经大气层中雾滴的衍射,人们可以观察到其边缘所呈现出来的彩色光圈,即所谓**日晕**或**月晕**.

15.7.2 惠更斯-菲涅耳原理

光的衍射现象只能用光的波动理论来说明. 以前在第 7 章"机械波"中所介绍的惠更斯原理,虽可用来定性说明波的衍射,但却不能定量地研究上述衍射条纹的分布情况.

法国物理学家菲涅耳(A. J. Fresnel, 1788—1827)用光的波动说圆满地解释了光的衍射现象,从而使光的波动学说更臻完备. 他发展了惠更斯原理,认为**波前上每一点都要发射子波**;还进一步认为:**从同一波前上各点所发出的子波,在传播过程中相遇于空间某点时,也可相互叠加而产生干涉现象**. 经过这样发展了的惠更斯原理,称为**惠更斯-菲涅耳原理**.

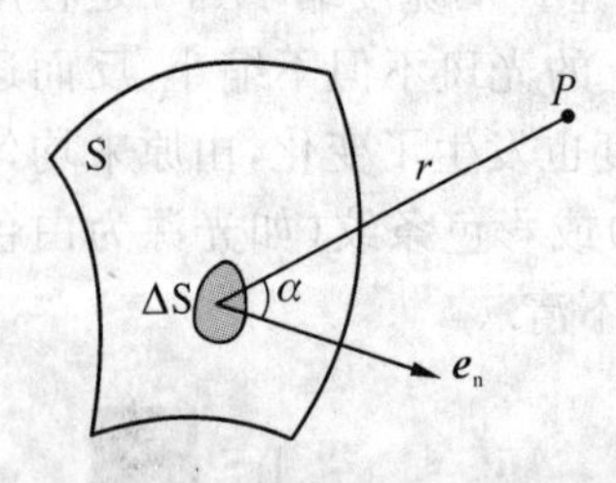

图 15-20　惠更斯-菲涅耳原理

根据惠更斯-菲涅耳原理,如果已知波动在某时刻的波前 S,就可以计算光波从波前 S 传播到某点 P 的振动情况. 其基本思想和方法是:将波前 S 分成许多面积元 ΔS(图 15-20),每个面积元 ΔS 都是子波的波源,它们发出的子波分别在点 P 引起一定的光振动;把波前 S 上所有各面积元 ΔS 发出的子波在点 P 相遇时的光振动叠加起来,就得到点 P 的合振动. 其中各面积元 ΔS 发出的子波在点 P 引起的光振动,其振幅和面积元 ΔS 的大小、ΔS 到点 P 的距离 r 以及相应位矢 $\boldsymbol{r}$ 与 ΔS 的法线 $\boldsymbol{e}_n$ 所成夹角 α 等有关,其相位则仅与 r 有关. 所以在一般情况下,合成振动的计算比较复杂. 下面我们将根据惠更斯-菲涅耳原理,应用菲涅耳所提出的波带法来解释单缝衍射现象,以避免复杂的计算.

问题 15.7.1　试述光的衍射现象,简述惠更斯-菲涅耳原理.

15.8 单缝衍射

15.8.1 单缝的夫琅禾费衍射

上面我们介绍的是不用透镜而直接观察到的衍射现象.其实也可用德国物理学家夫琅禾费(J. Fraunhofer, 1787—1826)研究衍射现象的方法来考察,即用透镜把入射光和衍射光都变成平行光束,由此来观察平行光的衍射现象.这种平行光的衍射叫做**夫琅禾费衍射**.我们主要讨论这种衍射.

图15-21是观察单缝的夫琅禾费衍射的演示实验装置简图.自点光源S[①](位于透镜L_1的焦点上)发出的光,经透镜L_1变成平行光,射在单缝K上,一部分光被屏障挡住,一部分光穿过单缝,再经过透镜L_2的聚焦,就在放置于透镜L_2焦平面处的屏幕E上出现与狭缝平行的明、暗衍射条纹[②].

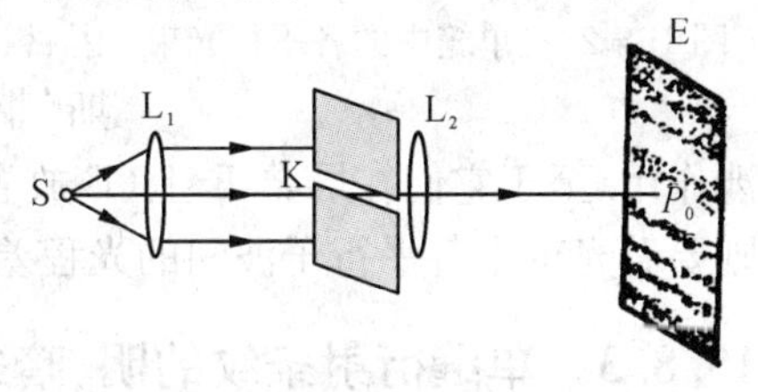

图15-21 单缝衍射演示装置简图

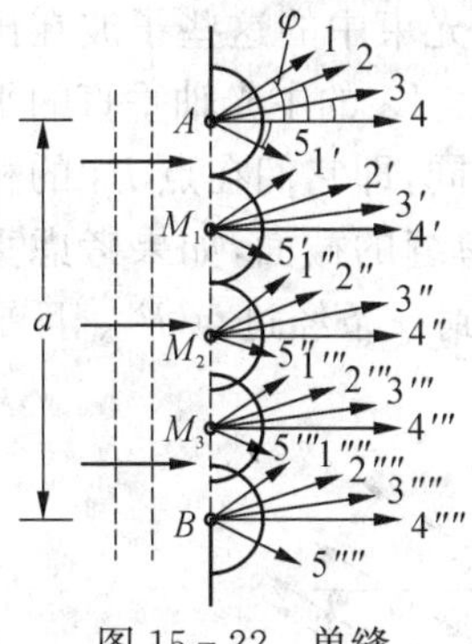

图15-22 单缝

15.8.2 单缝衍射条纹的形成

在上述图15-21中,设单缝K的宽度为a,如图15-22所示(为便于说明,图中把缝特别放大).当入射的平行光垂直于单缝的平面AB时,这个平面AB也就是入射光经过单缝时的波前(在图15-22中,如虚线AB所示).

按照惠更斯原理,在波前上的每一点都可看作子波波源,各自发出球面波,向各方向传播.显然,每一个子波波源向前方沿所有可能的方向都发射出子波,这些子波都称为**衍射光**.它们在图15-22上用许多带箭头的直线表示[③],例如点A上的1, 2, 3, 4, 5就代表该点发出的任意五个传播方向的衍射光.而波前上各点发出的所有衍射光,则互相构成各方向的平行光束,每一光束包含许多互相平

---

① 实际上,图15-21中的S不一定是点光源,而是一条位于透镜L_1的焦平面上、且平行于狭缝的线光源(例如,一种指示灯泡内的一根细短的明亮直灯丝).其次,光源S的尺寸必须借一定装置加以限制,以能获得清晰的单缝衍射条纹.

② 由于一般光源的光强度太弱,不能在屏幕上直接观察到条纹,这时可用显微镜放大,进行观察.

③ 图中所画的这些直线仅表示沿所有可能方向的衍射光中某几条光线,用箭头表示它们的传播方向;所画直线的长短是任意的,不表示其他意义,只是为了便于读者看清楚图形而已.

行的子波.例如在图 15-22 中,沿同一方向 $1, 1', 1'', 1''', 1''''$,…的子波构成一个平行光束,沿另一方向 $2, 2', 2'', 2''', 2''''$,…的子波构成另一个平行光束,图中画出五个平行光束,每一个都有其特殊的方向,这个方向可用与透镜主光轴间的夹角 φ 来表示,这个角称为**衍射角**.

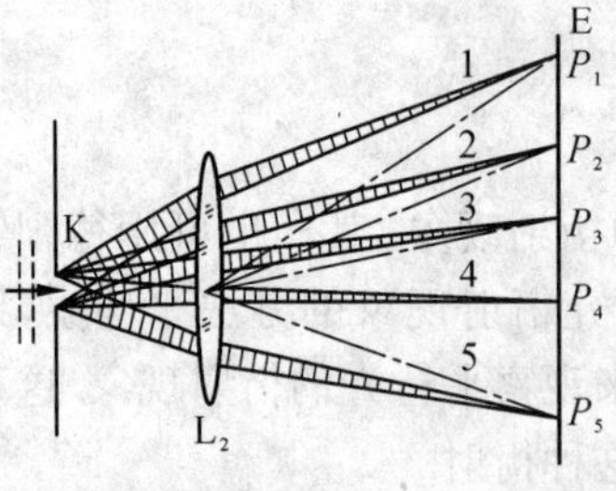

图 15-23　单缝中的各平行光束

按几何光学原理,各平行光束经过透镜 L_2 以后,会聚于焦平面上.图 15-23 表示图 15-22 中五个光束经透镜 L_2 后的会聚情况.显然,从同一波前 AB 面上发生的每一个平行光束中,它所包含的子波均来自同一光源 S,因此根据惠更斯-菲涅耳原理,每个平行光束中的各子波有干涉作用.至于它们在屏幕 E 上(E 放置在焦平面上)会聚成亮条纹还是暗条纹,则要看光束中各平行子波间的光程差如何来决定.

15.8.3　单缝衍射条纹的明、暗条件

如图 15-24(a)所示,设入射光为平行单色光.我们首先考虑沿入射光方向传播的一束平行光[图中用(4)表示,即衍射角 $\varphi = 0$].光束中的这些子波在出发处(即同一波前 AB 上)的相位是相同的,并形成和透镜 L_2 的主光轴垂直的平面波,因而经过透镜 L_2 后聚焦于点 P_0 时的相位仍然相同,即它们在点 P_0 的相位差为零,所以 P_0 是一亮点.但是,图 15-24(a)只是单缝的截面,如果考虑垂直于纸面、通过一定长度单缝的全部光线,我们将观察到一条经过点 P_0、且平行于单缝的明亮条纹(图 15-21).

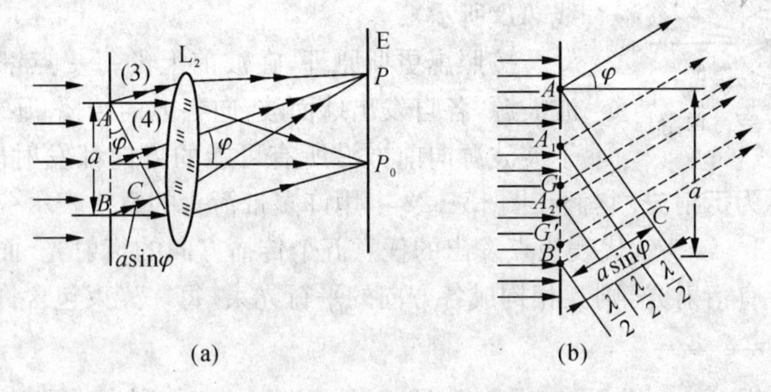

图 15-24　单缝衍射条纹的计算

其次,我们研究其中一束衍射角为 φ 的平行光[图 15-24(a)中用(3)表示],经过透镜后聚焦于屏幕上的点 P.这束光的两条边缘光线 AP 和 BP 之间的光程差(即最大光程差)为 $BC = a\sin\varphi$.这里,a 为缝的宽度.为了根据这个光程差决定 P

处条纹的明、暗,我们利用菲涅耳的**波带法**来研究.这种方法是把波前 AB 分割成许多相等面积的**波带**.如图 15－24(b)所示,在所述的单缝情况下,作一系列平行于 AC 的平面,两个相邻平面间的距离等于入射单色光的波长之半,即 $\lambda/2$.设这些平面将单缝处的波前 AB 分成 AA_1,A_1A_2,A_2B 等整数个面积相等的**波带**(亦称为**半波带**),则由于这些波带的面积相等,所以波带上子波波源的数目也相等.任何两个相邻的波带上,两对应点(如 A_1A_2 带上的点 A_1 与 A_2B 带上的点 A_2,A_1A_2 带上的点 G 与 A_2B 带上的点 G',等等)所发出的子波到达 AC 面上时,因为光程差为 $\lambda/2$,所以相位差是 π.经过透镜聚焦在点 P 时,相位差不变,仍然是 π.由此可见,任何两个相邻波带所发出的光波在 P 处将完全相互抵消.

如果 BC 是半波长的偶数倍,即在某个确定的衍射角 φ 下将单缝上的波前 AB 分成偶数个波带,则相邻波带发出的子波皆成对抵消,从而在 P 处出现暗条纹;如果 BC 是半波长的奇数倍,则波前 AB 也被分成奇数个波带,于是除了其中相邻波带发出的子波两两相互抵消外,必然剩下一个波带发出的子波未被抵消,故在 P 处出现明条纹;这明条纹的亮度(光强度),只是奇数个波带中剩下来的一个波带上所发出的子波经过透镜聚焦后所产生的效果.上述结果可用数学式表示如下:

$$\left.\begin{array}{l}
\text{当}\ \varphi\ \text{适合}\ a\sin\varphi=\pm 2k\dfrac{\lambda}{2},\\
\qquad k=1,\ 2,\ 3,\ \cdots\text{时,为暗条纹(衍射极小)}\\
\text{当}\ \varphi\ \text{适合}\ a\sin\varphi=\pm(2k+1)\dfrac{\lambda}{2},\\
\qquad k=1,\ 2,\ 3,\ \cdots\text{时,为明条纹(衍射次极大)}\\
\text{当}\ \varphi\ \text{适合}\ a\sin\varphi=\lambda\ \text{与}\ a\sin\varphi=-\lambda\ \text{之间,且对应于}\\
\qquad k=0\ \text{时,为零级明条纹(衍射主极大)}
\end{array}\right\}\qquad(15-20)$$

尚需指出,对于任意衍射角 φ 来说,波前 AB 一般不能恰巧被分成整数个波带,即 BC 段的长度不一定等于 $\lambda/2$ 的整数倍,对应于这些衍射角的衍射光束,经透镜聚焦后,在屏幕上形成介于最明与最暗之间的中间区域.所以,在单缝衍射条纹中,光强度分布并不是均匀的.如图 15－25 所示,中央条纹(即零级明条纹)最亮,同时也最宽,可以证明(参见例题 15－8),它的宽度为其他各级明条纹宽度的两倍,然后亮度向着两侧逐渐降低,直到第一级暗条纹为止.这是因为在式(15－20)的暗条纹条件中,当 $k=\pm1$ 时,一侧适合于 $a\sin\varphi=\lambda$,另一侧适合于 $a\sin\varphi=-\lambda$ 处,而中央条纹区域即处于这两侧之间,显然,其宽度为最大.接着,光强度又逐渐增大,由第一级暗条纹而过渡到第一级明条纹,……依此类推.同时,各级明条纹的光强度随级次 k 的增加而逐渐减小.这是因为 φ 角越大,分成的波带数愈多,因而未被抵消的波带面积占单缝的面积越小,所以波带上发出的光在屏上产生的明条纹的光强度也愈小.

衍射条纹的位置是由 $\sin\varphi$ 决定的,但按公式 $a\sin\varphi=\pm(2k+1)\lambda/2$ 或 $a\sin\varphi=\pm2k\lambda/2$ 可知,在缝宽 a 一定时,同一级条纹所对应的 $\sin\varphi$ 与波长 λ 成正比.即波长不同时,各种单色光的同级衍射明条纹不会重叠在一起.如果单缝为白光所照射,白光中各种波长的光抵达 P_0 处时,都没有光程差,所以中央仍是白色明条纹.但在 P_0 处两侧,各种单色光将按波长由短到长,呈现自近而远的排列.显然,离 P_0 处最近的一端将是紫色的,而最远的一端则是红色的.在紫和红之间出现其他各种颜色,色彩分布情况与棱镜光谱相类似,可称为**衍射光谱**.

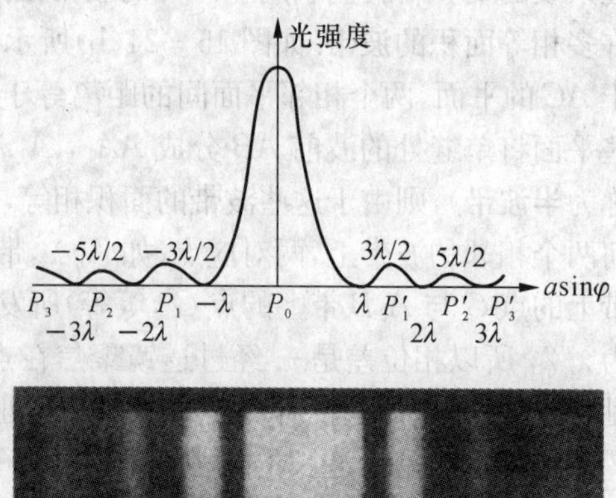

图 15-25　单缝衍射的光强度分布

由式(15-20)可见,对波长 λ 一定的单色光来说,在 a 愈小时,相应于各级条纹的 φ 角也就愈大,也就是衍射愈显著.反之,在 a 愈大时,各级条纹所对应的 φ 角将愈小,这些条纹就都向 P_0 处的中央明条纹靠拢,逐渐分辨不清,衍射也就愈不显著.如果 $a\gg\lambda$,各级衍射条纹将全部汇拢在 P_0 处附近,形成单一的明条纹,这就是透镜所造成的单缝的像.这个像相当于 φ 趋近于零的平行光束所造成的,亦即,这是由于入射到单缝平面 AB 的平行光束直线传播所引起的.由此可见,通常所看到的光的直线传播现象,乃是因为光的波长极短,而障碍物上缝的线度相对来说很大,以致衍射现象极不显著的缘故.只有当缝较窄,以至其线度与波长可相比较时,衍射现象才较为显著.

问题 15.8.1　(1) 利用波带法分析单缝衍射明、暗条纹形成的条件和光强度的分布情况.干涉现象和衍射现象有什么区别?又有什么联系?

(2) 以白光垂直照射单缝,中央明条纹边缘有彩色出现,为什么?边缘的彩色中,靠近中央一侧的是红色还是紫色?

(3) 单缝宽度较大时,为什么看不到衍射现象而表现出光线沿直线行进的特性?在日常生活中,声波的衍射为什么比光波的衍射现象显著?

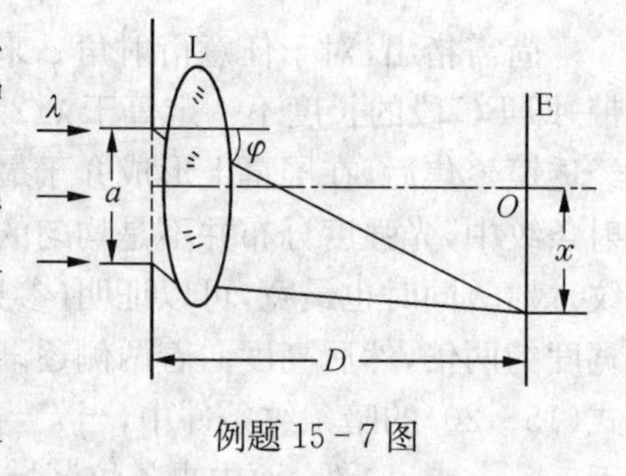

例题 15-7 图

例题 15-7　如图,波长 $\lambda=500\ \text{nm}$ 的单色光,垂直照射到宽为 $a=0.25\ \text{mm}$ 的单缝上.在缝后置一凸透镜 L,使之形成衍射条纹,若透镜焦距为 $f=25\ \text{cm}$,求:(1)屏幕上第一级暗条纹中心与点 O 的距离,(2)中央明条纹的宽度;(3)其他各级明条纹的宽度.

分析　用以观察衍射条纹的屏幕实际上是放在透镜焦平面上的，由于透镜 L 很靠近单缝，因此屏幕与单缝间的距离 D 近似等于透镜的焦距 f.

又因 φ 角很小，故有近似关系式

$$\sin\varphi \approx \varphi \approx \frac{x}{D} \approx \frac{x}{f} \tag{ⓐ}$$

由此可求出条纹与中心的距离 x.

解　(1) 按式(15-20)的暗条纹条件

$$a\sin\varphi = \pm 2k\frac{\lambda}{2}$$

由式ⓐ，上式可写作

$$a\varphi = \pm 2k\frac{\lambda}{2} \tag{ⓑ}$$

在本题中，$k=1$，并因中央明条纹的上下侧条纹是对称的，故只需讨论其中的一侧，因此±号也就毋需考虑. 于是，得

$$a\varphi = \lambda \tag{ⓒ}$$

设第一级暗条纹中心与中央明条纹中心的距离为 x_1，则由式ⓒ和式ⓐ得

$$x_1 = f\varphi = \frac{f\lambda}{a} \tag{ⓓ}$$

把 $f=25$ cm，$\lambda=500$ nm$=5\times10^{-5}$ cm，$a=0.025$ cm 代入式ⓓ，得

$$x_1 = \frac{25\times5\times10^{-5}}{0.025}\text{ cm} = 0.05\text{ cm}$$

(2) 欲求中央明条纹的宽度，只需求中央明条纹上、下两侧第一级暗纹间的距离 s_0，由式ⓓ，有

$$s_0 = 2x_1 = \frac{2\lambda f}{a} \tag{ⓔ}$$

利用上面的计算结果，得

$$s_0 = 2\times0.05\text{ cm} = 0.10\text{ cm}$$

(3) 设其他任一级明条纹的宽度(即其两旁的相邻暗条纹间的距离)为 s. 按式ⓐ，式ⓑ，有

$$s = x_{k+1} - x_k = \varphi_{k+1}f - \varphi_k f = \left[\frac{(k+1)\lambda}{a} - \frac{k\lambda}{a}\right]f = \frac{f\lambda}{a} \tag{ⓕ}$$

按上式，代入已知数据，则可算出任一级明条纹(除中央明条纹以外)的宽度均为 $s=0.05$ cm.

说明　由式ⓕ，式ⓔ可见，**除中央明条纹外，所有其他各级明条纹的宽度均相等，而中央明条纹的宽度为其他任一明条纹宽度的两倍.**

读者从上述式ⓔ，式ⓕ不难看出，若已知缝宽 a 和透镜焦距 f，只要测定 s_0 或 s，就可算出波长 λ. 因此，利用单缝衍射，应该说也可测定光波的波长.

15.9　衍射光栅　衍射光谱

15.9.1　衍射光栅

在上节例题 15-7 中，我们讲过，原则上可以利用单色光通过单缝所产生的

衍射条纹来测定这单色光的波长.但是为了测得准确的结果,就必须把各级条纹分得很开,而且每一级条纹又要很亮.然而对单缝衍射来说,这两个要求是不能同时满足的.因为要求各级明条纹分得很开,单缝的宽度 a 就要很小,而宽度太小,通过单缝的光能量就少,条纹就不甚亮.为了克服这一困难,实际上测定光波波长时,往往利用**光栅**所形成的衍射现象.

常用的光栅是用一块玻璃片刻制而成的,在这玻璃片上刻有大量宽度和距离都各自相等的平行线条(刻痕),在 1 cm 内,刻痕最多可以达一万条以上.每一刻痕就相当于一条毛玻璃而不易透光,所以当光照射到光栅的表面上时,只有在两刻痕之间的光滑部分才是透明的,可以让光通过,这光滑部分就相当于一狭缝.因此,我们可以把这种光栅叫做**平面透射光栅**.它是由同一平面上许多彼此平行的、等宽、等距离的狭缝构成的.设以 a 表示每一狭缝的宽度,b 表示两条狭缝之间的距离,即刻痕的宽度,则 $a+b$ 称为**光栅常量**.光栅常量的数量级约为 $10^3 \sim 10^4$ nm.

本节讨论平面透射光栅的夫琅禾费衍射.图 15-26 表示光栅的一个截面,平行光线垂直地照射在光栅上,在靠近光栅的另一面置一透镜 L,并在其焦平面上放置一屏幕 E,光线经过 L 后,聚焦于屏幕 E 上,就呈现出各级衍射条纹.

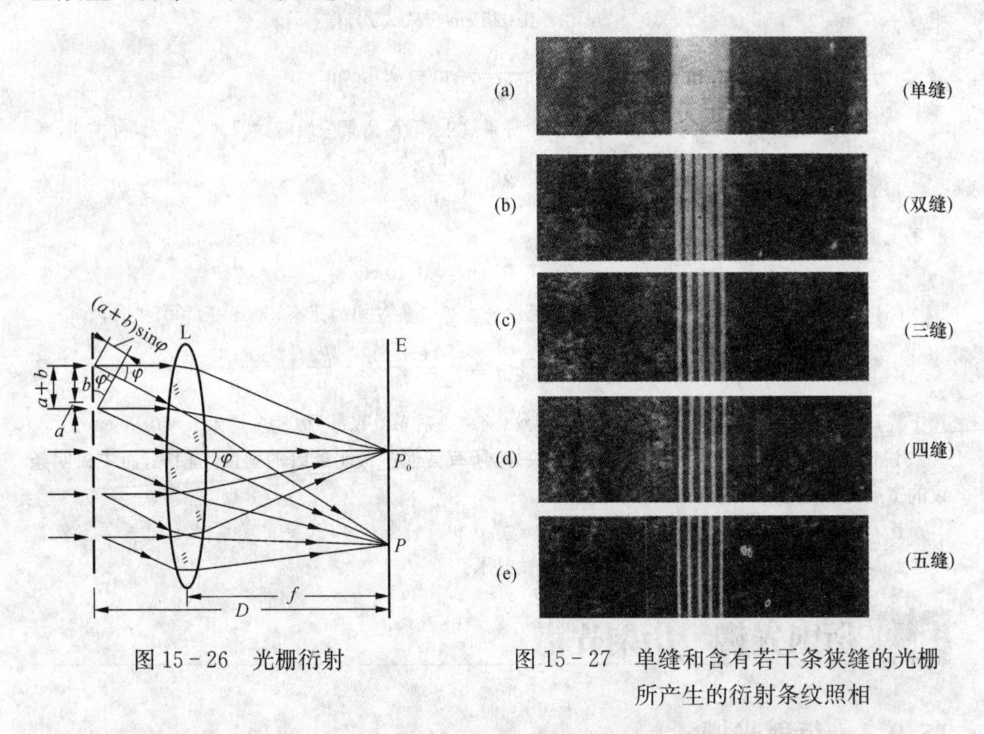

图 15-26 光栅衍射

图 15-27 单缝和含有若干条狭缝的光栅所产生的衍射条纹照相

光栅衍射条纹的分布和单缝的情况不同.在单缝衍射图样中,中央明条纹宽度很大,其他各级明条纹的宽度较小,且其强度也随级次 k 递降,这可从图

15-25的光强度分布图上看出；而在光栅衍射中，呈现在屏幕上的衍射图样，乃是在黑暗背景上排列着一系列平行于光栅狭缝的明条纹. 如图15-27所示，光栅的狭缝数目 N 越多，则屏幕上的明条纹变得愈亮和愈细窄，且互相分离得愈开，即各条细亮的明条纹之间的暗区扩大了.

问题 15.9.1 光栅衍射图样与单缝衍射图样有何不同?

15.9.2 光栅衍射条纹的成因

从上一节的式(15-20)可知，在单缝的夫琅禾费衍射中，屏幕上各级条纹的位置仅取决于相应的衍射角 φ，而与单缝沿着缝平面方向上所处的位置无关. 也就是说，如果把单缝平行于缝平面移动，通过同一透镜而在屏幕上显示的衍射图样，仍在原位置保持原状. 因此，在具有 N 条狭缝的光栅平面上，各条狭缝的位置尽管不同，但是，它们以相同的衍射角 φ 发出的平行光，通过同一透镜后，必定会聚于通过某点 P、且平行于狭缝的同一条直线的位置上(图15-28)；所有狭缝独自产生的单缝衍射图样在屏幕上的位置是相同的，形成彼此重叠的 N 幅单缝衍射图样.

不过，在上述互相重叠的衍射图样中，任一衍射极大处的光强度，却并不都等于所有狭缝发出的衍射光在该处的光强度之和. 事实上，由于各狭缝都处在同一波前上，它们发出的衍射光都是相干光，在屏幕上会聚时还要发生干涉，使得干涉加强的地方，出现明条纹；干涉减弱的地方，出现暗条纹. 这样，对上述重叠的 N 个衍射图样中的光强度就同时被相干叠加了，导致了光强度的重新分布.

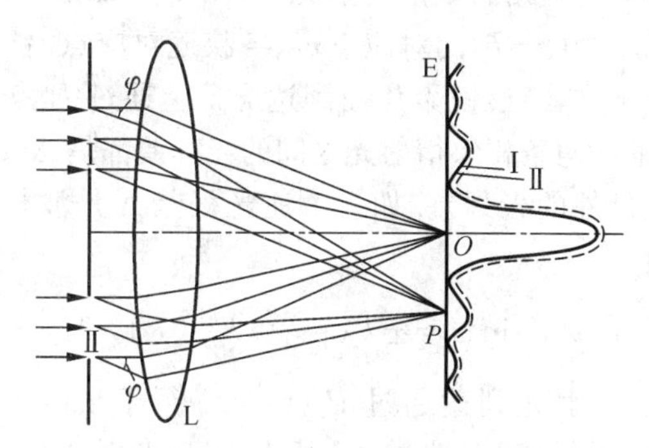

图15-28 光栅中各狭缝的衍射图样彼此重叠
(图中只画出两个狭缝Ⅰ，Ⅱ的重叠衍射图样，分别用实线和虚线表示)

综上所述，最后形成的光栅衍射条纹，不仅与光栅上各狭缝的衍射作用有关，更重要的还是由于各狭缝之间发出的衍射光束之间的干涉，即多光束干涉作用所引起的结果. 也就是说，**光栅的衍射条纹是单缝衍射和多光束干涉的综合效果**.

据此进行理论计算(从略),可以给出光栅衍射图样的光强度分布曲线(图15-29).由图可知,在光栅衍射图样中,呈现出一系列光强度较大和甚弱的明条纹,前者叫做**主极大**,后者叫做**次极大**.主极大的位置与缝数 N 无关,但它们的宽度随缝数 N 的增大而减小.可以证明,对一个具有 N 条狭缝的光栅来说,在衍射图样的相邻主极大之间存在 $N-1$ 条暗纹和 $N-2$ 条次极大.这些次极大的光强度甚弱,可以不予考虑.所以,如果光栅的狭缝数目 N 很大,则在两相邻主极大之间,暗条纹和次极大的数目$(N-1)$,$(N-2)$也都很大,两者几乎无法分辨,实际上形成了一个暗区,从而清晰地衬托出既细窄又明亮的主极大.其情况正如图15-27所示.

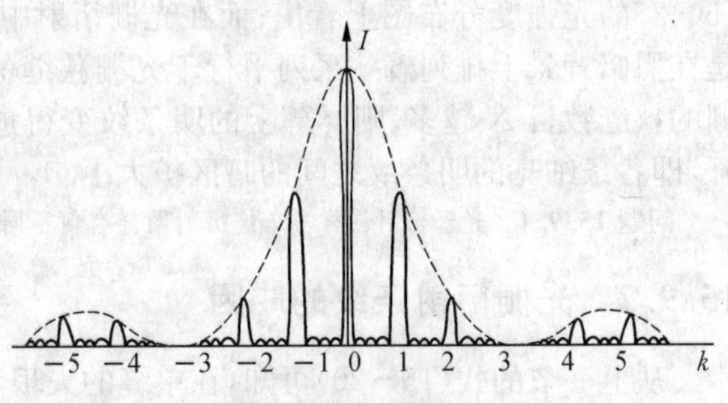

图15-29　光栅衍射的光强度分布

问题15.9.2　试述光栅衍射图样的成因和特征.若一光栅的缝数为 $N=1.02\times10^5$,相邻主极大条纹之间各有多少条暗条纹和次极大条纹?你能由此想象到其间出现什么情景?

15.9.3　光栅公式

光栅衍射中的明条纹(主极大)的位置,取决于各狭缝衍射光束之间的干涉情况.现在,我们考虑衍射角为 φ 的衍射光.如图15-26所示,在所有相邻的狭缝中有许多彼此相距为$(a+b)$的对应点,从各狭缝对应点沿衍射角 φ 方向发出的平行衍射光是相干光,经透镜聚焦而到达屏幕上通过 P 点、且平行于狭缝的一条直线上时,其中任两条相邻衍射光之间的光程差都是 $\Delta=(a+b)\sin\varphi$.这是因为透镜不产生额外的光程差.如果上述光程差 Δ 是波长的整数倍,即当 φ 角满足下述条件时:

$$(a+b)\sin\varphi=\pm k\lambda,\qquad k=0,1,2,\cdots \tag{15-21}$$

所有对应点发出的衍射光到达通过 P 点、且平行于狭缝的这条直线上时都是同相位的,因而它们相互干涉加强,即在点 P 出现明条纹.由于这种明条纹是由所有狭缝的对应点射出的衍射光叠加而成的,所以强度具有极大值,故称为主极大,也称为**光谱线**.光栅狭缝数目 N 愈大,则这种明条纹愈细窄、愈明亮.

式(15-21)称为**光栅公式**.式中 k 是一个整数,表示条纹的级次.$k=0$ 时,$\varphi=0$,叫做中央明条纹;与 $k=1,2,3,\cdots$ 对应的明条纹分别称为1级、2级、3级、…光谱,通常大致应用到3级.式(15-21)中的正、负号表示各级明条纹(光谱线)对称地分布在中央明条纹的两侧.在波长λ一定的单色光照射下,光栅常量$(a+b)$愈小,则由公式(15-21)可知,φ越大,相邻两个明条纹分得愈开.

> $|\varphi| \leqslant 90°$,因而$|\sin\varphi| \leqslant 1$,这就限制了所能观察到明条纹数目.显然,主极大的最大级次$k < (a+b)(\sin 90°)/\lambda = (a+b)/\lambda$.

其次,读者应注意,光栅公式(15-21)只是出现明条纹(主极大)的必要条件.这是因为:当衍射角φ满足式(15-21)时,理应出现明条纹(主极大);但如果φ角同时又满足单缝衍射的暗条纹条件[式(15-20)],即

$$a\sin\varphi = \pm 2k'\frac{\lambda}{2}, \quad k' = 1, 2, \cdots \qquad ⓐ$$

这时,从每个狭缝射出的光都将由于单缝本身的衍射而自行抵消,形成暗条纹.因此,尽管φ角也同时满足式(15-21)的干涉加强的条件:

$$(a+b)\sin\varphi = \pm k\lambda, \quad k = 0, 1, 2, \cdots \qquad ⓑ$$

怎奈缝与缝之间暗条纹干涉加强的结果,终究还是暗条纹.因此,在φ角同时满足上述式ⓐ和式ⓑ时,在屏幕上不可能出现相应的明条纹.这就是所谓主极大的**缺级现象**.将式ⓐ和式ⓑ联立消去φ,即得缺级的条件为

$$\frac{a+b}{a} = \frac{k}{k'} \qquad (15-22)$$

这里,k'和k分别为单缝衍射暗条纹级次和光栅衍射明条纹(主极大)的级次,而k/k'为整数.例如,当$k/k' = (a+b)/a = 3$时,一般来说,可得缺级级次为$k = 3k' = \pm 3, \pm 6, \pm 9, \cdots$,屏幕上不出现这些级次的明条纹.

综上所述,在光栅衍射中,仅当衍射角φ满足单缝衍射的明条纹条件或中央明条纹条件:

$$a\sin\varphi = \pm(2k+1)\frac{\lambda}{2}, \quad k = 1, 2, 3, \cdots$$

或

$$-\lambda < a\sin\varphi < \lambda$$

的前提下,相邻两缝的干涉同时满足光栅公式(15-21),才能形成强度最大的明条纹(主极大).

问题 15.9.3 (1) 确定光栅衍射中主极大位置的光栅公式是如何给出的?

(2) 若光栅常量中$a = b$,光栅光谱有何特点?

(3) 试分析主极大出现缺级的原因;在同时满足什么条件下才能形成主极大?

例题 15-8 波长为500 nm及520 nm的光照射于光栅常量为0.002 cm的衍射光栅上.在光栅后面用焦距为2 m的透镜L把光线会聚在屏幕上(图15-26).求这两种光的第一级光谱线间的距离.

解 根据光栅公式 $(a+b)\sin\varphi = k\lambda$，得

$$\sin\varphi = \frac{k\lambda}{a+b} \quad ⓐ$$

第一级光谱中，$k=1$，因此相应的衍射角 φ_1 满足下式

$$\sin\varphi_1 = \frac{\lambda}{a+b} \quad ⓑ$$

设 x 为谱线与中央条纹间的距离(图 15-26 所示的 P_0P)，D 为光栅与屏幕间的距离，由于透镜 L 实际上很靠近光栅，故近似地可看作为透镜 L 的焦距 f，即 $D\approx f$，则 $x = D\tan\varphi$. 因此，对第一级有

$$x_1 = D\tan\varphi_1 \quad ⓒ$$

本题中，由于 φ 角不大(用数字代入式ⓐ即可看出)，所以 $\sin\varphi\approx\tan\varphi$. 因此，波长为 520 nm 与 500 nm 的两种光的第一级谱线间的距离为

$$\begin{aligned} x_1 - x_1' &= D\tan\varphi_1 - D\tan\varphi_1' = D\left(\frac{\lambda}{a+b} - \frac{\lambda'}{a+b}\right) \\ &= 200\ \text{cm}\times\left(\frac{520\times10^{-7}}{0.002} - \frac{500\times10^{-7}}{0.002}\right) = 0.2\ \text{cm} \end{aligned}$$

15.9.4 衍射光谱

一般说来，光栅上每单位长度的狭缝条数很多，光栅常量$(a+b)$很小，故各级明条纹的位置分得很开，而且由于光栅上狭缝总数很多，所以得到的明条纹也很亮、很窄，这样就很容易确定明条纹的位置，因而可以用衍射光栅精确地测定光波的波长.

用衍射光栅测定光波波长的方法如下：先用显微镜测出光栅常量，然后将光栅 G 放在分光计上，如图 15-30 所示. 光线由平行光管 C 射来，通过光栅 G 以后形成各级条纹. 用望远镜 T 观察，从分光计上的读数可以测定相应的偏离角度 φ. 将光栅常量、角度 φ 等数值代入公式(15-21)，就可算出波长 λ.

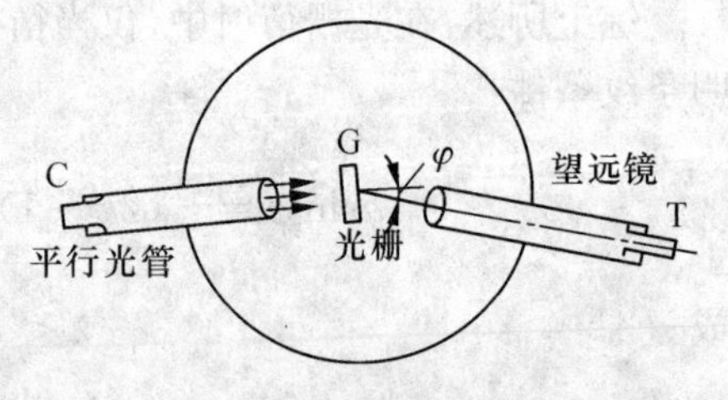

图 15-30 用光栅测定光波波长的装置

根据衍射光栅的公式(15-21)，可以看出，在已知光栅常量的情况下，产生明条纹的衍射角 φ 与入射光波的波长有关，因此白色光通过光栅之后，各单色光将产生各自的明条纹，从而相互分开形成衍射光谱. 中央条纹或零级条纹显然仍为白色条纹，在中央条纹两旁，对称地排列着第一级，第二级等光谱，如图 15-31 所示(图中只画出中央条纹一侧的光谱，每级光谱中靠近中央条纹的一侧为

紫色,远离中央条纹的一侧为红色,分别用 V, R 表示). 由于各谱线间的距离随着光谱的级次而增加,所以级次高的光谱彼此重叠,实际上很难观察到.

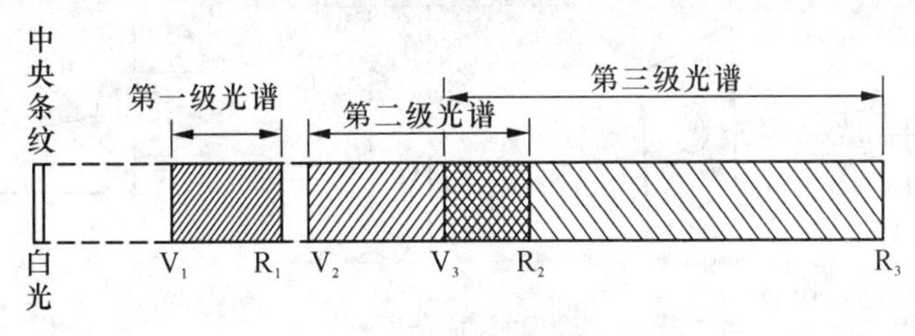

图 15-31　各级衍射光谱

可以看出,在衍射光谱中,波长愈小的光波偏折愈小;而在棱镜折射后形成的光谱中,波长愈小的光波偏折愈大. 这是两种光谱的不同之处.

15.10 光学仪器的分辨率

在几何光学中讨论光学仪器的成像时,总认为只要适当选择透镜的焦距,便能得到所需要的放大率,就可把任何微小的物体放大到可以看得清楚的程度. 但实际上这是不可能的,因为各种光学仪器受到光的波动性的影响,即使它把物体所成的像放得很大,但由于光的衍射现象,物体上细微部分仍有可能分辨不出来.

为了说明光的衍射现象对光学仪器分辨能力的限制,下面我们先来讨论具有实际意义的圆孔衍射.

15.10.1 圆孔衍射

前面讲过,光通过狭缝时要产生衍射现象. 同样,当光通过小圆孔时,也会产生衍射现象. 如图 15-32(a)所示,当用单色平行光垂直照射到小圆孔 K 上时,若在小圆孔后面放置一个焦距为 f 的透镜 L,则位于透镜焦平面处的屏幕 E 上,所出现的不是和小圆孔 K 同等大小的亮点,而是比小圆孔几何影子大的亮斑,亮斑周围有较弱的明暗相间的环状条纹[图 15-32(a)]. 而且小圆孔的直径越小,亮斑的半径越大,周围的环纹也越向外扩展. 这就是光通过圆孔时产生的衍射现象. 亮斑和它周围的环纹所形成的衍射图样及其强度分布,可以从理论上给出(从略),如图 15-32(b)所示,其中以第一暗环为界限的中央亮斑,叫作**艾里**(G. Airy, 1801—1892)**斑**,它的光强度约占整个入射光强度的 80%以上. 若艾里斑的直径为 d,透镜焦距为 f,圆孔直径为 D,单色光波长为 λ,则由理论计算得出,艾里斑对透镜光心的张角[图 15-32(c)]可借下式来求,即

$$\theta = \frac{d}{2f} = 1.22\,\frac{\lambda}{D} \tag{15-23}$$

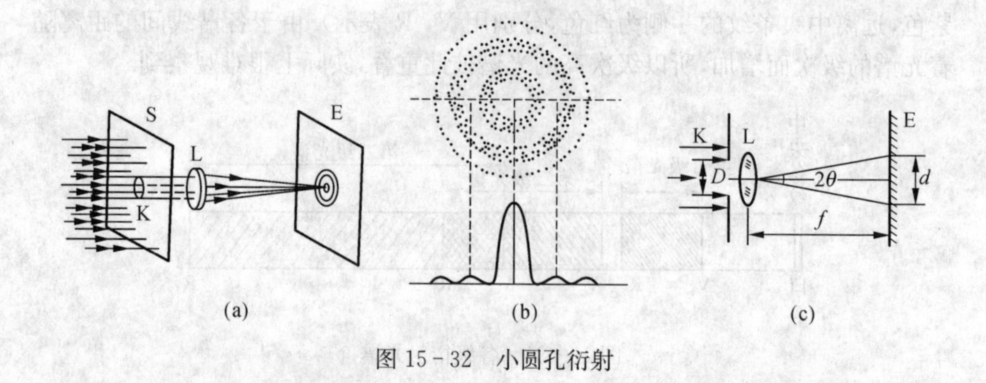

图 15-32 小圆孔衍射

15.10.2 光学仪器的分辨率

上述关于圆孔衍射的讨论有很重要的实际意义.大多数光学仪器都要通过透镜将入射光会聚成像,透镜边缘一般都是制成圆形的,或者说,透镜是一个透明的圆片,因而可以看成一个圆孔.从几何光学来看,在物体通过透镜成像时,每一个物点有一个对应的像点.但由于光的衍射,物点的像就不是一个几何点,通常是一个具有一定大小的亮斑.如果两个物点的距离太小,以致对应的亮斑互相重叠,这时就不能清楚地分辨出两个物点的像.也就是说,光的衍射现象限制了光学仪器的分辨能力.

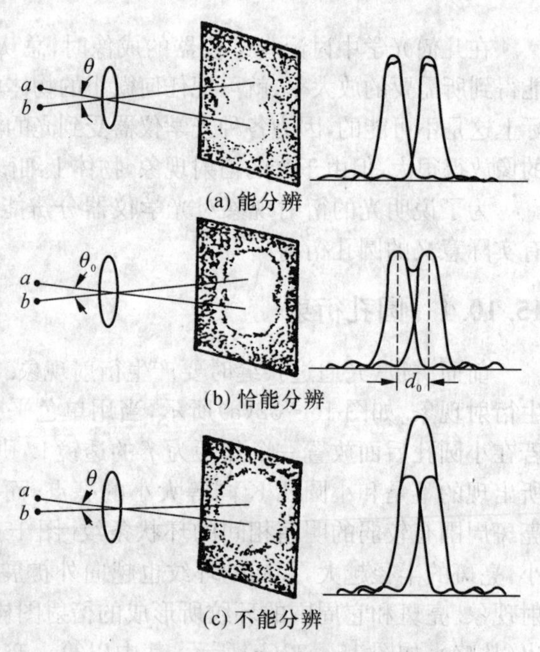

图 15-33 光学仪器的分辨能力

例如,显微镜的物镜可以看成是一个小圆孔,用显微镜观察一个物体上 a, b 两点时,从 a, b 发出的光经显微镜的物镜成像时,将形成两个亮斑,它们分别是 a 和 b 的像.如果这两个亮斑分得较开,亮斑的边缘没有重叠,或重叠较少,我们就能够分辨出 a, b 两点[图 15-33(a)].如果 a, b 靠得很近,它们的亮斑将相互重叠,a, b 两点就不再能分辨出来[图 15-33(c)].对于任何一个光学仪器,如显微镜,如果点 a 的衍射图样的中央最亮处，刚好和点 b 的衍射图样的第一个最暗处相重叠[图 15－33(b)]，我们就说，这个物体上的 a，b 两点恰好为这一光学仪器所分辨. 所以对于恰能分辨的两个点，它们的衍射图样中心之间的距离 d_0，应等于它们的中央亮斑的半径 $d/2$(图 15－34). 此时，a，b 两点在显微镜物镜(透镜)处所张的角度 θ_0 叫做**最小分辨角**. 设 f 为透镜 L 的焦距，则

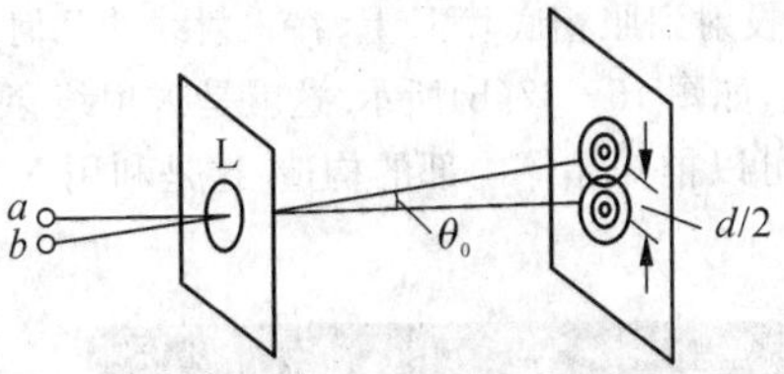

$$\theta_0 = \frac{d_0}{f} = \frac{1}{2}\frac{d}{f}$$

图 15－34 最小分辨角

将式(15－23)代入上式，得最小分辨角为

$$\theta_0 = 1.22\frac{\lambda}{D} \qquad (15-24)$$

最小分辨角的倒数叫做光学仪器的**分辨率**. 由上式可知，分辨率与波长 λ 成反比，与透镜的直径成正比. 分辨率是评定光学仪器性能的一个主要指标，也是我们在使用光学仪器时必须考虑的一个因素.

*15.11 X 射线的衍射 布拉格公式

德国物理学家伦琴(W. C. Röntgen，1845—1923)在 1895 年发现，当高速电子撞击物体时，会产生一种穿透能力很强而人眼看不到的射线，这种射线称为 **X 射线**，也称为**伦琴射线**. 产生 X 射线的真空管称为伦琴射线管或 X 光管，其结构如图 15－35 所示. 管内的热阴极 K 由电源供电，发出热电子，电子再在高压电源提供的强电场作用下加速，形成阴极射线，使之高速地撞击在阴极对面的阳极 A 上，在阳极上就发射出 X 射线.

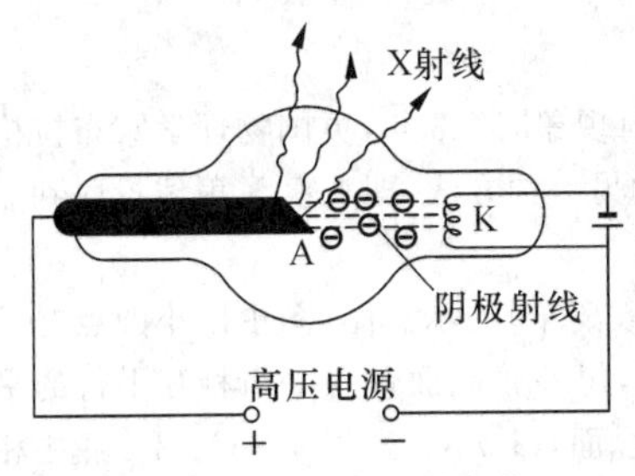

图 15－35 伦琴射线管

当时，对 X 射线的本质尚不知道，直到 1906 年，实验才证实了 X 射线是一种电磁波. 现在常把波长从 10^{-3} nm 到 10 nm 的电磁辐射，叫做 X 射线.

X 射线既然是一种电磁波，也应该有干涉、衍射等现象. 但由于 X 射线的波长很短，故用光栅常量为 $10^3 \sim 10^4$ nm 的一般光栅来观察 X 射线的衍射现象时，衍射角 φ 太小，无法测出各级衍射条纹，这就得把光栅常量减小到约为十分之几纳米(这相当于原子的尺寸)，在目前情况下，刻制这样的光栅，又受到技术上的限制.

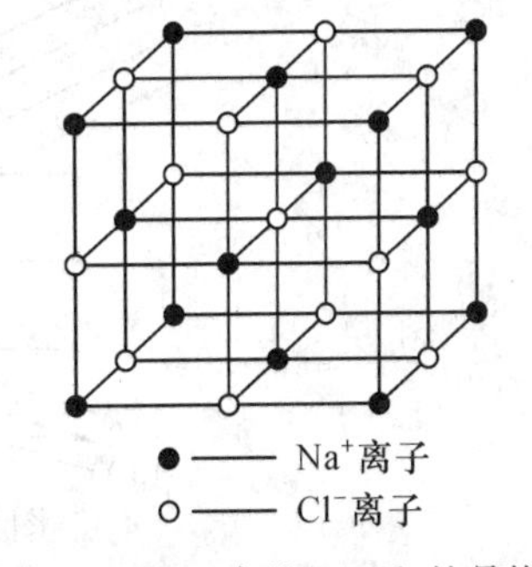

图 15－36 食盐(NaCl)的晶格

1912年，德国物理学家劳厄(Max Von Laue，1879—1960)提出用晶体作为天然光栅进行 X 射线衍射的实验. 因为晶体是由分子、原子或离子等微粒组成的，它们在晶体中

周而复始地作有规则的对称排列,形成**空间点阵**,即**晶格**(如图15－36所示).晶体内相邻微粒之间的距离叫做**晶格常量**,其数量级约为几十纳米,与X射线的波长的数量级相同.因此,晶体相当于光栅常量很小的一个空间衍射光栅.根据劳厄的这一设想,后来果然观察到了X射线通过晶体后所产生的衍射图样,从而证实了X射线的波动性质.

劳厄的实验装置如图15－37(a)所示.当X射线通过两块铅块 L_1 和 L_2 的小孔 S_1 和 S_2 后,形成一细束射线.这一细束X射线穿过晶体C,投射到照相底片E上,在入射线的几何光点 O 的周围产生对称分布的一组斑点,叫做**劳厄斑**,如图15－37(b)所示.这就是X射线穿过晶体时发生衍射的结果.分析劳厄斑的排列位置,可以推知晶体内部的构造.这是利用X射线分析晶体结构的一种常用方法.

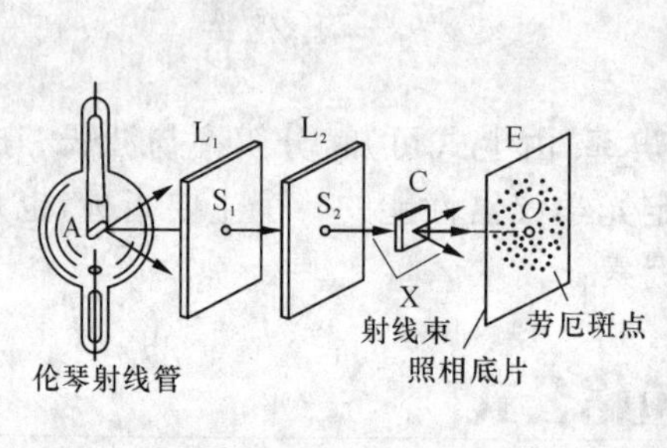

(a) X射线衍射的实验装置

(b) 劳厄斑

图 15－37

以上我们讲了X射线穿过晶体后所观察到的衍射现象.1913年,英国物理学家布拉格(W. H. Bragg,1862—1942)提出了研究X射线衍射的另一种方法,即观察X射线投射到晶体时,受到其中周期性排列的原子散射时所产生的衍射现象.

在图15－38中绘出了晶体中周期性排列的原子(或离子)的示意图(图中以小圆点"·"表示).可以把这些原子分成一簇簇的晶面(即原子层),每一簇晶面包含一组相互平行的平面,例如(1),(2),(3),…表示一簇中相互平行的各个晶面,(1′),(2′),(3′),…为另一簇中相互平行的各个晶面.

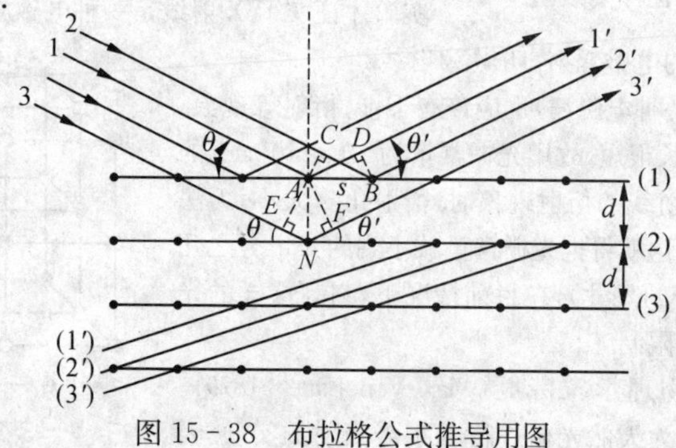

图 15－38　布拉格公式推导用图

当一束平行的相干的伦琴射线，以掠射角(即入射线与晶面之间的夹角)θ投射到晶体上时，按照惠更斯原理，晶面上这些原子又成为发射子波的波源，向各方向发出散射波. 我们来考察在同一晶面上(例如第一层平面)相邻原子散射光的干涉条件. 从图可见，两射线$11'$与$22'$间的光程差为

$$AD - BC = s(\cos\theta' - \cos\theta)$$

式中，θ'为散射线与此平面的夹角，s为两相邻原子间的距离. 只有当光程差为波长λ的整数倍，即当

$$s(\cos\theta' - \cos\theta) = m\lambda$$

时，散射波才能相互加强. 若$m = 0$，即光程差为零，这时$\theta = \theta'$，合成的强度最大. 亦即，对X射线而言，晶面好像一个平面镜，在符合镜面反射定律的方向上，散射的X射线的光强度总是极大. 当$m \neq 0$，而为其他整数时，也可得到极大强度，在此不作讨论.

下面讨论X射线透入到晶体内部时，两相邻原子层上镜面反射的X射线干涉加强的条件. 例如，设入射线$11'$和$33'$分别在第一层与第二层平面上反射，两射线的光程差为$EN + NF = 2d\sin\theta$，而相互干涉加强的条件是光程差等于波长λ的整数倍，即

$$2d\sin\theta = k\lambda, \quad k = 0, 1, 2, \cdots \tag{15-25}$$

式中，d为两相邻原子层间的距离，就是该晶体的**晶格常量**. 上式表明，从各原子层上散射的X射线，只有在满足上式的条件下才能相互加强. 上式称为**布拉格公式**.

由上式可知，如果用已知晶格常量d的晶体作光栅，则可由测定的θ角计算出X射线的波长；若对原子发射的X射线的光谱进行分析，还可研究原子内部的结构. 如果X射线的波长λ已知，就可从它在晶体上的衍射确定晶格常量d，以研究晶体的结构，这在工业上有着广泛的应用.

15.12 光的偏振

大家知道，波的基本形态有纵波、横波两种. 纵波的振动与波的传播方向是一致的；而横波的振动在与传播方向相垂直的某一特定方向上，横波的这个特性称为波的**偏振性**. 光的干涉和衍射现象表明了光的波动性，光的偏振现象则进一步说明光是一种横波.

光是电磁波. 我们说过，任何电磁波都可由两个互相垂直的振动矢量来表征，即电场强度$\boldsymbol{E}$和磁场强度$\boldsymbol{H}$；而电磁波的传播方向则垂直于$\boldsymbol{E}$与$\boldsymbol{H}$两者所构成的平面(图15-39). 因此，电磁波(光波)是横波. 实验指出，光波所引起的感光作用及生理作用等，都是由电场强度$\boldsymbol{E}$引起的. 所以在讨论光的有关现象时，只需讨论电场强度$\boldsymbol{E}$的振动，因此把$\boldsymbol{E}$称为**光矢量**，$\boldsymbol{E}$矢量(包括大小和方向)的周期性变化称为**光振动**.

光波既然是横波，可是从普通光源发出的光却未能从总体上显示出它的偏

振性. 这是由于普通光源发出的光波是其中大量分子或原子发射出来的,它远非如图 15－39 所示的电磁波那么简单. 虽然光源中每个分子或原子间歇地每次发射出的光波(即波列)都是偏振的,各自有其确定的光振动方向,然而,普通光源中各个分子或原子内部运动状态的变化是随机的,发光过程又是间歇的,它们发出的光是彼此独立的,从统计规律上来说,相应的光振动将在垂直于光速的平面上遍布于**所有可能的方向,其中没有一个光振动的方向较其他光振动的方向更占优势**,所以,这种光在任一时刻都不能形成偏振状态,而是表现为**所有可能的振动方向上,相应光矢量的振幅(光强度)都是相等的**. 因此,在垂直于光速 $\boldsymbol{c}$(即光的传播方向)的平面上,**沿所有光振动方向的光矢量 $\boldsymbol{E}$ 呈对称分布**[图 15－40(a)],具有上述特征的光称为**自然光**.

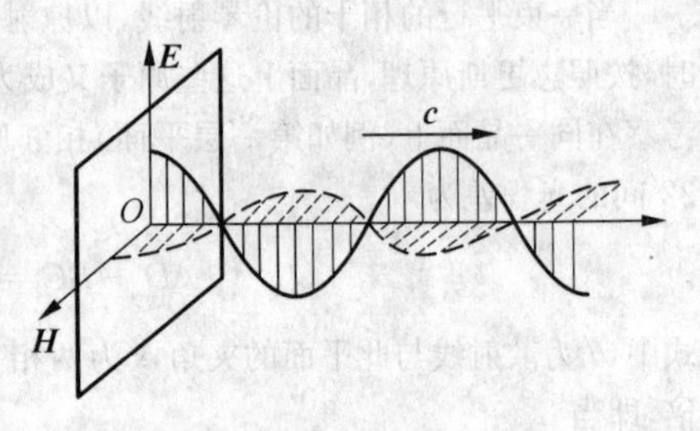

图 15－39　$\boldsymbol{E}$, $\boldsymbol{H}$ 与 $\boldsymbol{c}$ 的关系

如果在自然光的传播过程中,由于介质的反射、折射及吸收等外界作用,可以成为只具有某一方向的光振动,或者说,只在一个确定的平面内有光振动,**这种只具有某一方向光振动的光**称为**线偏振光**或**完全偏振光**,简称**偏振光**. 如果由于上述的外界作用,造成自然光中各个光振动方向上的光强度发生变化,导致某一方向的光振动比其他方向的光振动更占优势,这种光称为**部分偏振光**.

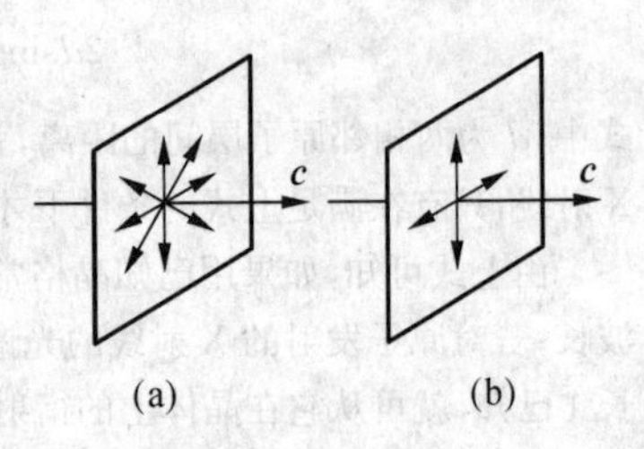

图 15－40　自然光

偏振光的振动方向与其传播方向所构成的平面,叫做偏振光的**振动面**.

由于自然光中沿各个方向分布的光矢量 $\boldsymbol{E}$ 彼此之间没有固定的相位关系,因而,不能把它叠加成一个具有某一方向的合矢量,亦即,不可能把自然光归结为相应于这个合成光矢量的线偏振光. 但是我们可以把自然光中所有取向的光矢量 $\boldsymbol{E}$ 在任意指定的两个相互垂直方向上都分解为两个光矢量(分矢量),对沿这两个方向上分解成的所有光矢量,分别求其光强度的时间平均值,应是相等的. 也就是说,在任一时刻,我们总是可以**把自然光都等效地表示成这样的两个线偏振光,它们的光矢量互相垂直,相位之间没有固定的关系,两者的光强度各等于自然光总光强度的一半**. 这样,今后我们就可把自然光用两个相互垂直的光矢量来表示[图 15－40(b)],显然,对这两个光矢量来说,它们的光振动振幅是相同的;而相位关系则瞬息万变,乃是不固定的.

如上所述,既然自然光可看作两个互相垂直的线偏振光,那么,如果我们用垂直于传播方向的短线表示在纸面内的光振动，用点子表示与纸面垂直的光振动，就可以在自然光的传播方向上把短线和点子画成一个隔一个地均匀分布，形象地表示自然光中没有哪一个方向的光振动占优势[图15-41(a)]. 同样，我们可以把光振动方向在纸面内和垂直于纸面的线偏振光分别表示成图15-41(b)与(c)所示；而把在纸面内光振动较强和垂直于纸面光振动较强的部分偏振光分别用线多点少和点多线少来标示，如图15-41(d)与(e)所示.

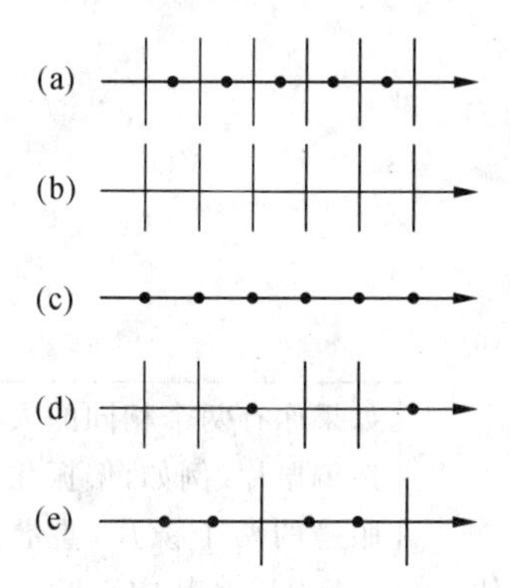

图15-41 自然光、偏振光和部分偏振光的图示

实际上，除了激光发生器等特殊光源外，一般光源(如太阳、电灯等)发出的光都是自然光. 但是，有时我们需要将自然光转变为偏振光，这就是所谓**起偏**；有时还需检查某束光是否是偏振光，即所谓**检偏**. 用以转变自然光为偏振光的物体叫做**起偏器**；用以判断某束光是否是偏振光的物体叫做**检偏器**.

下面，我们将介绍起偏和检偏的一些方法以及有关的定律.

问题 15.12.1 (1) 何谓偏振光？自然光为什么是非偏振光？如何把自然光用两个线偏振光来表示？

(2) 何谓振动面？试绘图分别把自然光、线偏振光和部分偏振光表示出来；并指出它们的振动面.

(3) 何谓起偏和检偏？

15.13 偏振片的起偏和检偏 马吕斯定律

有一些物质(如奎宁硫酸盐碘化物等晶体)，对光波中沿某一方向的光振动有强烈的吸收作用，而与该方向相垂直的那个方向上，对光振动的吸收甚为微弱而可以让光透过. 这种物质叫做**二向色性物质**，如图15-42所示. 这个允许通过的光振动方向，叫做二向色性物质的**偏振化方向**. 当自然光照射在一定厚度的二向色性物质上时，透射光中垂直于偏振化方向的光振动可以全部被吸收掉，因而只有沿偏振化方向的光透射出来，成为线

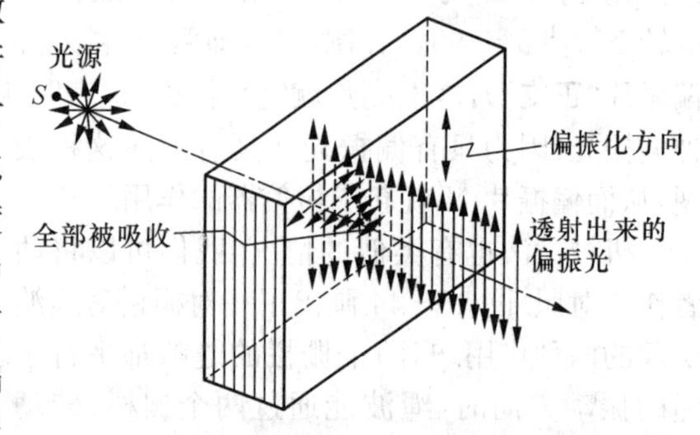

图15-42 利用二向色性物质产生偏振光

偏振光.因此,我们可以把这种二向色性物质涂在透明薄片(如赛璐珞等)上,制成常见的**偏振片**,用作起偏和检偏.偏振片上的偏振化方向用符号"↕"表示.

15.13.1 偏振片的起偏和检偏

偏振片既可以用作起偏器,也可以用作检偏器.

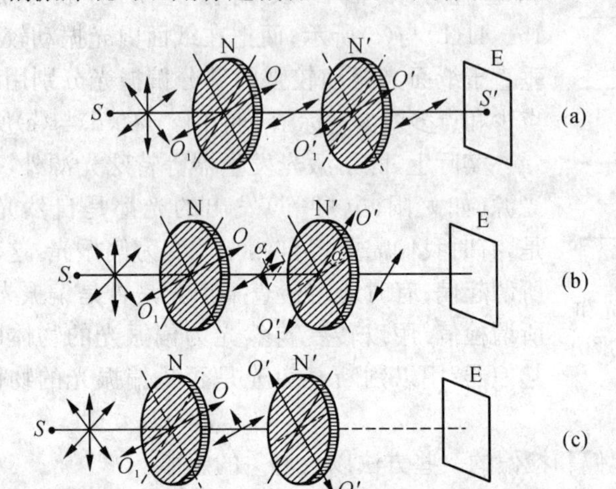

如果你有两个相同的人造偏振片(例如,偏振化眼镜的两个镜片)重叠在一起,将其中一片相对于另一片缓慢地旋转,就很易做这个实验.

图 15-43 起偏和检偏

在图 15-43 中,我们让自然光投射到偏振片 N 上,并利用偏振片 N′来检查从偏振片 N 透射出来的光是否为偏振光.图中OO_1和$O'O'_1$分别是偏振片 N 和 N′的偏振化方向,当自然光由偏振片 N 透出而变成偏振光后,再经过偏振片 N′,我们可以在屏 E 上看到亮暗情形.如果使偏振片 N 和 N′两者的偏振化方向OO_1与$O'O'_1$相互平行,即它们之间的夹角$\alpha = 0$[图(a)],由于偏振光的振动方向与 N′的偏振化方向$O'O'_1$平行,因此,它能够完全通过 N′,而在屏 E 上形成一个光强度最大的亮点 S'.以偏振光传播方向为轴,旋转偏振片 N′,使两偏振片的偏振化方向OO_1与$O'O'_1$成α角[图(b)],这时屏 E 上亮点的光强度逐渐减弱.再旋转 N′,使$\alpha = 90°$时[图(c)],即两个偏振片的偏振化方向互相垂直(称为两个偏振片"**正交**"),屏上亮点就完全消失.这表明从偏振片 N 透射出来的光确是一种偏振光;因为只有偏振光才具有上述这种表现,从而偏振片 N′就起了检偏器的作用.

机械横波也有类似的情况,我们可以将两者作一对照.图 15-44 画出了一对栅栏对绳波所起的两种作用.当两个栅栏的缝隙都平行于绳的振动方向时,绳波能通过两个栅栏;转动第二栅栏使其与第一栅栏垂直时,绳波就不能

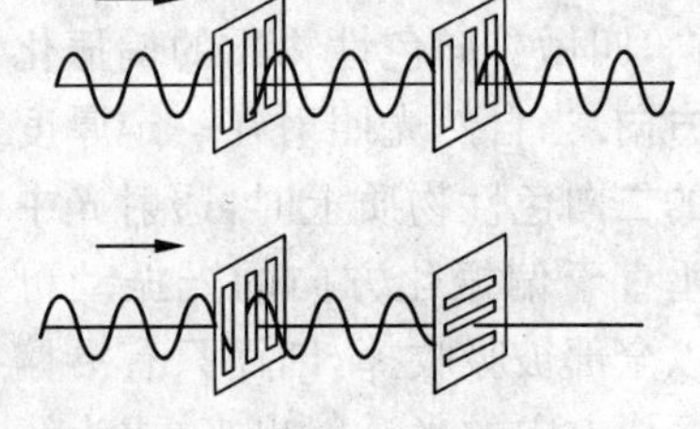

图 15-44 机械横波的检偏

通过第二个栅栏，其能量为第二个栅栏所吸收. 显然，用机械横波通过栅栏的情况比较，则这里的检偏器 N′无疑是起了第二个栅栏的作用. 所以偏振光虽不能直接用人眼觉察到，但可以用检偏器来鉴别.

15.13.2 马吕斯定律

法国物理学家马吕斯(E. L. Malus, 1775—1812)在研究偏振光的光强度时发现：**强度为 I_0 的偏振光透过检偏器后，光强度变为**

$$I = I_0 \cos^2 \alpha \tag{15-26}$$

式中，α 是起偏器和检偏器的偏振化方向之间的夹角. 这就是**马吕斯定律**.

这定律可证明如下：如图 15-45 所示，若 N 为起偏器Ⅰ的偏振化方向，N' 为检偏器Ⅱ的偏振化方向，两者的夹角为 α，令 A_0 为通过起偏器Ⅰ以后偏振光的振幅. A_0 可分解为 $A_0 \cos \alpha$ 及 $A_0 \sin \alpha$，其中只有平行于检偏器Ⅱ的 N' 方向的分量 $A = A_0 \cos \alpha$ 可通过检偏器. 由于光的强度正比于振幅的平方，所以

$$\frac{I}{I_0} = \frac{A^2}{A_0^2}$$

把 $A = A_0 \cos \alpha$ 代入上式，从而证得 $I = (I_0 A_0^2 \cos^2 \alpha)/A_0^2 = I_0 \cos^2 \alpha$.

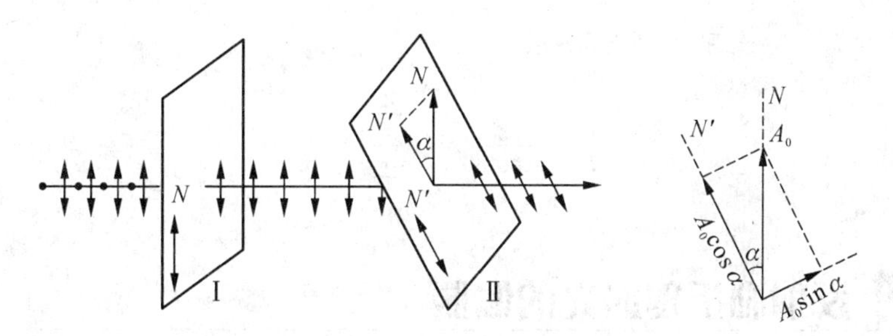

图 15-45 马吕斯定律的证明

15.13.3 偏振片的应用

上面我们讲了偏振片的起偏和检偏. 由于这种人造偏振片可以制成很大的面积、且厚度很薄，既轻便，又价廉，因此，尽管其透射率较低、且随光波的波长而改变，但是，在工业上还是被广泛应用.

例如，地质工作者所使用的偏振光显微镜和用于力学试验方面的光测弹性仪，其中的起偏器和检偏器目前大多采用人造偏振片.

又如，强烈的阳光从水面、玻璃表面、高速公路路面或白雪皑皑的地面反射入人眼的眩光十分耀眼，影响人们的视力，特别是城市里有些高层建筑的玻璃幕

墙,往往造成上述这种光污染.经检测,这种反射光是光振动大多在水平面内的部分偏振光.因此,如果把偏振化方向设计成铅直方向的偏振片,制成偏振光眼镜,供汽车驾驶员、交通警察、哨兵、水上运动员、渔民、舵手和野外作业人员等戴用,就可消除或削弱来自路面和水面等水平面上反射过来的强烈眩光.

问题 15.13.1 (1) 二向色性物质有何特性?如何用偏振片鉴别一束光是否是偏振光?

(2) 叙述马吕斯定律,并证明之.

(3) 夜间行车时,为了避免迎面驶来的汽车的眩目灯光,以保证行车安全,可在汽车的前灯和挡风玻璃上装配偏振片,其偏振化方向都与铅直方向向右成45°.则当两车相向行驶时,就可大大削弱对方汽车射来的灯光.这是为什么?

例题 15-9 将两偏振片分别作为起偏器和检偏器,当它们的偏振化方向成30°时,看一个光源发出的自然光;成45°时,再看同一位置的另一光源发出的自然光,两次观测到的光强度相等.求两光源强度之比.

分析 前面说过,自然光可用两个相互垂直、振幅相同的线偏振光表示,它们的光强度各占自然光总的光强度的一半.今将本题中两个光源发出的自然光分别用平行和垂直于起偏器偏振化方向的两个线偏振光表示,其中平行于偏振化方向的线偏振光将透过起偏器.因此,若令所述两光源的光强度分别为 I_1 和 I_2,则透过起偏器后,其强度分别为 $I_1/2$ 和 $I_2/2$.

证明 按马吕斯定律,两光源发出的光透过检偏器的光强度分别为

$$I_1'=\frac{I_1}{2}\cos^2 30°,\quad I_2'=\frac{I_2}{2}\cos^2 45°$$

由题设 $I_1'=I_2'$,则由上两式可得两光源强度之比为

$$\frac{I_1}{I_2}=\frac{\cos^2 45°}{\cos^2 30°}=\frac{\frac{2}{4}}{\frac{3}{4}}=\frac{2}{3}$$

15.14 反射和折射时光的偏振

利用自然光在两种介质分界面上的反射和折射,可以获得偏振光.

15.14.1 反射和折射的起偏

如图 15-46 所示,MN 是两种各向同性介质(例如空气和玻璃)的分界面.当一束自然光 SI 以入射角 i 射到分界面 MN 上时,它的反射光和折射光分别为 IR 和 IR',反射角为 i,折射角为 r.根据电磁波理论,在这种情况下,自然光可分解为互相垂直的两部分光矢量:一部分光矢量在入射面(即纸面)内,它的光振动方向与分界面 MN 成 i 角,叫做**平行振动**,在图上用短线表示;另一部分光矢量垂直于入射面,它的光振动方向与入射面(纸面)垂直,叫做**垂直振动**,在图上用点子表示.由于光是横波,这两种光振动都垂直于光的传播方向;并且,沿着自

然光的射线，表示这两种光振动的短线和点子是均匀分布的.

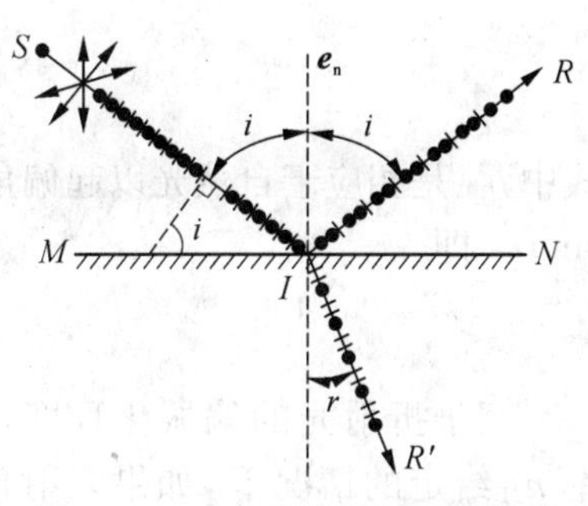

图 15-46 自然光反射与折射后产生的部分偏振光

由于上述两种光振动的振动方向相对于分界面是不同的，所以它们也以不同程度进行反射和折射：垂直振动（点子）反射多而折射少，平行振动（短线）反射少而折射多. 因此，反射光和折射光都变成了部分偏振光（图中分别用点多线少和线多点少来标志），这也可用检偏器来判别. 例如，我们用一块偏振片来观察反射光，当偏振片表面正对着反射光方向而旋转时，其偏振化方向就不断改变，发现反射光透过偏振片的光强度也随着在变化，表明反射光在不同方向上的偏振化程度是不同的. 可知反射光是部分偏振光.

实验表明，当自然光入射到折射率分别为 n_1 和 n_2 的两种介质的分界面上时，反射光的偏振化程度取决于入射角 i. **当入射角 $i = i_0$，且满足关系**

$$\tan i_0 = n_{21} \qquad (15-27)$$

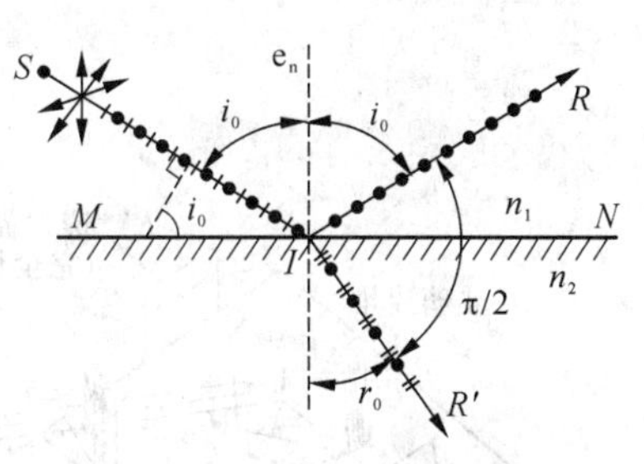

图 15-47 产生反射完全偏振光的条件

时，反射光变成光振动方向垂直于入射面的完全偏振光（图 15-47），式中，$n_{21} = n_2/n_1$，乃是折射介质对入射介质的相对折射率. i_0 称为**起偏角**或**布儒斯特角**. 上述结论是 1812 年由英国物理学家布儒斯特（D. Brewster，1781—1868）由实验得出的，称为**布儒斯特定律**.

例如，当太阳光自空气（$n_1 = 1$）射向玻璃（$n_2 = 1.5$）而反射时，$n_{21} = 1.5/1 = 1.5$，则由式（15-27）可算得起偏角为 $i_0 = 56°19'$.

又如，在晴天的清晨或黄昏时，太阳光线接近于水平方向，当它通过大气层时，一部分光将被空气中的水滴（云、雾）或尘埃沿不同方向反射而形成散射光，其中被铅直地反射到地面上的散射光，约有一半以上是偏振光.

现在我们根据公式（15-27），也可以把布儒斯特定律表述为：**完全偏振的反射光和折射光相互垂直**. 证明如下：因为式（15-27）可写作

$$\frac{\sin i_0}{\cos i_0} = n_{21}$$

但根据折射定律

$$\frac{\sin i_0}{\sin r_0} = n_{21}$$

式中,r_0 是相应于自然光以起偏角 i_0 入射时的折射角,则由上两式,得 $\cos i_0 = \sin r_0$,即

$$i_0 + r_0 = 90^\circ \qquad (15-27a)$$

至于折射光的偏振化程度,则取决于入射角和相对折射率.在相对折射率 n_{21} 给定的情况下,如果入射角 i_0 适合 $\tan i_0 = n_{21}$,则折射光偏振化的程度最强,但与反射光不同,它不是完全偏振光.如果自然光以起偏角 i_0 连续通过由许多平行玻璃片叠置而成的**玻璃片堆**,如图 15-48(a)所示,则折射光偏振化的程度可以逐渐增加.因为光从一块玻璃透过而进入下一块玻璃时,又发生折射而增加偏振化的程度,所以玻璃片数越多,透射出来的折射光的偏振化程度也越高,最后透射出来的光几乎变成完全偏振光,它的光振动都在入射面内.

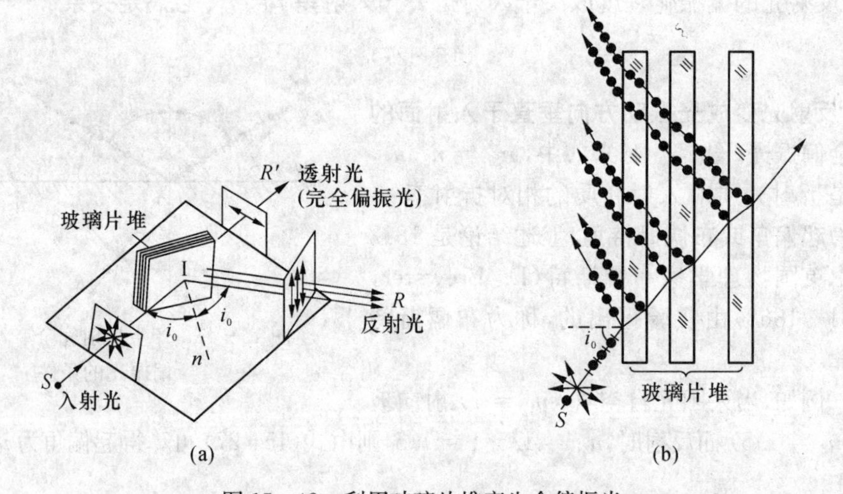

图 15-48　利用玻璃片堆产生全偏振光

综上所述,利用玻璃片的反射或玻璃片堆的折射,可以将自然光变为偏振光,玻璃片或玻璃片堆就是起偏器.

问题 15.14.1　(1) 在什么情况下反射光是完全偏振光?这时折射光是不是完全偏振光?使折射光变成完全偏振光需用什么方法?

(2) 在图示的各种情况中,以部分偏振光或偏振光入射于折射率分别为 n_1 和 n_2 的两种介质的分界面,试在入射角 $i=i_0$ 和 $i \neq i_0$($i_0 = \arctan(n_2/n_1)$ 为起偏角)两种情况下,对图上的反射光和折射光分别用点子与短线表示出光振动的方向.

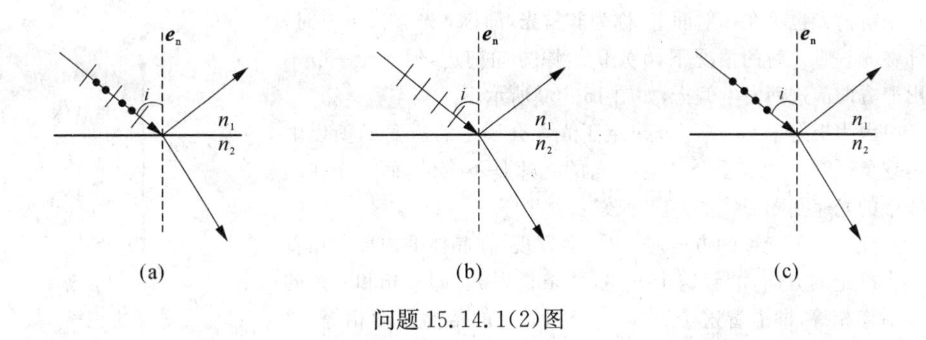

问题 15.14.1(2)图

*15.14.2 光的双折射现象

一束自然光在两种各向同性介质的分界面上折射时，折射光只有一束，并在入射面上传播，方向由折射定律决定：

$$\frac{\sin i}{\sin r}=n_{21}$$

但是，当光折入各向异性的介质(晶体)中时，将产生一系列的特殊现象. 人们在17世纪已经发现：通过方解石(又称冰洲石，即碳酸钙 $CaCO_3$ 晶体)观察物体时，物体的像是双重的. 如图15-49(a)所示，把一块方解石晶体放在纸面P上，这纸面上印有一行字(如图中影线所示的1，2这两个字)，从上往下透过方解石看字时，见到每个字都变成了互相错开的两个字，即每个字都有两个像. 若在纸面上放一块各向同性物质(如玻璃)，透过玻璃看字时，见到的每个字都只有一个像，即一束单色光在两种各向同性介质(例如空气和玻璃)的分界面上折射时，折射光只有一束. 因而上述光透过各向异性介质而呈双重像的现象，可以解释为光进入方解石晶体后，分裂成两束光而沿不同的方向折射，因此称为**双折射**. 除了立方系晶体(如岩盐)以外，光进入一般晶体都会产生双折射现象. 图15-49(b)表示光在方解石晶体内的双折射. 显然，晶体愈厚，透射出来的折射光束 R_1，R_2 分得愈开.

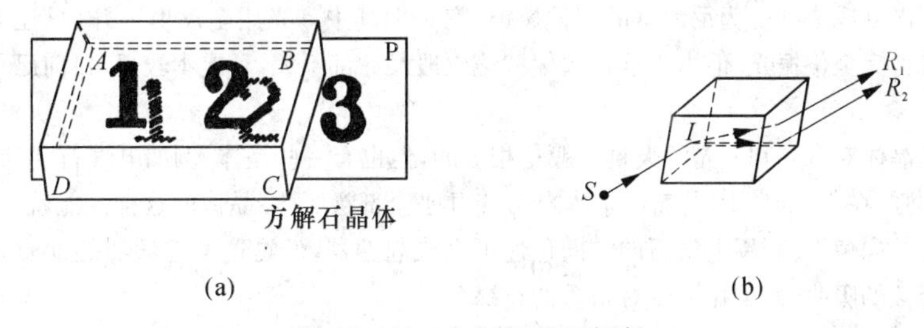

图15-49　方解石的双折射

为了研究晶体中两条折射光的区别，我们从晶体中任意切出一块平行平面薄片，并令一束光以入射角 i 射入薄片. 实验证明，当 i 改变时，两束折射光中的一束始终遵守折射定律，即无论入射光的方向如何，其折射率是不变的，这束光称为**寻常光**，简称 **o光**. 第二束光不遵守折射定律，其折射率随入射光的方向而改变，$\sin i/\sin r$ 不是一个恒量，而且在一般情况下，这束折射光也不在入射面上,称为**非常光**,简称**e光**. 在 $i=0$ 时,即在光垂直入射的情况下,o光仍沿原方向前进,但e光一般不沿原方向前进而发生偏折,如图15-50所示.

因为折射率 $(n=c/v)$ 决定于光在介质中的速度 v,所以上述现象说明,o光在晶体中各方向的光速是不变的,而e光在晶体中的光速则随着传播方向而改变.

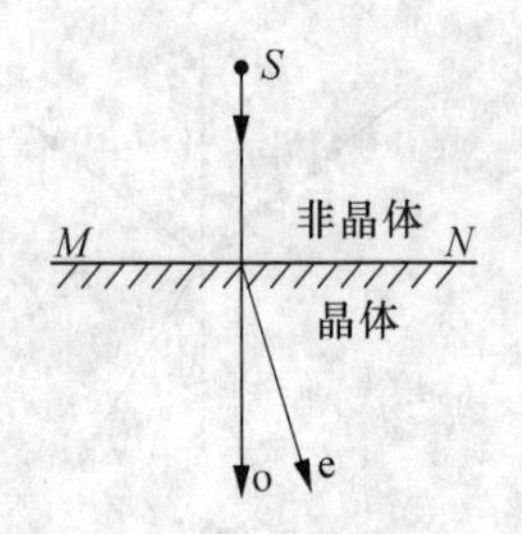

图15-50 寻常光和非常光

变更入射光束的方向时,我们会发现,在晶体的内部存在着一个确定的方向,沿着这个方向,两条折射光,即o光和e光的折射率相等,即沿着这个方向,o光和e光的传播速度相等. 这个方向叫做晶体的**光轴**. **在光轴的方向上不产生双折射现象**. 应该指出,光轴是表示晶体内的一个确定方向,沿此方向传播的光波,不产生像的分裂. 因此,通过晶体内任何一点都可作一直线和晶体的光轴方向平行. 将一晶体垂直于光轴方向的两个端面磨光,则当光垂直入射于磨光平面时就不会发生双折射,这样就很容易显示出晶体的光轴.

只具有一个光轴的晶体,称为**单轴晶体**(如方解石、石英等). 有些晶体具有两个光轴,称为**双轴晶体**(如云母、硫磺等).

在单轴晶体内,由寻常光o和光轴组成的面称为**o主平面**;由非常光**e**和光轴组成的面称为**e主平面**. 在一般情况下,o主平面和e主平面不相重合. 但实验和理论指出,若光在光轴与晶体表面法线组成的平面内入射,则o光和e光都处于这平面内,这个面也就是这两种光共同的主平面. 这个由光轴和晶体表面法线组成的面称为晶体的**主截面**. 在实际应用上,一般都选择入射面与主截面重合,这样,对双折射现象的研究更为简化.

我们可以用检偏器来验证,**o光和e光都是偏振光,两者的振动面是互相垂直的**. 并且发现,o光的振动面垂直于晶体内与它相对应的主截面,而e光的振动面就是主截面.

如上所述,利用晶体的双折射现象,从自然光可以得到o光和e光两种偏振光,这两种偏振光分开的程度取决于晶体的厚度. 但是纯料天然晶体的厚度都比较小,因而在通过天然晶体后的光束中,两束偏振光通常分得不够开,仍不免相互重叠而不能产生完全偏振光. 用方解石晶体可以制成一种称为**尼科耳**的起偏棱镜,它是把其中o光用全反射分开,只让e光透过棱镜而获得完全偏振光. 但由于这种起偏棱镜一般尺寸都不大,且成本较贵,目前已不再广泛使用了.

单轴晶体对o光和e光的吸收一般是相等的,但也有一些晶体,例如电气石,吸收o光的性能特别强,在1 mm厚的电气石晶体内,o光几乎全部被吸收. 晶体的这种性能就是在15.13中讲过的二向色性. 利用电气石的二向色性可做成起偏器,但是这类起偏器的缺点是对e光也有选择性的吸收,使偏振光带有很重的黄绿色.

问题15.14.2 什么叫双折射现象? 试述如何使自然光通过某些晶体后能获得偏振光?

*15.15 偏振光的干涉 人工双折射

在适当条件下,偏振光和自然光一样也可以产生干涉现象. 今用如图15-51(a)所示的装置来说明. 在P与A两个偏振化方向正交的偏振片之间,放置一个晶面和光轴平行的晶体C,并使其晶面垂直于偏振光的入射线,则偏振光的入射线也同时垂直于光轴[假定入射偏振光的振动面与光轴间具有一定的夹角α,如图15-51(b)所示]. 偏振光进入晶体后,由于晶片的双折射,产生振动面相互垂直的o光和e光,这两种光在晶体中仍沿同一方向传播,但由于晶体对o光和e光的折射率n_o和n_e是不同的,故它们的传播速度是不同的,因此透过晶体之后,两种光就有一定的光程差. 设晶体的厚度为d,则它们的光程差为$\Delta=(n_o-n_e)d$. 如果使这两种光再通过一个偏振片A,由于只有和偏振片A的偏振化方向平行的分振动可以透过,这使透过偏振片A以后的光是两束振动面相同、在空间任一点相遇时具有一定光程差的相干光,因而它们在空间相遇时(例如,用透镜装置使它们会聚于屏幕上)能够产生干涉现象. 干涉条纹的明暗程度(当单色光照射时)或色彩(当白色光照射时)视双折射晶体C的厚度而定. 在图15-51(b)中,$\boldsymbol{A}_1$表示入射偏振光的光矢量,$\boldsymbol{A}_e$和$\boldsymbol{A}_o$分别为$\boldsymbol{A}_1$在平行和垂直于晶体主截面方向上的分量. $\boldsymbol{A}_{2e}$和$\boldsymbol{A}_{2o}$表示振动面相互垂直的o光和e光通过偏振片A时、在平行于其偏振化方向的分振动,它们就是透过偏振片A的相干光.

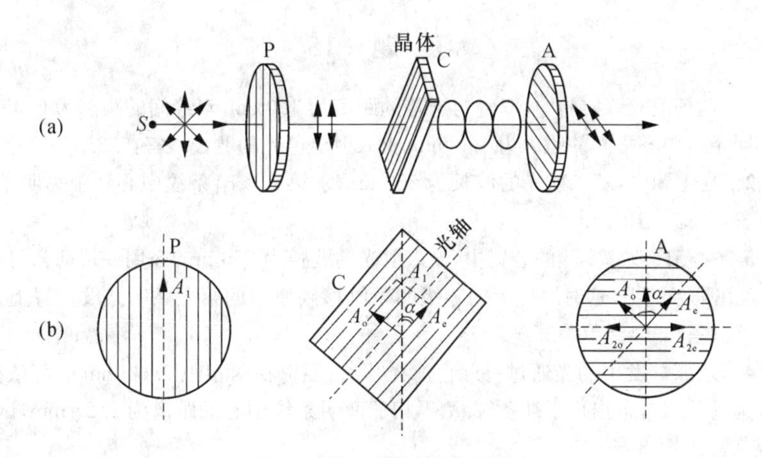

图15-51 偏振光的干涉

前面讲了光在各向异性晶体中的双折射现象. 但是,有些各向同性的非晶体或液体,受外界的人为因素影响,也可以转变为各向异性,呈现出双折射现象. 这种现象称为**人工双折射**.

非晶体物质,例如玻璃、赛璐珞等,在力(载荷)的作用下发生形变时,使非晶体失去各向同性的特征而具有晶体的性质,也能呈现出双折射现象. 现象的观测可按图15-52所示的装置来进行. 图中E是一非晶体,放在两个正交偏振片之间,当它受到外力而被压缩(或拉伸)时,它的光学性质就和以OO'为光轴的单轴晶体相仿. 如前所述,垂直入射的偏振光将分解为o光和e光,两光线的传播方向一致,但传播速度不同,即折射率不等,实验证明,这时,o光和e光的折射率n_o与n_e之差与应力σ成正比,即

$$n_o-n_e=k\sigma \tag{15-28}$$

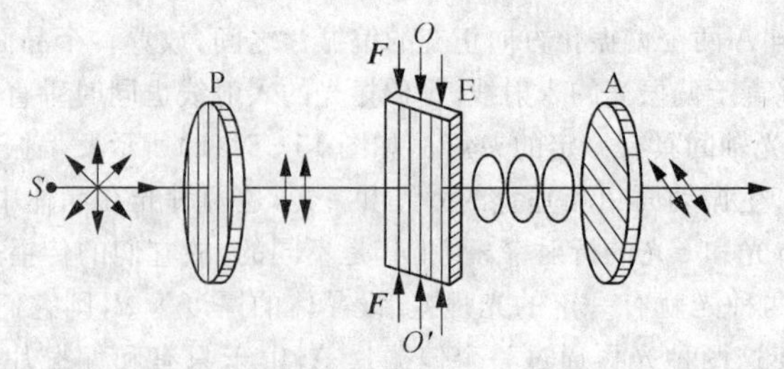

图 15-52　由机械形变而产生人为的双折射现象

k是一个比例系数,决定于非晶体的性质,σ是应力. 不但如此,两束偏振光穿过偏振片 A 之后,借透镜将它们会聚于屏幕上,将发生干涉,出现干涉条纹. 在工业上,可以把机械零件、建筑结构物或水坝坝体用赛璐珞等制成透明模型,然后在外力的作用下分析这些干涉条纹的形状,就能判断和分析模型内部应力的分布情况. 这种方法称为**光测弹性方法**.

问题 15.15.1　(1) 试述偏振光的干涉;

(2) 何谓光弹性效应?

习　题　15

15-1　在杨氏双缝实验中,双缝与屏幕的距离为 120 cm,双缝间的距离为 0.45 mm,屏幕上相邻明条纹中心之间的距离为 1.5 mm,求入射单色光的波长.(**答**:562.5 nm)

15-2　在上题中,若入射光的波长为 550 nm,求第 3 条暗条纹中心到中央明条纹中心的距离.(**答**:1.83×10^{-3} m)

15-3　在杨氏双缝实验的装置中,设入射光的波长为 550 nm,今用一块薄云母片($n=1.58$)覆盖在一条缝上,这时屏幕上的零级明条纹移到原来的第七条明条纹位置上,求此云母片的厚度.(**答**:6.64×10^{-6} m)

15-4　汞弧灯发出的光通过一绿色滤光片后,照射在两相距 0.60 mm 的两条狭缝上,在 2.5 m 远处的屏幕上出现干涉条纹. 测得相邻两明条纹中心的距离为 2.27 mm,试求入射光的波长.(**答**:544.8 nm)

15-5　氦氖激光器发出波长为 632.8 nm 的单色光,射在相距 2.2×10^{-4} m 的杨氏双缝上. 求离缝 1.80 m 处屏幕上所形成的干涉明条纹 20 条之间的距离.(**答**:9.84×10^{-2} m)

15-6　单色光照射在两个相距 2×10^{-4} m 的狭缝上. 在距缝 1 m 处的屏幕上,从第一级明条纹中心到第四级明条纹中心的距离为 7.5×10^{-3} m,求此单色光的波长.(**答**:500 nm)

15-7　在杨氏双缝实验中,设两缝间距离 $d=0.2$ mm,屏与缝间距离 $D=100$ cm,以白色光垂直照射,求第一级与第二级光谱的宽度.(已知 $\lambda_{红}=800$ nm,$\lambda_{紫}=400$ nm)(**答**:0.2 cm,0.4 cm)

15-8　波长为 500 nm 的单色光从空气中垂直入射到折射率 $n=1.375$、厚 $d=10^{-4}$ cm 的薄膜上,入射光的一部分反射;一部分透入薄膜,并从下表面上反射. 试求:(1) 透射光在薄膜内的路程上有几个波长?(2) 透射光在薄膜的下表面反射后,在上表面与反射光相遇时的相位差为若干?(**答**.(1) 5.5 个波长;(2) 12π)

15-9　一层厚度为 0.36 μm 的水平肥皂水薄膜展布在空气中,肥皂水的折射率为 1.33.

今用白光垂直入射到此薄膜上，则在它的正上方观察时，水膜将呈现什么颜色？（提示：根据干涉加强条件，分别求相应于 $k=1, 2, 3, \cdots$ 的波长，从中判取在可见光范围内的波长（查表 14-2），相应于此波长的单色光便是在膜上因干涉加强所呈现的颜色.）（答：$\lambda = 638.4\ \mathrm{nm}$，红色）

15-10　一束白光投射到空气中一层肥皂泡薄膜上，在与薄膜法线成 $30°$ 角的方向上，观察到薄膜的反射光呈绿色（$\lambda = 500\ \mathrm{nm}$）. 求膜的最小厚度. 已知肥皂水的折射率为 1.33.（答：$1.01\times10^{-4}\ \mathrm{mm}$）

15-11　氦氖激光器发出波长为 632.8 nm 的单色光，垂直照射在两块平面玻璃片上，两玻璃片的一边互相接触，另一边夹着一片云母，形成一个劈形空气膜. 测得 50 条明条纹中心间的距离为 $6.351\times10^{-3}\ \mathrm{m}$，棱边到云母片的距离为 $30.313\times10^{-3}\ \mathrm{m}$，求云母片厚度.（答：$7.40\times10^{-5}\ \mathrm{m}$）

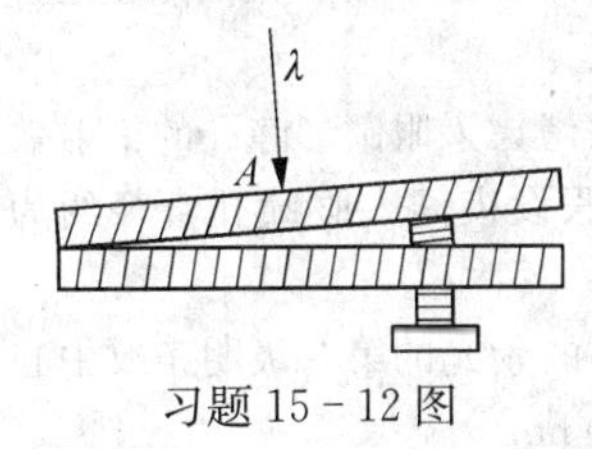

习题 15-12 图

15-12　两块平面玻璃板的一端叠置在一起，另一端可借螺丝调节高低距离（如图）. 今旋动螺丝，可使点 A 的干涉条纹由明变暗，再由暗变明（称为条纹改变一次），试解释条纹改变的原因. 今有一单色光，波长为 $\lambda=600\ \mathrm{nm}$，垂直照射在玻璃板上，观察到点 A 的条纹改变了 50 次，问点 A 的高度变化了多少？（答：$1.5\times10^{-5}\ \mathrm{m}$）

15-13　两块平玻璃板的一端相接，另一端用一圆柱形细金属丝填入两板之间，因此两板间形成一个劈形空气膜，今用波长为 546 nm 的单色光垂直照射板面，板面上显出完整的明、暗条纹各 74 条，试求金属丝的直径.（答：$d = 2.01\times10^{-3}\ \mathrm{cm}$）

15-14　在图 15-15 所示的牛顿环实验装置中，当用波长 $\lambda=450\ \mathrm{nm}$ 的单色光照射时，测得第三个明环中心的半径为 $1.06\times10^{-3}\ \mathrm{m}$；若改用红光照射时，测得第五个明环中心的半径为 $1.77\times10^{-3}\ \mathrm{m}$. 求红光的波长和透镜的曲率半径.（答：$\lambda_{红} = 697\ \mathrm{nm}$；$R = 0.999\ \mathrm{m}$）

15-15　当牛顿环装置中的透镜与平面玻璃之间充满某种液体时，某一级干涉条纹的直径由 1.40 cm 变为 1.27 cm. 试求该液体的折射率.（答：$n = 1.215$）

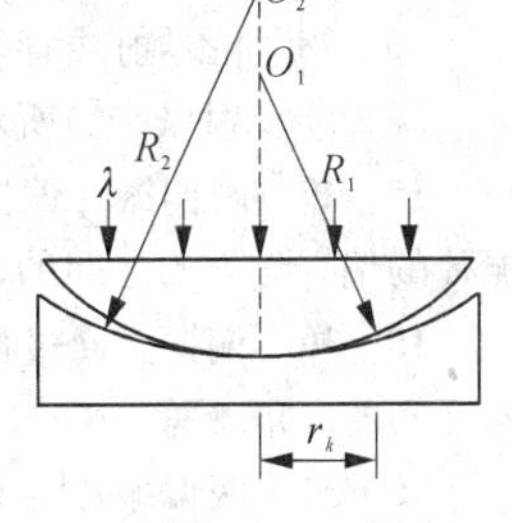

习题 15-16 图

15-16　利用牛顿环的干涉条纹，可以测定凹曲面的曲率半径. 在透镜磨制工艺中常用的一种检测方法是：将已知半径的平凸透镜的凸面放在待测的凹面上（如图），在两镜面之间形成空气层，可观察到环状的干涉条纹. 试证明第 k 个暗环中心的半径 r_k 与凹面半径 R_2、凸面半径 R_1 及光波波长 λ 之间的关系式为 $r_k = \sqrt{\dfrac{R_1R_2k\lambda}{R_2-R_1}}$. 设测得第 40 个暗环半径 $r_{40} = 2.25\ \mathrm{cm}$，而 $R_1 = 1.023\ \mathrm{m}$，$\lambda = 589\ \mathrm{nm}$，求 R_2.（答：$1.074\ \mathrm{m}$）

15-17　在宽度 $a=0.6\ \mathrm{mm}$ 的狭缝后 40 cm 处，有一与狭缝平行的屏幕. 今以平行光自左面垂直照射狭缝，在屏幕上形成衍射条纹，若离零级明条纹的中心 P_0 处为 1.4 mm 的 P 处，看到的是第 4 级明条纹. 求：(1) 入射光的波长；(2) 从 P 处来看这光波时，在狭缝处的波前可分成几个半波带？（答：(1) $\lambda = 467\ \mathrm{nm}$；(2) 9 个）

15-18　在白色光形成的单缝衍射条纹中，某波长的光的第三级明条纹和红色光（波长

为 630 nm)的第二级明条纹相重合.求该光波的波长.(答:450 nm)

15-19 钠光垂直照射在每厘米有 500 条刻痕的衍射光栅上,求第三级明条纹的衍射角.(钠光波长 $\lambda = 589$ nm)(答:5°4′)

15-20 用一个每毫米有 500 条缝的衍射光栅观察钠光谱线($\lambda = 589$ nm),问平行光垂直入射时,最多能观察到第几级谱线?(答:$k = 3$(k 只能取整数,分数无实际意义))

15-21 利用光栅测定波长的一种方法是:用钠光($\lambda = 589$ nm)垂直照射在一个衍射光栅上,测得第 2 级谱线的偏角是 10°11′;而当另一未知波长的单色光照射时,它的第 1 级谱线的衍射角为 4°42′,求此单色光的波长为多少?并求此光栅的光栅常量.(答:546 nm;6.666×10^{-6} m)

15-22 用一望远镜观察天空中两颗星.设这两颗星相对于望远镜所张的角为 4.84×10^{-6} rad,由这两颗星发出的光波波长均为 $\lambda = 550$ nm.若要分辨出这两颗星,问所用望远镜的口径至少需多大?(答:$D = 13.9$ cm)

***15-23** 在迎面驶来的汽车上,两盏前灯相距 120 cm.若仅考虑人眼圆形瞳孔的衍射效应,试问在汽车离人多远的地方,眼睛才能分辨这两盏前灯.假设夜间人眼瞳孔直径约为 5.0 mm,而入射光波长为 $\lambda = 550$ nm.(答:8.94 km)

15-24 在白光形成的单缝衍射图样中,若波长为 450 nm 的紫光的第 3 级明条纹中心与某种光的第 2 级明条纹中心重合,求这种光的波长 λ.(答:630 nm)

15-25 用氦氖激光($\lambda = 632.8$ nm)垂直照射在光栅上,测得其第 2 级明条纹的衍射角为 38°30′,求该光栅的光栅常量.(答:2.033×10^{-6} m)

15-26 用一束平行的钠黄光($\lambda = 589.3$ nm)垂直照射在光栅常量为 2×10^{-6} m 的光栅上,求最多能看到几条明条纹(包括中央明条纹在内).(答:$k = 3$)

15-27 用波长为 500 nm 的单色平行光垂直照射在每毫米有 100 条刻痕的光栅上,紧靠光栅后面的凸透镜,其焦距为 2 m,屏幕位于焦平面上,求第一级与第三级的谱线之间的距离.(答:0.2 m)

15-28 伦琴射线管发出的射线投射到食盐晶体(其晶格常量 $d = 0.2814$ nm)上,测得第一级干涉反射($k=1$)所对应的掠射角为 15°51′,求 X 射线的波长.(答:0.154 nm)

15-29 两偏振片偏振化方向成 30°夹角时,透射光的强度为 I_1,若入射光不变而使两偏振片的偏振化方向之间的夹角变为 45°,则透射光强度将如何变化?(答:$2I_1/3$)

15-30 偏振光通过偏振片后,强度减小一半,求偏振光振动方向与偏振片的偏振化方向之间的夹角.(答:45°)

15-31 两偏振片 A 和 B 的偏振化方向互相垂直,使光完全不能透过,今在 A 和 B 之间插入偏振片 C,它与偏振片 A 的偏振化方向的夹角为 α,这时就有光透过偏振片 B.设透过偏振片 A 的光强度为 I_0,求证:透过偏振片 B 的光强度为 $I = (I_0/4)\sin^2 2\alpha$.

15-32 若要使一平静的湖面上反射的太阳光完全偏振,太阳光应与水平面成什么角度入射?(答:36°52′36″)

15-33 当光从水中射向玻璃而反射时,起偏振角为 48°26′,已知水的折射率为 1.33,求玻璃的折射率;若光从玻璃中射向水中,求起偏角.(答:41°33′36″)

15-34 一束平行的自然光,在空气中以入射角 $i = 58°$ 射到玻璃平面上,若反射光为完全偏振光,求玻璃的折射率和透射光的折射角.(答:32°)

第 16 章 早期量子论

> 通向谬误的道路有千百条，
> 通向真理的道路只有一条.
> ——(法)卢梭(J. J. Rousseau，1712—1778)

我们前面学过的牛顿力学、热力学和麦克斯韦电磁场理论(包括光学)等内容，总称为**经典物理学**. 它能够解释自然界中许多物理现象，并在生产实践中获得了广泛的应用.

然而到了 19 世纪末，人们在研究涉及物质内部微观过程的黑体辐射、光电效应、原子光谱等实验现象时，都无法用经典物理来进行解释. 为了摆脱困境，1900 年普朗克提出的量子假设，1905 年爱因斯坦提出的光子假设以及 1913 年玻尔提出的原子理论相继冲破了经典理论的束缚，形成了早期的量子理论.

早期量子论虽然取得一定的成就，由于它还带有半经典的性质，难以完满地解释微观过程，有待于进一步的发展和深化，从而促成了量子力学的建立. 我们学习本章内容，旨在引领读者从概念和方法上由经典理论过渡到近代量子理论，以便更好地领会下一章的量子力学有关论述.

16.1 热辐射

16.1.1 热辐射及其定量描述

任何物体在一定温度下以不同波长的电磁波向周围发射能量的现象，称为**热辐射**. 热辐射是传递热量的一种基本方式. 对给定的物体而言，在单位时间内辐射能量的多少以及辐射能量按波长分布等，都与物体的温度有关. 例如，灯丝通电后当温度低于 800 K 时，我们只感觉到灯丝发热，而灯丝并不发光，因为绝大部分的辐射能量分布在红外波长. 超过 800 K 以后，就可看到灯丝微微发红了；继续升高温度，灯丝由暗红变红，再变黄，以至变白. 最后，当温度极高时，灯丝呈现青白色，即所谓白炽化，同时我们感到灯丝灼热逼人. 这说明了两点，一是随温度升高，辐射的总能量增加，二是能量也逐渐更多地向短波部分分布.

为了定量描述热辐射现象，先引入两个有关的物理量：

(1) 物体在一定温度下，单位时间内从物体表面单位面积辐射的全部波长的能量，称为**辐射出射度**(简称**辐出度**)，用 $M=M(T)$ 表示. 它不随波长而变，仅是温度 T 的函数. 它的SI单位是 $\mathrm{W\cdot m^{-2}}$(瓦·米$^{-2}$).

(2) 在单位时间内，从物体表面的单位面积上，某波长附近的单位波长区间所发射的能量，称为**单色辐射辐出度**，简称**单色辐出度**，用 $M_\lambda(T)$表示. 单位是 $\mathrm{W\cdot m^{-3}}$(瓦·米$^{-3}$). 它反映了物体在不同温度下辐射能量按波长分布的情况.

如上所述，在一定的温度时，对给定的物体而言，其辐出度与单色辐出度有如下的关系，即

$$M(T)=\int_0^\infty M_\lambda(T)\mathrm{d}\lambda \tag{16-1}$$

实验表明，物体的单色辐出度 $M_\lambda(T)$不仅取决于温度和波长，并且还与物体本身的性质及表面粗糙程度有关. 因而由上式可知，对不同的物体，$M(T)$也是不同的.

任何物体在辐射电磁波的同时，也吸收外界照射到它表面的电磁波. 当物体辐射电磁波所消耗的能量等于同一时间内它从外界吸收的电磁波的能量时，该物体及其辐射就达到热平衡，这时，物体的状态可用一个确定的温度 T 描述. 这时的热辐射称为**平衡热辐射**. 本节只讨论平衡热辐射.

16.1.2 绝对黑体辐射定律 普朗克公式

实验指出，好的辐射体也是好的吸收体. 假如一个物体能完全吸收任何波长的入射辐射能，就称该物体为**绝对黑体**(简称**黑体**). 黑体就像质点、刚体等模型一样，也是一种理想化模型. 实验时，可用不透明材料制成一空腔，腔壁上开有一小孔(图16-1)，作为黑体模型. 因为当光线从小孔射入后，经过器壁多次吸收和反射后，光线射出的机会极小，可以认为它能全部吸收射入的一切波长的辐射. 另一方面，如果把空腔加热，使其保持在一定温度下，空腔将通过小孔向外发出辐射. 正如前述，它辐射的能量仅是温度和波长的函数.

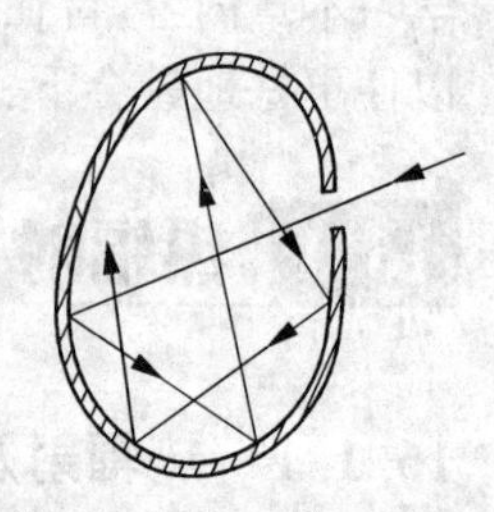

图16-1 黑体模型

在实验时，一般用分光计测定黑体相应于各波长的单色辐出度 $M_{\lambda 0}$ 随波长 λ 和温度 T 的变化关系，实验结果如图16-2所示. 由实验曲线可得出下述两条定律：

(1) 斯忒藩-玻耳兹曼定律 在图16-2中，每条曲线反映了在一定温度下，黑体的单色辐射本领随波长分布的情况. 每一条曲线下的面积等于黑体在一定温度下的辐出度. 由图可见，温度越高，图中曲线以下的面积越大，表示黑体的辐出度 $M_0(T)$

随温度升高而增大. 实验指出，黑体的辐出度 $M(T)$ **与热力学温度 T 的四次方成正比**，即

$$M_0(T) = \sigma T^4 \qquad (16-2)$$

式中，$\sigma = 5.67 \times 10^{-8}\ \mathrm{W \cdot m^{-2} \cdot K^{-4}}$，称为斯忒藩常量. 上述结论称为**斯忒藩-玻耳兹曼定律**，上式为其表达式.

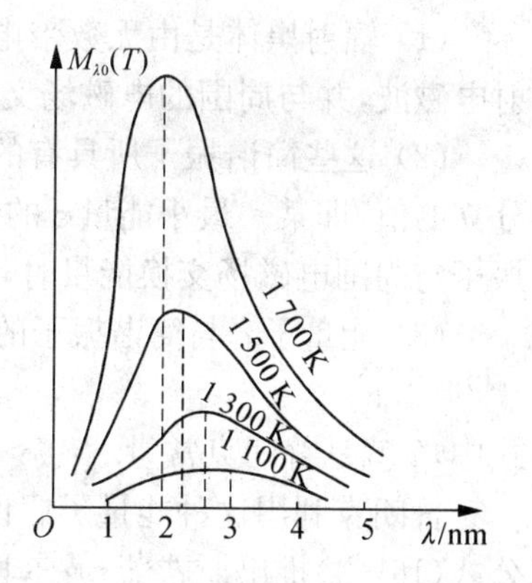

图 16-2　辐射本领与波长的关系

(2) 维恩位移定律　从图 16-2 还可看到，每条曲线都有一个极大值，即单色辐出度的峰值，对应于这个峰值的波长用 λ_m 表示. **当黑体的热力学温度升高时，λ_m 向短波方向移动**，实验发现两者关系为

$$T\lambda_m = b \qquad (16-3)$$

式中，$b = 2.898 \times 10^{-3}\ \mathrm{m \cdot K}$，称为维恩位移常量，上述结论称为**维恩位移定律**，上式为其表达式. 以上两条定律在科技领域应用很广泛，乃是光测高温学的理论基础. 例如，根据维恩位移定律，在实验中测出某黑体的单色辐出度的峰值所对应的波长 λ_m，就可算出该黑体的温度.

1900 年瑞利和琼斯根据经典物理学中能量按自由度均分原理(见第 10 章)，利用经典电磁理论和统计物理导出一个公式. 这个公式在长波段与实验结果一致，而在短波段(即紫外区)与实验不符，如图 16-3 所示. 并且由该公式得出，在紫外区 $M_{\lambda0}$ 将趋向无穷大. 这就是所谓"紫外灾难"，由于瑞利-琼斯公式是依据经典物理得到的，因此"紫外灾难"实际上就是经典物理的灾难.

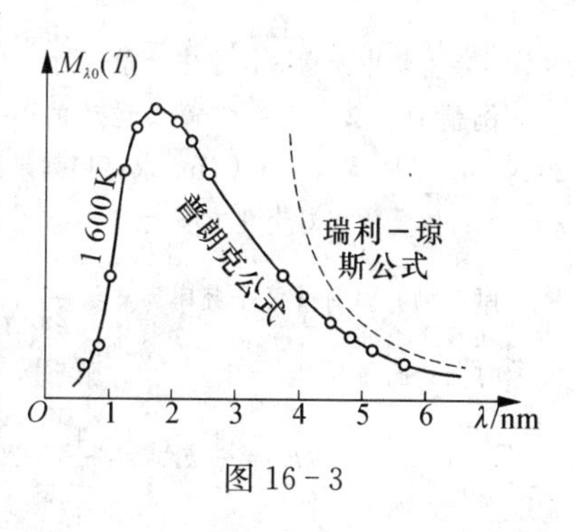

图 16-3

1900 年，普朗克总结前人研究的成果，成功地推出了黑体单色辐出度的分布公式，称为**普朗克公式**，即

$$M_{\lambda0}(T) = 2\pi hc^2\lambda^{-5}\frac{1}{e^{\frac{hc}{\lambda kT}} - 1} \qquad (16-4)$$

式中，c 为光速，k 为玻耳兹曼常量，h 为普朗克常量，现代实验测得 h 值为 $6.626 \times 10^{-34}\ \mathrm{J \cdot s}$(焦耳·秒). 式(16-4)与图 16-2 中的曲线符合得很好. 为了从理论上解释这一公式，普朗克抛弃了经典物理关于能量是连续的观念，提出了如下能量子假说：

(1) 辐射黑体是由无数带电的简谐振子组成,这些简谐振子不断吸收和辐射电磁波,并与周围的电磁场交换能量.

(2) 这些简谐振子所具有的能量不是任意的,它们只能取 ε, 2ε, …, $n\varepsilon$ 等分立的值,即某一最小能量 ε 的整数倍 n(ε 称为**能量子**,n 称为**量子数**),当简谐振子与周围电磁场交换能量时,只能从这些状态之一跃迁到另一个状态.

(3) 能量子 ε 与简谐振子的频率 ν 成正比,即

$$\varepsilon = h\nu \tag{16-5}$$

式中,h 就是普朗克常量.

普朗克利用这种能量子假说圆满地解释了热辐射实验现象,并能从普朗克公式(16-4)推出斯忒藩-玻尔耳兹曼定律和维恩定律.

普朗克的量子假设对近代物理的发展具有深远的影响,揭开了现代量子理论的序幕.

例题 16-1 宇宙宛如一个巨大的空腔,这个空腔的温度就是宇宙背景的温度.通过测定外层空间发射出来的电磁辐射随波长的分布,就能确定宇宙的温度.今测得宇宙背景辐射中的单色辐出度峰值所对应的波长为 $\lambda_m = 10^{-3}$ m,求宇宙的平均温度.

解 按维恩位移定律可算得宇宙平均温度为

$$T = \frac{b}{\lambda_m} = \frac{2.898 \times 10^{-3}}{10^{-3}\ \text{K}} = 2.9\ \text{K} \approx 3\ \text{K}$$

这就是宇宙学中所谓 3 K 宇宙背景辐射.

例题 16-2 已知作简谐运动的弹簧振子的质量为 $m = 1.0$ kg,弹簧的劲度系数 $k = 20\ \text{N}\cdot\text{m}^{-1}$,振幅 $A = 1.0$ cm.求:(1)如果弹簧振子的能量是量子化的,则量子数 n 有多大?(2)若 n 改变1,能量的相对变化有多大?

解 (1) 因简谐振子频率为 $\nu = \frac{1}{2\pi}\sqrt{\frac{k}{m}} = \frac{1}{2\pi}\sqrt{\frac{20}{1}}\ \text{Hz} = 0.71\ \text{Hz}$

振子的机械能为

$$E = \frac{1}{2}kA^2 = \frac{1}{2} \times 20 \times (1.0 \times 10^{-2})^2\ \text{J} = 1.0 \times 10^{-3}\ \text{J}$$

则量子数 n 有

$$n = \frac{E}{h\nu} = \frac{1.0 \times 10^{-3}}{6.67 \times 10^{-34} \times 0.71} = 2.1 \times 10^{30}$$

(2) 能量的相对变化为

$$\frac{\Delta E}{E} = \frac{h\nu}{nh\nu} = \frac{1}{n} \approx 10^{-30}$$

所以,对于宏观系统来说,量子数 n 很大,能量的量子性不能显示出来.并且能量的变化简直微不足道,而可忽略不计,可以认为,在宏观上能量是连续变化的.

问题 16.1.1 什么叫做热辐射和平衡热辐射?“火炉有辐射,而冰没有辐射”.这句话对吗?

试说出单色辐出度和辐出度的含义.

问题 16.1.2 何谓绝对黑体,墙上有一小窗的房间,白天我们从远处向窗内望去,屋内显得特别暗,这是什么原因?

16.2 光电效应

16.2.1 光电效应的实验规律

赫兹研究电磁波时,当用紫外光照射火花隙缝处,偶然发现放电现象.不久,其他物理学家就明确地指出,这是金属表面被光照射后释放出电子(称为**光电子**)的缘故,这种现象叫做**光电效应**.

图 16-4 是研究光电效应的实验装置.在一个抽空玻璃管内装上阳极 A 和阴极金属板 K,管上有一石英窗口,可让入射光照射到阴极 K 上.当改变 A, K 极间的电势差 $V_{AK}=V_A-V_K$(称加速电压),可测得光电流 I 随 V_{AK} 变化的关系曲线(即光电效应的伏安特性曲线),如图 16-5 所示.图中(b)是对应光强度较大的一组.从图中能够看到,加速电压 V_{AK} 为正值时,光电流 I 随 V_{AK} 增加而增大,最后达到饱和值 I_H.电压极性反向后,$|V_{AK}|$ 值增大,I 值减小,最后趋于零,此时所对应的电压称为**遏止电压** V_a.

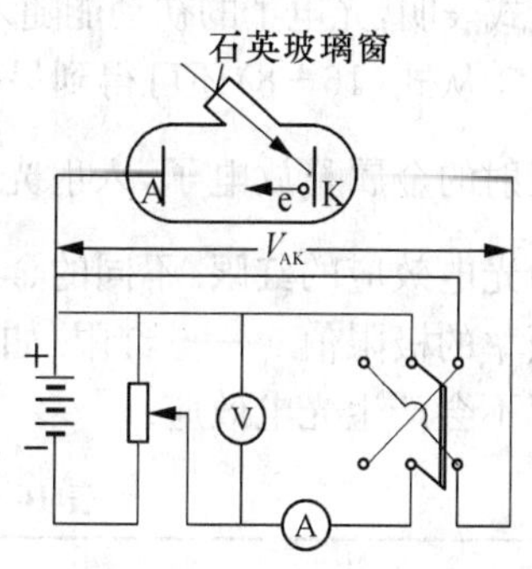

图 16-4 光电效应实验装置

总结实验结果,我们能得到如下几点规律:

1. 光电流和入射光强度关系

从图示的伏安特性曲线上可看出,在相同的加速电压下,增加光的强度时,光电流 I_H 值随之增加,且光电流的饱和值和入射光强度成正比,这一事实表明,在单位时间内,受光照射的阴极上释放出的光电子数目与入射光的强度成正比.

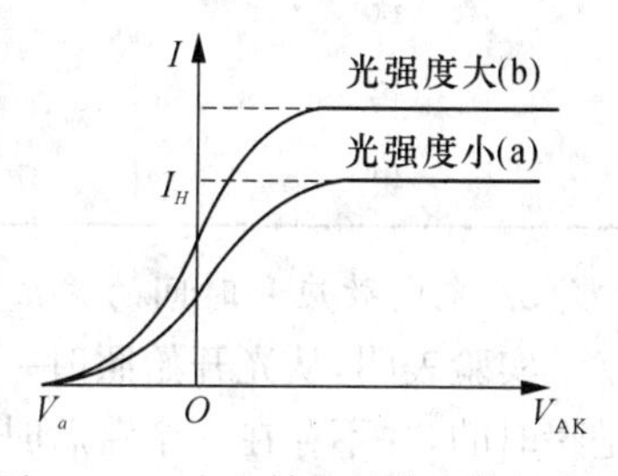

图 16-5 光电效应的伏安特性曲线

2. 光电子的初动能和入射光频率的关系

如果加速电压 V_{AK} 为负值,从阴极逸出的光电子所受电场力的方向自阳极 A 指向阴极 K,此时若有光电流,则向阳极 A 运动的电子作减速运动.当 V_{AK} 值达到遏止电压 V_a 时,光电流为零,说明电子由于减速运动,已不能达到阳极 A,这时电子由阴极 K 逸出时具有的初动能全部消耗于克服电场力作功.因而,有

$$\frac{1}{2}mv^2 = e\mid V_a\mid \tag{16-6}$$

实验指出,用不同频率的光照射阴极K时,有不同的遏止电压V_a,其值和光频率具有线性关系

$$\mid V_a\mid = K\nu - V_0 \tag{16-7}$$

式中K, V_0都是常量. K和阴极的金属性质无关,而V_0则和阴极的金属性质有关. 把式(16-7)代入式(16-6),得

$$\frac{1}{2}mv^2 = eK\nu - eV_0 \tag{16-8}$$

上式表明,光电子的初动能随入射光频率ν线性地增加,而与入射光的强度无关.

从式(16-8)还可得到另一个重要结论. 因为动能恒为正值,显然,要使光所照射的金属释放电子,入射光的频率ν必须满足$\nu \geqslant \frac{V_0}{K}$的条件. 令$\nu_0 = \frac{V_0}{K}$, ν_0称为光电效应的**红限**. 不同的金属具有不同的红限,这就是说,每种金属都存在着频率的极限值ν_0——红限. 如果入射光的频率小于ν_0,不论入射光的强度多大,都不会产生光电效应.

表16-1 几种金属的红限和逸出功

金属	红限 ν_0/Hz	逸出功 A/eV
钠	5.53×10^{14}	2.29
铯	4.69×10^{14}	1.94
钛	9.96×10^{14}	4.12
钨	10.95×10^{14}	4.54
银	11.19×10^{14}	4.63

3. 光电效应和时间的关系

实验表明,从光开始照射一直到金属释放出电子,无论光的强度如何,几乎是瞬时的,并不存在一个滞后时间.

16.2.2 光电效应与光的波动理论的矛盾

光电效应的实验规律无法用经典的波动理论来解释. 首先,按照经典理论,光照射在金属上时,光的强度越大,则光电子获得的能量应越大,它从金属表面逸出的初动能也越大,所以光电子的初动能理应与光强度有关. 但实验结果并非如此,光电子的初动能只与入射光的频率有关,而和入射光的光强度无关. 第二,

按照经典的波动理论，无论何种频率的光照射在金属上，只要入射光的光强度足够大，或者照射时间足够长，使自由电子获得足够的能量，电子就应从金属中逸出，不存在实验所发现的红限问题. 第三，按照经典的波动理论，如果入射光的光强度很微弱时，光射到金属表面后，应隔一段时间才有光电子从金属中逸出. 在此段时间内，电子从光波中不断接受能量，直至所积累的能量足以使它从金属表面逸出，这也和光电效应发生几乎是瞬时的这一事实相矛盾.

实验规律和光的波动理论之间的上述种种矛盾，暴露了光的波动理论存在着缺陷.

16.2.3　爱因斯坦的光子假设　光的波粒二象性

为了解释光电效应的实验规律，爱因斯坦在普朗克量子假设的基础上，提出了光子假设. 他认为：光是一粒一粒以光速 c 运动着的粒子流，这些粒子称为**光子**，对于频率为 ν 的单色光，光子的能量为 $\varepsilon=h\nu$，h 为普朗克常量.

根据光子假设，光电效应的产生，是由于金属中的自由电子吸收了光子的能量，而从金属中逸出. 当频率为 ν 的光照射到金属表面时，电子吸收一个光子，便获得能量 $h\nu$，这能量一部分消耗于电子从金属表面逸出时所需要的逸出功 A，另一部分则转换为电子的初动能 $\frac{1}{2}mv^2$，按照能量守恒定律，可得

$$h\nu = A + \frac{1}{2}mv^2 \tag{16-9}$$

上式称为**爱因斯坦光电效应方程**. 它表明光电子的初动能和入射光的频率呈线性关系，而和入射光的强度无关. 这与实验规律吻合.

从上式可以看出，如果入射光子的能量 $h\nu$ 小于电子的逸出功 A 时，电子就不能从金属中逸出，只有 $h\nu \geqslant A$，即 $\nu \geqslant A/h$ 时，才能产生光电效应，所以产生光电效应具有一定的截止频率 ν_0（红限），且 $\nu_0 = A/h$；入射光的频率为 ν_0 时，电子吸收光子的能量全部消耗于电子的逸出功.

根据光子假设，入射光强度增加时，单位时间内射到金属表面的光子数增加，相应地吸收光子的电子数也增加，因此，单位时间内从金属中逸出的光电子数和入射光强度成正比. 这也符合实验规律. 同样，由光子理论可知：当光照金属时，一个光子的能量立即被一个电子所吸收，不需要积累能量的时间，就自然地说明了光电效应瞬时发生的问题. 所以，爱因斯坦的光子假设是正确的.

由于光的波动性可用光波的波长 λ 和频率 ν 描述，光的粒子性可用光子的质量、能量和动量描述，按照光子理论，光子的能量为

$$\varepsilon = h\nu \tag{16-10}$$

由于光子速度为光速，故应根据相对论的质能关系 $\varepsilon = mc^2$，可给出光子的质量为 $m=\varepsilon/c^2$，由上式，即得

$$m = \frac{h\nu}{c^2} \tag{16-11}$$

光子不是经典力学中描述的质点，它是静止质量 $m_0 = 0$ 的一种特殊粒子. 故不存在着与光子相对静止的参考系. 光子的动量 $p=mc$，由上式有

$$p = \frac{h}{\lambda} \tag{16-12}$$

式(16-10)和式(16-12)是描述光的性质的基本关系式，在这两式的左侧，能量 ε 和动量 p 描述了光的粒子性；右侧的频率 ν 和波长 λ 描述了光的波动性. 这样，便把光的粒子性和波动性在数量上通过普朗克常量联系在一起了.

总而言之，爱因斯坦的光子理论把普朗克的量子化假设运用到光电效应现象中，不仅揭示了电磁辐射在吸收或发射时以能量子 $\varepsilon=h\nu$ 的微粒形式出现，而且在空间的传播也表现出量子性，这种光的粒子性质似乎是和经典电磁理论，即光的波动学说相矛盾，难以被当时物理学界所接受. 直到 1916 年，爱因斯坦的光电效应方程终于被美国物理学家密立根(R. A. Millikan, 1868—1953)的精确实验所证实，从而光子理论才被人们所接受. 爱因斯坦为此而荣获 1921 年诺贝尔物理学奖.

16.2.4 光电效应的应用

光电效应在近代科学和技术中获得广泛应用. 真空光电管就是利用光电效应的原理制成的. 如图 16-6 是光电管的原理图. 光电管主要由抽成真空的玻璃泡、阴极 K 和阳极 A 组成. 阴极 K 是涂在内表面的感光层(可由铯、钾、银等各种材料制成，以适用于不同频率的光)，阳极 A 通常制成环形. 光电管的灵敏度很高，可用于记录和测量光讯号(如曝光表等)，也广泛用于自动控制(如光控继电器、自动计数器、自动报警等)和电影、电视装置中.

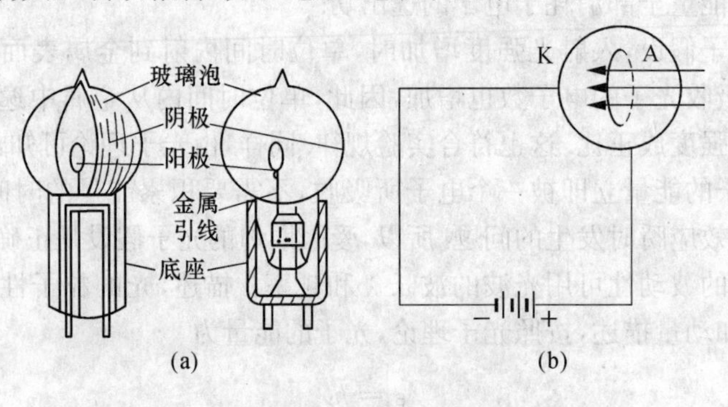

图 16-6　光电管

为了增大光电流,通常在光电管的阴、阳两极间加装若干个倍增电极,制成光电倍增管(图 16-7). 光照到阴极 K 时,通过倍增电极的不断放大,光电流可以增大数百万倍,这种光电管可以测量非常微弱的光,在工程、天文和军事上有重要应用.

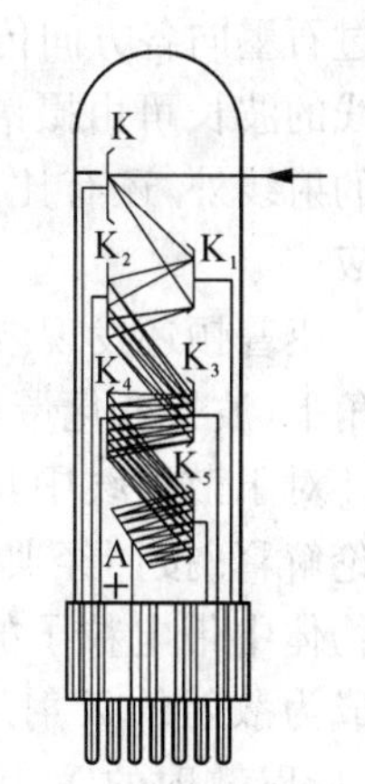

图 16-7 光电倍增管

光电效应可分为外光电效应和内光电效应. 当光照在金属表面上时,若能把光电子逸出金属表面外,我们把这种光电效应称为**外光电效应**,前述的应用大多是指外光电效应而言的;内光电效应是指入射光深入到某些物体(晶体、半导体等)内部,从而使物体内部的原子释放出电子,使物体的导电性能增加,由于**这种光电效应发生后,电子仍留在物质内部**,故称为**内光电效应**. 利用内光电效应可制成各种半导体光敏元件(如光敏电阻、硒光电池等),在计算机及自动化设备中应用广泛.

问题 16.2.1 光电效应有哪些重要规律? 这些规律与光的电磁波理论有什么矛盾?

问题 16.2.2 设用一束红光照射某金属时不能产生光电效应,如果用透镜把光聚焦到金属上,并经历相当长的时间,能否产生光电效应?

例题 16-3 当波长为 400 nm 的光照射在铯上时,试求铯放出的光电子的初速度.

解 由爱因斯坦方程 $h\nu = A + \frac{1}{2}mv^2$,光电子初速度为 $v = \sqrt{2(h\nu - A)/m}$,又 $A = h\nu_0$,可从表 16-1 查出 $\nu_0 = 4.69 \times 10^{14}$ Hz. 于是,可算得光电子的初速度为

$$v = \sqrt{\frac{2}{m}h\left(\frac{c}{\lambda} - \nu_0\right)} = \sqrt{\frac{2 \times 6.63 \times 10^{-34}}{9.1 \times 10^{-31}}\left(\frac{3 \times 10^8}{400 \times 10^{-9}} - 4.69 \times 10^{14}\right)}\ \mathrm{m \cdot s^{-1}} = 6.56 \times 10^5\ \mathrm{m \cdot s^{-1}}$$

16.3 康普顿效应 电磁辐射的波粒二象性

16.3.1 康普顿效应

1922 年,美国物理学家康普顿(A. H. Compton, 1892—1962)首先研究了 X 射线通过石墨时所产生的散射现象. 图 16-8 是康普顿实验的示意图. 由单色 X 射线管 R 发出波长为 λ 的 X 射线,通过光阑 D 变为一狭窄的射线束,再入射到一块作为散射物质的石墨 C 上,射线

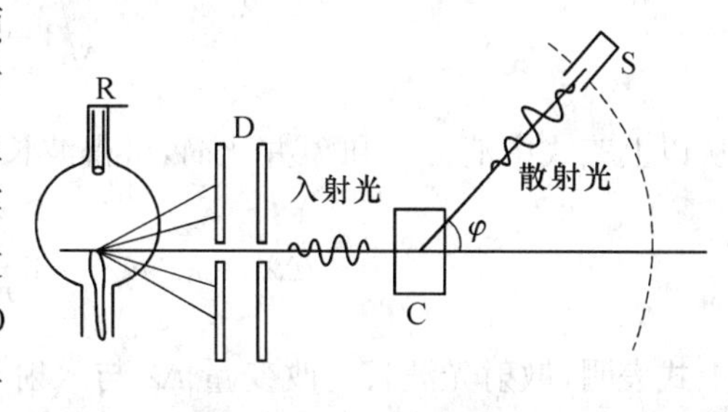

图 16-8 康普顿实验

通过石墨向各方向传播,即发生散射,散射的方向可用图示的散射角 φ 表示. 散射线的波长可由摄谱仪 S 测定. 实验发现,散射线中除具有与入射线波长 λ_0 相同的射线外,还有比入射线波长更长的射线,其波长为 λ. 这种现象称**康普顿效应**.

康普顿还发现波长的变化量 $\lambda-\lambda_0$ 随散射角 φ 增大而增大,并且在同一散射角下,波长变化量与散射物质无关.

对于散射线中具有和入射波长(或频率)相同的射线,可以用经典的波动理论解释. 按照经典波动理论,X 射线是一种电磁波,电磁波通过物体时能引起物体中带电粒子的受迫振动,每个振动着的带电粒子又向四周辐射电磁波,就成为散射的 X 射线. 因为带电粒子受迫振动的频率等于入射的 X 射线的频率,所以散射的 X 射线的波长(或频率)应该和入射的 X 射线的波长(或频率)相等. 对于散射线中有比入射波长更长的射线,用经典理论就无法解释. 康普顿于 1923 年用光子的概念作了解释. 他认为这种现象是由光子和电子相互碰撞所引起的. 如图 16-9 所示,当 X 射线入射到散射物质上时,入射光子将与物质中的电子发生弹性碰撞. 碰撞前,设电子的静止质量为 m_0,碰撞后,电子以 $\boldsymbol{v}$ 的速度反冲,其动能来自入射光子提供的能量,其速率很大. 根据相对论的动能公式,电子的动能为 $E_k=(m-m_0)c^2$. 根据能量守恒定律,光子和电子碰撞前、后应满足下式,即

$$h\nu_0=h\nu+(m-m_0)c^2 \tag{16-13}$$

并且,碰撞时的动量亦守恒,对电子来说,动量的相对论表达式为 $p=m_0v/\sqrt{1-(v/c)^2}$. 于是,沿 Ox 轴和 Oy 轴方向动量守恒应满足下列两式,即

$$\frac{h}{\lambda_0}=\frac{h}{\lambda}\cos\varphi+\frac{m_0v}{\sqrt{1-\left(\frac{v}{c}\right)^2}}\cos\theta \tag{16-14}$$

$$0=\frac{h}{\lambda}\sin\varphi+\frac{m_0v}{\sqrt{1-\left(\frac{v}{c}\right)^2}}\sin\theta \tag{16-15}$$

从以上三式中消去 v 和 θ,并化简,可得波长改变的公式为

$$\Delta\lambda=\lambda-\lambda_0=2\frac{h}{m_0c}\sin^2\frac{\varphi}{2} \tag{16-16}$$

上式表明,散射光波长的改变量 $\Delta\lambda$ 与入射光波长无关,仅由散射角 φ 决定,当散射角增大时,$\Delta\lambda$ 也随之增大. 这一结论与实验结果完全符合.

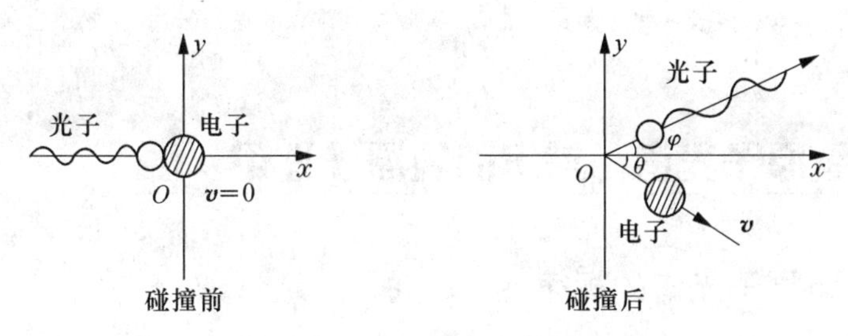

图 16-9 光子和自由电子的碰撞

在散射物质中,除了自由电子和被原子核束缚很松的外层电子外,还有被原子核束缚很紧的内层电子. 当 X 射线与内层电子发生弹性碰撞时,光子将与整个原子交换能量和动量. 因此上式中电子的静止质量 m_0 要代之以原子的静止质量 M_0. 由于 $M_0 \gg m_0$,根据碰撞理论,光子碰撞后不会显著地失去能量. 所以 $\Delta\lambda = \dfrac{2h\sin^2\dfrac{\varphi}{2}}{M_0 c} \approx 0$,这时散射光的波长几乎不变. 因此,散射光中除了有波长移动的新射线外,还有波长不变的射线.

康普顿散射的理论和实验完全相符,曾在量子论的发展中起过重要作用. 它不仅再一次验证了光子假设的正确性,而且还证明了光子和微观粒子的相互作用过程也严格遵守动量守恒定律和能量守恒定律.

16.3.2 电磁辐射的波粒二象性

迄今为止,我们已认识到,光和所有电磁辐射在传播过程中,所表现的干涉、衍射和偏振等现象,说明它们具有波动性;而在光电效应和康普顿效应等现象中,当光或其他电磁辐射(如 X 射线等)和物体相互作用时,表现为具有质量、动量和能量的微粒性. 因此它们具有波动和粒子的两重性质,这称为电磁辐射的波粒二象性.

实际上,光子和电磁波两者并非互不相关,而是以某种方式相互联系着的. 对此,我们不作详述,仅从统计角度作一简述. **光的波动性应理解为大量光子的统计平均行为**;并且**单个光子也有波动性质**,但这不是经典意义下的波,而是一种具有统计规律性的波,即**一个光子在某处出现的概率与该处的光强度成正比**.

问题 16.3.1 假如采用可见光(例如绿光,其波长 $\lambda = 500$ nm),能不能观察到康普顿效应?为什么?

例题 16-4 红外线(波长 $\lambda = 10^4$ nm)是否适宜用来观察康普顿效应?为什么?

解 在康普顿效应中观察到波长最大变化量值为

$$\Delta\lambda = \frac{2h}{m_0 c} = \frac{2 \times 6.63 \times 10^{-34}}{9.1 \times 10^{-31} \times 3 \times 10^8}\ \mathrm{m} = 0.004\,8\ \mathrm{nm}$$

对红外线而言 $\Delta\lambda \ll \lambda$. 波长变化量如此之小,在实验中是难以观察出来的. 因此不宜采用红外线来观察康普顿效应.

16.4 氢原子光谱　玻尔的氢原子理论

16.4.1 氢原子光谱的规律性

在研究原子结构及其规律时,通常采用的实验方法有两种:一种是利用高能粒子对原子进行轰击;另一种则是观察原子在外界激发下辐射的光谱规律.

1. 原子的核型结构

在 1897 年英国物理学家汤姆逊(J. J. Thomson, 1856—1940)发现并确认电子是原子的组成部分之后,物理学面临的一个新课题就是探索原子内部的奥秘.

1911 年,英国物理学家卢瑟福(E. Rutherford, 1871—1937)通过 α 粒子的散射实验探索原子的内部结构. 在实验中,当高速运动的 α 粒子轰击金属箔时,发生了散射现象. 在分析实验结果的基础上,卢瑟福提出了**原子的核型结构模型:即原子是由一个带正电的原子核和若干绕核运动的电子所组成,原子核的质量占原子的 99.9%以上,而其半径仅是原子半径的万分之一**. 这个模型类似于太阳系中的行星绕着太阳在运转,因此称为**原子的行星模型**.

2. 氢原子光谱的规律性

使炽热的气态元素发光,用摄谱仪观察其生成的光谱,可以根据光谱的特征来分析其化学元素. 观察光谱时,通常在黑暗背景下,出现一些颜色不同的线状亮条纹,通常称为**光谱线**,一系列不连续的谱线组成的光谱称为**线光谱**.

氢原子是结构最简单的原子,因此其光谱情况也最简单. 用氢气放电管可以得到氢原子光谱. 通过对氢原子光谱的分析,可以进一步研究原子核外电子的运动规律. 19 世纪末,巴尔末、莱曼、帕邢、布喇开、普芳德等人通过观察氢原子光谱在可见光以及紫外光、红外光区域的谱线,分析谱线之间的内在联系,得出如下的统一的公式,即所谓**广义巴尔末公式**:

$$\tilde{\nu} = \frac{1}{\lambda} = R\left(\frac{1}{k^2} - \frac{1}{n^2}\right) \tag{16-17}$$

式中,$\tilde{\nu}$ 是**波长的倒数**,叫做**波数**;R 称为**里德伯常数**,它是由瑞典人里德伯(J. R. Rydberg, 1854—1919)就大量实验数据中总结出来的,其实验值为 $R = 1.096\,775\,8 \times 10^7\ \text{m}^{-1}$. k 可取整数值,当 $k=1$ 时,称为莱曼谱系;$k=2$ 时,称为巴尔末谱系;$k=3$ 时,称为帕邢谱系;$k=4$ 时,称为布喇开谱系;$k=5$ 时,称为普芳德谱系. 对应每一个谱系,n 可取整数值 $k+1$, $k+2$, $k+3$, …,分别表示该谱系中的不同谱线. 图 16-10 是一组氢原子的巴尔末系谱线图.

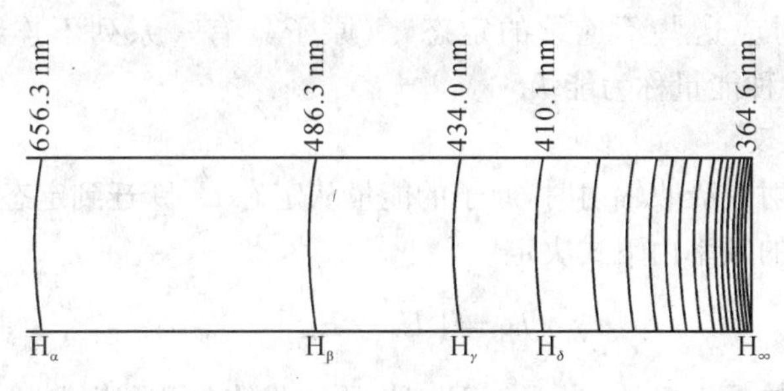

图 16-10 氢原子的巴尔末线系

从式(16-17)得到的可见光以及紫外光、红外光的各组谱线的数值和实验结果十分相符,说明了式(16-17)反映了氢原子结构的内部规律. 后来,里德伯等人又证明在其他类氢元素的原子光谱中,光谱线也具有类似于氢原子光谱的规律性,从而为原子结构理论的建立提供了依据.

3. 用经典理论解释所遇到的困难

根据经典的电磁波理论难以解释原子的核型结构,因为作加速运动的电子,将不断向外辐射电磁波,因此它的能量会不断减少,从而电子运动的半径越来越小,电子逐渐靠近原子核,最后落入原子核中,因此原子将是不稳定的结构,这和实验结果不相符合. 事实上,原子结构是相当稳定的.

经典的电磁波理论也难以解释原子光谱的规律. 电子在绕核运动中,不断向外辐射电磁波,能量不断损失,其轨道半径和转动频率也在连续不断变化,因而辐射的电磁波的频率也应连续变化,故观察到的原子光谱应是连续的光谱,但实验结果却指出,原子光谱是不连续的线光谱.

16.4.2 玻尔的氢原子理论

如何解决上述经典的电磁波理论和实验结果的矛盾? 1913 年,丹麦物理学家玻尔(N. Bohr, 1885—1962)提出了关于原子结构量子论的两个基本假设:

1. 定态假设

电子只能在一定轨道上绕核作圆周运动,只有电子的角动量 L_φ 等于 $h/(2\pi)$ 的整数倍的轨道上,运动才是稳定的,即

$$L_\varphi = n\frac{h}{2\pi} \tag{16-18}$$

式中,$L_\varphi = mvr$ 称为**轨道角动量**,其中 m, v, r 分别是电子的质量、运动速度和轨道半径,h 是普朗克常量,n 叫做**量子数**,可取正整数 1, 2, 3, …. 式(16-18)称为玻尔的角动量量子化条件.

电子在上述特定轨道上运动时,不向外辐射电磁波,这时电子处于稳定状态(称为**定态**),对应这些不连续的定态,氢原子具有一系列不连续的能量 E_1, E_2, …, E_n. 这种能量称为**能级**.

2. 跃迁假设

当原子发射或吸收辐射时,原子的能量从定态 E_n 跃迁到定态 E_m,它发射或吸收的单色光的频率由下式决定

$$h\nu = |E_n - E_m| \tag{16-19}$$

上式称为**玻尔的频率条件**. 当 $E_n > E_m$ 时,原子发出辐射,当 $E_n < E_m$ 时,原子吸收辐射.

玻尔根据以上两个基本假设,推出了氢原子的能级公式,成功地解释了氢原子光谱的规律性.

设氢原子中,质量为 m 的电子在半径为 r_n 的圆形轨道上以速率 v 绕核运动,电子的电量为 e,它受到的库仑力便是向心力. 按牛顿第二定律,有

$$m\frac{v^2}{r_n} = \frac{1}{4\pi\varepsilon_0}\frac{e^2}{r_n^2} \tag{16-20}$$

将上式和式(16-18)联立,可解得

$$r_n = \frac{\varepsilon_0 h^2}{\pi m e^2}n^2, \quad n = 1, 2, 3, \cdots \tag{16-21}$$

令 $n=1$,可得

$$r_1 = \frac{\varepsilon_0 h^2}{\pi m e^2}$$

代入有关数据,可算出 $r_1 = 0.529 \times 10^{-10}$ m,这就是氢原子的最小轨道半径,称为**玻尔半径**.

电子在第 n 个轨道上运动时具有的总能量为

$$E_n = \frac{1}{2}mv^2 - \frac{e^2}{4\pi\varepsilon_0 r_n}$$

式中,$\frac{1}{2}mv^2$ 为电子绕核运动的动能,$-\frac{e^2}{4\pi\varepsilon_0 r_n}$ 为电子和原子核组成的系统所具有的电势能. 又由式(16-20)可得 $mv^2/2 = e^2/(8\pi\varepsilon_0 r_n)$,代入上式,并由式(16-21),得

$$E_n = -\frac{e^2}{8\pi\varepsilon_0 r_n} = -\frac{1}{n^2}\frac{me^4}{8\varepsilon_0^2 h^2} \tag{16-22}$$

令 $n=1$，有

$$E_1=-\frac{me^4}{8\varepsilon_0^2h^2}$$

代入有关数据，可算出 $E_1=-13.6\ \text{eV}$. 这就是电子处在第一个轨道上时原子的能量，显然

$$E_n=\frac{1}{n^2}E_1$$

我们把 $n=1$ 的能量状态称为**基态**，把 $n=2,\ 3,\ 4,\ \cdots$的能量状态称为**激发态**. 原子处于基态时，能量最低，原子最稳定；处于激发态时一般不稳定，电子要向基态或较低能级跃迁，在跃迁时向外辐射能量. 原子如从外界吸收能量，电子就可以从较低能级跃迁到较高能级.

从式(16-22)可知，当 $n\to\infty$时，$r_n\to\infty$，$E_n=0$，电子离核无限远，能量 E_n 最大(即等于零)，此时氢原子处于**电离状态**. 电子从基态跃迁到电离态需要能量 13.6 eV，即氢原子的**电离能**为 13.6 eV.

氢原子中电子轨道是量子化的，所以它的能量也是量子化的，氢原子所允许的能量值可以用能级图来表示，如图 16-11 所示. 能级图上的每一根水平线代表 E_n 的一个数值，即为一个**能级**，所以式(16-22)亦称为氢原子的能级公式.

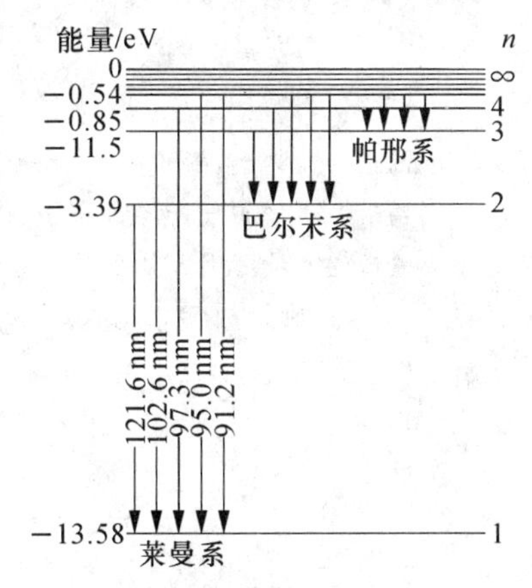

图 16-11 氢原子的能级图

根据玻尔假设，当电子从较高能级 E_n 跃迁到某较低能级 E_k 时，辐射出频率为 ν 的光子，光子的能量为

$$h\nu=E_n-E_k$$

将能级公式(16-22)和 $\nu=\frac{c}{\lambda}$ 代入上式，可得

$$\tilde{\nu}=\frac{1}{\lambda}=\frac{me^4}{8\varepsilon_0^2h^3c}\left(\frac{1}{k^2}-\frac{1}{n^2}\right) \tag{16-23}$$

式中，c 是真空中的光速，$c=3\times10^8\ \text{m}\cdot\text{s}^{-1}$. 将上式和式(16-17)比较，可知它就是广义巴尔末公式，其中里德伯常数 $R=\frac{me^4}{8\varepsilon_0^2h^3c}=1.097\,37\times10^7\ \text{m}^{-1}$，这个结果和实验符合得很好.

令式(16-23)中$k=1, 2, 3, 4, \cdots$,可以分别得到赖曼、巴尔末、帕邢、布喇开、普芳德等谱系.

玻尔氢原子理论成功地解释了氢原子光谱的规律性,因而,在一定准确的程度上,它反映了原子内部的运动规律,对现代物理学的发展起了很大的推动作用.然而,由于这个理论只不过是经典理论和量子理论的混合物,因此带有很大的局限性和缺陷.我们把玻尔的量子理论称为**旧量子论**.1926年,海森伯、薛定谔、玻恩等人在旧量子论和德布罗意物质波的基础上建立了量子力学理论,才全面和正确地揭示了微观世界原子运动的规律.

问题16.4.1 (1) 玻尔对原子的机制提出哪几点假设?是在什么前提下提出的?根据这些假设得到哪些结果?解决了什么问题?

(2) 为什么通常把氢原子中反映电子状态的能量作为整个氢原子的状态能量?试求在基态下氢原子的能量.

(3) 试述能级的意义.能级图中最高和最低的两条水平横线各表示电子处于什么状态?

例题16-5 求氢原子的电离能,即把电子从$n=1$的轨道移到离原子核无限远处($n=\infty$)时氢原子变成为氢离子所需的功

分析 按氢原子的能级公式

$$E_n=-\frac{me^4}{8\varepsilon_0^2 n^2 h^2}$$

可以看出,E_n随n而增大,并随$n\to\infty$而趋于零.但电子在$E_\infty=0$时就不再受到原子核吸引力的束缚,即被游离出去,脱离原子,而使原子成为带正电的离子.因此,如用电子束轰击原子,使原子获得能量,而从基态能级E_1跃迁到能级$E_\infty=0$,就会使原子电离.给原子提供的这一部分能量$\Delta E=E_\infty-E_1=0-E_1=-E_1$就是原子的**电离能**.

解 对氢原子来说,电子在轨道$n=1$时,氢原子的能量为E_1,电子离原子核无限远时,$E_\infty=0$,则得氢原子电离能为

$$\Delta E=E_\infty-E_1=-E_1=\frac{me^4}{8\varepsilon_0^2 h^2}$$

将各量的数值代入上式,得

$$\Delta E=\frac{9.11\times10^{-31}\ \text{kg}\times(1.60\times10^{-19}\ \text{C})^4}{8\times(8.85\times10^{-12}\ \text{C}^2\cdot\text{N}^{-1}\cdot\text{m}^{-2})^2\times(6.63\times10^{-34}\ \text{J}\cdot\text{s})^2}$$
$$=2.17\times10^{-18}\ \text{J}=13.6\ \text{eV}$$

上述氢原子电离能数值和实验值13.58 eV很接近(图16-11).

说明 若提供给原子系统的能量大于它的电离能ΔE,则游离出去的电子还可以有动能,此后,由于游离的电子已不再受原子的束缚,因而它的能量不再服从量子条件,即不取分立值,而是连续变化的.

例题16-6 在气体放电管中,用携带着能量12.2 eV的电子去轰击氢原子,试确定此时的氢可能辐射的谱线的波长.

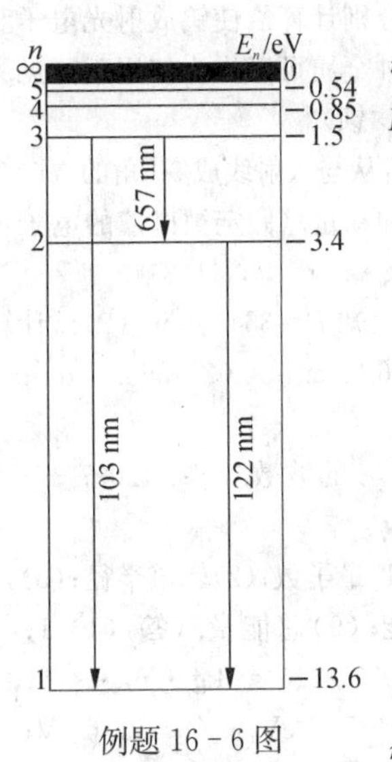

例题 16-6 图

解 氢原子所能吸收的最大能量就等于对它轰击的电子所携带的能量 12.2 eV. 氢原子吸收这一能量后，将由基态能级 $E_1 \approx -13.6\ \text{eV}$，激发到更高的能级 E_n，如图所示，而

$$\begin{aligned} E_n &= E_1 + 12.2\ \text{eV} \\ &= -13.6\ \text{eV} + 12.2\ \text{eV} \\ &= -1.4\ \text{eV} \end{aligned}$$

在式(16-22)中，可令 $n=1$，得基态能级为

$$E_1 = -\frac{me^4}{8\varepsilon_0^2 h^2}$$

于是式(16-22)变成

$$E_n = \frac{E_1}{n^2}$$

由于 $E_1 = -13.6\ \text{eV}$，故由上式可求得与激发态 E_n 相对应的 n 值：

$$-1.4\ \text{eV} = \frac{-13.6\ \text{eV}}{n^2}$$

即

$$n = 3.12$$

因 n 只能是正整数，所以能够达到的激发态对应于 $n=3$. 这样，当电子从这个激发态跃迁回到基态时，将可能发出三种不同波长的谱线，它们分别相应于如图所示的三种跃迁：$n=3$ 到 $n=2$，$n=2$ 到 $n=1$ 和 $n=3$ 到 $n=1$，读者不难求出这三种波长分别为 $\lambda=657\ \text{nm}$，122 nm 和 103 nm.

习 题 16

16-1 设有一物体(可视作绝对黑体)，其温度自 300 K 增加为 600 K，问其辐出度增加为原来的多少倍？(答:16 倍)

16-2 从冶炼炉小孔内发出辐射，相应于单色辐出度峰值的波长 $\lambda_m = 11.6 \times 10^{-5}\ \text{cm}$，求炉内温度.(答:2 498 K)

16-3 在灯泡中，用电流加热钨丝，它的温度可达 2 000 K，把钨丝看成绝对黑体，问辐射出对应于单色辐射强度峰值的波长 λ_m 是多少？(答:1.449×10^{-6} m)

16-4 北极星辐射光谱中出现相应于单色辐出度峰值的波长为 $\lambda_m = 0.35\times10^{-3}$ mm，求北极星表面的温度(把北极星看作为绝对黑体).(答:8.28×10^3 K)

16-5 用波长分别为 546.1 nm 和 312.6 nm 的光照射在铯表面上而发生光电效应时，相应的遏止电压分别为 0.374 V 和 2.070 V. 试求电子的电荷.(答:1.64×10^{-19} C)

16-6 波长为 400 nm 的紫光照射在铯的表面(逸出功为 1.9 eV)，求所释放出的电子的最大速度.(答:$6.51\times10^5\ \text{m}\cdot\text{s}^{-1}$)

16-7 使锂产生光电效应的光的最大波长 $\lambda_0 = 520$ nm. 若用波长为 $\lambda = \lambda_0/2$ 的光照射在锂上，锂所放出的光电子的动能为多少电子伏？(答:2.39 eV)

16-8 钨的逸出功是 4.52 eV,钡的逸出功是 2.50 eV.分别计算恰使钨放射光电子和钡放射光电子的入射光之最大波长;根据计算结果,说明哪一种金属可以作为使用于可见光范围内的光电管阴极的材料.(答:$\lambda_w = 275$ nm, $\lambda_m = 497$ nm, 钡)

16-9 波长为λ_0=0.02 nm 的 X 射线与自由电子碰撞,若从与入射线成 90°角的方向观察散射线,求:(1)散射的 X 射线的波长;(2)反冲电子的动能和动量.(假定被碰撞的电子可视作静止的.)(答:0.022 4 nm; 6.7×10^3 eV; 4.4×10^{-23} kg·m·s^{-1}, 41.8°)

16-10 (1)试按巴耳末公式计算谱线 H_α(n=3)的波长,已知 B=364.6 nm.(2)试计算氢原子光谱的巴耳末系中最短波长和最长波长.(答:(1) 656.2 nm; (2) 364.5 nm; 656.2 nm)

16-11 求莱曼系、巴耳末系、帕邢系的线系极限($n\to\infty$)的波数.(答:$1.097\,373\times10^7$ m^{-1}; $0.274\,343\times10^7$ m^{-1}; $0.121\,930\times10^7$ m^{-1})

16-12 根据玻尔理论,求氢原子在基态时各量的数值:(1)量子数;(2)轨道半径;(3)角动量;(4)线动量;(5)角速度;(6)线速度;(7)势能;(8)动能;(9)总能量.(答:(1) 1; (2) 0.531×10^{-10} m; (3) 1.055×10^{-34} J·s; (4) 1.987×10^{-24} kg·m·s^{-1}; (5) 4.107×10^{16} rad·s^{-1}; (6) 2.18×10^6 m·s^{-1}; (7) −27.2 eV; (8) 13.6 eV; (9) −13.6 eV)

16-13 求氢原子中电子从 n=4 的轨道跃迁到 n=2 的轨道时,氢原子发射的光子的波长.(答:486 nm)

16-14 自由电子与氢原子碰撞时,若能使氢原子激发而辐射,问自由电子的动能最小为若干电子伏?(答:10.2 eV)

***16-15** 对氢原子来说,试证:当量子数 $n\gg1$ 时,从 n 跃迁到 $n-1$ 态所发射的光子的频率ν等于n 态时电子的旋转频率$\nu' = me^4/(4\varepsilon_0^2 h^3 n^3)$.

16-16 当氢原子从 n=3 的能级跃迁到 n=1 的能级和由 n=2 的能级跃迁到 n=1 的能级时,求所辐射光子的频率之比.(答:1.185)

16-17 求氢原子从 n=5 的激发态跃迁到基态时的光子能量和它的波长.(答:20.95×10^{-19} J; 94.9 nm)

16-18 氢原子在什么温度下,其平均平动动能等于使氢原子从基态跃迁到激发态 n=2 所需的能量?(答:7.91×10^4 K)

***16-19** 用玻尔量子理论求证:电子绕氢原子核的旋转频率 N(即每秒钟转数)与其总能量 E_n 的关系为 $N = (4\varepsilon_0/e^2)\sqrt{2/m}\,|E_n|^{3/2}$.

16-20 已知氢原子莱曼系的最大波长为 121.6 nm,求里德伯常量.(答:1.096 49 m^{-1})

第 17 章 量子力学基础

> 认识真理的主要障碍不是谬误，而是似是而非的"真理".
>
> ——(俄)列夫·托尔斯泰(Л. Н. ТосТой, 1928—1910)

本章首先介绍德布罗意假设，阐明实物粒子的波粒二象性，然后在此基础上讲述量子力学的一些基本知识及其应用. 要求读者对描述微观粒子行为的波函数以及原子中电子概率分布的物理图像有一初步了解.

17.1 德布罗意的假设　海森伯的不确定关系

17.1.1 实物粒子的波动性——德布罗意假设

面对在微观世界中建立描述实物粒子运动规律所遇到的困难，法国青年物理学家德布罗意(L. V. de. Broglie, 1892—1987)提出了一个发人深省的问题，他认为："整个世纪以来，在光学中，比起波的研究方法来，如果说是过于忽视粒子的研究方法的话，那么在实物粒子的理论上，是不是发生了相反的错误，把粒子的图像想得太多，而过分忽视了波的图像呢?"于是，在 1924 年他提出了一个大胆的假设：**不仅辐射具有波粒二象性，一切实物粒子也都具有波粒二象性.**

> 显然，不受外力作用的自由粒子是作匀速直线运动的.

按德布罗意假设，一个不受外力作用的自由运动的粒子，同时具有粒子性和波动性. 从粒子性来看，质量为 m 的粒子具有能量 E 和动量 p；从波动性来看，它对应着一列单色平面波，具有频率 ν 和波长 λ. 与描述光子的能量公式、动量公式相仿，描述粒子性的物理量 E, p 与描述波动性物理量 ν, λ 之间的关系有

$$E = h\nu \tag{17-1}$$

$$p = \frac{h}{\lambda} \tag{17-2}$$

以上两式就是联系粒子性和波动性的关系式，称之为**德布罗意公式**. 它反映了对应一个具有一定能量和动量的粒子，存在着一定频率和波长的波. 这种描写实物

粒子的波称为**物质波**,也称**德布罗意波**.

对于具有静止质量为 m_0 的实物粒子来说,粒子以速度 v 运动时,根据相对论的动量公式,对应于该粒子的德布罗意波长为

$$\lambda=\frac{h}{p}=\frac{h}{mv}=\frac{h}{m_0 v}\sqrt{1-\frac{v^2}{c^2}} \tag{17-3}$$

若粒子速度 $v \ll c$,则有

$$\lambda=\frac{h}{m_0 v} \tag{17-4}$$

这种德布罗意波不久就为实验所证实. 1927 年,美国物理学家戴维孙(C. J. Davisson, 1881—1958)和革末(L. H. Germer, 1896—1971)的实验证实:电子束入射单晶镍,从单晶表面衍射出来的电子束的波长,符合晶体衍射的规律.

电子不仅在晶体上散射时表现出波动性,而且在穿过一晶体薄片再照射到照相底片上时,显示出有规律的条纹也同样表现出波动性质. 如图 17-1 所示,就是英国物理学家汤姆孙(G. P. Thompson, 1892—1975)所做的电子衍射实验. K 为发射电子的灯丝,电子经加速电压 V_{KD} 加速后,通过光阑 D 形成很细的电子束,电子束穿过一薄晶片 M(金属箔)后,射到照相底片 P 上,在 P 上出现衍射图样,如图 17-2 所示,这和 X 射线通过晶体时产生的衍射图样极其相似,它表示电子通过晶体后在照相底片上的分布是不均匀的,有些地方出现的电子密集,有些地方出现的电子稀疏. 根据实验中的衍射图样算出电子波长完全符合德布罗意公式,充分证实了德布罗意假设的正确.

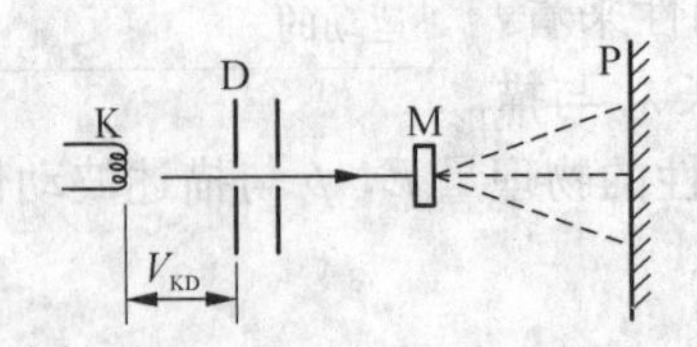

图 17-1 电子衍射实验

图 17-2 电子衍射图样

在实验证实了电子的波动性后,人们又用实验证实了其他微观粒子,如原子、中子和分子等也具有波动性,德布罗意公式对这些粒子也适用. 于是,一切微观粒子具有波动性已是无可置疑的了. 从而德布罗意公式已成为揭示微观粒子波动性和粒子性之间内在联系的基本公式.

微观粒子的波动性在现代科学技术中已得到应用.电子显微镜的使用就是利用电子的波动性.因为光学仪器的分辨率和波长成反比,波长越短,分辨率就越高.普通的光学显微镜由于受可见光波长的限制,分辨率不可能很高,放大倍数也只在2 000倍左右.而电子波的波长远比可见光的波长为短,当加速电压为几百伏时,其波长和X射线接近,加速电压越大,波长越短.所以,电子显微镜的分辨率就比光学显微镜高得多.我国已制成能分辨0.144 nm、放大80万倍的电子显微镜.可观察到晶体结构和蛋白质、脂肪之类的较大分子.

问题 17.1.1　(1) 试述微观粒子的波粒二象性,为什么我们在日常生活中没有觉察到物质的波动性?

(2) 求动能为 1.00×10^{5} eV 的电子的物质波波长.(答:0.004 nm)

例题 17-1　(1)设有一质量 $m=10^{-6}$ g 的微粒,以速度 $v=1\ \text{cm}\cdot\text{s}^{-1}$ 运动,求此微粒的德布罗意波的波长.(2)动能为100 eV的电子,其德布罗意波长是多少?

解　(1) 按德布罗意公式(17-4),所求波长为

$$\lambda=\frac{h}{p}=\frac{h}{mv}=\frac{6.63\times10^{-34}\ \text{J}\cdot\text{s}}{10^{-9}\ \text{kg}\times10^{-2}\ \text{m}\cdot\text{s}^{-1}}=6.63\times10^{-23}\ \text{m}$$

说明　对于如此之短的波长,目前尚无能够观察出其波动性的精密仪器.我们知道,在宏观领域内,粒子的质量比 10^{-6} g大得多,速度也多有比 $1\ \text{cm}\cdot\text{s}^{-1}$ 为高的.因此,从上式可以推想,它们的物质波波长将更短.所以我们在日常生活中未能觉察到宏观粒子的波动性,而只认识到它的粒子性.

(2) 因为动量和动能 E_k 之间的关系为 $p^2=2mE_k$,其中电子的质量为 $m=9.11\times10^{-31}$ kg,所以可求得电子的德布罗波长为

$$\lambda=\frac{h}{p}=\frac{h}{\sqrt{2mE_k}}=\frac{6.63\times10^{-34}}{\sqrt{2\times9.11\times10^{-31}\times100\times1.6\times10^{-19}}}\ \text{m}=0.123\times10^{-9}\ \text{m}=0.123\ \text{nm}$$

说明　上述波长和X射线波长的数量级相同.所以,我们在电子衍射实验中用薄金箔当作光栅(薄金箔内原子有规则排列着,原子的间距比上述波长更小,好像光栅的狭缝),就可以观察到物质波的衍射现象.说明在微观领域内,粒子明显地表现出波动性.

17.1.2　海森伯的不确定关系

在经典力学中,可以同时用确定的坐标和确定的动量来描述宏观物体的运动.对于微观粒子,因为它具有波动性,我们是否能够同时用确定的坐标和确定的动量来描述它的运动呢?判断这一问题的依据,就是德国物理学家海森伯(W. K. Heisenberg, 1901—1976)在1927年提出的不确定关系.

下面以电子的单缝衍射(图17-3)为例来进行研究.设有一束电子沿 Oy 轴射向AB屏上的狭缝,狭缝宽度为 a,入射电子的动量为 p,则在照相底片 ED 上可观察到单缝衍射图样.

当一个电子通过狭缝的瞬时,我们很难确切地回答它的坐标 x 为多少?然而,该电子确实是通过了狭缝,因此,我们可以准确地确定电子的坐标在

$$\Delta x = a \tag{17-5}$$

的范围内. Δx 称之为电子在 Ox 轴方向位置的不确定量,即电子通过狭缝的瞬时,它在 Ox 轴上位置可以准确到缝的宽度.

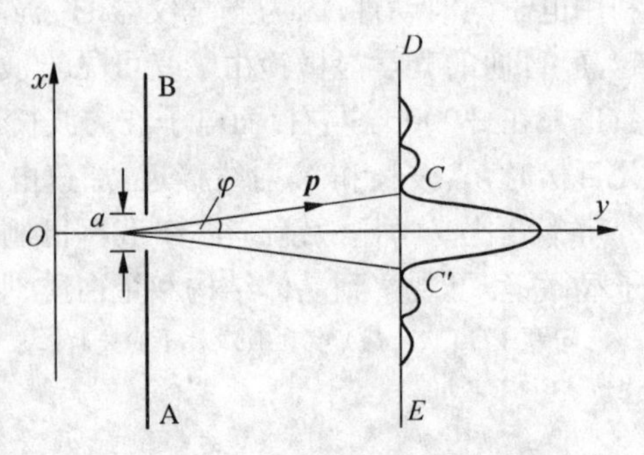

图 17-3　电子的单缝衍射

现在再来研究电子经狭缝时在 Ox 轴方向的动量是否确定? 由衍射图样分析可知,电子经狭缝时可能向各个方向运动,而今作保守的估计,假设电子经狭缝后射向底片 CC' 之间(C, C' 是衍射条纹第一级极小的位置). 射向 C(或 C')点的电子在 Ox 轴方向的动量为 $p\sin\varphi$. 因此,电子在 Ox 轴方向动量的可能值应介于 0 与 $p\sin\varphi$ 之间,即电子经狭缝时在 Ox 轴方向的动量也是不确定的,其不确定量为

$$\Delta p_x = p\sin\varphi \tag{17-6}$$

对于条纹的第一级极小,有

$$a\sin\varphi = \lambda$$

由式(17-5),将 $a=\Delta x$ 代入上式,则式(17-6)便成为

$$\Delta p_x = p\,\frac{\lambda}{\Delta x}$$

于是按德布罗意公式 $\lambda = h/p$, 上式可写成

$$\Delta x \cdot \Delta p_x = h \tag{17-7}$$

在以上分析中我们作了保守的估计,即假设电子在一级极小的衍射角范围内. 实际上电子也可能射向底片 CC' 区域之外,那么 $\sin\varphi$ 比 λ/a 还要大,所以 $\Delta p_x \geqslant h/(\Delta x)$, 故得到

$$\Delta x \cdot \Delta p_x \geqslant h \tag{17-8}$$

上式称为**不确定关系式**. 式中,h 为普朗克常量. 上式它不仅适用于电子,也适用于其他微观粒子. 不确定关系表明:**不能同时准确地确定微观粒子的位置和动量**. 若想改善 x 的测量,势必要使 Δx 减小,这就得用较窄的缝,从而又将导致衍射图样变宽. 而此图样变宽又意味着电子沿 Ox 轴方向的动量分量 p_x 变得更不确定了,即 Δp_x 变大了. 反之,p_x 越确定,即 Δp_x 越小,则 Δx 变大,x 越不确定. 总而言之,我们委实无法摆脱式(17-8)的限制. 这种限制是源于物质的波粒二象性这一基本属性所导致的必然结果,其不确定量与测量仪器的精度和实验技

术无关,纵使将来仪器精度和实验技术水平越来越提高,式(17-8)恒是成立.

问题 17.1.2　(1) 什么叫不确定关系?在什么情况下,微观粒子可以近似地认为作轨道运动?

(2) 设粒子位置 x 的不确定量等于它的德布罗意波长,求证:此粒子速率 v 的不确定量 $\Delta v_x \geqslant v$.

例题 17-2　设电子和质量为 20 g 的子弹沿 Ox 轴方向均以速度 $v_x = 200\ \mathrm{m \cdot s^{-1}}$ 运动,速度可准确测量到万分之一(即 10^{-4}),在同时确定它们的位置时,其不准确量为多大?

解　(1) 按不确定关系,计算电子位置的不准确量 Δx 为

$$\Delta x \geqslant \frac{h}{\Delta p_x} = \frac{h}{m\Delta v_x} = \frac{6.63\times10^{-34}}{(9.11\times10^{-31})(200\times10^{-4})}\ \mathrm{m} = 3.64\times10^{-2}\ \mathrm{m}$$

由于原子大小的数量级为 10^{-10} m,电子当然比原子更小,而电子位置的不确定量 Δx 已远远超过了其自身的线度,因而不可能同时准确地确定这个电子的位置.所以,不可能用经典力学方法来研究电子的运动.

(2) 按不确定关系,计算子弹位置的不确定量 Δx 为

$$\Delta x \geqslant \frac{h}{\Delta p_x} = \frac{h}{m\Delta v_x} = \frac{6.63\times10^{-34}}{(20\times10^{-3})(200\times10^{-4})}\mathrm{m} = 1.66\times10^{-30}\ \mathrm{m}$$

显然,我们用当前最精密的仪器也无法测出这个不确定量,这意味着子弹的位置是能够准确测定的.因此,不确定关系对这两个不确定量的制约,在这里已不起作用.所以,用经典力学方法处理子弹这样的宏观物体的运动是允许的.

说明　从上例可以看出,当普朗克常量 h 的数量级与粒子质量相比而微不足道时,就可将粒子的运动近似看成宏观现象,可用经典力学方法处理;当粒子的质量 m 接近于 h 的数量级时,粒子的运动就属于微观现象,必须用量子力学方法来描述.

不确定关系并没有限制我们对微观世界的认识,所限制的是不能把经典概念和方法生搬硬套地强加到微观客体上去.因而不确定关系便成为判断经典概念和方法能否适用于微观粒子和适用程度有多大的一个准则.

17.2 波函数及其统计解释

以前说过,宏观物体的运动状态可用坐标和动量来描述.而量子力学是基于微观粒子的波粒二象性而建立起来的,因此,在量子力学中,微观粒子的运动状态可用波函数对物质的粒子性和波动性作出统一的描述.

17.2.1 波函数

我们知道,沿 Ox 轴方向传播的平面简谐波波函数是坐标 x 和时间 t 的二元周期函数,可写作

$$y(x,\ t) = A\cos 2\pi\left(\nu t - \frac{x}{\lambda}\right) \tag{17-9}$$

式中,A 为振幅,ν 为波的频率,λ 为波长.如果是机械波,y 表示位移;如果是电磁波,y 表示电场强度 $\boldsymbol{E}$ 或磁场强度 $\boldsymbol{H}$.同时,我们也知道,波的强度与振幅的平方成正比.

式(17-9)也可改用复指数形式来表示①,即

$$y(x,\ t) = A\mathrm{e}^{-\mathrm{i}2\pi\left(\nu t-\frac{x}{\lambda}\right)} \tag{17-10}$$

对机械波或电磁波来说,可取上式的实数部分,这就是式(17-9).

前面说过,微观粒子的波动性可用物质波来描述.我们先讨论最简单的情况,即自由粒子的运动.对自由粒子而言,由于它不受外力作用,故作匀速直线运动,其动量 p 和能量 E 皆保持不变.因而,按照德布罗意假设,与一束自由粒子相关联的物质波,其频率 $\nu=E/h$ 和波长 $\lambda=h/p$ 也都是恒定的.由于具有恒定频率和波长的波是单色平面波,所以自由粒子的物质波一定是单色平面波.如果此波是沿 Ox 轴方向传播的,则其波动表达式应取式(17-10)的复指数函数形式,而不沿用式(17-9)的实数形式,这是物质波所要求的.同时,对物质波来说,式(17-10)中的 $y(x,\ t)$ 既不代表介质中质元的振动位移,也不代表某个数量(如电场强度等)的大小,为此,我们改用 $\Psi(x,\ t)$ 来表示.$\Psi(x,\ t)$ 称为**波函数**,用它来描述物质波在空间的传播.于是得自由粒子物质波的表达式为

$$\Psi(x,\ t) = \psi_0\mathrm{e}^{-\mathrm{i}2\pi\left(\nu t-\frac{x}{\lambda}\right)}$$

式中,ψ_0 为物质波的振幅.将德布罗意关系式 $E=h\nu$ 和 $p=h/\lambda$ 代入上式,就成为

$$\Psi(x,\ t) = \psi_0\mathrm{e}^{-\mathrm{i}\frac{2\pi}{h}(Et-px)} \tag{17-11}$$

这就是沿 Ox 轴方向传播的情况下,动量为 $\boldsymbol{p}$ 和能量为 $\boldsymbol{E}$ 的自由粒子的物质波波函数.上式还可写成

$$\Psi(x,\ t) = \psi(x)\mathrm{e}^{-\mathrm{i}\frac{2\pi}{h}Et} \tag{17-12}$$

其中

$$\psi(x) = \psi_0\mathrm{e}^{\mathrm{i}\frac{2\pi}{h}px} \tag{17-13}$$

$\psi(x)$ 称为**振幅函数**,它不随时间 t 而变化,只与坐标 x 有关;$\psi(x)$ 作为波函数的一部分,也具有复指数函数的形式.

---

① 利用高等数学中的欧拉公式 $\mathrm{e}^{-\mathrm{i}\varphi}=\cos\varphi-\mathrm{i}\sin\varphi$,(其中 $\mathrm{i}=\sqrt{-1}$ 为虚数单位),可将式(17-9)表示成式(17-10).这是因为在研究机械波或电磁波时,将振动表达式或波函数表示成复指数形式后,在运算时指数函数比三角函数来得简便.但在运算的结果中,我们仍取其中的实数部分,因为对机械波或电磁波来说,虚数是没有意义的.相反,在研究微观粒子的波函数时,我们所需要的则正是这种复指数函数形式,这是体现波粒二象性的理论所要求的.

其次，由式(17－11)，我们也可写出 Ψ[1] 的共轭函数 Ψ^*，即

$$\Psi^* = \psi_0 e^{i\frac{2\pi}{h}(Et-px)} = \psi_0 e^{-i\frac{2\pi}{h}px} e^{i\frac{2\pi}{h}Et} = \psi^* e^{i\frac{2\pi}{h}Et}$$

对照式(17－13)，ψ^* 正好是 ψ 的共轭函数. 同时，由上式和式(17－12)可得

$$\Psi\Psi^* = (\psi e^{-i\frac{2\pi}{h}Et})(\psi^* e^{i\frac{2\pi}{h}Et}) = \psi\psi^* \qquad (17-14)$$

或

$$|\Psi|^2 = |\psi|^2 \text{ [2]} \qquad (17-15)$$

即波函数 Ψ 与其共轭函数 Ψ^* 的乘积等于相应的振幅函数 ψ 与其共轭函数 ψ^* 的乘积，亦即，Ψ 的绝对值(即 Ψ 的模 $|\Psi|$)的平方 $|\Psi|^2$ 适等于其振幅函数的绝对值平方 $|\psi|^2$. 由于波的强度与振幅的平方成正比，因而我们也可认为，振幅函数的平方 $|\psi|^2$ 表征了物质波的强度，或者说，波函数 Ψ 与其共轭函数 Ψ^* 的乘积 $\Psi\Psi^*$ 或 $|\Psi|^2$ 表征了物质波的强度[3]. 这对自由粒子运动的一维情况是如此，对三维情况也是如此；并且亦可推广到处于力场中非自由粒子运动的情况.

因为量子力学中的波函数是复数，它本身没有直接的物理意义. 虽然德布罗意最早提出了波函数，但是他不能给予解释. 当时在物理学界，对波函数是一个谜. 这个谜直至 1926 年才由德国物理学家玻恩(M. Born，1882—1970)解开，对波函数作了正确的统计解释.

17.2.2　波函数的统计解释

现在我们以电子衍射为例，说明波函数的物理意义.

在图 17－1 所示的电子衍射实验中，如果我们控制电子束，使它极为微弱，甚至让电子一个一个地通过晶体而落到照相底片上. 起初，当落到底片上的电子数目不多时，底片上呈现出一个一个的点，这些点的分布显得毫无规则，这表明每个电子落在底片上什么地方是不确定的. 但是，经过一定时间，就有大量电子落于底片上，这时电子在底片上各处的分布渐渐显示出一定的规律性，形成如图 17－2 所示的衍射图样. 既然照相底片上记录的是电子，亦即表现为粒子性；而其所显示的衍射图样，却又表现为波动性. 那么，我们要问：微观粒子兼有的波和粒子这两种行为之间究竟存在着什么关系呢？

从波动观点来看，照相底片上的电子衍射极大处(如同光波衍射图样中的明

---

① 数学中讲过，复指数函数 $\rho = e^{i\varphi}$ 与 $\rho^* = e^{-i\varphi}$ 是相互共轭的.

② 设 $\Psi = a + ib$，则 $\Psi^* = a - ib$，$\Psi\Psi^* = (a+ib)(a-ib) = a^2 + b^2 = (\sqrt{a^2+b^2})^2$，其中 $|\Psi| = \sqrt{a^2+b^2}$ 称为复数的模量，由此可知，复数与其共轭复数的乘积 $\Psi\Psi^*$ 一定是一个实数.

③ 物质波的强度应是实数，否则没有实际的意义. 这里，$\Psi\Psi^*$ 是实数，正是描述物质波的波函数所要求的.

条纹处),衍射电子波(物质波)的强度大,即衍射电子的波函数模量的平方$|\Psi|^2$也大.再从粒子的观点来看,尽管我们不能预言电子一定落在照相底片上的什么地方,但是在衍射图样中,衍射电子波强度大的地方,底片感光强,表明落到该处的电子较密集,强度小的地方,则表明落到该处的电子较稀疏或甚至没有.从统计意义上来说,电子波强度大的地方,说明电子落在该处的机会多,或者说概率大①,因此意味着落到该处的电子数目应越多,故而反映电子波动性的衍射图样,其强度分布与电子落在照相底片上各处的概率分布相对应.这不仅对电子是这样的,对于其他微观粒子来说,情况也是如此.所以,**微观粒子的物质波都是一种概率波**.

如上所述,由于微观粒子同时具有波动性,我们无法准确说出粒子在各个时刻的位置,只能说粒子出现在某一点有一定的概率.设在空间中位于坐标(x, y, z)处附近的体积$\mathrm{d}V$中出现粒子的概率为$\mathrm{d}P$,则$\frac{\mathrm{d}P}{\mathrm{d}V}$即为该处附近单位体积中发现此粒子的概率,称为**概率密度**.玻恩认为,**如果我们已知微观粒子的波函数,就能给出任一时刻t在空间各点出现该粒子的概率密度**.由此,他在1926年提出了关于**物质波波函数的统计解释**,可综述如下:

设微观粒子的波函数为$\Psi(x, y, z, t)$,则在给定时刻t,在空间某点(x, y, z)附近找到该粒子的概率密度$\frac{\mathrm{d}P}{\mathrm{d}V}$与代表该点物质波强度的$|\Psi(x, y, z, t)|^2$成正比,即

$$\frac{\mathrm{d}P}{\mathrm{d}V}\propto|\Psi|^2$$

不妨取比例系数为1,则有

$$\frac{\mathrm{d}P}{\mathrm{d}V}=|\Psi|^2=\Psi\Psi^* \tag{17-16}$$

于是,可得在该处的体积元$\mathrm{d}V$内发现粒子的概率为

$$\mathrm{d}P=\Psi\Psi^*\mathrm{d}V \tag{17-17}$$

17.2.3 波函数的归一化条件及标准条件

根据波函数的统计解释,波函数必须满足一定的要求.

首先,由于任一时刻粒子总是存在于空间中,它不在空间的这一地方出现,就要在其他地方出现,所以在整个空间V内搜索,一定能找到它.亦即,在整个

① 我们举例说明概率的计算,设射向照相底片的电子有$N=1\,000\,000$个,而有$\Delta N=600\,000$个落在底片上某处,则电子落在该处的概率为$P=\Delta N/N=600\,000/1\,000\,000=0.6=60\%$.

空间 V 内发现粒子的概率应等于 100%，即

$$\iiint_V \Psi \Psi^* \mathrm{d}V = 1 \tag{17-18}$$

上式称为波函数 Ψ 的**归一化条件**. 式中，V 代表整个空间.

其次，由于在一定的时刻，在空间给定区域粒子出现的概率应该是唯一的，不可能既是这个值，又是那个值，并且应该是有限的(实际上，应该小于 1)；同时，在空间不同区域，概率应是连续分布的，不能逐点跃变；所以波函数 $\Psi(x, y, z, t)$ 应是 (x, y, z, t) 的**单值**、**有限**、**连续**的函数. 这一要求称为波函数的**标准条件**.

问题 17.2.1 (1) 如何用波函数来描述微观粒子的运动状态?

(2) 叙述玻恩关于物质波波函数的统计解释. 为什么波函数必须满足归一化条件?

(3) 何谓波函数的标准条件，它的依据是什么?

17.3 薛定谔方程

在经典力学中，质点的运动状态可用位置和速度来描述；我们可以根据初始条件利用牛顿运动方程求出质点在任一时刻的位置和速度. 与之相仿，在量子力学中，微观粒子的状态可用波函数来描述；若已知粒子在某一时刻的状态，可借表述粒子运动的波函数 Ψ 所遵循的规律——薛定谔方程，求出粒子在任一时刻所处的状态. 这个方程是 1926 年由奥地利物理学家薛定谔(E. Schrödinger, 1887—1961)建立的.

17.3.1 薛定谔方程

现在，首先从自由粒子运动的一维情况出发，来建立薛定谔方程. 我们已知，沿 Ox 轴方向运动的自由粒子，其物质波的波函数为

$$\Psi(x, t) = \psi_0 \mathrm{e}^{-\mathrm{i}\frac{2\pi}{h}(Et-px)}$$

将上式分别对 x 取二阶偏导数和对 t 取一阶偏导数，得

$$\frac{\partial^2 \Psi}{\partial x^2} = -p^2\left(\frac{2\pi}{h}\right)^2 \Psi, \quad \frac{\partial \Psi}{\partial t} = -\mathrm{i}\,\frac{2\pi}{h} E\Psi \tag{17-19}$$

并因 $E=E_\mathrm{k}$，且当自由粒子的速度远小于光速时，$E_\mathrm{k} = mv^2/2 = p^2/(2m)$，则由上两式，得

$$\mathrm{i}\left(\frac{2\pi}{h}\right)\frac{\partial \Psi}{\partial t} = -\frac{1}{2m}\left(\frac{2\pi}{h}\right)^2 \frac{\partial^2 \Psi}{\partial x^2} \tag{17-20}$$

上式称为**自由粒子一维运动的薛定谔方程**.

若粒子在势场中作一维运动,其势能为 $E_p(x)$,则粒子的总能量为

$$E = E_k + E_p = \frac{p^2}{2m} + E_p(x) \tag{17-21}$$

将上式的 E 代入式(17-19)的后一式,成为

$$\frac{\partial \Psi}{\partial t} = -i\left(\frac{2\pi}{h}\right)\left[\frac{p^2}{2m} + E_p(x)\right]\Psi$$

或

$$i\left(\frac{h}{2\pi}\right)\frac{\partial \Psi}{\partial t} - E_p(x)\Psi = \frac{p^2}{2m}\Psi$$

由上式和式(17-19)的前一式,可得

$$i\left(\frac{h}{2\pi}\right)\frac{\partial \Psi}{\partial t} = -\frac{1}{2m}\left(\frac{h}{2\pi}\right)^2\frac{\partial^2 \Psi}{\partial x^2} + E_p(x)\Psi \tag{17-22}$$

上式即为**粒子在势场中一维运动的薛定谔方程**. 将上述方程推广到三维运动的一般情况,这时粒子的波函数为 $\Psi = \Psi(x, y, z, t)$,势能为 $E_p = E_p(x, y, z, t)$,类似于一维情况的推导(从略),可得

$$i\left(\frac{h}{2\pi}\right)\frac{\partial \Psi}{\partial t} = -\frac{1}{2m}\left(\frac{h}{2\pi}\right)^2\left(\frac{\partial^2 \Psi}{\partial x^2} + \frac{\partial^2 \Psi}{\partial y^2} + \frac{\partial^2 \Psi}{\partial z^2}\right) + E_p(x, y, z, t)\Psi \tag{17-23}$$

这就是粒子在势场中运动的三维情况下**普遍的薛定谔方程**.

17.3.2 定态薛定谔方程

通常我们主要研究定态问题,即势能 E_p 与时间 t 无关的情形,亦即 $E_p = E_p(x, y, z)$. 这时,对势场中粒子运动的三维情况,其物质波的波函数可仿照式(17-12)写成如下的形式

$$\Psi(x, y, z, t) = \psi(x, y, z)e^{-i\frac{2\pi}{h}Et} \text{ ①} \tag{17-24}$$

式中,E 为粒子的能量,它是恒定的. 将上式分别对 x, y, z 求二阶偏导数和对 t 求一阶偏导数,然后代入式(17-23),化简后可得

$$\frac{\partial^2 \psi}{\partial x^2} + \frac{\partial^2 \psi}{\partial y^2} + \frac{\partial^2 \psi}{\partial z^2} + 2m\left(\frac{2\pi}{h}\right)^2(E - E_p)\psi = 0 \tag{17-25}$$

① 具有这种形式的波函数所描述的粒子状态,一定是定态的. 因为在定态中,概率密度不随时间的变化而变化. 我们求 $\Psi = \psi e^{-i\frac{2\pi}{h}Et}$ 与 $\Psi^* = \psi^* e^{i\frac{2\pi}{h}Et}$ 的乘积,即得概率密度 $\frac{dP}{dV} = |\Psi(x, y, z, t)|^2 = |\psi(x, y, z)|^2$,确是与时间 t 无关的. 把这样的状态称为定态,就是基于这个性质.

上式称为**定态薛定谔方程**. 通常我们把振幅函数 ψ 也称为波函数. 由于解上述方程求出 ψ 后,由式(17-24)即可给出波函数 Ψ. 因此在研究处于定态的粒子时,就归结为求定态薛定谔方程的解 $\psi=\psi(x, y, z)$.

对一维定态问题,式(17-25)便退化为**一维定态薛定谔方程**:

$$\frac{\mathrm{d}^2\psi}{\mathrm{d}x^2}+2m\left(\frac{2\pi}{h}\right)^2(E-E_{\mathrm{p}})\psi=0 \tag{17-26}$$

最后指出,根据选定的初始条件和边界条件,由薛定谔方程所求得的解,即为粒子的波函数 ψ(或 Ψ);由此可计算粒子的概率密度 $\frac{\mathrm{d}P}{\mathrm{d}V}=\psi\psi^*=|\psi|^2$.

其次,薛定谔方程是线性、齐次的偏微分方程,所以满足**叠加原理**. 这就是说,如果一组函数 $\Psi_1, \Psi_2, \cdots, \Psi_i, \cdots$是薛定谔方程所有可能的解,则它们线性叠加所得的函数 $\Psi=C_1\Psi_1+C_2\Psi_2+\cdots+C_i\Psi_i+\cdots=\sum_{i=1}^{\infty}C_i\Psi_i$ 也是同一方程的可能解,其中 $C_1, C_2, \cdots, C_i, \cdots$为常数.

顺便说明,薛定谔方程是不能由任何定律或原理"推导"出来的. 它如同物理学中其他基本方程(如牛顿运动方程、麦克斯韦电磁场方程等)一样,其正确性只能通过实验来检验. 实际上,在分子、原子等微观领域的研究中,应用薛定谔方程所得的结果都能很好地符合实验事实. 因而,薛定谔方程是反映微观系统运动规律的一个基本方程.

问题 17.3.1　(1) 列出普遍形式的薛定谔方程.

(2) 何谓定态,列出定态薛定谔方程.

(3) 据理论述波函数所满足的标准条件和叠加原理.

17.4 定态薛定谔方程的应用

本节举例说明薛定谔方程的应用,并简述用薛定谔方程求解氢原子问题所得的一些结论.

这里我们主要讨论处于束缚态的微观粒子的运动,即粒子所受的作用迫使它局限在给定空间范围内运动. 由于微观粒子具有波动性,其定态波函数在给定范围内相当于驻波波形,而稳定驻波往往与波长的整数倍相关联. 这个整数 n 就是量子数,它导致了能量的量子化,出现了分立的能级. 所以微观粒子的行为无法用经典力学中粒子运动的规律来描述.

17.4.1 一维无限深方形势阱

金属中的电子在构成金属骨架的晶体点阵之间运动时,要受到点阵上正离子的作用力,这种作用力可用两者相互作用的势能 E_p 表征. 电子在这个有势力场中运动时,通常并不能自发地挣脱出金属表面,这表明在金属内的电子运动到表面上时,它的总能量(动能和势能)远小于表面处的势能,因而受到阻挡. 因此,我们对金属中的电子运动有时可以作这样的简化处理,即认为:如果没有外界影响(如外电场、光照等),电子好似被无限高的势能"壁"禁囿于金属内,并在一维有势力场作用下运动着. 这个抽象出来的计算模型,称为**一维无限深的方形势阱**,简称**一维方势阱**,如图 17-4 所示.

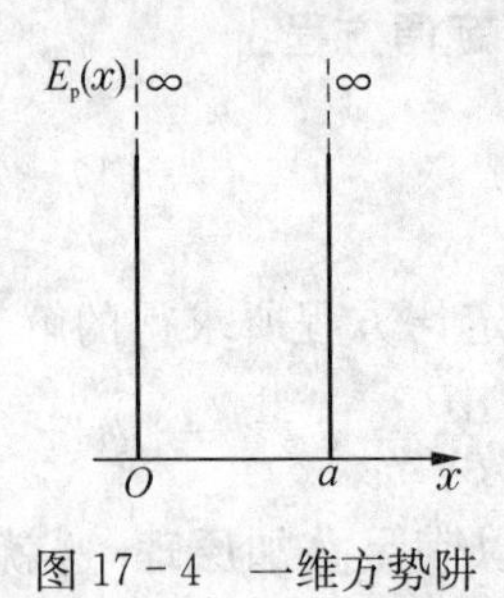

图 17-4　一维方势阱

现在我们来研究微观粒子(如电子等)在一维方势阱中的运动. 设粒子的质量为 m、总能量为 E,其势能为

$$\left.\begin{aligned} E_p(x) &= 0 \quad (0 < x < a) \\ E_p(x) &= \infty \quad (x = 0 \text{ 或 } x = a) \end{aligned}\right\} \tag{17-27}$$

> 因为势能是相对的,故可适当选取某处作为零势能点.

这里,我们选取粒子在势场 $0<x<a$ 范围内(例如,电子在金属内)的势能为零. 由于势能不随时间 t 的变化而变化,故粒子在势阱中的运动属于定态问题;又因为在势阱中的 $E_p(x)=0$,于是按式(17-26),可写出粒子在势阱中($0<x<a$)运动的定态薛定谔方程为

$$\frac{d^2\psi}{dx^2} + 2m\left(\frac{2\pi}{h}\right)^2 E\psi = 0 \tag{17-28}$$

令

$$\frac{8m\pi^2 E}{h^2} = k^2 \quad ⓐ$$

则上式成为

$$\frac{d^2\psi}{dx^2} + k^2\psi = 0 \quad ⓑ$$

求这个二阶常系数微分方程的通解,得

$$\psi(x) = A\sin kx + B\cos kx \quad ⓒ$$

式中,A, B 为积分常数,可由边界条件确定. 考虑到在 $x=0$ 和 $x=a$ 处 $E_p(x)=\infty$,即势阱的两"壁"为无限深,故粒子只能在阱内运动,不可能越出"阱壁". 这表明粒子不可能在 $x=0$ 和 $x=a$ 处出现,与粒子相联系的物质波在该两处也不存在. 故得边界条件:

$$\psi(0)=0,\quad \psi(a)=0 \tag{d}$$

将 $\psi(0)=0$ 代入式ⓒ，有 $\psi(0)=A\sin 0+B\cos 0=0$，由此得

$$B=0$$

式ⓒ便成为

$$\psi(x)=A\sin kx \tag{e}$$

再利用边界条件 $\psi(a)=0$，将它代入上式ⓔ，得

$$\psi(a)=A\sin ka=0$$

由此可得

$$ka=n\pi$$

或

$$k=\frac{n\pi}{a},\quad n=1,\,2,\,3,\,\cdots \tag{f}$$

即 k 值不是任意的，而是某些特定的值；从而由式ⓐ所得出的粒子能量 E 也只能取对应于各个 n 值的一些特定的分立值，今将 E 改用 E_n 表示，由式ⓐ、式ⓕ即有

$$E_n=\frac{n^2h^2}{8ma^2},\quad n=1,\,2,\,3,\,\cdots \tag{17-29}$$

式中，正整数 n 称为**能量的量子数**. 可见，当粒子束缚在方势阱中运动时，其能量是量子化的，只能取相应于 $n=1,\,2,\,3,\,\cdots$ 的一系列不连续的分立值 $E_1=h^2/(8ma^2)$，$E_2=4E_1$，$E_3=9E_1$，…，其能级图如图 17-5(a)所示，其中 E_1 叫做粒子的**基态能级**，E_2，E_3，…称为**激发态能级**.

对应于每一能级的粒子，有它自己的波函数，这可将式ⓕ代入式ⓔ，并将 ψ 改用 ψ_n 表示，得

$$\psi_n(x)=A\sin\frac{n\pi x}{a}\quad (0<x<a) \tag{g}$$

式中，积分常数 A 可以用波函数的归一化条件[式(17-18)]确定. 即在一维空间中，有

$$\int_{-\infty}^{\infty}|\psi_n(x)|^2\mathrm{d}x=\int_0^a A^2\sin^2\left(\frac{n\pi x}{a}\right)\mathrm{d}x=A^2\,\frac{a}{2}=1$$

得

$$A=\sqrt{\frac{2}{a}}$$

代入式ⓖ,得能量为 E_n 的粒子的**归一化波函数**为

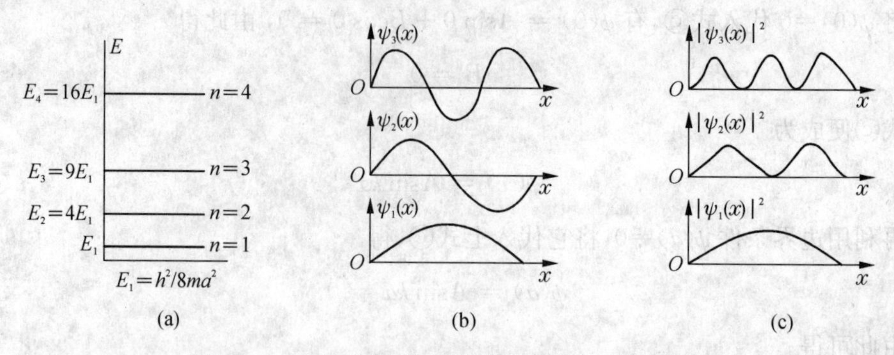

图 17-5　方势阱中粒子的能级、波函数和概率分布

$$\psi_n(x)=\sqrt{\frac{2}{a}}\sin\frac{n\pi x}{a}\quad(0<x<a)\tag{17-30}$$

这就是薛定谔方程最终的解. 由此,我们可以进一步给出方势阱中能级为 E_n 的粒子在各个 x 位置处的概率密度,即

$$|\psi_n|^2=\frac{2}{a}\sin^2\frac{n\pi x}{a}\quad(0<x<a)\tag{17-31}$$

图 17-5(b),(c)分别绘出了 $n=1,\ 2,\ 3$ 三个量子态的波函数 ψ 和概率密度 $|\varphi|^2$的分布图

问题 17.4.1　如何求出方势阱中的定态微观粒子的能级? 并给出粒子的完整的波函数为

$$\Psi=\sqrt{\frac{2}{a}}\sin\frac{n\pi x}{a}\mathrm{e}^{-\mathrm{i}\frac{2\pi E}{h}t}$$

及其实数部分为驻波解

$$\Psi_{实}=\sqrt{\frac{2}{a}}\sin\frac{n\pi x}{a}\cos\frac{2\pi E}{h}t.$$

试由此说明:与阱中自由粒子相联系的平面物质波向右传播,在阱壁反射后向左传播,二者叠加结果形成了驻波.

*17.4.2　一维线性简谐振子

在经典力学中,我们讨论振动问题时,曾提出简谐振子这个模型,它是一维线性的,即一个质量为 m 的质点沿 Ox 轴仅受弹性力 $F=-kx$ 作用,处于弹性势能为

$$E_{\mathrm{p}}(x)=\frac{1}{2}kx^2=\frac{1}{2}m\omega^2x\tag{ⓐ}$$

的势场中运动. 式中, k 为劲度系数, $\omega=\sqrt{k/m}$ 为角频率. 势能曲线是一条抛物线, 如图17-6所示. 简谐振子的频率(即经典频率)为

$$\nu_0=\frac{1}{2\pi}\sqrt{\frac{k}{m}} \quad ⓑ$$

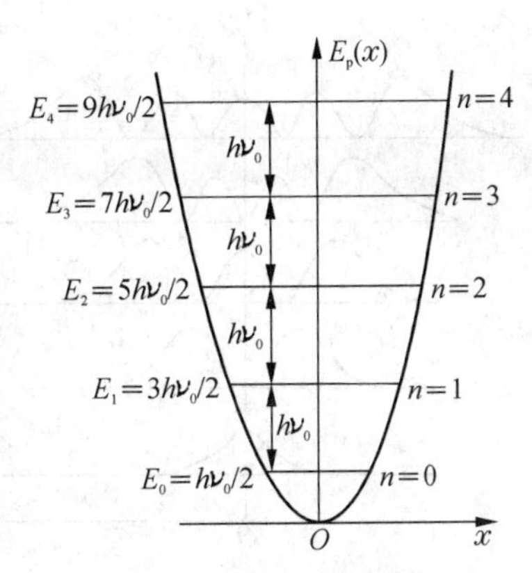

图 17-6　简谐振子的势能曲线和能级分布

在微观领域中,分子内的原子在其平衡位置附近的振动,固体中的晶格离子的振动等这些周期性运动,都可用一维线性简谐振子作为计算模型.

在量子力学中,我们把 $E_p(x)=kx^2/2$ 代入一维定态薛定谔方程式(17-26)中,有

$$\frac{d^2\psi}{dt^2}+2m\left(\frac{2\pi}{h}\right)^2\left(E-\frac{1}{2}kx^2\right)\psi=0 \quad ⓒ$$

从这个常微分方程求出满足标准条件和归一化条件的所有波函数 ψ_n 的解(计算从略),相应的简谐振子能量 $E(=E_k+E_p)$ 只能取一系列的分立值,即

$$E_n=\left(n+\frac{1}{2}\right)h\nu_0, \quad n=0,1,2,\cdots \qquad (17-32)$$

亦即,简谐振子的能量是量子化的,其分立的能级是等间隔的,相邻能级的间距皆为 $h\nu_0$. 想当初,普朗克在解释热辐射规律时,曾假定简谐振子能量只能取 $h\nu$ 的整数倍(见 16.1 节),与这里的计算结果基本相符. 但普朗克当时的假设是强加的,这里却是自然得到的. 其次,所不同的是,这里按式(17-32)算出的相应于 $n=0$ 的基态能级为 $E_0=h\nu_0/2\neq0$,这是由量子力学所决定的简谐振子最小能量值不为零,称为**零点能**. 它的存在已被实验所证实. 例如,纵然在热力学温度 $T=0$ 附近,晶体中原子仍拥有这份零点能在振动着①.

从式ⓒ解出相应于各个能级的波函数 ψ_n(从略),即可计算相应的粒子概率分布 $|\psi_n(x)|^2$,如图 17-7 所示.

最后指出,对于任何势能曲线的形状,如果存在某一极小值,则在此极小值附近的势能曲线近似可视作抛物线的一小段,因而可用上述简谐振子的方法求解. 图 17-8 所示的势能曲线为分子间的相互作用势能. 双原子分子的两个原子间的势能曲线也是这样的,所以求解结果必然显示出能量的量子化.

问题 17.4.2　(1) 以上所讲的一维方势阱和一维简谐振子,描述了处于束缚态的微观粒子的行为,这与经典力学对质点运动的描述有什么根本性的区别?

(2) 何谓零点能?

---

① 经典物理认为,当系统处于热力学温度 $T=0$ 时,一切运动将停止,系统的总能量为零. 而量子力学却给出零点能 $E_0\neq0$ 的结果,这从基于粒子波动性的不确定关系来看,乃是必然的. 例如,随着温度的下降,晶体中原子振动趋弱,以其振动范围 Δx 作为不确定量,即有 $\Delta x\to0$,势能 $E_p\to0$,则按不确定关系,动量不确定量 Δp 将增大,相应地动能 E_k 也就增大,故总能量 E 并不趋于零,其值即为零点能 E_0.

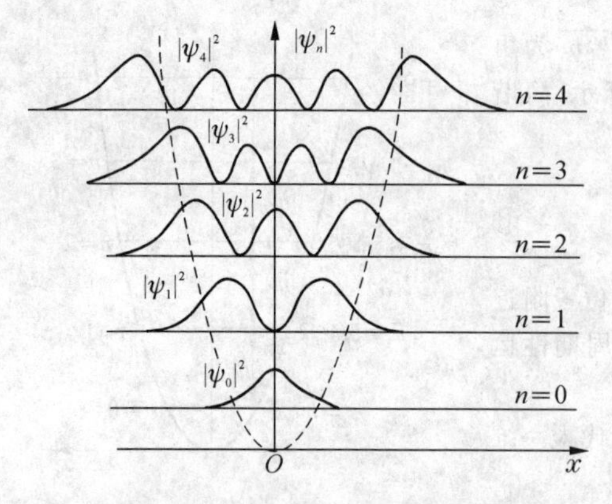

图 17-7　简谐振子的概率分布

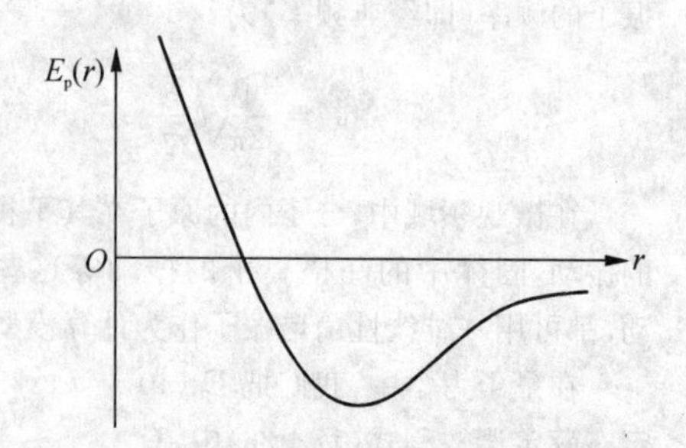

图 17-8　分子相互作用势能曲线

17.4.3　势垒贯穿

现在我们讨论微观粒子的势垒贯穿问题. 它是研究原子核的 α 衰变(参阅 18.2 节)、金属电子冷发射等现象的理论基础. 图 17-9(a)表示铀自动放射出的 α 粒子(即带正电的氦原子核)与原子核之间相互作用的势能曲线,当 α 粒子分别处于半径为 R 的铀原子核内($x<R$)和核外($x>r$)的区域Ⅰ,Ⅲ时,其势能小于在铀原子核半径 R 附近的区域Ⅱ中的势能;区域Ⅱ的势能曲线形如一个具有较高势能的"壁垒",称之为**势垒**. 当 α 粒子在铀核内时,可以来回振荡,类似于图 17-10 的Ⅰ区. 经典物理无法解释 α 粒子为什么能放射出来. 下面将看到,α 粒子能被放射出来,乃是一种隧道效应.

我们把具有类似于上述势能曲线的一些实际问题进行简化,便可给出一个简单的计算模型,称为**一维方形势垒**,如图 17-9(b)所示. 它表示在宽度为 $0\leqslant x\leqslant a$ 的区域内,存在一个势能为 V_0 的势场,或者说,具有一个高度为 V_0 的势垒,即

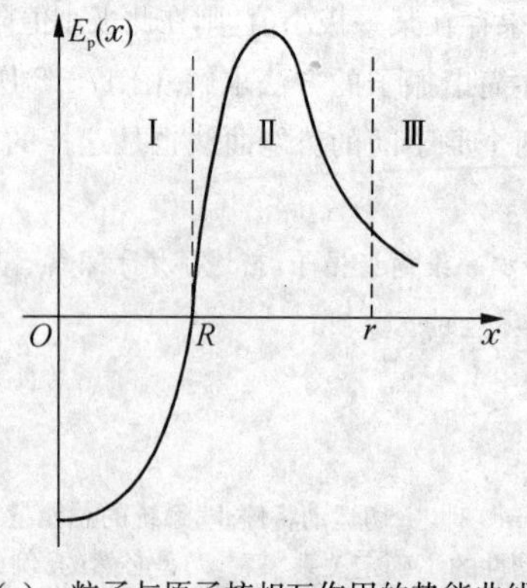

(a) α 粒子与原子核相互作用的势能曲线

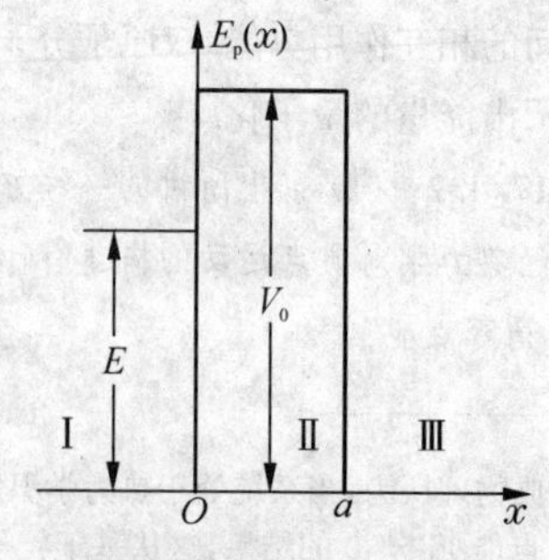

(b) 一维方形势垒

图 17-9

$$E_p(x)=\begin{cases}0, & x<0, \quad 区域\ \mathrm{I}\\ V_0, & 0\leqslant x\leqslant a, \quad 区域\ \mathrm{II}\\ 0, & x>a, \quad 区域\ \mathrm{III}\end{cases} \tag{a}$$

代入一维定态的薛定谔方程式(17-26)中,有

$$\begin{cases}\dfrac{d^2\psi}{dx^2}+2m\left(\dfrac{2\pi}{h}\right)^2E\psi=0, & 区域\ \mathrm{I}\ 和\ \mathrm{III}\\ \dfrac{d^2\psi}{dx^2}+2m\left(\dfrac{2\pi}{h}\right)^2(E-V_0)\psi=0, & 区域\ \mathrm{II}\end{cases} \tag{b}$$

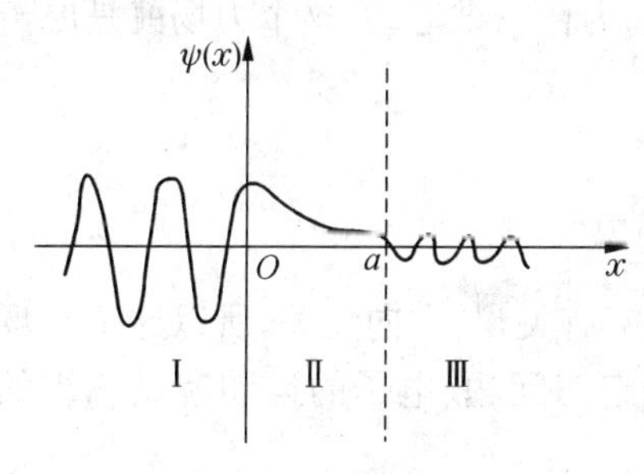

图 17-10　一维方形势垒的波函数

由此解出各区域中满足标准条件的波函数(计算从略). 结果表明,在区域Ⅱ,Ⅲ中,波函数皆不等于零(图 17-10). 这就是说,原来在区域Ⅰ中的粒子有一部分将穿透势垒而到达区域Ⅲ. 对于上述情况,我们可以引用粒子的**贯穿系数** D 来描述,它定义为:在区域Ⅲ ($x>a$)和区域Ⅰ ($x<0$)中,单位时间内通过垂直于 Ox 轴的单位面积的粒子数之比. 量子力学的计算表明,当粒子的能量 $E<V_0$ 时,贯穿系数为

$$D=e^{-\frac{4\pi}{h}\sqrt{2m(V_0-E)}a} \tag{17-33}$$

上式指出,贯穿系数 D 随着势垒的加高(V_0 增大)、加宽(a 扩大)而迅速减小,以至趋近于零,这时,量子力学的效应近乎消失;其结果趋同于经典力学. 可是,若势垒不高、且较窄,则贯穿系数也就较大.

按照经典力学观点,上述隧道效应是不可理解的. 然而,这是微观粒子的行为——波动性所决定的. 因此,隧道效应是量子力学特有的现象,它已被许多实验事实所证明;并可利用其原理制成半导体和超导体中的隧道器件(如隧道二极管等)以及扫描隧道显微镜,这种显微镜的灵敏度极高,能够在原子尺度上进行无损探测,它把人类视野带进了单个分子和原子的研究范围,提升了人们在原子和分子水平上操纵物质的能力,从而推进了当前纳米技术①的研究,在材料科学

① 纳米技术(nanotechnology)通常是指人们研究尺寸在 100 nm 以内的固态超微粒子(约几个原子的大小)的材料性质及其应用. 科学家早就发现,物质的这种超微粒子具有既不同于单个原子,又不同于普通块状固体的所谓“尺寸效应”,其强度、韧度、热容、电导率、磁化率等物理和化学性质存在着异乎寻常的现象. 这对纳米材料、纳米电子学、纳米医疗及生物等领域的开发、应用将显示出广阔的前景,乃是当前科技界研究的热点.

和生物科学等的研究工作中特别有用. 我国在 1987 年已研制成分辨率达到原子级的扫描隧道显微镜,并付诸实用,标志着国内在显微技术方面已取得了突破性的进展.

问题 17.4.3 (1) 试述微观粒子的势垒贯穿现象.

(2) 如图 17-9 所示,设势垒高为 $V_0=20$ eV,入射的电子具有能量 $E=10$ eV,试分别对势垒宽度为 $a=10^{-9}$ cm、10^{-8} cm、10^{-7} cm 计算电子的贯穿系数. (**答**: 0.72, 0.039, $10^{-15}\approx 0$)

17.4.4 氢原子

在氢原子中,电子处在原子核的有心力场内作三维运动,这个力场就是原子核激发的静电势场,其势能为

$$E_p=-\frac{e^2}{4\pi\varepsilon_0 r}$$

式中,$r=\sqrt{x^2+y^2+z^2}$. 由于 E_p 仅与位置 r 有关,与方向无关,所以这个势场是球对称的;并且,E_p 又与时间无关,故属于定态问题. 电子的运动遵循三维的定态薛定谔方程

$$\frac{\partial^2\psi}{\partial x^2}+\frac{\partial^2\psi}{\partial y^2}+\frac{\partial^2\psi}{\partial z^2}+\frac{8\pi^2 m}{h^2}\left(E+\frac{e^2}{4\pi\varepsilon_0 r}\right)\psi=0 \tag{17-34}$$

考虑到势能 E_p 具有球对称性,为便于研究,需把上述用直角坐标 x, y, z 表示的方程,变换成用球面坐标表示的方程,并根据波函数 Ψ 所要求的标准化条件和归一化条件,进行复杂的计算和讨论(从略),在给出上述方程的解 ψ 时,需满足下述三个量子化条件:

(1) 氢原子中电子的能量 E 是量子化的,即

$$E_n=-\frac{me^4}{8\varepsilon_0^2 n^2 h^2},\quad n=1, 2, 3, \cdots \tag{17-35}$$

式中,n 是能量的量子数,叫做**主量子数**. 这与玻尔量子理论中所得的结果[见式(16-22)]是一致的. 根据主量子数 n,便可给出电子的能级.

(2) 氢原子中电子的角动量大小 L_φ 是量子化的,即

$$L_\varphi=\sqrt{l(l+1)}\,\frac{h}{2\pi},\quad l=0, 1, 2, \cdots, (n-1) \tag{17-36}$$

l 称为**副量子数**或**角量子数**;当 E 给定(即 n 一定)时,l 的取值范围也就确定. 上式与玻尔量子理论所给出的角动量量子化条件[式(16-18)]不同.

由于氢原子中的电子在有心力场中运动,其角动量是守恒的. 因此,对于电

子绕核运动的每一个确定的状态，相应的角动量大小具有一个恒定的值. 式(17-36)指出，对不同的 n 值，若取 $l=0$，则 $L_\varphi=0$，这是电子角动量的最小值；对同一个 n 值，取不同的 l 值，则电子角动量就有不同的值. 这就表明，氢原子内电子的状态必须同时用 n 和 l 两个量子数来表征.

在经典力学中，角动量是矢量，质点在一定的运动状态下，有确定的大小和唯一的方向. 可是，电子绕核运动的角动量 $\boldsymbol{L}_\varphi$，其方向并不确定在一个方向上. 不过它在空间给定方向(一般是指外磁场 $\boldsymbol{B}$ 的方向)上的分量 L_ψ，则是满足下述量子条件的.

(3) 电子角动量 $\boldsymbol{L}_\varphi$ 在空间给定方向的分量 L_ψ 是量子化的，这就是**空间量子化**，L_ψ 值为

$$L_\psi=m_l\frac{h}{2\pi},\quad m_l=-l,\ -(l-1),\ \cdots,\ 0,\ \cdots,\ (l-1),\ l \quad (17-37)$$

上式即为电子角动量的空间量子化条件. 式中，m_l 称为**磁量子数**. m_l 的上下限取决于角量子数 l. 当 l 给定时，$m_l=0,\ \pm1,\ \pm2,\ \cdots,\ \pm l$，共有$(2l+1)$个 m_l 值. 亦即，电子角动量 L_φ 在空间给定方向的分量 L_ψ 可以有$(2l+1)$个不同的值，或者说，角动量 $\boldsymbol{L}_\varphi$ 在空间可以有$(2l+1)$个取向. 例如，$l=1$，角动量大小为 $L_\varphi=\sqrt{2}h/(2\pi)$，它有三个取向，相应的分量 L_ψ 值为 $h/2\pi,\ 0,\ -h/(2\pi)$，如图 17-11(a)所示；$l=2$，$L_\varphi=\sqrt{6}h/(2\pi)$，它有五个取向，相应分量 L_ψ 值为 $2h/(2\pi)$，$h/(2\pi)$，0，$-h/(2\pi)$，$-2h/(2\pi)$，如图 17-11(b)所示.

以上三个量子化条件是在求解薛定谔方程的过程中很自然地得出的，其准确性已被实验所证明.

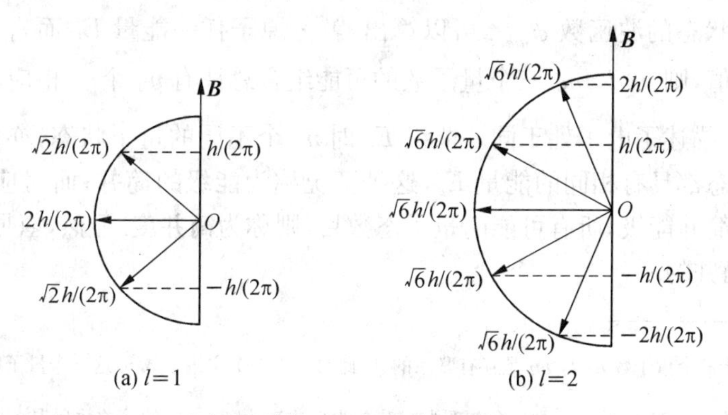

图 17-11　空间量子化——角动量 $\boldsymbol{L}_\varphi$ 具有$(2l+1)$个取向

为了形象化起见，如果借用电子沿轨道运动的经典力学观点，来描述上述角动量 $\boldsymbol{L}_\varphi$ 的量子化和空间量子化，则电子在有心力场中将绕核作圆周(也可以是

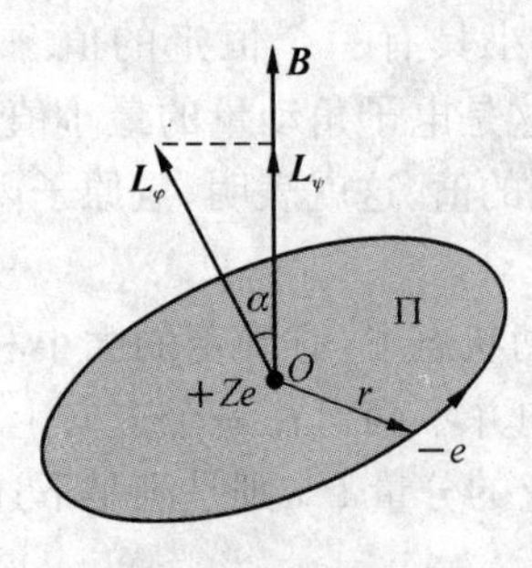

图 17-12 电子的空间轨道运动

椭圆)轨道运动,相应的角动量 $\boldsymbol{L}_\varphi$ 常称为**轨道角动量**.令其大小满足式(17-36)的量子条件,其方向与轨道平面Π垂直,并与电子绕行方向成右手螺旋关系,如图 17-12 所示.这样,轨道角动量 $\boldsymbol{L}_\varphi$ 在空间的取向同样决定了轨道平面Π在空间的方位.还可看到,电子的轨道运动相当于一个闭合电路中的电流,它犹如一个载流线圈,具有一定的磁矩.因此,如果原子处于外磁场 $\boldsymbol{B}$ 中时,在外磁场的力矩作用下,电子在沿一定轨道运转的同时,其轨道平面Π还将相对于外磁场改变其方位,表征轨道平面方位的角动量 $\boldsymbol{L}_\varphi$ 方向将与外磁场 $\boldsymbol{B}$ 方向成 α 角.若它在磁场方向的分量 $L_\psi = L_\varphi \cos\alpha$ 满足式(17-37)的量子条件,则对角量子数 l 给定的轨道,L_φ 虽为定值,但 L_ψ 有 $2l+1$ 个值,从关系式 $L_\psi = L_\varphi \cos\alpha$ 可知,相应地有 $2l+1$ 个 α 值,分别表征 $\boldsymbol{L}_\varphi$ 的 $2l+1$ 个空间取向(图 17-11),即轨道平面在空间中只能取 $2l+1$ 个不连续的特定方位.这就是所谓**角动量空间取向量子化**,简称**空间量子化**.

读者务必注意,所谓“轨道”不过是一个借用的名词.电子轨道运动是一个经典的概念.其实,电子并不在经典力学的轨道上运转.上述概念只是对我们形象地认识微观电子的运动有所帮助的一种图像而已.

下面我们再来看氢原子中电子的概率分布.上面说过,从薛定谔方程式(17-34)求得的解 ψ 都需满足上述三个量子化条件,即对应着一组量子数 n, l, m_l.因而,每一组量子数 n, l, m_l 确定了氢原子中电子的一个状态,相应地有一个表述该状态的波函数 ψ_{nlm_l}.可以算出,就氢原子任一能量 E_n 而言,有一个主量子数 n 值,则 n, l, m_l 三个量子数的可能组合总计有 n^2 个①,相应地有 n^2 个波函数,它描述了电子处于同一能级 E_n 时 n^2 个不同的量子状态,亦即,其中每一个量子态都具有相同的能量 E_n,这种情况称为**能级的简并**;而对应于主量子数为 n 的简并能级,所有可能的量子态数目,则称为**简并度**.显然,氢原子的能级是 n^2 度简并的.

---

① 由于三个量子数 n, l, m_l 是互有联系的,因此对应于一个主量子数 n,这三个量子数 n, l, m_l 可能的组合共有 $\sum_{l=0}^{n-1}(2l+1)$ 个.这是一个首项为1、公差为2、末项为 $(2n-1)$ 的等差数列求 n 项之和的问题,其和为

$$\sum_{l=0}^{n-1}(2l+1) = \frac{1+(2n-1)}{2} \times n = n^2$$

根据每个状态(n, l, m_l)的 ψ_{nlm_l},就可求得电子的概率密度$|\psi_{nlm_l}|^2$,从而给出处于该状态的电子在原子中核外各处出现的概率分布. 例如,计算表明,处于基态($n=1$)的氢原子中,电子虽可出现在核外整个空间内任一位置上,但当电子在 $r_1=$ 5.29 nm处,其概率为最大,或者说,氢原子中电子在半径为 r_1 的球壳上出现的机会最多(图 17-13),而这正是玻尔量子理论中对应于 $n=$ 1 的容许轨道. 也就是说,玻尔轨道从量子力学观点来看,并不是电子的运动轨道,而只是表示电子出现机会最多的地方.

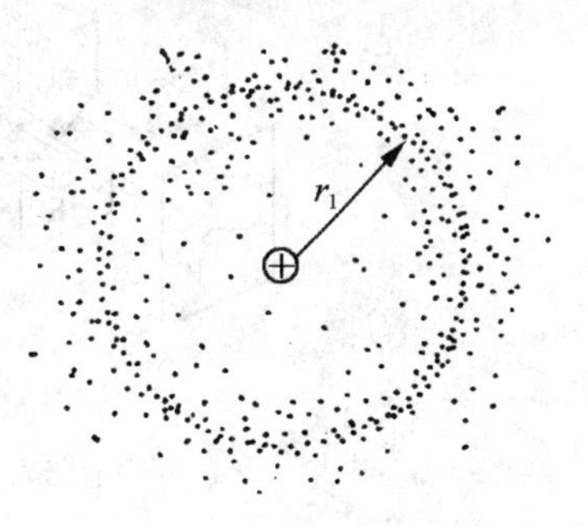

图 17-13　基态氢原子中电子的概率分布

通常,我们把电子在核外空间的概率分布,形象地用**电子云**来表示. 如图 17-13 所示,把电子云描绘成浓密的地方,表示电子出现的机会多;而在电子云描绘成稀疏的地方,表示电子出现的机会少. 但要注意,电子云并不表示电子的运动状态,不要误以为电子像云雾那样弥漫在核外空间,更不能误认为一个黑点就代表一个电子.

问题 17.4.4　(1) 试述量子力学对氢原子所得的三个量子条件. 什么叫能级的简并?
(2) 试述基态氢原子中电子的概率分布,何谓电子云?

17.5 电子的自旋　多电子的原子及电子壳层模型

17.5.1　电子的自旋　自旋磁量子数

根据氢原子的薛定谔方程,我们在上一节给出了标志电子量子状态的三个量子数 n, l, m_l. 但是许多实验事实表明,为了完整地反映原子中电子的量子状态,尚须引入反映电子自旋的量子数,才能解释原子光谱的某些特征.

1921 年,德国物理学家施特恩(O. Stern, 1888—1969)和盖拉赫(W. Gerlach, 1889—1979)为了观察角动量的空间取向量子化进行实验,实验装置如图 17-14(a)所示,它置于温度较低的高真空容器中,以保证发射的原子处于基态,且不受外界影响,原子射线源 K 发射出的银原子束通过狭缝 B 后变成很细的一束,然后使之通过由电磁铁所形成的非均匀的强磁场,最后射到照相底片 P 上. 实验结果表明:在无外磁场时,底片上只有一条痕迹;当外磁场很强时,底片上出现了两条分裂的痕迹,如图 17-14(b)所示.

这一实验是根据下述原理而设计的. 原子由于核外电子绕核旋转而具有磁

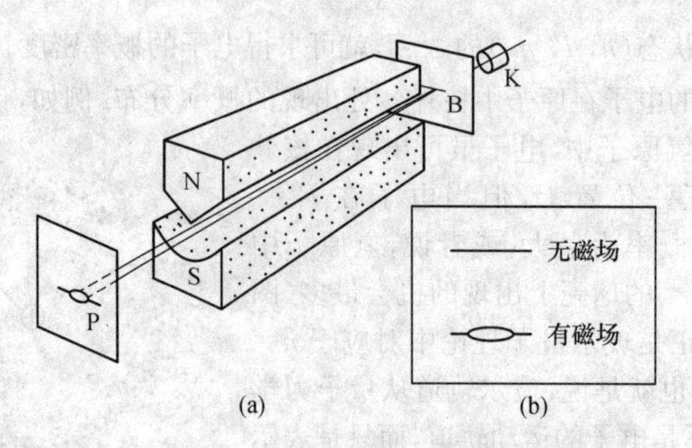

图 17-14　施特恩-盖拉赫实验

矩,当具有磁矩的原子通过非均匀磁场时将受到磁场的作用而发生不同程度的偏转. 而磁矩在空间的取向决定于核外电子角动量的空间取向. 如果核外电子角动量的空间取向是量子化的,则原子磁矩的空间取向也是量子化的,即在外磁场作用下,磁矩的偏转应呈量子化形式,则在底片上能看到分立的痕迹,否则只能得到一片连续分布的痕迹.

实验结果表明,底片上确实有分立的痕迹,似乎说明角动量空间取向的确是量子化的. 但是,施特恩-盖拉赫实验用的银原子在正常情况下处于基态,只有一个价电子,相应的角量子数 $l=0$, 因而磁量子数 m_l 只能取 0,即价电子绕核旋转的角动量和相应的磁矩均应为 0,因而,不应该发生分裂现象,而实验结果表明发生了分裂,且分裂为两条. 另外,在同样的实验中改用氢原子及类氢原子(Li, Na, …)时,也都出现了同样的现象. 这又提出了一个新的问题,如何来解释上述实验现象呢?

1925 年,乌伦贝克(G. E. Uhlenbeck, 1900—1974)和哥德斯密特(S. A. Goudsmit, 1902—1979)提出的电子自旋假说圆满地解释了上述现象. 电子自旋假说认为:电子自旋角动量 $\boldsymbol{L}_s$ 的大小是量子化的,即

$$\boldsymbol{L}_s=\sqrt{s(s+1)}\,\frac{h}{2\pi} \tag{17-38}$$

式中, s 称为**自旋量子数**,它只有一个值, $s=1/2$; 因此,由上式可算得 $\boldsymbol{L}_s=(\sqrt{3}/2)h/(2\pi)$. 而且实验证明,自旋角动量 $\boldsymbol{L}_s$ 也有空间量子化现象. 因而乌伦贝克等人提出的电子自旋的另一个假设是:

每个电子都具有自旋角动量 $\boldsymbol{L}_s$,它在空间任意方向(通常是指外磁场方向)上的分量只可能取两个数值:

$$L_{sm}=m_s\,\frac{h}{2\pi},\quad m_s=\pm\frac{1}{2} \tag{17-39}$$

m_s 称为**自旋磁量子数**，与磁量子数 m_l 相仿，它是描述电子自旋角动量在空间取向的量子数. 实验证明，由于它的值只能是 $+1/2$ 和 $-1/2$，因此不管其他三个量子数 n, l, m_l 的值如何，它在外磁场中的取向也只能是与磁场方向同向平行或反向平行(图 17-15).

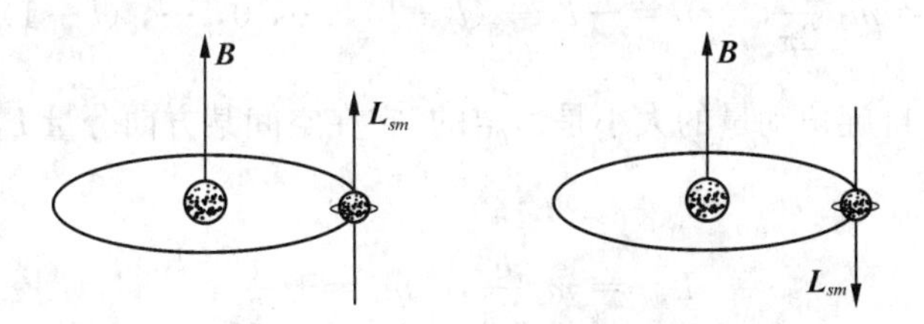

图 17-15 在磁场中电子自旋角动量在磁场方向上的分量

这样，标志氢原中电子状态可以完整地用四个量子数 n, l, m_l 和 m_s 来描述.

17.5.2 多电子的原子

如上所述，要完整地描述一个电子的量子状态，需用 n, l, m_l, m_s 四个量子数来表征.

现在我们进一步讨论原子的状态. 对氢原子来说，它只有一个电子，倘若在原子内不考虑原子核的运动，则电子的状态就表示原子的状态. 至于其他原子，都有两个或两个以上的电子. 在这种多电子的原子中，每个电子不仅受到原子核的作用，还受到其他电子的作用. 因此，一般而言，一个电子的状态就不能代表多电子原子的状态.

但是，如果对多电子原子中的电子间相互作用采取合理的简化和近似，把其中每个电子看作氢原子中的单电子那样，在由原子核和其余电子所形成的球对称有势场中运动，那么，量子力学理论表明，原子中每个电子的量子状态仍然可用一组量子数 n, l, m_l、并加上自旋量子数 m_s 来表征，相应地仍然可用四个物理量来描述原子中电子的运动状态，即：(1)能量 E；(2)电子的角动量大小 L_φ；(3)电子角动量在外磁场方向上的分量 L_ψ；(4)电子自旋角动量 L_s 在外磁场方向上的分量 L_{sm}. 它们都是量子化的. 现在我们把表征原子中电子定态运动的四个量子条件和四个量子数总括如下：

(1) 原子中电子的能量 E 决定于主量子数 n 和角量子数 l：

$$E = E(n,\ l),\quad n = 1,\ 2,\ 3,\ \cdots;\ l = 0,\ 1,\ 2,\ 3,\ \cdots,\ (n-1)$$

给定 n，对于不同的 l，能量略有不同. 对某些原子，如氢原子，E 只与 n 有关.

(2) 电子的角动量大小 L_φ 取决于角量子数 l：

$$L_{\varphi}=\sqrt{l(l+1)}\,\frac{h}{2\pi},\quad l=0,1,2,3,\cdots,(n-1)$$

(3) 电子角动量在空间某方向分量 L_{ψ} 取决于磁量子数 m_l：

$$L_{\psi}=m_1\,\frac{h}{2\pi},\quad m_l=-l,-(l-1),\cdots,0,\cdots,(l-1),l$$

(4) 电子自旋角动量的大小是恒定的，它在空间某方向分量 L_{sm} 取决于自旋磁量子数 m_s：

$$L_{sm}=m_s\,\frac{h}{2\pi},\quad m_s=\pm\frac{1}{2}$$

在上述四个量子化条件中，主量子数 n 确定后，角量子数 l 和磁量子数 m_l 的数值范围也就从而确定. 因此，n, l 和 m_l 这三个量子数是互有联系的，再加上自旋磁量子数 m_s，则借原子中所有电子的 n, l, m_l 和 m_s 这四个量子数，就能全面地决定原子的状态. 相应地，原子的能量则是其中各个电子的能量之总和. 根据上面所述，每个电子的能量不仅取决于主量子数 n，而且还取决于角量子数 l，因此，原子的能级应取决于其中每个电子的这两个量子数 n, l 的集合. 我们把原子中电子的这两个量子数 n, l 的集合，称为原子的**电子组态**. 给出了原子的电子组态，也就标示了原子的相应能级.

当原子处于基态时，是不辐射能量的. 仅当原子从一个状态跃迁到另一个状态时，才发生辐射的吸收或发射.

问题 17.5.1 (1) 根据量子力学理论以及电子自旋的空间量子化，试列举描述处于强磁场内的多电子原子中电子运动状态的四个量子条件和四个量子数.

(2) 如何表述原子的能级？它与哪些量子数有关？

17.5.3 原子中的电子壳层模型　元素周期表的本源

门捷列夫(Д. Н. МеНяелееВ)在总结元素的化学和物理性质的基础上，于1869 年创制了元素周期表. 他指出，**如果把元素按原子量排列起来，元素的物理性质和化学性质都将出现周期性的变化**. 后来发现，周期表中的元素不是按原子量、而是按原子序数 Z 排列的.

> 元素的摩尔体积、熔点、线胀系数、原子的电离能和原子光谱等都按原子序数 Z 呈周期性变化.

从原子结构来看，原子序数 Z 就是原子的核电荷数，也就是原子中电子的数目. 经过玻尔、泡利等人的研究后发现，元素按原子序数 Z 排列所出现的周期性，来源于原子中电子组态的周期性；如果借用轨道的说法，乃是电子按特定轨道排列和分布时呈现出某种周期性重复的结果. 为此，就需考察在这些特定轨道上所能容纳的电子数目. 于是提出了原子的**电子壳层模型，即按照电子的主量子数 n 和角量子数 l 把电子的量子状态划分成壳层**. 由于电子的能量主要取决于主量子数 n，我们就把原子中具有相同主量子数 n 的电子划属于同一壳层. 对应于 $n=1, 2, 3, 4, 5, \cdots$ 的壳层，依次称为 K 壳层、L 壳层、M 壳层、N 壳层、O 壳层、…；对于给定主量子数 n 的电子，它的角量子数 l 有 n 个可能的值 $0, 1, 2, \cdots, (n-1)$，相应地，每一壳层又可划分成 n 个**支壳层**. 对应于 $l=0, 1, 2, \cdots$ 的支壳层，依次用符号 s, p, d, f, g, …标记.

为了知道各壳层中最多能够容纳多少个电子，根据原子光谱规律的研究成果，奥地利物理学家泡利(W. Pauli, 1900—1958)在 1925 年提出了一个所谓**泡利不相容原理**，可叙述为：**原子中不可能有两个或两个以上的电子处于同一状态**. 由于原子中电子的状态是用四个量子数 n, l, m_l, m_s 来描述的，所以不可能有两个或两个以上的电子具有完全相同的四个量子数. 这就限制了每一壳层与支壳层中可能容纳的电子数.

按照泡利不相容原理可以算出各壳层中可容纳的最多电子数. 当 n 给定时，l 的可能值为 $0, 1, \cdots, (n-1)$，共 n 个；对其中任意一个给定的 l，m_l 的可能值为 $0, \pm 1, \pm 2, \cdots \pm l$，共 $2l+1$ 个；当 n, l, m_l 都给定时，m_s 有 $+1/2$ 和 $-1/2$ 两个可能值. 所以，在主量子数为 n 的壳层中，可能容纳的最多电子数为

$$N_n = \sum_{l=0}^{n-1} 2(2l+1) = 2[1+3+5+\cdots+(2n-1)] = 2\,\frac{n[1+(2n-1)]}{2} = 2n^2 \qquad (17-40)$$

由于一组量子数(n, l, m_l, m_s)决定电子的一个状态，而根据泡利不相容原理，一个状态只能被一个电子所占有，所以在主量子数为 n 的壳层中，可以有 $N_n = 2n^2$ 个不同的量子状态，其中每一个状态的能量(即能级 E_n)都是相同的. 即在考虑电子自旋后，相应于能级 E_n 的简并度为 $2n^2$.

> 1 s, 2 p 等表示主量子数 n 和角量子数 l，在上角的数字表示在这个 n 值壳层的 l 支壳层上填充的电子数目.

由式(17-40)可得，$n=1$ 的 K 壳层最多容纳 2 个电子，由于这两个电子属于 K 壳层($n=1$) 的 s 支壳层($l=0$)，通常就标记为 $1\,s^2$；$n=2$ 的 L 壳层最多容纳 8 个电子，其中，有 2 个电子对应于 $l=0$，属于 L 壳层($n=2$) 的 s 支壳层($l=0$)，记作 $2\,s^2$，尚有 6 个电子对应于 $l=1$，属于 L 壳层($n=2$) 的 p 支壳层，记作 $2p^6$，等等. 在表 17-1 中，我们列出了多电子原子的各壳层所能容纳的电子数.

表 17-1 原子的壳层和支壳层所能容纳的最多电子数

n \ 壳层 \ 支壳层 l		0	1	2	3	4	5	6	N_n
		s	p	d	f	g	h	i	
1	K	$1s^2$							2
2	L	$2s^2$	$2p^6$						8
3	M	$3s^2$	$3p^6$	$3d^{10}$					18
4	N	$4s^2$	$4p^6$	$4d^{10}$	$4f^{14}$				32
5	O	$5s^2$	$5p^6$	$5d^{10}$	$5f^{14}$	$5g^{18}$			50
6	P	$6s^2$	$6p^6$	$6d^{10}$	$6f^{14}$	$6g^{18}$	$6h^{22}$		72
7	Q	$7s^2$	$7p^6$	$7d^{10}$	$7f^{14}$	$7g^{18}$	$7h^{22}$	$7i^{26}$	98

习惯上,我们常用上述电子分布的壳层符号来表示原子的电子组态.例如,处于基态的氧原子,其电子组态可表示为 $1s^2\,2s^2\,2p^4$,它是 n, l 这两个量子数 1s, 1s, 2s, 2s, 2p, 2p, 2p, 2p 的集合;相应的壳层结构是:K 壳层的 s 支壳层中有 2 个电子,L 壳层的 s 支壳层中有 2 个电子,L 壳层的 p 支壳层中有 4 个电子.

泡利不相容原理只确定了每个壳层所能容纳电子的最多数目,但电子究竟填充哪个壳层,还要符合**能量最小原理:原子中每一个电子都有一个趋势,占据能量最低的能级**.这跟宏观现象中"水向低处流"的道理相仿.也就是说,电子总是先占据能量最小的状态,当原子中电子的能量最小时,整个原子的能量也最低,原子处于最稳定的状态.

在原子序数 Z 不太大的情况下,电子之间的相互作用可以忽略,能级只由主量子数 n 决定.因而原子中电子总是按照泡利不相容原理和能量最小原理,由最低能级($n=1$)的 K 壳层开始填起,一个壳层填满后,再填下一个壳层.例如,氢原子只有一个电子,填充在 1s 状态.氦原子有两个电子,由于 1s 状态容许有自旋相反的两个电子,所以同时填充在 1s 状态,这样 K 壳层正好填满,完成了第一个闭合壳层,成为一个稳定结构,于是就完成了元素周期表中的第一个周期.以后每一新的周期是从电子填充一新的壳层开始的①.因而周期地填充新壳层,就导致原子性质的周期性.元素的物理和化学性质主要决定于其原子最外层

① 当原子序数 Z 较大时,电子不完全按照 K, L, M, …壳层的次序来填充,而是根据光谱实验归纳出来的电子能级的规律,从低能级到高能级在各个支壳层上填充.这是因为在 Z 较大的情况下,原子中电子数较多,各电子间的相互作用不能完全忽略.在此情况下,电子的能级不仅与主量子数 n 有关,还与角量子数 l 有关,以致当 n 较大时,可能出现**能级交错现象**,即 n 大、l 小的状态的能量反而比 n 小、l 大的状态的能量还要小.

未填满壳层的电子(即价电子)的数目和排列. 上述观点已为原子光谱和 X 光谱的分析研究所证实. 所以,我们可以按照上述原子中电子的壳层模型及其有关排布理论来解释元素周期表所显示的规律.

问题 17.5.2 (1) 试述原子中电子的壳层是怎样划分的?

(2) 试述泡利不相容原理和最小能量原理.

习　题　17

17-1 质量为 5 g 的物体以速度 10 m · s^{-1} 运动,求该物体的德布罗意波长. (**答**:1.33×10^{-32} m)

17-2 经过 $V_{KD}=100$V 电压加速的电子,其德布罗意波长为多大? (**答**:0.12 nm)

17-3 电视机显像管中电子的加速电压 $V_{DK}=10^4$ V,求电子从枪口半径 $r=0.1$ cm 的电子枪射出后 的横向速度的不确定量. (**答**:0.35 m · s^{-1})

17-4 求证:自由粒子的不确定关系为 $\Delta x\cdot\Delta\lambda\geqslant\lambda^2$,其中,$\lambda$ 为自由粒子的德布罗意波长.

17-5 一微观粒子处于一维无限深势阱中的基态,势阱宽度为 $0\leqslant x\leqslant a$. 求在 $a/4\leqslant x\leqslant 3a/4$ 区域内发现粒子的概率. (**答**:81.8%)

17-6 一微观粒子出现在区间 $0\leqslant x\leqslant a$ 内任一点的概率都相等,而在该区间以外的概率处处为零. 求此粒子在区域内的概率密度. (**答**:$1/a$)

17-7 一微观粒子沿 Ox 轴方向运动,其波函数为 $\psi=A/(1+\mathrm{i}x)$. (1) 求归一化后的波函数; (2) 求粒子坐标的概率分布函数; (3) 找到粒子的概率最大应在什么地方? $\left(\text{答}:(1)\psi(x)=\dfrac{1}{\sqrt{\pi}}\dfrac{1-\mathrm{i}x}{1+x^2};\quad (2)P(x)=\dfrac{1}{\pi}\dfrac{1}{1+x^2};\quad (3)\text{当 } x=0 \text{ 时,有 } P_{\max}=\dfrac{1}{\pi}\right)$

17-8 一质量为 m 的微观粒子在宽度为 a 的刚性盒子中沿宽度方向作一维运动,求此粒子的动量和能量. (**答**: $p=nh/(2a)$; $E_k=n^2h^2/(8ma^2)$, $n=1, 2, 3, \cdots$))

17-9 在原子中,与主量子数 $n=3$ 相应的状态数有几个? (**答**:18)

17-10 有两种原子,在基态时其电子壳层是这样填充的:

(1) $n=1$ 壳层,$n=2$ 壳层和 3 s 支壳层都填满,3 p 支壳层填满一半;

(2) $n=1$ 壳层,$n=2$ 壳层,$n=3$ 壳层及 4 s, 4 p, 4 d 支壳层都填满.

试问这是哪两种原子? (**答**:(1)$Z=15$,P(磷原子);(2)$Z=46$,Pd(钯原子))

*第 18 章 原子核和基本粒子简介

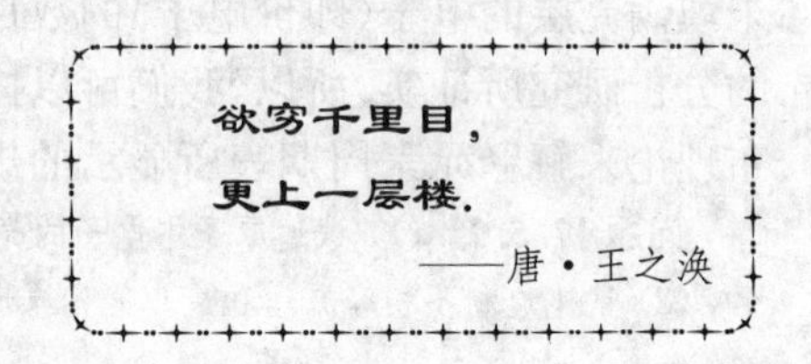

上一章讨论了原子的外层结构，本章将对原子核理论作一简介.

18.1 原子核的结构和基本性质

18.1.1 原子核的组成

实验表明，原子核是由一定数目的质子和中子组成的一个复杂系统. 对质子和中子而言，除了带电情况不同外，在质量、自旋等特征以及在核内的相互作用中，有许多性质是相近的，因此，我们常把质子和中子统称为**核子**.

18.1.2 原子核的电荷

原子核的重要特征之一是它的电荷数. **原子核中的中子不带电，质子带正电**，一个质子的电荷在大小上等于电子的电荷 e，以 Z 表示核的质子数，则核的电荷为 $+Ze$，故 Z 又称原子核的**电荷数**. 一个中性原子的核，它的电荷数 Z 等于核外电子的数目. 因此，Z 也等于元素的原子序数.

18.1.3 原子核的质量

原子核的另一个重要特征是它的质量. 由于电子的质量很小，所以原子核几乎集中了原子的全部质量. 例如，最轻的氢原子核的质量为 $m_{\mathrm{H}}=1.6726\times10^{-27}\ \mathrm{kg}$，核外只有一个电子，其质量仅为 $m_{\mathrm{e}}=9.1096\times10^{-31}\ \mathrm{kg}$，两者的比值为

$$\frac{m_{\mathrm{e}}}{m_{\mathrm{H}}}=\frac{9.1096\times10^{-31}\ \mathrm{kg}}{1.6726\times10^{-27}\ \mathrm{kg}}=\frac{1}{1\,836}$$

元素的原子序数 Z 越大，这比值越小. 例如铀原子的这一比值约为 1/4 800. 可见原子核的质量与原子的质量相差极微(仅相差核外全部电子的质量)，因而可以认为原子核的质量就等于原子的质量. 在原子核物理学中，用千克作为原子质量的单位，显得太大，常使用另一种质量单位，称为“**原子质量单位**”. 按照目前国际上的新规定，取地球上最丰富的碳同位素[①] $^{12}_{6}\mathrm{C}$ 原

---

① 电荷数(原子序数)Z 相同、而质量不相同的元素称为**同位素**. 同位素在周期表上的位置相同. 例如，碳有五种同位素，它们的 Z 都为 6，但它们的质量各不相同.

子的质量的 1/12 作为一个“原子质量单位”，用符号 u 表示. 我们知道，1 mol 的$^{12}_{6}$C（其摩尔质量为 $M = 0.012\,000\ \mathrm{kg \cdot mol^{-1}}$）含有 $N_A = 6.022\,137 \times 10^{23}$ 个碳原子，N_A 就是阿伏伽德罗常量，故每个碳原子的质量为

$$m_C = \frac{0.012\,000\ \mathrm{kg \cdot mol^{-1}}}{6.022\,137 \times 10^{23}\ \mathrm{mol^{-1}}} = 19.926\,79 \times 10^{-27}\ \mathrm{kg}$$

按照上述规定，1 个“原子质量单位”的质量相当于

$$1\ \mathrm{u} = \frac{19.926\,79 \times 10^{-27}\ \mathrm{kg}}{12} = 1.660\,566 \times 10^{-27}\ \mathrm{kg}$$

原子核的质量采用原子质量单位来表示时，各种原子核的质量都接近于整数. **原子核质量最接近的整数称为原子核的质量数**，以 A 表示. 例如，氧的一种同位素$^{16}_{8}$O 的原子核或氧原子的质量是 15.994 915 u，所以它的质量数是 $A=16$.

采用原子质量单位时，中子的质量 m_n 和质子的质量 m_p 分别为

$$m_n = 1.008\,665\ \mathrm{u}, \quad m_p = 1.007\,276\ \mathrm{u}$$

可见质子和中子的质量都近似地等于 1 个原子质量单位，所以原子核的质量数 A 就等于组成核的质子和中子的总质量数，亦即核子数. 于是可得质量数为 A、电荷数为 Z 的原子核，它的质子数 N_p 和中子数 N_n 分别为

$$N_p = Z, \qquad N_n = A - Z \tag{18-1}$$

一般说来，电荷数 Z 和质量数 A 是表达原子核最基本特征的物理量，所以常用$^{A}_{Z}$X 来标记不同的原子核，X 代表某一元素，如$^{1}_{1}$H，$^{4}_{2}$He，$^{12}_{6}$C，$^{16}_{8}$O，等等. 在原子核物理学中，电子等粒子虽然不是原子核，也常用这种标记方法，例如电子的质量为 0.000 549 u，可用$^{0}_{-1}$e 表示. 质子就是氢原子核，它带有和电子电荷大小相等的正电，质量为 1 u，可用$^{1}_{1}$p 表示；中子是不带电的中性粒子，质量为 1 u，可用$^{1}_{0}$n 表示.

18.1.4　原子核的结合能

如果原子核的质量等于组成这核的质子和中子的质量之总和，则质量数为 A、电荷数为 Z 的原子核的质量，按式(18-1)，应为

$$Zm_p + (A - Z)m_n$$

但从实验测定的原子核的质量 m 恒小于上式所给出的值，这差额

$$B = [Zm_p + (A - Z)m_n] - m \tag{18-2}$$

称为**质量亏损**. 例如，氦核$^{4}_{2}$He 的质量数 $A = 4$，质子数 $N_p = Z = 2$，中子数为 $N_n = A - Z = 4 - 2 = 2$. 当由两个质子和两个中子组成氦核时，则它的质量应等于全部核子质量之总和，即

$$Zm_p + (A - Z)M_n = 2 \times 1.007\,276\ \mathrm{u} + 2 \times 1.008\,665\ \mathrm{u} = 4.031\,882\ \mathrm{u}$$

但测得氦核$^{4}_{2}$He 的质量 $m_{He} = 4.001\,505\ \mathrm{u}$，故氦核的质量亏损为

$$B = 4.031\,882\ \mathrm{u} - 4.001\,505\ \mathrm{u} = 0.030\,377\ \mathrm{u}$$

根据计算,其他原子核也都有这种质量亏损.从上述计算看来,这种质量亏损似乎微不足道.然而,根据相对论中有关物质的质量与能量之间的联系,质量改变 B 伴随着能量的改变 ΔE,其关系为

$$\Delta E = c^2 B \tag{18-3}$$

式中,c 为光速.由此可知,当一些单个核子形成原子核时,有质量亏损,因此,与此质量亏损联系的就一定有能量的改变,要放出大量的能量.以氦为例,形成一个氦原子核时所放出的能量为

$$\begin{aligned}\Delta E = c^2 B &= (3\times10^8\ \mathrm{m\cdot s^{-1}})^2 \times 0.030\,377\ \mathrm{u} \times 1.660\,566\times10^{-27}\ \mathrm{kg\cdot u^{-1}} \\ &= 4.539\,871\times10^{-12}\ \mathrm{J} \approx 28.34\ \mathrm{MeV}\end{aligned}$$

形成 1 mol 的氦核,即 6.022×10^{23} 个氦原子核所放出的能量为

$$\begin{aligned}\Delta E_{\mathrm{mol}} &= 6.022\times10^{23}\ \mathrm{mol^{-1}} \times 28.34\ \mathrm{MeV} \\ &= 170.7\times10^{23}\ \mathrm{MeV\cdot mol^{-1}} = 27.2\times10^{11}\ \mathrm{J\cdot mol^{-1}}\end{aligned}$$

而 1 t 煤燃烧时放出的热量约 29.3×10^9 J,因此这就差不多相当于燃烧 100 t 煤时所放出的热量.

由质子和中子形成某种原子核时所放出的这种能量,称为**结合能**.相反,如果要使原子核分裂为单个的质子和中子时,外界就必须供给与结合能等值的能量或作这样多的功.因此,**原子核是稳定的,而结合能就表示核的稳定程度,结合能愈大,核也愈稳定**.

如果把某原子核的结合能用这核中的总核子数 A 去除,就可以得到每个核子的平均结合能 $\Delta E/A = c^2B/A$.以 c^2B/A 为纵坐标,A 为横坐标,可得两者的关系如图 18-1 所示.

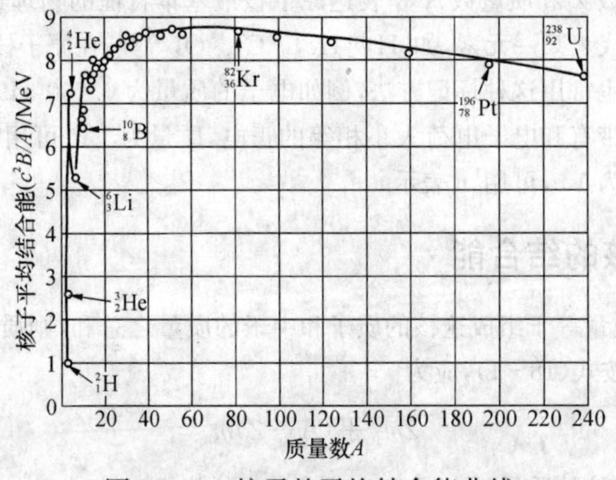

图 18-1 核子的平均结合能曲线

从图 18-1 可以看出,对于中等原子量元素的核,每个核子的平均结合能最大,且近似地皆等于 8.6 MeV,因此最稳定;还可以看出,对于轻核和重核,每个核子的平均结合能都比上述数值为小,因此,**当轻核聚合成中等原子量的核或重核分裂成中等原子量的核时,都有大量能量放出**,这种能量称为**原子核能**,常称为**原子能**.

18.1.5 核 力

在原子核内,质子之间的距离都在 10^{-15} m 以内,而所有质子都是带正电的,因此它们

之间有很强的静电斥力，这种斥力有拆散核的作用；另一方面，从结合能的数据来看，把核拆散成质子和中子需要耗费巨大的功. 可见在核子之间一定还存在一种比静电斥力更大的相互作用力，以使质子和中子集结在一起，形成稳定的核，这种力称为**核力**，也就是核子之间的强相互作用. 关于核力的详细性质尚不够清楚，目前只根据实验肯定了下面的一些性质.

无论是质子与质子、中子与中子或质子与中子之间都有核力相互作用，而且任意两个核子之间的核力大致相等. 其次，核力是一种**短程力**. 在大于 10^{-15} m 的距离时，核力远比库仑力为小，在小于 10^{-15} m 的距离时，核力比库仑力增加得更为迅猛，这时核力起主要作用. 并且，核力具有“饱和”的性质，亦即，一个核子仅在与它相紧邻的核子之间才有核力相互作用，而不能与核内所有更远的核子都以核力相互作用. 实验还指出，在核子之间的作用范围 10^{-15} m 内，如核子之间的距离较大，核力表现为吸力，而当核子间的距离小到 0.4×10^{-15} m 时，核力就由吸力变为强大的斥力. 这种斥力的存在以及其他的原因，使核子不可能非常接近.

关于核力的本质，目前认为是一种场力. 我们知道，电荷相互作用是通过电磁场传递的，并且电磁场的量子就是光子. 1935 年日本物理学家汤川秀树(1907—1981)提出了核力的介子场理论，认为核子是通过介子场传递的，介子场的量子是介子(参阅 18.5 节).

18.1.6　原子核的大小

实验指出，原子核占有的体积恒正比于质量数 A. 如果把原子核看作是球体，设其半径为 R，则其体积为 $4\pi R^3/3$，因此 $R^3\propto A$，故可写成

$$R = R_0 A^{\frac{1}{3}} \tag{18-4}$$

式中，R_0 是比例系数，实验测定 $R_0\approx1.20\times10^{-15}$ m. 按上式计算，碳原子核($^{12}_{6}C$) 的半径为

$$R = 1.20\times10^{-15}\ \mathrm{m}\times12^{\frac{1}{3}}\approx2.7\times10^{-15}\ \mathrm{m}$$

读者也可算出，铀原子核($^{238}_{92}U$)的半径约为 7.4×10^{-15} m，氧原子核($^{16}_{8}O$)的半径约为 3.1×10^{-15} m 等. 可见原子核大小如以半径来量度，其数量级皆为 10^{-15} m.

由于原子核的体积与其质量成正比，这表明核物质的分布基本上是均匀的，因此任何原子核都具有近乎相同的密度. 由原子核的体积 $4\pi R^3/3$ 和质量数 A 可算得原子核的密度为 $\rho=2.29\times10^{17}\ \mathrm{kg\cdot m^{-3}}$. 可见，原子核的密度是极为巨大的. 只有宇宙中存在这样高密度的天体. 例如，在天体演化过程中的质量较大的晚期恒星，由于自身的万有引力而使星体剧烈收缩，即导致引力坍缩，使星体内温度上升，可高达 10^{11} K，核燃烧产生大量的中子和质子. 其中，自由质子通过反 β 衰变俘获高能自由电子而转变成中子. 于是中子就成为这种坍缩恒星的基本成分，这就是密度高达 $10^{17}\sim10^{18}\ \mathrm{kg\cdot m^{-3}}$ 的中子星.

从上述原子核密度近乎相同的事实表明，无论原子核中核子数目有多少，每一个核子在核内几乎都占有相同大小的体积. 由此也证实核力是饱和的，因为如果核力不具有饱和性，即每个核子都受到所有其他核子的吸引力，则核内的核子数目越多，核子之间将更挤紧，而每个核子所占体积将越小，导致核物质密度随核内的核子数增多而变大. 显然，这与上述事实不符.

问题 18.1.1 (1) 原子核是由什么东西组成的？它有什么重要特征，如何表示它？铀-235 ($^{235}_{92}U$)核的核子数、质子数和中子数各有多少？

(2) 何谓质量亏损？什么叫结合能？

(3) 试述核力及其性质.

18.2 原子核的衰变和衰变规律

18.2.1 天然放射性现象

1896 年法国物理学家贝克勒尔(H. Becquerel, 1852—1908)在研究铀盐的性质时，偶然发现铀盐(铀化钾)不断地放出一些射线(辐射)，这些射线是看不见的，但能穿过可见光所不能穿过的物体(例如黑纸)和使照相底片感光. 继而，法国物理学家居里夫妇(M. S. Curie, 1867—1934; P. Curie, 1859—1906)发现镭和钋也都能够放出类似的射线，而且强度比铀所放出的更强.

铀、镭等元素能够放出上述射线的性质，称为**放射性**. 具有放射性的元素称为**放射性元素**. 除上述铀、镭和钋外，后来又发现了位于门捷列夫元素周期表末尾的一些其他重元素都具有放射性. 这些元素不用人工，就会自发地放出上述射线，故称为**天然放射性**.

进一步的研究发现，放射性射线一般具有下述几种性质：①能使气体电离；②能激发荧光；③能使照相底片感光；④可以贯穿可见光所不能穿透的一些物体；⑤射线足够强时，能破坏细胞组织；⑥放射性物质的温度恒高于周围物质的温度，并且周围物质吸收了这射线后，温度要升高，这表明放射性元素在放射过程中不断地放出能量.

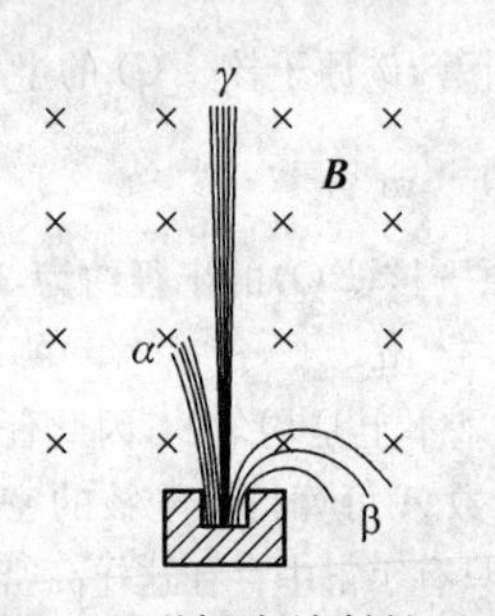

图 18-2 磁场中放射性元素的射线分成三部分

研究放射性元素的射线在磁场中的表现时，发现这种射线是由三种不同本质的射线所组成的，这三种射线分别地叫做 α，β 和 γ 射线. 如图 18-2 所示，在铅块中钻一深的孔道，孔道的底上放置放射性物质，因为射线不能穿过很厚的铅板，所以仅能沿着孔道射出而成为很窄的一束. 在孔道上的空间，加一垂直于图面向里的磁场，则射线束通过这磁场时就分成三部分，即 α，β 和 γ 三种射线. 由图可见，α 射线在磁场中的偏转方向和带正电荷的运动粒子的偏转方向一样，β 射线的偏转方向和带负电荷的运动粒子的偏转方向一样，而 γ 射线则不发生偏转.

对这些射线作进一步的研究后，确定了 α 射线是一种粒子流，这种粒子的质量为氢原子质量的 4 倍，带有两倍于电子电荷的正电荷，即氦原子核，称为 α **粒子**. β 射线是高速飞行的电子流，称为 β **粒子**. γ 射线是波长比 X 射线更短的电磁波，即光子流. 在这三种射线中，α 射线的电离本领最强，γ 射线的电离本领最弱；α 射线贯穿物体的本领最弱，而 γ 射线最强；β 射线的电离本领和贯穿本领都介于 α 和 γ 射线之间.

现在，我们来说明上述放射性现象的本质.

1908 年，卢瑟福用光谱分析方法发现盛有少量镭盐($RaCl_2$)的密闭容器里，出现了两种本来在容器内所没有的气体，经研究肯定，一种气体是氦，另一种气体是当时新发现的元素，叫做氡. 这一实验结果的解释如下：镭的原子核中放出一个 α 粒子（即氦原子核），α 粒子吸收两个电子中和后，成为氦原子，这就是容器内所产生的第一种气体. 镭的原子核放出 α 粒子后转变为新元素氡的原子核，电中和后的氡原子就是容器内新发生的第二种气体. 氡元素也具有放射性. 人们发现许多元素的核是不稳定的，都会自发地发生转变，放出射线，这就是所谓原子核的**衰变**. 由此可见，**放射性现象的本质就是原子核的衰变过程，衰变之后，原来的元素转变为另外的元素**. 放射性现象指出了原子核是由很多粒子所组成的复杂系统. 天然放射性元素的衰变方式有下列三种：

(1) α 衰变——从核中放出 α 粒子流（α 射线）的过程.

(2) β 衰变——从核中放出电子流（β 射线）的过程.

(3) γ 衰变——从核中放出光子流（γ 射线）的过程.

18.2.2 原子核衰变的规律

原子核是否具有放射性，会进行何种方式的衰变，取决于核的内在性质，与温度、压强、电场或磁场等外界条件无关. 理论和实验证明，在核衰变的过程中，原子核的数目随时间按指数规律而减少. 这一结果可推导如下：

设在 t 和 $t+\mathrm{d}t$ 时刻，某一放射源中放射性元素的原子核数目分别为 N 和 $N+\mathrm{d}N$. $\mathrm{d}N$ 为原子核数目在 $\mathrm{d}t$ 时间内因衰变而引起的变化量，它与原来的原子核数目 N 以及衰变时间 $\mathrm{d}t$ 成正比. 由于原子核数目随时间而减少，故 $\mathrm{d}N$ 是负的. 即

$$\mathrm{d}N = -\lambda N \mathrm{d}t$$

式中，比例系数 λ 称为**衰减恒量**，其值只与元素本身性质有关. 将上式积分，得

$$\ln N = -\lambda t + C$$

C 为积分常数. 设 $t=0$ 时，放射源中原子核数目为 N_0，代入上式，得 $C=\ln N_0$，由此可得

$$\ln \frac{N}{N_0} = -\lambda t$$

或

$$N = N_0 \mathrm{e}^{-\lambda t} \tag{ⓐ}$$

上式表示，原子核的数目 N 是随时间 t 按指数规律而减少的.

通常，以单位时间内发生核衰变的次数来表示放射性的强弱，称为**放射性活度**，以 A 表示，单位为 s^{-1}，这单位用符号 Bq（贝克勒尔）表示. 设在 $\mathrm{d}t$ 时间内发生核衰变的次数（即原子核减少的数目）为 $-\mathrm{d}N$（因 $\mathrm{d}N$ 为负值，故加一负号），按照放射性活度的定义，由式ⓐ，得

$$A = -\frac{\mathrm{d}N}{\mathrm{d}t} = \lambda N_0 \mathrm{e}^{-\lambda t} \tag{ⓑ}$$

以 A_0 表示 $t=0$ 时的放射性活度，由式ⓑ，显然，$A_0=\lambda N_0$，故上式成为

$$A = A_0 \mathrm{e}^{-\lambda t} \tag{18-5}$$

亦即,放射性活度 A 也是随时间 t 按指数规律而减小的,两者的关系可用图 18 - 3 所示的曲线表示.

由式(18 - 5)可知,放射性元素衰变的快慢决定于 λ 的值. 在习惯上,常用另一个恒量来表示,这个恒量就是放射性活度减弱为原来的一半(即 $A = A_0/2$)时所经历的时间,称为放射性元素的**半衰期**,用 τ 表示. 由式(18 - 5),得

$$\frac{A_0}{2} = A_0 e^{-\lambda\tau}$$

所以
$$\tau = \frac{\ln 2}{\lambda} = \frac{0.693}{\lambda} \tag{18-6}$$

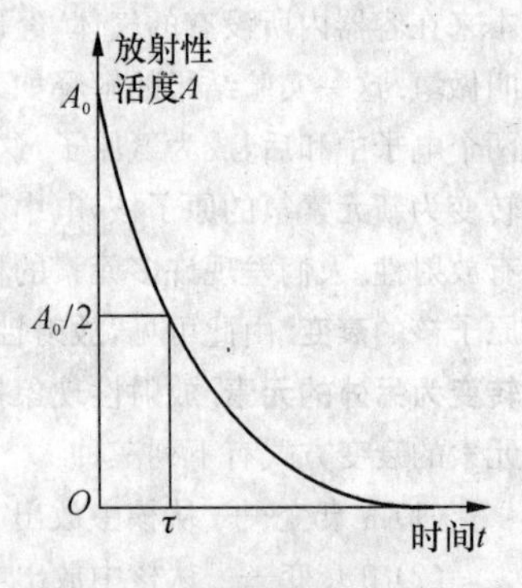

图 18 - 3　放射性活度 A 与时间 t 的关系曲线

各种放射性元素半衰期 τ 的长短相差很大,例如,铀的半衰期为 4.5×10^9 a (a 是年的单位),镭的半衰期为 1 590 a,钋的半衰期为 3×10^{-7} s. 半衰期的意义如下:设有 1 g 镭,经过半衰期 1 590 a 后,剩下 $\frac{1}{2}$ g;再经过 1 590 a 后,剩下 $\frac{1}{4}$ g;以下类推.

18.2.3　位移定则

和其他过程一样,原子核的衰变过程也遵从电荷守恒、质量守恒和能量守恒等自然界的普遍规律,**衰变前各原子核的电荷数与质量数的总和应分别等于衰变后的总和.** 例如,在 α 衰变过程中,放射性元素 X 的原子核放出一个 α 粒子($^4_2$He)时,就蜕变成一种新元素 Y,其原子核的质量数比原来元素的质量数减少 4,而电荷数减少 2,即在周期表中的位置移前两位. 可用下列反应式表示:

$$^A_Z X \longrightarrow {}^{A-4}_{Z-2}Y + {}^4_2 He$$

又如在 β 衰变过程中,原子核放出一个 β 粒子($^{\ 0}_{-1}$e)时,新元素原子核的质量数不变,而电荷数增加 1,即在周期表中的位置移后一位. 可用下列反应式表示:

$$^A_Z X \longrightarrow {}^{A}_{Z+1}Y + {}^{\ 0}_{-1} e$$

上两式通常称为**位移定则**,根据这个定则能决定新元素在周期表中的位置. 原子核进行 γ 衰变时,核的能级发生改变,但核的组成不发生变化,元素在元素周期表上的位置不变.

上面我们叙述了放射性现象及其规律. 下面我们继续对探测和研究放射性现象的一些方法作一介绍.

18.2.4　探测放射性现象的方法

前面讲过,放射性元素所放出的 α, β 和 γ 三种射线都能激发荧光,使气体电离和使照相底片感光. 但强弱程度不同,因而我们能够分别观察由这三种射线所引起的现象. 不仅如此,由于单个的 α 粒子和 β 粒子都具有很高的能量,所以我们能够记录个别的 α 粒子或 β 粒子的运动情况,这对放射性现象和核反应(后面将讨论)的研究有极重大的意义. 观察这些粒子的

设备和方法很多，例如**云室**①和各种计数器等. 本书仅介绍较常见的**计数器**.

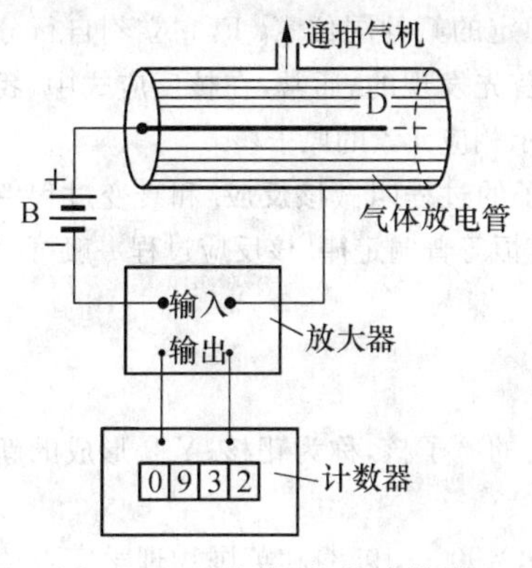

图 18-4　盖革-米勒计数器

计数器是根据射线能使气体电离的性能制成的，图 18-4 所示是最常用的一种金属丝计数器，它是由英国物理学家盖革(H. W. Geiger，1882—1945)和米勒(Müller)研制成的，叫做盖革-米勒计数器. 在两端用绝缘物质封闭的金属管内贮有低压气体(压强约为 10^4 Pa)，沿管的轴线装置一金属丝 D(如钨丝)，在金属丝和管壁之间用电池组 B 产生一定的电压，这电压比管内气体的击穿电压稍低，因而，管内没有射线穿过时，气体不放电. 当某种射线的一个高速粒子进入管内时，它就使管内气体原子电离，而释放出几个自由电子，并在电压作用下奔向金属丝 D，沿途又电离了气体的其他原子，释放出更多的电子，这些电子再接连电离越来越多的气体原子，终于使管内气体成为导电体，在丝极与管壁之间产生迅速的气体放电现象，遂有一个脉冲电流输入放大器，并由接于放大器输出端的计数器自动地记录下每个粒子飞入管内时的放电，由此就可检测出粒子的数目.

问题 18.2.1　(1) 放射性射线有些什么性质？可用什么方法观察？α 射线、β 射线和 γ 射线的本质是什么？在 α 衰变或 β 衰变过程中，如果原子核放出一个 α 粒子或一个 β 粒子时，原子核将分别起什么变化？

(2) 放射性强度的变化规律如何？什么叫半衰期？

18.3　核反应

上节讲过，不稳定元素会自发产生核衰变现象. 那么，对于稳定元素来说，是否能用一些方法使它的原子核结构发生改变，从而把一种元素转变为另一种元素呢？从本节开始，我们就来讨论这个问题.

18.3.1　人工核反应　中子

1919 年，卢瑟福用天然放射性元素放出的 α 粒子，去轰击氮核(即把氮核 ${}^{14}_{7}$N 当作一个靶子)，完成了第一次人工核反应，并从此开始了人工核反应的研究. 这个反应过程可用下列的反应式表示：

---

①　云室是观察粒子径迹的实验设备. 当带电粒子通过充满气体(如乙醇)的饱和蒸汽的云室时，在粒子通过的路径上气体发生电离而出现一连串的离子，这时使气体绝热膨胀而降温，室内的气体便处于过饱和状态，就以这些离子为凝结中心，形成微小液滴. 这样，在粒子经过的路径上就显示出一条白色的云雾，这就是粒子的径迹，并可用照相机拍摄下来. 根据径迹粗细、长短及在强磁场中径迹的弯曲情况，可以研究带电粒子的性质，携带的能量和带电的正、负等.

$$^{14}_{7}N+^{4}_{2}He \longrightarrow (^{18}_{9}F) \longrightarrow ^{17}_{8}O+^{1}_{1}H$$

当α粒子钻入氮原子核后形成不稳定的核,这就是不稳定的氟的同位素$^{18}_{9}F$,它立刻自行分裂,放出质子$^{1}_{1}H$,而转变为$^{17}_{8}O$. 质子就是在这个反应中首先发现的. 通常,在核反应式中,我们用元素符号代表原子核,如N, He, F, O, H分别表示相应元素的原子核.

上述用高能粒子轰击原子核而放出一个或几个粒子的过程叫做**核反应**. 和衰变过程一样,核反应过程也严格遵守电荷守恒、质量守恒和能量守恒等普遍定律. 核反应过程一般可用下式表示:

$$^{A}_{Z}X+a \longrightarrow ^{A'}_{Z'}Y+b$$

式中,a是入射粒子,b是反应后放出的粒子;X是被轰击的原子核,称为**靶核**;Y是形成的**新核**,称为**反冲核**.

1932年,法国物理学家约里奥-居里(F. Joliot-Curie, 1900—1958)和英国物理学家查德威克(J. Chadwick, 1891—1974)在研究α粒子轰击铍核$^{9}_{4}Be$所引起的核反应时,发现了**中子**$^{1}_{0}n$,反应式为

$$^{9}_{4}Be+^{4}_{2}He \longrightarrow ^{12}_{6}C+^{1}_{0}n$$

中子的性质可简述如下:因为中子不带电荷,实际上不会和原子中的电子发生相互作用,不会使原子电离. 所以当中子经过物质时,它的能量损失很少,表现为很强大的穿透本领——能够穿透几十厘米厚的铅层.

因为中子不会使原子电离,所以要从中子所产生的次级现象中才能观察到中子. 例如中子和原子核碰撞时,中子将能量传给原子核,使原子核运动起来,而在其路径上产生大量离子,这时就可用云室等方法去观察. 中子和质子碰撞时,因为它们的质量很相近,每碰撞一次,中子就有很大一部分能量传给质子. 因此,使中子通过含氢的物质(水、石蜡等)时,它的速度就很快地降低到热运动的速度,变成为所谓**慢中子**或**热中子**.

中子不带电荷,它不会受到核电场的排斥作用,因而中子比其他粒子更容易钻进原子核而引起核的分裂. 现在已经知道,中子几乎可使一切元素的核发生分裂.

18.3.2 人工放射性 正电子

1934年,约里奥-居里夫妇发现,用α粒子轰击各种物质时,经过核反应所产生的新元素是不稳定的,是一种放射性元素. 这种用人为方法产生放射性元素的现象,称为**人工放射性现象**. 这一发现对产生人为放射性同位素提供了重要的实验基础. 应用中子作为入射粒子也可产生放射性同位素,例如

$$^{14}_{7}N+^{1}_{0}n \longrightarrow ^{14}_{6}C+^{1}_{1}H$$

而$^{14}_{6}C$是放射性的,其反应如下

$$^{14}_{6}C \longrightarrow ^{14}_{7}N+^{0}_{-1}e \quad (\text{半衰期大于 } 5\,000\ \text{a})$$

式中,$^{14}_{6}C$就是人工放射性同位素.

在人工放射性现象中,又发现了正电子$^{0}_{+1}e$. 正电子的质量与电子质量相同,但具有与电

子电荷大小相等的正电荷.例如 α 粒子轰击硼核 ${}^{10}_{5}B$ 之后，产生了氮同位素 ${}^{13}_{7}N$，氮这一同位素仍将继续放出正电子 ${}^{0}_{+1}e$，这种过程称为 β^+ **衰变**，衰变过程为

$$ {}^{10}_{5}B + {}^{4}_{2}He \longrightarrow {}^{13}_{7}N + {}^{1}_{0}n $$

$$ {}^{13}_{7}N \longrightarrow {}^{13}_{6}C + {}^{0}_{+1}e $$

通过核反应的研究，发现了质子、中子、正电子等等；同时不断发现许多新的粒子，如介子、超子等，统称为**基本粒子**(参阅 18.5 节).近代高能粒子加速器的发展和应用，以及对宇宙射线①的研究，大大促进了关于核结构的研究.这对于我们进一步认识物质世界并利用核能，具有重大意义.

18.3.3　放射性同位素及其应用

在自然条件下，大部分元素仅有稳定的同位素，只有门捷列夫元素周期表末端的一些元素有天然放射性.**但在人工的元素转换的反应中，所有元素都可得到人工的放射性同位素**，现在已经得到了 700 多种人工放射性同位素.

根据放射性同位素的性质和特点，它们已在工农业生产或医药卫生方面获得广泛的应用.基本上有下述两类应用：

(1) 射线的利用　放射性同位素所放出的射线都能穿透物质，但它们能穿透物质的本领是不同的.其中 γ 射线穿透本领最强，β 射线次之，α 射线最弱.在穿过物质时它们都按照一定的规律为物质所吸收或散射；同时在穿过物质时，也都能够使物质的分子电离，从而引起化学变化以至生理变化.射线的这些特性可应用在下述几方面：①利用射线的穿透性质来检查机械零件内部的缺陷；利用射线被物质吸收的性质，来测量物体的密度及厚度、泥浆的浓度、河道中流水的含沙量、水面蒸发量等.②利用射线的电离本领来消除有害的静电积累.③利用射线辐照，治疗癌症等疾病.

现在我们介绍工业上的一个应用实例.如图 18-5所示，在制药厂的生产线上，利用安置在传送带下方的放射源所辐射的 γ 射线，可以检测传送过去的胶囊所装药量是否符合规定的要求.若胶囊内所装的药过量，便有更多的射线被其吸收，则装置在传送带正上方的探测器(例如，盖革-米勒计数器)所记录的 γ 射线透射率就较低；反之，若装药不足，则透射率就较高.利用自动控制系统，将这些不合格的胶囊自动挑拣出来，而只让合格的装药胶囊通过.这样，就能精确地控制出厂产品的质量指标.

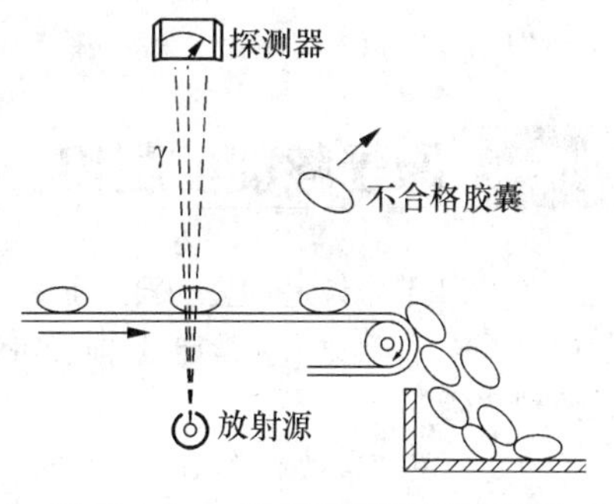

图 18-5　γ 射线检测装置示意图

利用 γ 射线的这种检测装置，也可用来检测饮料厂(如啤酒厂、汽水厂等)中生产出来的瓶装

① 原始的宇宙射线是从宇宙空间飞来的高速粒子流，这些粒子是质子和某些重元素的原子核等，它们在进入地球大气层后，和大气中的原子相碰撞，引起剧烈反应，产生许多种次级的高速粒子.在宇宙射线的研究中，先后发现了正电子、介子等基本粒子.

饮料中是否含有杂质,像肉眼难以观察到的微小尘粒等.

由于γ射线检测装置不接触被测物质,且γ射线不受周围环境因素(如温度、压强、温度和电磁场等)的影响,因而可推广到其他的工业领域中去.例如,用于检测容器内的物位(如液位或物料高度等)以及秤量物料的重量等.近年来问世的核子秤,可以在生产线上快速而自动地秤量出物料重量.

(2) 示踪原子的利用　因为放射性同位素的踪迹很容易被检查出来(例如利用计数器等),所以在工业生产、化学反应或生物成长、医疗诊断中,常在所用的元素中加入少量的这种元素的放射性同位素,在混合物中所有原子的化学性质都是完全一样的,但放射性同位素的原子却单独具有放射性,因此就可以检查出这种同位素原子在全部过程中的动态及所产生的效果.这就是"示踪原子"方法的根据.例如,在给水工程中,应用示踪原子检漏,在水文地质勘探中,利用放射性同位素作为指示剂来确定地下水的运动方向和流速.由此可见,人为放射性的发现,不但对原子核的性质有了进一步的了解,并且还有极重要的应用价值.

18.3.4　获得高能粒子的方法

快速的高能粒子可以打进所有元素的核内而引起各种核反应.因而要研究原子核,改变原子核,首先就要获得高速粒子.最初,核反应是用天然放射性元素所放出的α粒子直接引起,或由α粒子轰击某种原子核时所产生的中子来引起.由于天然放射性元素的数量及其射线中粒子的能量和射线强度等都受到限制,因此最好用人工的方法来加速粒子,再用它去轰击原子核而引起核反应.加速器就是用来产生高速粒子的装置.加速器的种类很多,如直线加速器、回旋加速器和对撞机等.

近代高能粒子加速器的发展,促进了对核结构的研究,并陆续发现许多新的基本粒子.

问题 18.3.1　(1) 如何用人工方法引起原子核的转变?什么叫做中子?什么叫做正电子?

(2) 什么叫做人工放射性现象?试列举它的一些应用?

18.4　原子核能的利用

在18.1节中说过,把轻核聚合成较重的中等质量的原子核,或把重核分裂成两个中等质量的原子核,都会放出大量能量,前者叫做**轻核聚变**,后者叫做**重核裂变**.这是获得原子核能的两种途径.

对于一定的质量来说,在核反应过程中所放出的能量要比化学反应中所放出的化学能大几百万倍.因此,利用原子核能具有重要意义.当然,实际利用原子核能,尚需克服很多困难.

轻核聚合的过程必须在数万度以上的高温下才能发生,因为只有这样,才能克服原子核间的库仑斥力而相互接近.因此,用人工产生、并控制这种过程就比较困难.

重核分裂的过程较易产生.实际上,天然放射性元素就在自发地进行这种过程,但是这过程不容易用人工的方法加以控制;另一方面由于功率太低,所以不能加以大量利用.人为地利用高能粒子来冲击原子核,虽然也能使原子核转变而放出能量,但是发生这种反应的概率很低，大量粒子则无益地散逸掉而不引起核反应，所以平均说来，从核反应所获得的能量，反而远少于我们产生高能粒子时所耗去的能量．显然，得不偿失．因此，我们必须进一步去探索如何更有效地利用原子核能的问题．

18.4.1 重核裂变

利用重核裂变时释放的原子核能，只是在1938年开始发现用中子轰击铀（${}^{235}_{92}U$）等几种重核时的分裂现象后，才成为可能．例如，当一个${}^{235}_{92}U$核受到慢中子轰击时会分裂而成为质量大致相等的两块碎片，即两个中等原子量的核，并放出一个到三个中子，这种中子称为**再生中子**，同时还放出大量能量，这就是重核裂变．这种裂变反应可用下式表示．

$$ {}^{235}_{92}U + {}^{1}_{0}n \longrightarrow {}^{139}_{54}Xe + {}^{95}_{38}Sr + 2{}^{1}_{0}n $$

在铀核裂变时，产生的不一定都是Xe（氙）和Sr（锶），也可能是其他中等质量的元素的原子核，如Ba（钡）、Kr（氪）等．而且我国物理学家钱三强、何泽慧发现，${}^{235}_{92}U$核也可能分裂成为三个或四个新原子核；但是发生这种裂变的概率很小．

一个${}^{235}_{92}U$核分裂时放出约195 MeV的能量，而且分裂时放出的再生中子又能够引起另外的${}^{235}_{92}U$核的分裂．依次滚雪球似的扩大，可使反应继续进行下去，并不断释放出大量原子核能．这种反应称为**链式反应**（图18-6）．

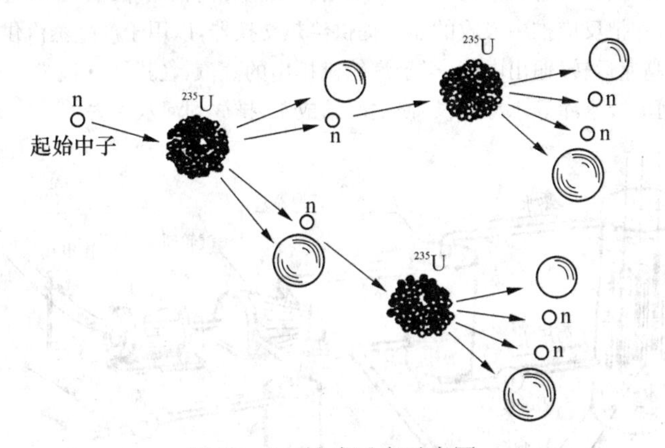

图18-6 链式反应示意图

但实际上要使${}^{235}_{92}U$核发生链式反应，尚须考虑两个问题．第一，天然的铀是两种同位素${}^{235}_{92}U$和${}^{238}_{92}U$的混合物，其中${}^{238}_{92}U$（占99.3%）要吸收大部分的中子而不产生分裂．第二，${}^{235}_{92}U$的分裂主要是慢中子引起的，但分裂时所放出的再生中子是快中子．一部分快中子要飞出铀块范围之外，另一部分将被${}^{238}_{92}U$吸收（这时形成同位素${}^{235}_{92}U$）而不产生分裂．由此可见，在分裂过程中所放出的再生中子，只有一部分能够引起${}^{235}_{92}U$反应，如果这种中子的数目不够多，反应就要中止．为了维持链式反应，可以增加铀中同位素${}^{235}_{92}U$的浓度，增大铀块体积，或者用人工的方法减低再生中子的速度．这些方法往往联合采用，以增大核分裂的机会．

如果用纯的${}^{235}_{92}U$，要使它发生链式反应，必须使铀块有足够大的体积，因为体积太小时，个别$^{235}_{92}$U核分裂时所发生的再生中子,大部分将在没有与别的铀核碰撞之前就飞出铀块之外,链式反应就不能产生.能够发生链式反应的最小体积,叫做**临界体积**.临界体积中所含铀($^{235}_{92}$U)的质量,称为**临界质量**.当几块质量小于临界质量的铀$^{235}_{92}$U很快地合拢起来而总质量超过临界质量时,就会发生极猛烈的链式反应而引起爆炸.原子弹的构造就是根据这个原理制成的.1964年10月16日,我国第一颗原子弹爆炸成功,以后又多次成功地爆炸了原子弹.

使中子减速而得到链式反应,通常都是在称为**反应堆**(或铀堆)的装置中进行的.所谓减速,就是使再生中子通过称为**减速剂**的某种物质时,和减速剂中的原子核连续地发生弹性碰撞,每次碰撞后,中子只是把部分动能传给原子核,而不引起核的转变.由于连续碰撞的结果,再生中子的速度很快降低.按弹性碰撞的理论,如果和中子碰撞的原子核愈轻,则中子在每次碰撞中传给这个核的能量也愈多,因而中子的减速愈快.所以,减速剂一般采用石墨、水和重水等物质.

一切反应堆都应该包括下述三个部分:①某种可以分裂的物质(即核燃料),有的用天然铀,有的用$^{235}_{92}$U的浓缩铀;②减速剂;③冷却剂.在$^{235}_{92}$U吸收了慢中子而分裂时便放出原子核能.通过某种冷却剂的循环工作可以吸收这种能量,使反应堆的温度不致增高,并把原子核能传输到反应堆外,以供应用.冷却剂可用压缩气体、水和液态金属(钠或钠钾合金)等.在不同的反应堆中,对上述三个部分也采用不同的材料.

图18-7表示利用原子能发电的加压水冷却反应堆核电站示意图.在反应堆内,将装铀块的金属棒(即"燃料棒")浸在减速剂(具有高压的普通水)中;并配置较易吸收中子的物质(如镉等)做成的控制棒,将它拉出和插入,以增减反应堆的倍增率.作为减速剂的高压水,兼作冷却剂之用,它把反应推中吸收的热能提供给热交换器,以用于产生蒸汽供给汽轮机,借此可驱动发电机高速运转,输出电能.至于汽轮机排出的蒸汽,在进入冷凝器后,借抽入冷凝器的冷却水(由河流或水库等水源提供)使之凝结成水,排放到河水中去.①

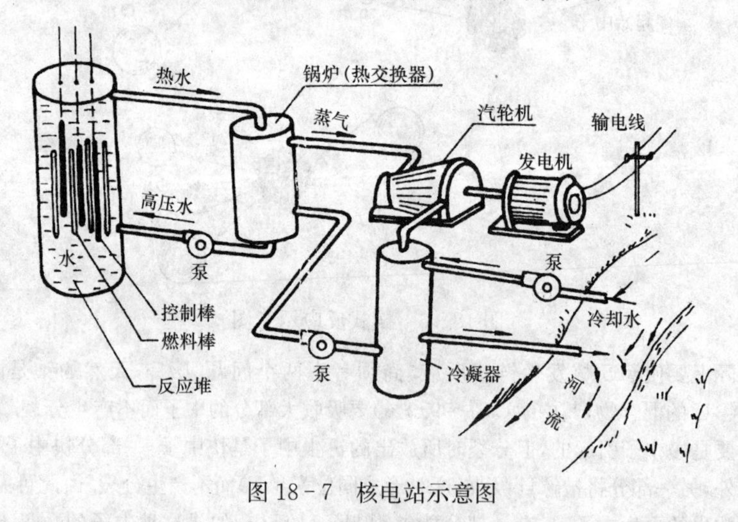

图18-7 核电站示意图

① 这种排放出来的水把剩余热量传递给河流,导致水温升高,影响河流下游的生态环境,产生热污染.如果不把热排放到河流,也可用冷却塔把热排放到大气里.这对周围环境的影响就要比排放到河流中减轻多了.

在反应堆中，除产生大量热能外，尚可得到大量放射性同位素. 同时，因为反应堆中产生的碎片都有放射性，为了防止这种射线伤害工作人员，反应堆外以及其他有放射性的部分都用足够厚的混凝土壁屏蔽起来，操作过程则通过远距离自动控制来实现.

当前，全世界已拥有 400 多座核电站. 我国已建成了大亚湾核电站和秦山核电站等，相信在 21 世纪，将有更多的核电站建成，为我国工农业的发展和人民的生活提供更充沛的能源.

18.4.2　轻核聚变

轻核聚变是利用原子核能的另一种方法. 轻核聚变必须在高温下才能发生. 因为在高温下，原子核具有极大的热运动动能，足以克服带电粒子相互接近时所受到的静电斥力，引起粒子发生激烈的相互作用而导致聚变，从而放出大量原子核能. 在高温下，使轻核聚合而放出大量原子核能的方法，目前已获得了巨大的成就. 这种反应称为**热核反应**. 同位素氘(^2_1H)和氚(^3_1H)形成氦核是一个比较容易产生的热核反应，它的反应式是

$$^2_1H + ^3_1H \longrightarrow ^4_2He + ^1_0n$$

放出的能量比铀核分裂时所放出的还大 10 倍. 在原子弹爆炸时，爆炸中心能达到几百万度的高温. 在这样高的温度下，热核反应足以发生. 热核武器，即氢弹，就是按照这个原理制成的. 也就是说，氢弹是用原子弹来引爆的.

在自然界中，太阳就是一个巨大的聚变能源，估计其内部温度在 $10^7 \sim 10^9$ K 以上，故能发生热核反应，而时刻向周围太空放出大量能量. 这能量是太阳核心处经久不息的氢聚变成氦而释放出来的. 这种聚变反应在太阳上已经持续了 50 亿年.

顺便指出，在产生热核反应的这样高温度下，原子中的电子已经脱离原子核的束缚，从而原子就不复存在，物质已成为大量快速运动的原子核与电子的混合体. 这种聚集状态就是**等离子体**. 所以太阳就是一个由高温等离子体组成的能源.

轻核聚变也可用人工方法实现，即利用加速器将质子或氘核等加速，去轰击原子核. 例如

$$^1_1H + ^7_3Li \longrightarrow 2\,^4_2He + 17.5\ \text{MeV}$$

$$^2_1H + ^6_3Li \longrightarrow 2\,^4_2He + 22.1\ \text{MeV}$$

在这些聚变反应中，虽然也能获得较大能量，但是用高能质子(^1_1H)轰击锂核(^7_3Li)时，质子与锂核发生核反应的概率颇小，而极大多数质子的能量却消耗在电离和激发被撞击的原子上. 所以，用这种方法来获得核能是得不偿失的.

用人工方法产生的热核反应，叫做**人工热核反应**. 氢弹是一种爆炸式的热核反应，一般是不可控制的. 在人工控制下进行的热核反应，叫做**受控热核反应**，它能够根据需要控制热核反应的速度，使之缓慢而均匀地进行，以能适应在生产实践中的应用. 但是，实现受控热核反应比实现爆炸式的热核反应要困难得多，至今还未圆满解决. 如果受控热核反应能够实现，它将比目前铀裂变的核反应堆具有更多的优点：运行安全，污染较少；特别是热核反应中所需要的氘核，在海洋中是极为丰富的，在地球的海水中蕴藏量极为丰富，多达 40 万亿 t. 氘可以通过电解重水(D_2O)得到. 虽然重水在普通水中只含有 0.015%，但在聚变反应中平均每个氘核，先后共可放出 7.2 MeV 的能量. 这样估算起来，几升海水就可提供上万度电能. 如果全部海

水用于聚变反应，释放出来的能量总共可提供 10^{25} kW·h(常称为"度")电能，足够供人类使用上百亿年；而且反应的产物是无放射性污染的氦. 所以，受控热核反应的技术一旦成功，原子核能必将成为未来的主要能源.

问题 18.4.1 (1) 如何获得原子核能？在反应堆外，为什么要建筑很厚的混凝土壁？
(2) 简述重核裂变和轻核聚变.

18.5 基本粒子简介

18.5.1 基本粒子的发现 强子的夸克模型

通常，我们总是把目前所认识到的组成物质的最小基本单元，称为"基本粒子". 长期以来，人们一直在探索着物质的基本单元.

早期认为原子是元素的最小单元，它是不可分割的.

直到20世纪初，卢瑟福根据 α 粒子散射实验，确认原子是由原子核和电子构成的，而原子核内含有带正电的粒子. 从光的量子性，还认识到光子也是基本粒子. 1935年发现中子以后，进一步认识到原子核是由中子和质子构成的. 于是人们认为质子、中子和电子是构成物质的基本单元，而将中子、质子、电子和光子看作是基本粒子.

此后，根据理论推测和实验证实，至今已发现300多种基本粒子(包括共振态粒子在内). 通常，根据基本粒子的性质，一般将它们分为四大类：

(1) 光子. 静止质量为零，自旋量子数等于1.

(2) 轻子. 包括中微子、电子及正电子、正、负 μ 子. 这些粒子的静止质量比 π 介子的质量小，自旋量子数为1/2.

(3) 介子. 包括带正、负电荷和中性的 π 介子，带正、负电荷和中性的K介子以及 η 介子. 它们的静止质量介于电子和质子之间，自旋量子数为零. 1974年，丁肇中等发现的 J/Ψ 粒子也是一种介子，但它的静止质量为质子质量的三倍多.

(4) 重子. 包括核子(中子和质子)以及 Λ^0，Σ^+，Σ^-，Σ^0，Ξ^-，Ξ^0，Ω 等强子. 这些粒子的静止质量等于或大于质子，自旋量子数除 Ω 超子为3/2外，其他都是1/2.

这就充分表明，当研究深入到原子核内基本粒子层次，即目前人们所认识到的物质结构的层次时，发现物质的微观结构仍是非常复杂的.

18.5.2 夸克模型

由于介子和重子都参与强相互作用，故统称为强子. 目前发现的基本粒子大多数是强子. 实验发现，强子也有内部结构. 1964年，盖尔曼提出了强子结构的夸克模型.

在我国，夸克(quark)亦称"层子". 它是比强子更深一个层次的粒子，乃是强子的组成部分. 夸克也是一种费米子①，即有自旋1/2. 因为质子、中子的自旋都为1/2，那么三个夸克，如

① 费米子是自旋为 $\hbar/2$($\hbar = h/(2\pi)$)奇数倍的基本粒子，因为它遵从费米-狄拉克分布，故称**费米子**. 例如，轻子和重子等皆为费米子.

果两个自旋向上，一个自旋向下，就可以组成自旋为 1/2 的质子、中子(如图 18 - 8). 两个正、反夸克可以组成自旋为整数的粒子，它们称为介子，如 π 介子、J/Ψ 子，后者是由丁肇中等人于 1974 年发现的，它实际上是由粲夸克[①]和反粲夸克组成的夸克对.

凡是由三个夸克组成的粒子称为重子，重子和介子统称强子，因为它们都参与强相互作用，故称为强子. 原子核中质子间的电斥力十分强，可是原子核照样能够稳定存在，就是由于强相互作用力(核力)将核子们束缚住的. 夸克模型中夸克是带分数电荷的，每个夸克带 $+2e/3$ 或 $-e/3$ 电荷(e 为质子电荷单位). 现代粒子物理学认为，夸克共有 6 种(味道)，分别称为上夸克、下夸克、奇夸克、粲夸克、顶夸克、底夸克，它们组成了所有的强子，如一个质子由两个上夸克和一个下夸克组成，一个中子由两个下夸克和一个上夸克组成，则上夸克带 $+2e/3$ 电荷，下夸克带 $-e/3$ 电荷. 上、下夸克的质量略微不同. 中子的质量比质子的质量略大一点，过去认为可能是由于中子、质子的带电量不同造成的，现在看来，这应归因于下夸克质量比上夸克质量稍微大一点.

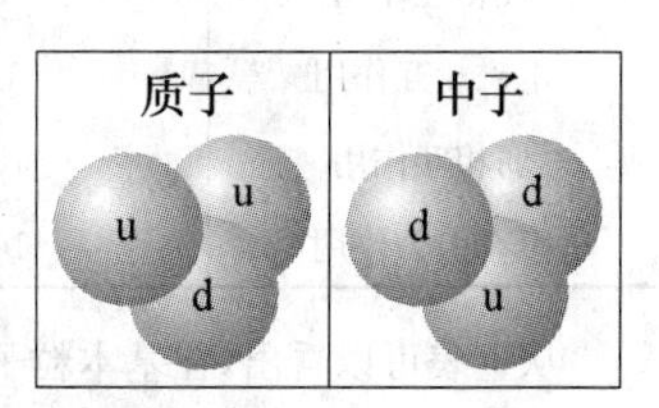

图 18 - 8　质子和中子的组成：一个质子由两个上夸克和一个下夸克组成，一个中子由两个下夸克和一个上夸克组成.

虽然夸克模型当时取得了许多成功，但也不尽完善，如重子可以由三个相同夸克组成，且都处于基态，自旋方向相同，这种在同一能级上存在有三个全同粒子的现象是违反泡利不相容原理的. 泡利不相容原理是说两个费米子不能处于相同的状态中的. 但物理学家给它们编号或染上“颜色”(红、黄、蓝)，那三个夸克就不全同了，从而不再违反泡利不相容原理了. 在 1964 年，格林伯格(O. Greenberg)引入了夸克的这一种自由度——“颜色”的概念. 这样，每味夸克就有三种“颜色”，夸克的种类一下子由原来的 6 种扩展到 18 种，再加上它们的反粒子，那么自然界一共有 36 种夸克，它们和轻子(如电子、μ 子、τ 子及其相应的中微子)、规范粒子(如光子、三个传递控制夸克轻子衰变的弱相互作用的中间玻色子、八个传递强(色)相互作用的胶子)一起组成了大千世界. 夸克具有颜色自由度的理论得到了不少实验的支持，在上世纪 70 年代发展成为强相互作用的重要理论——量子色动力学.

虽然目前也有了胶子存在的证据，1995 年又找到了顶夸克存在的证据，但是对于强子结构的研究和自由夸克的探索还需走更长远的路，这些有待高能物理及其理论的继续发展.

18.5.3　基本粒子的相互作用

基本粒子的产生和转变是通过粒子间的相互作用进行的. 表 18 - 1 列出了自然界中物质之间的四种相互作用，以资比较.

---

① 粲数是粲夸克所独有的量子数，常用符号 C 表示. 粲夸克的粲数是 +1，其反夸克的粲数为 -1，其余夸克的粲数皆为零.

表 18-1 四种相互作用的比较

四种相互作用	相对强度	作用距离	相互作用的物体
强相互作用	1	10^{-15} m	强　子
电磁相互作用	10^{-2}	∞	带电粒子
弱相互作用	10^{-12}	$<10^{-17}$ m	强子、轻子
万有引力作用	10^{-40}	∞	一切物体

从上表可以看出,在基本粒子相互作用过程中,若以强相互作用力的强度为1,则在四种作用中,以万有引力为最弱,所以基本粒子之间的引力作用可以不考虑,而认为基本粒子之间只存在其他三种相互作用.其次,从四种力作用距离的长短来看,其中电磁力和万有引力是长程力,它们的作用范围是无限大的;强相互作用和弱相互作用是短程力,发生强相互作用的距离在 10^{-15} m左右,发生弱相互作用的距离至少要小于 10^{-17} m,所以在原子半径 10^{-10} m的数量级范围内,这两种相互作用力是不起作用的.

至于基本粒子的产生和转变究竟属于哪一种相互作用,一般按作用的强度大小,有:

(1) 强相互作用　这种相互作用只存在于重子和介子之间.核子之间通过 π 介子的相互作用、高能核反应中介子和超子的形成过程等都属于强相互作用.这种相互作用强度大,比电磁相互作用强一百多倍,作用时间极短,约为 10^{-23} s.

(2) 电磁相互作用　所有带电粒子间都存在电磁相互作用,这种作用是通过电磁场来实现的,它的强度比强相互作用弱100多倍,作用时间约为 10^{-6} s,而作用的大小随着粒子间距离的增大而逐渐减小.

(3) 弱相互作用　有两种弱相互作用,一种是有轻子(电子e,中微子 ν, μ 子以及它们的反粒子)参与的反应,如 β 衰变, μ 子的衰变以及 π 介子的衰变等;另一种是K介子和 Λ 超子的衰变.这两种弱相互作用的强度相同,都比强相互作用弱 10^{12} 倍,相互作用时间约为 $10^{-6}\sim 10^{-8}$ s,相对于强相互作用而言,这是缓慢的过程.

以上是人们目前对基本粒子之间相互作用的认识,至于其本质,有的还不甚清楚.

理论和实验表明,在宏观物理现象中,反映相互作用过程普遍规律的一些守恒定律,如能量守恒定律、动量守恒定律、角动量守恒定律、电荷守恒定律,对基本粒子之间各种相互作用的过程来说,也是普遍适用的.

除了以上四个守恒定律之外,在基本粒子世界中还出现了另外一系列新的守恒定律,如重子数守恒、轻子数守恒、奇异数守恒、同位旋守恒、宇称守恒,等等.但是这些守恒定律,在三种相互作用中并非都遵守,例如,在弱相互作用中,是不遵守同位旋、宇称守恒定律的.

以上我们简单介绍了基本粒子的结构及其相互作用.研究基本粒子的目的是为了探索物质的微观结构.回顾人们对物质结构的认识,从原子到原子核和电子,再进入原子核到核子,并先后又发现很多粒子,现在又推向更深的物质层次,进入到这些粒子的内部结构的研究,这不仅是人类对物质结构的认识正在逐步深化,而且还能促进自然科学的发展,给生产技术带来更深刻的变化.

问题18.5.1　试简述自然界物质之间的四种相互作用,并对这四种相互作用加以比较.

参考文献

[1] 程守洙,江之永. 普通物理学[M]. 5 版. 北京:高等教育出版社,1982.
[2] 杨仲耆. 大学物理学:力学[M]. 北京:人民教育出版社,1979.
[3] 林润生,彭知难. 大学物理学[M]. 兰州:甘肃教育出版社,1990.
[4] 古玥,李衡芝. 物理学[M]. 北京:化学工业出版社,1985.
[5] 江宪庆,邓新模,陶相国. 大学物理学[M]. 上海:上海科学技术文献出版社,1989.
[6] 张三慧. 大学物理学[M]. 北京:清华大学出版社,2003.
[7] 刘克哲. 物理学[M]. 北京:高等教育出版社,1987.
[8] 梁绍荣,池无量,杨敬明. 普通物理学[M]. 北京:北京师范大学出版社,1999.
[9] 金原寿郎. 基础物理学[M]. 王路,吕乔青,郭永江,等译. 北京:人民教育出版社,1980.
[10] 陈宏赍,周浩祥. 物理学[M]. 南京:河海大学出版社,1991.
[11] 毛骏健,顾牡. 大学物理学[M]. 北京:高等教育出版社,2006.
[12] 徐国涵,张宇. 大学物理[M]. 北京:机械工业出版社,2005.
[13] 王晓鸥. 物理学概论[M]. 上海:同济大学出版社,2007.
[14] 梁昆森,力学(上册)[M]. 2 版. 北京:人民教育出版社,1979.
[15] 赵景员,王淑贤. 力学[M]. 北京:高等教育出版社,1985.
[16] 顾建中. 力学教程[M]. 北京:人民教育出版社,1979.
[17] 漆安慎,杜婵英. 力学[M]. 北京:人民教育出版社,1982.
[18] 李椿,章立源,钱尚武. 热学[M]. 北京:人民教育出版社,1978.
[19] 许崇桂. 热学[M]. 北京:国防工业出版社,1997.
[20] 赵凯华,陈熙谋. 电磁学[M]. 北京:高等教育出版社,1985.
[21] 梁灿彬,秦光戎,梁竹健. 电磁学[M]. 北京:人民教育出版社,1980.
[22] Lorrain P. Corson D R. 电磁学原理及应用[M]. 潘仲麟,胡芬,译. 成都:成都科技大学出版社,1988.
[23] 余守宪,陈广汉,余国贤,等. 物理学(波动、光学、量子物理部分)[M]. 北京:高等教育出版社,1984.
[24] 郭光灿,庄象贤. 光学[M]. 北京:高等教育出版社,1997.

[25] 龚家虎,陈鼎. 光学[M]. 上海:上海科学技术出版社,1984.
[26] 唐端方. 物理[M]. 上海:上海科学普及出版社,2001.
[27] 张阜权,孙荣山,唐伟国,等. 光学[M]. 北京:北京师范大学出版社,1985.
[28] 褚圣麟. 原子物理学[M]. 北京:高等教育出版社,1979.
[29] 徐克尊,陈宏芳,周子舫. 近代物理学[M]. 北京:高等教育出版社,1993.
[30] 胡素芬. 近代物理基础[M]. 浙江:浙江大学出版社,1988.
[31] Bausor J. Advanced Physics Project for Independent Learning. [M]. John Marray Ltd. , 1978.
[32] Cromer A. 科学和工业中的物理学[M]. 陆思,译. 北京:科学出版社,1986.
[33] 人民教育出版社,课程教材研究所,物理课程教材研究开发中心. 物理第1,2册(必修)[M]. 北京:人民教育出版社,2004.